电力用煤采制化技术及其应用
（第二版）

曹长武　编著

U0349873

中国电力出版社
www.cepp.com.cn

内容提要

本书作者系电力用煤采制化方面的专家，并参加过多次国标和行标的制定工作。本书结合电力系统的实际情况，对电力用煤特性及应用、电力用煤采制样技术、煤的工业分析、煤的元素分析、煤的发热量测定、煤的物理性能检测与电力生产、灰渣特性检测与应用、煤质检测的质量控制方法进行了较系统地阐述与分析。在修订版中，基本格局保持不变，应用方面的内容有机地贯穿于全书的各个章节中，修订版与第一版相比，变动与增加的内容较多的为第二章，大大增加了机械采制样方面的内容；第五章，增加了各类自动热量计使用的内容；第六章，增加了煤在储存中特性变化的内容；第七章，增加了飞灰电阻的测定与电力生产以及煤灰与锅炉设计煤质方面的内容；第八章，更为系统地阐述了煤质检测质量控制的有关知识，并将煤质验收及检测中的质量控制与要求的内容移入本章。

本书不仅可供电力、煤炭、化学、冶金、轻工等行业中从事煤质检验的人员使用，也可供电厂煤质管理、锅炉设计及运行人员参考，还可作为在职煤检人员的培训教材。此外，也可作为燃料专业大专院校师生的参考读物。

图书在版编目（CIP）数据

电力用煤采制化技术及其应用/曹长武编著．—2 版．北京：中国电力出版社，2003.3（2016.5 重印）
ISBN 978-7-5083-1161-6

Ⅰ．电…　Ⅱ．曹…　Ⅲ．电厂燃料系统-煤-分析
Ⅳ．TM621.2

中国版本图书馆 CIP 数据核字（2002）第 053055 号

中国电力出版社出版、发行
（北京市东城区北京站西街 19 号　100005　http://www.cepp.com.cn）
北京雁林吉兆印刷有限公司印刷
各地新华书店经售

＊

1999 年 3 月第一版
2003 年 3 月第二版　　2016 年 5 月北京第七次印刷
787 毫米×1092 毫米　16 开本　21 印张　515 千字
印数 16501—18000 册　　定价 **34.00** 元

敬 告 读 者

修订版前言

本书第一版于 1999 年 3 月出版以来，煤质检测技术又有了新的发展，广大读者对此书提出了不少宝贵意见。为使本书能更好地为读者服务，满足市场需求，经与中国电力出版社商定，对原书进行了全面修订，使得全书内容得到更新与充实，同时仍保持原书具有实用性和通俗易读的特点。

在修订版中，本书的基本格局保持不变，全书仍分为八章，应用方面的内容则有机地贯穿于全书各章节中。修订版与第一版相比，变动与增加内容较多的为第二章，大大增加了机械采制样方面的内容；第五章，增加了各类自动热量计使用的内容；第六章，增加了煤在储存中特性变化的内容；第七章，增加了飞灰比电阻的测定与电力生产以及煤、灰特性与锅炉设计煤质方面的内容；第八章，更为系统地阐述了煤质检测质量控制的有关知识，并将煤质验收及检测中的质量控制与要求等内容移入本章。除此以外，全书中还有不少内容有所变动。

本书修订版写作时间不长，有的问题并未能够深思熟虑，故书中错误之处在所难免，敬请专家及读者提出意见，以便再次修订时加以改正。

曹长武

2002.12.1

前 言

　　煤构成了我国电力燃料的主体。电厂燃煤费用约占发电成本的 70%，掌握电力用煤采制化技术及其在电厂中的应用方法与要求，对加强电厂煤质监督，确保入厂及入炉煤质量，保证锅炉安全经济运行及降低发电成本有着极为重要的意义。随着电厂锅炉的日益大型化，对煤质监督的要求也越来越高。因此，要求煤质检验人员不断提高业务水平，除掌握燃煤的采制化技术外，还应更多地了解煤质特性与电力生产的关系，从而更好地发挥煤质监督的作用。

　　本书注重理论联系实际，反映了电力系统多年来在电力用煤采制化技术方面的成果及在生产应用方面的经验，内容具有较强的针对性。本书不同于煤质检验规程，不是重复具体的操作步骤，而是侧重对采制化技术的阐述。书中虽然以论述标准采制样与化验方法为主，但同时将若干具有实用性及国外先进的采制化方法与技术介绍给读者。本书不单纯讲述采制化技术，而是密切结合我国电厂实际，对煤质特性与电力生产的关系进行了较深入的分析与说明。在编排上，将采制化技术与其应用融为一体，从而形成了本书的特点。

　　武汉水利电力大学尹世安教授负责审阅本书，并提出了不少宝贵意见和建议。在写作过程中，山东省电力局杨爱东以及山东电力科学研究院刘颖琳、刘奕斌、周桂萍和宋丽莎等同志也提出了中肯的意见，并协助清稿与绘图，在此一并表示感谢。

　　由于作者水平所限，书中不当之处在所难免，敬请专家及广大读者提出意见，以便更正。

山东电力科学研究院　曹长武

1998 年 6 月

目 录

电力用煤特性及应用概述

能源工业是国民经济的基础。煤、石油、天然气、核能均是重要的能源，它们都可用作发电燃料，其中应用最广泛的是煤。

我国发展电力的基本特点是以燃煤为基础，以火电为主，提高电气化水平，从提高发电效率、节约能源与解决环保三个方面来考虑，走可持续发展的道路。

目前我国煤炭的年生产能力为 13 亿多吨，2000 年实际产量为 10 亿多吨。据估计，我国煤炭储量可以供应 700～800 年，而石油按现有的探明储量，仅能维持 20～30 年，故我国发电行业以煤为主的燃料结构在近期内是不会改变的。

到 2000 年末，我国发电设备装机容量达到 3.19 亿 kW，年发电量达到 1.37 亿 kW·h，均列世界第二位。到"十五"末期，全国发电装机容量预计达到 3.9 亿 kW，其中水电 0.95 亿 kW，火电 2.86 亿 kW，核电 0.087 亿 kW，风力、太阳能等新能源发电 0.012 亿 kW。

随着火电装机容量迅速扩大，电力用煤消耗及费用激增，煤炭费用约占发电成本 70% 以上。掌握电力用煤特性检测技术，确保入厂煤质价相符，入炉煤质符合锅炉设计要求，这对电厂的安全经济运行具有十分重要的意义。

本章重点介绍电力用煤的基础知识，概述电力用煤特性与电力生产的关系，为全书内容的展开打下基础。

第一节 煤炭分类及煤炭产品

煤是重要的能源资源，它在各种工业及民用部门有着广泛的应用，电力用煤主要包括烟煤、无烟煤及褐煤，其中以烟煤所占的比重最大。

一、煤的成因与分类

1. 煤的成因

煤是古代植物的遗骸，这些植物遗骸是从最低级的菌藻类植物直到高等植物等各类植物死亡后形成的。由于地壳的变动，这些植物被埋在地下，受地层压力与地热作用逐步演变成煤。由植物演变成煤经历了亿万年，发生了一系列变化。一般说来，这种变化可分为两个阶段：泥炭化作用阶段和煤化作用阶段。

古代植物由于细菌的作用而发生腐烂与分解，其内部组织遭到破坏，一部分物质转为气体逸出，残余的物质开始变成通常所说的泥炭。植物在沼泽中经生物化学与物理化学变化形成泥炭的过程，称为泥炭化作用。泥炭在地下受不断增高的压力及地壳深处温度的影响，慢慢被压紧和硬化，继续排出挥发性气体与水分，使得含碳成分比例逐渐增高，这种作用包括成岩与变质作用，统称为煤化作用。由此可知，煤实际上是古代植物经泥炭化与煤化作用生成的固体有机可燃矿岩。

在整个地质年代中，较集中的聚煤期是：

（1）古生代的石炭纪及二迭纪（距今 309 万～223 万年），成煤植物主要是孢子与裸子植物，形成无烟煤及烟煤；

（2）中生代的侏罗纪及白垩纪（距今 157 万～125 万年），成煤植物主要是裸子与被子植物，形成烟煤及褐煤；

（3）新生代的第三纪，成煤植物主要是被子植物，形成烟煤及褐煤。

由于成煤的原始植物及其煤化程度的不同，其化学组成与其特性也就有所差异，为此，可将煤分成若干类。

2. 煤的分类

我国煤炭分类的标准，依其煤化程度，先将各种煤分为无烟煤、烟煤、褐煤三大类（共14 个类别，29 个单元），再把这三大类煤按照分类指标所处的区间分为若干小类，其中烟煤按干燥无灰基挥发分 $V_{daf} > 10\% \sim 20\%$，$> 20\% \sim 28\%$，$> 28\% \sim 37\%$ 及 $> 37\%$ 的四个区段分为低、中、中高及高挥发分烟煤。中国煤炭分类简表见表 1-1。

表 1-1 　　　　　　　　　　　中 国 煤 炭 分 类 简 表

类 别	符 号	包括数码	分 类 指 标					
			V_{daf}（%）	$G_{R \cdot I}$	y（mm）	b（%）	P_M（%）	$Q_{gr,maf}$（MJ/kg）
无烟煤	WY	01, 02, 03	≤10.0					
贫煤	PM	11	>10.0~20.0	≤5				
贫瘦煤	PS	12	>10.0~20.0	>5~20				
瘦煤	SM	13, 14	>10.0~20.0	>20~65				
焦煤	JM	24 15, 25	>20.0~28.0 >10.0~28.0	>50~65 >65*	≤25.0	（≤150）		
肥煤	FM	16, 26, 36	>10.0~37.0	（>85）*	>25.0	*		
1/3 焦煤	1/3JM	35	>28.0~37.0	>65*	≤25.0	（≤220）		
气肥煤	QF	46	>37.0	（>85）*	>25.0	（>220）		
气 煤	QM	34 43, 44, 45	>28.0~37.0 >37.0	>50~65 >35	≤25.0	（≤220）		
1/2 中黏煤	1/2ZN	23, 33	>20.0~37.0	>30~50				
弱黏煤	RN	22, 32	>20.0~37.0	>5~30				
不黏煤	BN	21, 31	>20.0~37.0	≤5				
长焰煤	CY	41, 42	>37.0	≤35			>50	
褐 煤	HM	51 52	>37.0 >37.0				≤30 >30~50	≤24

* 参阅国标 GB 5751—1986。

由表 1-1 可以看出，我国煤炭的分类指标最主要的是干燥无灰基挥发分 V_{daf} 及黏结指数 $G_{R \cdot I}$ 或 G。

V_{daf}表示干燥无灰基挥发分。煤的挥发分，是将煤样在 $900 \pm 10℃$ 的隔绝空气条件下，加热 7min，由煤中有机物分解出来的液体（呈蒸汽状态）及气体产物。干燥无灰基，是以假想的干燥无灰状态的煤为基准的表示方法。

$G_{R.I}$ 为黏结指数，是指在规定条件下以烟煤在加热后黏结专用无烟煤的能力。

Y 为胶质层最大厚度，是指在烟煤胶质层指数测定中，利用探针测出的胶质体上下层面差的最大值。

b 为奥阿膨胀度，它是表征烟煤膨胀性和塑性的指标。

P_M 为透光率，专指褐煤、长焰煤在规定条件下，用硝酸与磷酸的混合液处理后所得溶液的透光百分率。

$Q_{gr,maf}$ 为恒湿无灰基高位发热量，这将在本书第五章中有所说明。

无烟煤与烟煤统称为硬煤。无烟煤的碳化程度比烟煤高，它挥发分低，着火点高，无黏结性，燃烧时多不冒烟；烟煤是碳化程度低于无烟煤的硬煤，其挥发分范围很大，燃烧时多冒烟。

烟煤数量多，其挥发分含量变化范围大。也就是说，在烟煤的 12 个类别中，其变质程度各有差异。

贫煤：变质程度高，挥发分最低的烟煤。

贫瘦煤：变质程度高、黏结性较差、挥发分低的烟煤。

瘦煤：变质程度较高的烟煤。

焦煤：变质程度较高的烟煤。

肥煤：变质程度中等的烟煤。

气肥煤：挥发分高、黏结性强的烟煤。

1/3 焦煤：介于焦煤、肥煤与气煤之间的含中等或较高挥发分的强黏结性烟煤。

气煤：变质程度较低、挥发分较高的烟煤。

1/2 中黏煤：黏结性介于气煤和弱黏煤之间的、挥发分范围较宽的烟煤。

弱黏煤：变质程度较低、挥发分范围较宽的烟煤。黏结性介于不黏煤和 1/2 中黏煤之间。

不黏煤：变质程度较低、挥发分范围较宽、无黏结性的烟煤。

长焰煤：变质程度最低、挥发分最高的烟煤。

褐煤是经过成岩作用，没有或很少经过变质作用形成的煤，外观多呈褐色，光泽暗淡，多含数量不同的腐植酸。

从煤的变质程度上看，贫煤最接近无烟煤；而长焰煤最接近褐煤。

二、煤炭品种与分级

煤炭品种不同于煤种，两者不可混为一谈。煤炭品种是煤炭经过拣矸或筛选加工后所获得的具有不同用途与质量的煤炭产品种类。

（一）煤炭产品的种类

煤炭产品按其用途、加工方法和技术要求划分为五大类，28 个品种。煤炭产品的类别、品种名称和技术要求应符合表 1-2 的规定。

电力用煤数量大，一座火电厂日燃煤数千至数万吨，除煤质特性应满足锅炉设计要求外，价格是一个重要因素。电厂多用原煤及洗选煤，精煤很少使用。而挥发分过小、含硫量过高、灰熔融温度过低的煤也不宜单独燃用。

表 1-2　　　　　　　　　　　　　　煤炭产品的类别、品种和技术要求

产品类别	品种名称	粒度(mm)	发热量 $Q_{ar,net}$ (MJ/kg)	灰分 A_d (%)	最大粒度[①]上限(%)
精煤	冶炼用炼焦精煤	<50, <100		≤12.50	
精煤	其他用炼焦精煤	<50, <100		12.51~16.00	
粒级煤	洗特大块	>100	无烟煤、烟煤大于等于14.50 褐煤大于等于11.00		不大于5
粒级煤	特大块	>100			
粒级煤	洗大块	50~100, >50			
粒级煤	大块	50~100, >50			
粒级煤	洗中块	25~50, 20~60			
粒级煤	中块	25~50			
粒级煤	洗混中块	13~50, 13~80			
粒级煤	混中块	13~50, 13~80			
粒级煤	洗混块	>13, >25			
粒级煤	混块	>13, >25			
粒级煤	洗小块	13~20, 13~25			
粒级煤	小块	13~25			
粒级煤	洗混小块	6~20			

产品类别	品种名称	粒度(mm)	发热量 $Q_{ar,net}$ (MJ/kg)	灰分 A_d (%)	最大粒度[①]上限(%)
粒级煤	混小块	6~20	无烟煤、烟煤大于等于14.50 褐煤大于等于11.00		不大于5
粒级煤	洗粒煤	6~13			
粒级煤	粒煤	6~13			
洗选煤	洗原煤	≤300			
洗选煤	洗混煤	<50, <80 或 <100			
洗选煤	混煤	0~50			
洗选煤	洗末煤	0~13,0~20,0~25			
洗选煤	末煤	0~13,0~20,0~25			
洗选煤	洗粉煤	0~6			
洗选煤	粉煤	0~6			
原煤	原煤,水采原煤				
低质煤[②]	原煤		无烟煤、烟煤小于14.50 褐煤小于11.00	>40*	
低质煤[②]	煤泥,水采煤泥	0~1.0, 0~0.5		16.50~49	

①把取筛上累计产率最接近，但不大于5%的那个筛孔尺寸，作为最大粒度。

②如用户需要，必须采取有效的环保措施，在不违反环保法规的情况下供需双方协商解决。

* 当发热量数据和灰分数据不能同时达到规定时，以灰分为准。

（二）煤炭产品的等级

国标 GB/T 17608—1988 对煤炭产品的质量按灰分、含硫量及发热量各自划分为若干等级。

1. 灰分（A_d）

除精煤外，煤炭产品灰分的等级划分见表 1-3。

表 1-3　　　　　　　　　　　　　煤炭产品灰分等级划分（除精煤外）

等级	灰分 A_d (%)	等级	灰分 A_d (%)	等级	灰分 A_d (%)	等级	灰分 A_d (%)
1	≤5.00	10	13.01~14.00	19	22.01~23.00	28	31.01~32.00
2	5.01~6.00	11	14.01~15.00	20	23.01~24.00	29	32.01~33.00
3	6.01~7.00	12	15.01~16.00	21	24.01~25.00	30	33.01~34.00
4	7.01~8.00	13	16.01~17.00	22	25.01~26.00	31	34.01~35.00
5	8.01~9.00	14	17.01~18.00	23	26.01~27.00	32	35.01~36.00
6	9.01~10.00	15	18.01~19.00	24	27.01~28.00	33	36.01~37.00
7	10.01~11.00	16	19.01~20.00	25	28.01~29.00	34	37.01~38.00
8	11.01~12.00	17	20.01~21.00	26	29.01~30.00	35	38.01~39.00
9	12.01~13.00	18	21.01~22.00	27	30.01~31.00	36	39.01~40.00*

* 灰分 A_d >40%的低质煤，如需要并能保证环境质量，可双方协商解决。

2．硫分（$S_{t,d}$）

除精煤外，煤炭产品硫分的等级划分见表1-4。

表1-4　　　　　　　　　煤炭产品硫分等级划分（除精煤外）

等　级	硫　分　$S_{t,d}$（%）	等　号	硫　分　$S_{t,d}$（%）
1	≤0.30	8	1.76～2.00
2	0.31～0.50	9	2.01～2.25
3	0.51～0.75	10	2.26～2.50
4	0.76～1.00	11	2.51～2.75
5	1.01～1.25	12	2.76～3.00
6	1.26～1.50	13	>3.00*
7	1.51～1.75		

*　如用户需要，必须采取有效的环保措施，在不违反环保法规的情况下，由供需双方协商解决。

3．发热量（$Q_{ar,net}$）

煤炭产品发热量等级划分见表1-5。

表1-5　　　　　　　　　　煤炭产品发热量等级划分

编号	发热量 $Q_{ar,net}$（MJ/kg）	编号	发热量 $Q_{ar,net}$（MJ/kg）	编号	发热量 $Q_{ar,net}$（MJ/kg）	编号	发热量 $Q_{ar,net}$（MJ/kg）
295	>29.00	245	24.01～24.50	195	19.01～19.50	145	14.01～14.50**
290	28.51～29.00	240	23.51～24.00	190	18.51～19.00	140	13.51～14.00**
285	28.01～28.50	235	23.01～23.50	185	18.01～18.50	135	13.01～13.50**
280	27.51～28.00	230	22.51～23.00	180	17.51～18.00	130	12.51～13.00**
275	27.01～27.50	225	22.01～22.50	175	17.01～17.50	125	12.01～12.50**
270	26.51～27.00	220	21.51～22.00	170	16.51～17.00	120	11.51～12.00**
265	26.01～26.50	215	21.01～21.50	165	16.01～16.50	115	11.01～11.50**
260	25.51～26.00	210	20.51～21.00	160	15.51～16.00	—	
255	25.01～25.50	205	20.01～20.50	155	15.01～15.50		
250	24.51～25.00	200	19.01～20.00	150	14.51～15.00*		

*　发热量（$Q_{ar,net}$）<14.5MJ/kg的无烟煤、烟煤，如用户需要，在不违反环保法规的情况下，由供需双方协商解决。

**　只适用于褐煤。发热量（$Q_{ar,net}$）<11.00MJ/kg的褐煤，如用户需要，在不违反环保法规的情况下，由供需双方协商解决。

值得注意的是，在GB/T 17608—1998中对煤炭产品的质量划分上，灰分及含硫量均有上限，发热量有下限。灰分 A_d >40%的煤，已不属于商品煤的范畴；含硫量 $S_{t,d}$ >3.00%的煤，国家已禁止再开采。一般情况下，电厂也不宜采用高灰分、高含硫量的动力煤。

第二节　电力用煤及其特性指标

各种煤具有不同的特点，从而决定了各自有着不同的用途。在全部14个类别的煤中，较适合作为电力用煤的是贫煤、贫瘦煤、瘦煤、气煤、肥煤、气肥煤、弱黏煤、不黏煤等烟煤及褐煤。

一、电力用煤的特征

煤构成我国电力燃料的主体。目前，我国燃煤电厂发电用煤的组成大体是：烟煤占90%，无烟煤占5%，褐煤占4%，其他煤占1%。各种煤由于原始成煤植物及其煤化作用程度的不同，在其特性上有着明显的差异。煤的碳化程度随褐煤、烟煤、无烟煤的顺序而加深，见表1-6。

表1-6 各种煤的碳化程度

煤　种	碳化程度	煤　质　特　性　说　明		
		V_{daf}（%）	$Q_{ar,net}$	其　他
褐煤	低	> 37 ~ 70	低	质脆，易着火及风化成粉
烟煤	中	> 10 ~ 60	高	质较坚硬，着火温度较高
无烟煤	高	< 10	一般	质地坚硬，不易着火

由于挥发分含量 V_{daf} 是区分煤种最主要的特性指标，所以不同煤种之间的区别首先在于挥发分含量及其性质之间的差异，见表1-7。

表1-7 各种煤的挥发分特性

煤　　　种	褐　煤	烟　煤	无　烟　煤
挥发分开始逸出的温度（℃）	130 ~ 170	210 ~ 390	约400
挥发分发热量（J/g）	约25700	39300 ~ 56500	约69000

煤中挥发分含量随褐煤、烟煤、无烟煤的顺序依次降低，而挥发分开始逸出的温度则依次增高，它表明其着火性能随上述顺序依次减弱。虽然无烟煤挥发分热量最高，但其含量比烟煤低得多，故无烟煤的发热量一般要低于烟煤。褐煤挥发分含量虽高，但其挥发分热量要大大低于烟煤及无烟煤，加上褐煤水分很大，因而褐煤的收到基低位发热量往往较其他煤种要低。

综上所述，各种电力用煤所具有的基本特征是：无烟煤为碳化程度最深的煤种，以高含碳量、低挥发分、质地坚硬、不易着火为其基本特征；褐煤是碳化程度最低的煤种，外表呈褐色，以高水分、高挥发分、低发热量、易于风化和自燃为其基本特征；烟煤的碳化程度则介于无烟煤与褐煤之间，挥发分含量变化范围大，其中挥发分含量较低的贫煤，也称半无烟煤，质地也较坚硬，其他特性与无烟煤大体相同。高挥发分、高发热量的烟煤易自燃着火，质地较软，较易破碎。

二、电力用煤特性指标

1. 特性指标的表示方法

电力用煤的各项特性指标，例如灰分、水分、发热量等均可用一简单符号表示，而且这种符号具有国际通用性，这就便于检测人员在实际工作中应用。例如灰分用 A 表示，水分用 M 表示等。

煤中水分有全水分与空气干燥水分的区别，发热量则有弹筒、高位和低位之分。为说明某一特性指标的含义，还要采用辅助性符号来表示。现将电力用煤常见特性指标新、旧符号列于表1-8中。

表1-8 　　　　　　　　　　　　电力用煤特性指标符号对照表

特性指标	英　文　名　称	新符号	旧符号	特性指标	英　文　名　称	新符号	旧符号
水　　分	moisture	M	W	全　　硫	total sulphur	S_t	S_Q
全　水　分	total moisture	M_t	M_Q	硫铁矿硫	pyritic sulphur	S_P	S_{LT}
灰　　分	ash	A	A	硫酸盐硫	sulfate sulphur	S_S	S_{LY}
挥　发　分	volatile matter	V	V	变形温度	deformation temperature	DT	T_1
固　定　碳	fixed carbon	FC	C_{GD}	软化温度	softening temperature	ST	T_2
高位发热量	gross calorific value	Q_{gr}	Q_{GW}	半球温度	hemispherical temperature	HT	—
低位发热量	net calorific value	Q_{net}	Q_{DW}	流动温度	fluid temperature	FT	T_3
碳	carbon	C	C	哈氏可磨性指数	hardgrove grindability index	HGI	K_{KM}
氢	hydrogen	H	H	磨损指数	abrasion index	AI	
氧	oxygen	O	O	矿　物　质	mineral matter	MM	
氮	nitrogen	N	N	碳酸盐二氧化碳	carbonate carbon dioxide	CO_2	$(CO_2)_{TS}$
硫	sulphur	S	S				

然而上述符号仍不能明确指出某一特性指标的准确含义，因为它们不能表示该种燃料的基准，例如含水的原煤与无水的干煤。关于煤的基准含义及表示方法等将在本章第四节中加以阐述。

2. 特性指标分类

在发电厂，煤作为燃料，主要是利用其燃烧特性，因而表征煤的燃烧特性的有关指标可归为一类。此外，为了保证电厂的安全生产与锅炉的经济运行，还必须注意和利用煤的其他方面的性能，如着火性可以反映煤的自燃倾向，可磨性则表示煤磨制成粉的难易程度等。

煤的成分决定其燃烧性能，它可以用工业分析和元素分析两种方法来表示。所谓工业分析，是指用水分、灰分、挥发分和固定碳表示煤质分析的总称；所谓元素分析，是指以碳、氢、氧、氮、硫五种元素表示煤质分析的总称。除此以外的其他煤质特性，在本书中统归物理性能一类，如可磨性、着火性能等。

（1）工业分析指标。在工业分析四项特性指标中，水分是不可燃成分，灰分代表无机矿物质的含量，也是一种不可燃成分，故100－水分－灰分大致代表有机可燃物的含量，而其中挥发分表示易挥发的有机物含量，固定碳则表示不挥发的有机质含量。水分、灰分、挥发分及固定碳之和应为

$$M + A + V + FC = 100 \tag{1-1}$$

式中，M、A、V、FC分别表示水分、灰分、挥发分及固定碳含量，%。

根据工业分析指标，可基本上弄清各种煤的性质与特点，从而确定其在工业上的实用价值。在火电厂，对入厂与入炉煤进行工业分析，是一项常规性的检验工作。

（2）元素分析指标。煤的元素分析指标是指组成煤中有机质的碳、氢、氧、氮、硫五种

元素的含量，因为煤中全硫包括可燃硫及不可燃的硫酸盐硫，故按元素分析指标来表示，应为

$$M + A + C + H + N + O + S_c = 100 \tag{1-2}$$

式中，C、H、N、O、S_c 分别表示碳、氢、氮、氧及可燃硫的含量，%。

由于一般煤中的不可燃的硫酸盐硫含量较低，煤中硫主要以可燃硫形式存在，故可燃硫 S_c 有时可近似地用全硫 S_t 表示。则式（1-2）可写成

$$M + A + C + H + N + O + S_t = 100$$

由此可知，水分及灰分为煤中不可燃成分，其他五种元素则为可燃成分。工业分析指标中的挥发分与固定碳则相当于元素成分含量。煤中碳、氢元素含量决定了发热量的高低。煤中可燃硫参加燃烧，释放出少量热量，而煤中氮、氧一般不参加燃烧。

煤中各元素含量的比值随煤种不同而异，如表1-9所示。

表 1-9　　　　　　　　　　　　　　煤中各元素含量的比值

煤　　　种	碳	氢	氧	氮	有机物热量（J/g）
褐　　　煤	69	5.5	24	1.7	23840
烟　　　煤	82	4.3	12	1.5	35125
无　烟　煤	95	2.2	2.0	0.8	33870

碳是组成煤的最为重要的元素。在充足的空气下，碳完全燃烧生成二氧化碳，每克碳可释放出34040J的热量；当空气不足时，燃烧生成一氧化碳，其释放的热量大大降低，仅为9910J。一氧化碳本身也是一种可燃气体，当空气充足时，还可燃烧生成二氧化碳，同时释放出24130J的热量。由表1-9可以看出，碳含量在无烟煤中的比重要高于烟煤，更高于褐煤。

氢是组成煤的另一个重要元素。氢在煤中的含量一般随煤的碳化程度加深而减少，故无烟煤中氢含量最低，烟煤次之，褐煤最高。煤中氢有两种不同的存在形态：化合态与游离态。化合态的氢通常是矿物质结晶水中的氢，这种氢是不能燃烧的；而游离态的氢则与碳元素等构成煤的可燃组分，即挥发分，燃烧时与空气中的氧发生反应，释放出很高的热量，每克"游离氢"燃烧可释放出143010J的热量，几乎是碳完全燃烧产生热量的4倍。由于煤中氢含量远比碳含量低，故决定煤发热量高低的不是氢含量而是碳含量。

氧在煤中呈化合状态存在，它的含量随煤化程度的加深而减少。有的褐煤中氧含量可高达40%，而有的无烟煤中只有1%～2%。

氮在煤中含量较少，通常在1%左右。煤燃烧时，氮多呈游离态随烟气逸出，故从燃烧角度来说，氮是煤中无用成分。同时，煤燃烧时，煤中氮或多或少产生一些有害的氮氧化物，随烟气逸出而对环境产生一定的污染。

在不同产地的煤中硫含量相差很大，少则低于0.5%，多则高达5%以上。煤中硫燃烧，虽然能释放出少量热量，但其燃烧产物主要为二氧化硫并伴有很少量的三氧化硫，它会促使锅炉尾部受热面遭到腐蚀并造成对大气的污染，故煤中硫对燃烧来说，是一个有害元素。

由于挥发分主要包括碳、氢等元素，故固定碳总低于元素碳（总碳）含量。煤中挥发分含量越高，则两者的差值越大，同时氢含量一般也就较大。

第三节 发电用煤质量与劣质煤的应用

当今发电厂锅炉普遍采用煤粉悬浮燃烧方式，即入厂煤经破碎及制粉工艺后制取出一定细度的煤粉，借助于热风通过燃烧器进入炉膛燃烧。电力用煤必须满足电厂安全经济运行的要求，同时，为了充分利用能源，某些劣质煤及油母页岩等均可作为发电燃料。

无烟煤、烟煤、褐煤均可用作发电用煤（简称电煤），其煤质特性应符合国标 GB/T 7562—1998 发电煤粉锅炉用煤技术条件。该标准对发电用煤的挥发分（V_{daf}）、发热量（$Q_{ar,net}$）、灰分（A_d）、全水分（M_t）、硫分（$S_{t,d}$）、煤灰熔融性软化温度（ST）及哈氏可磨性指数（HGI）的技术条件作出了具体要求。

一、发电用煤技术条件

1. 挥发分（V_{daf}）

挥发分技术条件见表1-10。

表1-10　　　　　　　　　　挥发分技术条件

符　号	V_1[①]	V_2	V_3	V_4	V_5[②]
V_{daf}（%）	6.50~10.00	10.01~20.00	20.01~28.00	>28.00	>37.00
$Q_{ar,net}$（MJ/kg）	>21.00	>18.50	>16.00	>15.50	>12.00

①不宜单独燃用。
②适用于褐煤。

2. 发热量（$Q_{ar,net}$）

发热量技术条件见表1-11。

表1-11　　　　　　　　　　发热量技术条件

符　号	Q_1	Q_2	Q_3	Q_4	Q_5[①]
$Q_{ar,net}$（MJ/kg）	>24.00	21.01~24.00	17.01~21.00	15.51~17.00	>12.00

①适用于褐煤。

3. 灰分（A_d）

灰分技术条件见表1-12。

表1-12　　　　　　　　　　灰分技术条件

符　号	A_1	A_2	A_3
A_d（%）	≤20.00	20.01~30.00	30.01~40.00

4. 全水分（M_t）

全水分技术条件见表1-13。

表1-13　　　　　　　　　　全水分技术条件

符　号	M_1	M_2	M_3	M_4
M_t（%）	≤8.0	8.1~12.0	12.1~20.0	>20.0[①]
V_{daf}（%）	≤37.00	≤37.00	>37.00	

①适用于褐煤。

5. 硫分（$S_{t,d}$）

硫分技术条件见表1-14。

表1-14　　　　　　　　　　硫 分 技 术 条 件

符　号	S_1	S_2	S_3	S_4
$S_{t,d}$（%）	≤0.50	0.51～1.00	1.01～2.00	2.01～3.00

6. 煤灰熔融性软化温度（ST）

煤灰熔融性软化温度技术条件见表1-15。

表1-15　　　　　　　煤灰熔融性软化温度技术条件

符　号	ST_1	ST_2	ST_3	ST_4
ST（℃）	>1150～1250	1260～1350	1360～1450	>1450

7. 哈氏可磨性指数（HGI）

哈氏可磨性指数技术条件见表1-16。

表1-16　　　　　　　　哈氏可磨性指数技术条件

符　号	HGI_1	HGI_2	HGI_3
HGI	>40～60	>60～80	>80

二、发电用煤的煤质要求

实际上，电力用煤的煤质特性的每项指标都要达到较理想的要求，是很难实现的，故我们应对电煤的各项特性指标加以综合分析，选用能够较好满足电力生产所需的燃料。

1. 水分

水分是电煤的一项重要特性指标。煤中水分含量越高，势必增大运输量及经济负担，降低热值，并使锅炉烟气量增加，由烟气带走的热量也越多，因此加大了排烟热损失及排风机的能耗。

煤中的水分随煤种、采煤方法、加工工艺及外界环境条件而异。褐煤水分高，烟煤次之，无烟煤水分低，电煤以水分较低为好。但水分过低也有弊端，易造成煤粉飞扬而污染环境。煤中含有适量水分对燃烧有利，火焰中含有水汽对煤粉的悬浮燃烧能起催化作用。

综上所述，电煤的水分宜控制在5%～8%，如煤的外在水分在8%～10%，就可能导致输煤、给煤系统运行障碍。

2. 挥发分

电煤的挥发分影响锅炉的稳定燃烧与制粉系统的安全运行。煤的挥发分过高，若煤在制粉系统中局部积粉，则会使温度升高甚至达到自燃；煤粉燃烧时，可使压力普遍升高，从而有可能破坏制粉系统并使火焰外喷；在敞开的空间，煤粉与空气的混合物容易引起粉尘爆炸。

煤的挥发分与着火温度之间有一定的相关性。一般说来，煤的着火性能随挥发分增高而增强，高挥发分烟煤及褐煤容易着火；低挥发分、高灰分的劣质无烟煤及贫煤难着火，容易造成锅炉燃烧不良甚至灭火。

一般说来，干燥无灰基挥发分 V_{daf} 小于10%，煤粉不会发生爆炸，运行时也不会有危险；V_{daf} 大于 25% 时，危险较大。故贫煤及低挥发分烟煤较适合作为发电用煤。

3. 灰分与发热量

灰分与发热量是衡量发电用煤最重要的特性指标，也是煤炭计价的主要依据。

煤中灰分与发热量之间具有较好的相关性。灰分越高，意味着煤中可燃成分减少，发热量降低，燃烧温度下降，燃烧稳定性减弱，锅炉效率降低。此外，煤中灰分高，锅炉受热面的沾污、磨损就会加剧。炉膛受热面的沾污常常引起锅炉结渣及过热器超温而威胁运行；同时，对除尘设备的性能、烟囱的高度都有较高的要求，增大了基建投资及运行费用。

另外，电厂要解决大量粉煤灰的输送、贮存问题。在人口日益增多而土地短缺的情况下，贮灰场地不易解决。全国火电厂年排粉煤灰量近亿吨，而目前灰的利用率约为 40%，故贮灰场地不可缺少。以一个容量为 60 万 kW 的电厂为例，燃用灰分为 26.5% 的煤，容积达 1000 万 m^3 的贮灰场地也只够存灰 20 年。再者，电厂排出的灰，通常要通过输灰管道借助水力送往贮灰场。从电厂到灰场近则数公里，远则十多公里，甚至更长。凭借水力输灰，即使采用高浓度的灰浆泵排灰，灰水比也得 1∶4 左右；如用普通灰浆泵排灰，其灰水比则高达 1∶15 左右。冲灰水的外排，又会遇到灰水 pH 值及含氟量可能超标的问题，同时在排灰过程中还会产生冲灰管道结垢及磨损等问题。

电力用煤要求灰分不能太高，热值不能太低。电厂也不能用低灰分、高发热量的精煤，因为煤价太高。燃煤灰分及发热量的要求随锅炉设计参数不同而有所差异。但总的来说，对一般煤粉锅炉，当使用贫煤或其他低挥发分烟煤时，灰分要求在 20% ~ 30%，不得超过 40%；收到基低位发热量 $Q_{ar,net}$ 在 19000 ~ 23000J/g，最低不少于 16700J/g。至于锅炉设计时就考虑燃用劣质煤，则当属别论。

4. 含硫与含氟量

煤中硫是有害成分，是火电厂排放二氧化硫而造成环境污染的主要因素。煤燃烧时，煤中可燃硫主要生成 SO_2（并有少量的 SO_3 产生），从烟囱排到大气中去，而不可燃硫则进入烟尘及炉渣。电煤通常含硫为 0.5% ~ 3%，烟气中 SO_2 含量约为 700 ~ 4300mg/m^3，SO_3 含量仅每立方米数十毫克。

电厂锅炉燃用高硫煤，由于硫的氧化作用，锅炉尾部受热面易发生腐蚀与堵灰，缩短低温段预热器的寿命；另一方面，含硫量的增高，促使灰熔融温度降低，导致锅炉结渣或加重结渣。如果煤的挥发分含量较高，硫含量增高会增大煤的阴燃倾向，导致煤粉仓因温度升高而自燃。

对于电煤来说，要求供应低硫煤，一般情况下，含硫量高于 1.5% 者，不宜使用。如应用高硫煤，为确保电厂中 SO_2 的排放不致污染环境，须在电厂中加装烟气脱硫装置。由于脱硫装置投资与运行费用很高，技术上也有相当难度，目前国内只在个别电厂中加装试用。

除硫外，煤中氟也是一种有害元素。煤中氟含量通常不大于 0.05%，但水中含氟量一般很低，故煤中氟是电厂冲灰水氟污染的源头。煤燃烧时，约 95% 的氟转为 HF、SiF_4 等挥发物进入大气。目前，国家对冲灰水中含氟量有所要求，超标者要受到罚款处罚。由于冲灰水量大，除氟费用高，故电厂只能寄希望于选用低氟煤。

5. 可磨性

煤的可磨性用来表征其磨制成粉的难易程度。煤越软，可磨性指数越大，磨粉时电耗越小。电厂锅炉设计人员习惯使用哈氏可磨性指数（HGI）来决定制粉设备，哈氏可磨性指数每相差 10 个单位，磨煤机约相差 25% 的出力。电煤要求 HGI 在 50~90 范围内，低于 50 者为特硬煤，高于 90 者为特软煤。电厂希望用 HGI 值较大的煤，以减少磨煤机能耗而提高运行的经济性。

6. 灰熔融性与灰成分

灰熔融性是影响锅炉安全经济运行的指标。锅炉结渣会使受热面减少，烟温升高，锅炉出力降低，结渣严重时，会被迫停炉。对于液态排渣锅炉，其运行在更大程度上受煤灰熔融性及流动特性的影响，尤须提供可靠煤灰熔融性数据。

在用来表征煤灰熔融性的 DT、ST、HT、FT 这四个温度中，以软化温度（ST）最具特征，通常以 ST = 1350℃ 为分界线。对电厂固态排渣炉来说，ST 要大于 1350℃，且越大越好。因为灰熔融性温度越低，结渣可能性越大。

在考察灰渣特性时，还应注意有长渣与短渣之分。两者之区别在于灰渣黏度受温度变化的影响不同。灰渣黏度受温度影响大者为短渣；影响小者为长渣。长渣一般表现为 FT~DT 间温差大，例如达 200℃ 或更大；短渣的 FT~DT 间温差小，常常在 100℃ 以内。电厂燃用长渣煤，固态排渣炉的结渣相对较缓慢，即使结渣也常是局部性的；燃用短渣煤，可能出现短时间内大面积严重结渣的情况。

为了避免锅炉严重结渣，对煤质及灰渣特性方面的要求是：煤的灰分及含硫量不宜太高，煤粉粒度不宜太大，煤灰应具有较高的 ST 值，特别是避免使用低熔融性的短渣煤。另外，应选用灰熔融性受气氛条件影响较小的煤，这种煤的灰渣特性受锅炉运行工况的影响较小，从而有助于锅炉的稳定燃烧。

煤灰熔融性与煤灰组成有着密切关系，从本质上讲，煤灰熔融性取决于煤灰的化学组成及其结构。煤灰成分通常均用各种氧化物的百分含量来表示，它主要由 SiO_2、Al_2O_3、Fe_2O_3、CaO、MgO、SO_3、Na_2O、K_2O、TiO_2、P_2O_5、Mn_3O_4、V_2O_5 等组成。多数煤灰中，硅、铝、铁三种氧化物之总和就达 90% 以上，对煤灰中含量较少的磷、锰、钒等氧化物一般不做测定。在煤灰成分中，Fe_2O_3、CaO、MgO、Na_2O 及 K_2O 属碱性组分，SiO_2、Al_2O_3 及 TiO_2 属酸性组分。利用此二者的比值可以确定特征灰渣黏温特性及计算结渣指数，这在电厂运行中具有较大的参考价值。

提供可靠的煤灰成分数据，有助于判断和防止灰渣对锅炉设备的侵蚀作用，有助于预测冲灰管道的结垢可能性与程度，并根据灰中各成分相对含量的高低以确定综合利用的可能途径，大体上判断煤灰的熔融特性与灰渣流动特性等。

三、劣质燃料的应用

为了充分利用能源资源，提倡大力开发利用劣质煤作为发电燃料。所谓劣质煤，主要是指高灰分、高水分、高硫分、低发热量的煤。

在工业上，常用的劣质煤有：高灰分、低发热量的劣质无烟煤，低挥发、难着火的无烟煤，高灰分或高水分、低发热量的褐煤，高挥发分、高灰分、低发热量的油母页岩，低挥发分、低发热量的石煤及煤泥等。

1. 石煤

石煤由菌藻类植物经过长期变质作用演变而成，在我国开发较早，石煤主要成碳来源是单细胞中所含的油脂物质。在相同年代条件下，石煤要比由高等植物演变而成的煤种具有较高的挥发分、含氧量及含氢量,绝大部分石煤含有大量无机矿物质。

我国石煤分布于陕西、甘肃、安徽、浙江、江西、湖南、湖北、贵州、四川、广西等省地,多数石煤灰分高,热值低,外观如黑石。其中优质石煤产于陕西南部,灰分含量一般为20%~40%,发热量可达12500~25000J/g;储量最大的是湖南、江西、广西等省区的劣质石煤,灰分含量一般达60%~80%,甚至更高,而发热量仅有3350~7100J/g。

2. 油母页岩

油母页岩也是一种可燃性矿物,形成油母页岩的有机物质主要是低级水藻类及浮游生物,在形成过程中,掺有一些微小动物的有机体。所有这些有机体的特点是脂肪和蛋白质含量很高,而纤维素和木质素含量不多。油母页岩主要用作炼油的原料,可制取页岩油、可燃性气体及氮肥。

油母页岩中含油率的高低是评价油母页岩最重要的指标。我国油母页岩的含油率在3%~20%范围内,较多的则在6%~10%之间。油母页岩直接作为工业燃料,发热量不能太低。一般说来,油母页岩的发热量不应低于7100J/g,否则灰分含量过大而难以应用,也很不经济。我国主要产地的油母页岩的干燥基灰分为53%~85%,挥发分为9%~36%,发热量为3550~7100J/g。

由此可知,在我国油母页岩中,实际上可用来作为发电燃料的并不多。近几年来,山东省龙口发现了油母页岩与褐煤的共生矿,其灰分含量约为40%,发热量高达12500J/g,可以直接用来作为发电或工业燃料。油母页岩作为发电燃料,还应注意以下特点:

(1) 通常具有片理性质。在受力时,易分裂成片状,哈氏可磨性指数值不能真正表征油母页岩的破碎程度(参见本书第六章)。

(2) 挥发分越大,则含油率越高,也就越易自燃、着火,因此必须防止油母页岩细粉在贮存中自燃,并做好制粉、输粉系统中防火防爆工作。

(3) 长期暴露于空气中,由于温度的变化,其各部分受到不均匀膨胀而容易引起破碎。同时由于雨水及空气的作用,也将引起油母页岩中有机组分的变化。

总之,优质石煤及油母页岩在全部石煤及油母页岩中所占比重不大。全部采用劣质石煤及油母页岩作为工业燃料,还有许多问题需要研究。从锅炉安全经济运行的角度去考虑,在其他电力用煤中适当掺烧部分劣质石煤或油母页岩还是可以做到的。

3. 其他劣质煤

煤泥属于劣质煤的范畴,煤泥是指粒度小于0.5mm的泥状湿煤,它是一种洗煤产品,其水分含量往往达20%~30%。一般说来,它不适宜单独作为发电燃料。近期有的电厂掺烧部分煤泥获得成功,其掺烧比例可达20%~40%。

为保证锅炉燃烧稳定,实际掺烧煤泥的煤质应与锅炉设计煤质相近,故必须通过大量试验来确定煤泥的掺配比,同时还应对锅炉运行做适当的调整。由于煤泥水分含量很高,所以必须采取措施,加速煤泥的干燥,同时做好配煤,否则将会对锅炉运行带来严重影响。

除燃用上述煤粉的锅炉外,还有一种专门燃用高灰分、高含硫量块状劣质煤的流化床锅炉。在这种锅炉中加入石灰成分,将大大减少烟气中的二氧化硫含量。一方面,扩展了发电燃料来源;另一方面,也为劣质煤的大量应用开拓了新的途径。

第四节　煤的基准及其应用

煤的基准在煤质特性检测等诸多方面应用极为广泛，这在本书各章中均有所体现，本节将对基准的含义、分类、换算、应用等电力用煤的重要基础知识加以详细的阐述。

一、基准的含义与表示方法

煤所处的状态或者按需要而规定的成分组合，称为基准。

作为电力用煤，最常用的是收到基准、空干基准、干燥基准及干燥无灰基准四种，它们的表示方法列于表 1-17 中。

表 1-17　　　　　　　　　　　　　基准的表示方法

基准名称	英文名称	代表符号	基准名称	英文名称	代表符号
收到基准	as received basis	ar	干燥基准	dry basis	d
空干基准	air dry basis	ad	干燥无灰基准	dry ash free basis	daf

由上表可知，基准的符号是用它的英文名称的第一个字母来表示的，它应标在特性指标的右下角。例如收到基灰分用 A_{ar} 表示，干燥基固定碳用 FC_d 表示，空干基水分用 M_{ad} 表示，干燥无灰基挥发分用 V_{daf} 表示等。

发热量有弹筒、高位、低位之分，那么不同基准的发热量又如何表示呢？最常用的是空干基弹筒发热量、空干基高位发热量及收到基低位发热量，它们的代表符号列于表 1-18 中。

表 1-18　　　　　　　　　　　不同基准发热量的表示方法

不同基准的发热量	空干基弹筒发热量	空干基高位发热量	收到基低位发热量
代表符号	$Q_{b,ad}$	$Q_{gr,ad}$	$Q_{ar,net}$

弹筒、高位、低位发热量的英文名称分别为 bomb calorific value、gross calorific value 及 net calorific value，故它们的代表符号分别用 b、gr、net 来表示。

由此可知，煤质特性指标右下角有一个以上符号时，基的符号放在后边，符号间用逗点分开，读法则是由后向前读。如 $Q_{gr,d}$ 应读成干燥基高位发热量，$Q_{ar,net,p}$ 应读成收到基恒压低位发热量，$S_{t,ad}$ 应读成空干基全硫等。

二、基准的分类

收到基准可以理解为电厂所收到的原煤所处的状态，空干基准是试验室内测定煤质特性指标时试样所处的状态，干燥基准是除去了全部水分的干煤所处的状态，干燥无灰基准则是假想不计算不可燃成分的煤所处的状态。

根据不同基准的含义可知，当采用不同基准来表示时，同一煤质特性指标就会有不同的值。除水分外，以收到基准所表示的值最小，空干基准次之，干燥基准较大，干燥无灰基准最大。标明煤质检测结果的基准极其重要，否则检测结果就不具可比性，且不能正确地反映煤的质量。

某一煤样，其成分按不同基准计算的百分含量参见表 1-19。

成分 \ 基准	收到基准	空气干燥基准	干燥基准	干燥无灰基准	成分 \ 基准	收到基准	空气干燥基准	干燥基准	干燥无灰基准
水 分	5.5	1.05	—	—	固定碳	43.62	45.67	46.15	64.20
灰 分	26.56	27.81	28.11	—	总 和	100	100	100	100
挥发分	24.32	25.47	25.74	35.80					

由表 1-19 可知，不论使用何种基准，煤中以质量百分含量表示的各种成分之和都应是 100，所以各种基准也可用下列各式表示

收到基准：$M_t + A_{ar} + V_{ar} + FC_{ar} = 100$ (1-3)

$$M_t + A_{ar} + C_{ar} + H_{ar} + O_{ar} + N_{ar} + S_{c,ar} = 100 \tag{1-4}$$

式（1-3）中全水分也就是收到基水分，M_t 与 M_{ar} 是一样的。式（1-4）中 $S_{c,ar}$ 为收到基可燃硫，它也可近似地用收到基全硫 $S_{t,ar}$ 来代替。

空干基准：$M_{ad} + A_{ad} + V_{ad} + FC_{ad} = 100$ (1-5)

$$M_{ad} + A_{ad} + C_{ad} + H_{ad} + O_{ad} + N_{ad} + S_{c,ad} = 100 \tag{1-6}$$

干燥基准：$A_d + V_d + FC_d = 100$ (1-7)

$$A_d + C_d + H_d + N_d + O_d + S_{c,d} = 100 \tag{1-8}$$

由于是干燥基，即不含水分，故式（1-7）及式（1-8）中没有水分指标。

干燥无灰基准：$V_{daf} + FC_{daf} = 100$ (1-9)

$$C_{daf} + H_{daf} + O_{daf} + N_{daf} + S_{c,daf} = 100 \tag{1-10}$$

由于干燥无灰基不含不可燃成分的水分及灰分，仅有可燃成分的挥发分及固定碳，故式（1-9）及式（1-10）中没有水分及灰分指标。

除上述收到基、空干基、干燥基、干燥无灰基四种最常用的基准之外，其他基准简介如下：

干燥无矿物基——以假想的干燥无矿物质状态的煤为基准的表示方法，符号为 dmmf。煤中矿物质是由各种盐类组成的复杂混合物，在大多数情况下，铁、铝、钙、镁、钠、钾的硅酸盐构成矿物质的主要成分，其中黏土占较大比重。

恒湿无灰基——以 30℃、相对湿度为 96% 时所含的水分和假想的无灰状态的煤为基准的表示方法，符号为 maf。

恒湿无矿物基——以 30℃、相对湿度为 96% 时所含的水分和假想的无矿物状态的煤为基准的表示方法，符号为 mmf。

无硫基——以假想的无硫状态的煤为基准的表示方法，符号为 sf。无论何种煤均含有硫，只是其含量大小不同而已，所以无硫煤实际上是不存在的，而只是假想无硫状态。

对上述不常用的基准，读者只需一般地了解；但对四种常用的基准，则要有充分的了解，并掌握不同基准间的换算办法。

三、基准间的换算

四种常用基准之间的换算关系见表 1-20。为了使读者更好地理解基的含义及基准间的换算方法，作者将对此做进一步的阐述，读者不必硬记众多的换算公式也能很快掌握换算方法。

表 1-20 　　　　　　　　　　　　　不同基准之间的换算系数表

换算后基\已知基	收 到 基	空 干 基	干 燥 基	干燥无灰基
收 到 基	1	$\dfrac{100-M_{ad}}{100-M_t}$	$\dfrac{100}{100-M_t}$	$\dfrac{100}{100-M_t-A_{ar}}$
空 干 基	$\dfrac{100-M_t}{100-M_{ad}}$	1	$\dfrac{100}{100-M_{ad}}$	$\dfrac{100}{100-M_{ad}-A_{ad}}$
干 燥 基	$\dfrac{100-M_t}{100}$	$\dfrac{100-M_{ad}}{100}$	1	$\dfrac{100}{100-A_d}$
干燥无灰基	$\dfrac{100-M_t-A_{ar}}{100}$	$\dfrac{100-M_{ad}-A_{ad}}{100}$	$\dfrac{100-A_d}{100}$	1

前已指出：在工业分析中，挥发分与固定碳是煤中可燃成分，而水分及灰分是煤中不可燃成分。实际上各种基准间的差异，就在于是否含有水分和灰分。

例如收到基与干燥基间的区别，就在于相差全水分；空干基与干燥无灰基间的区别，就在于相差空气干燥水分及灰分；干燥基与干燥无灰基间的区别，就在于相差灰分等。基准可简称为基，例如干燥基准灰分，可简称为干燥基灰分。只要我们能搞清楚基的含义及不同基间的区别，就不难掌握基间的换算方法。

【例 1-1】 已知收到基灰分 30.00%，设煤的全水分为 10.0%，则

$$A_{ar} = \frac{灰分}{原煤} \times 100\% = \frac{灰分}{干燥 + 全水分} \times 100\% = 30.00\%$$

如换算成干燥基灰分 A_d，应为多少？

解： 所谓干燥基灰分，即灰分在干煤（$100-M_t$）中所占百分比，故干燥基灰分值较收到基灰分值要大，则

$$A_d = \frac{100}{100-M_t} \times 30.00\% = 33.33\%$$

由此可知，由收到基换算到干燥基，要乘上一个大于 1 的系数 $100/(100-M_t)$；反之，由干燥基换算到收到基，要乘上一个小于 1 的系数 $(100-M_t)/100$。

【例 1-2】 已知干燥无灰基挥发分 V_{daf} 为 30.00%，$M_{ad}=1.50\%$，$A_{ad}=24.00\%$，问空气干燥基挥发分 V_{ad} 为多少？

解： 干燥无灰基挥发分 V_{daf} 为 30.00% 的含义，就是在煤的可燃成分（$100-M_{ad}-A_{ad}$）中，其挥发分占 30.00%。

求 V_{ad}，也就是求包含空气干燥水分及灰分的煤中挥发分占的百分比。显然由于增加了上述水分及灰分，其百分比降低了，则

$$V_{ad} = \frac{100-M_{ad}-A_{ad}}{100} \times V_{daf} = \frac{100-1.50-24.00}{100} \times 30.00\% = 22.35\%$$

由此可知，由干燥无灰基换算到空干基，要乘上一个小于 1 的系数 $(100-M_{ad}-A_{ad})/100$；反之，由空干基换算到干燥无灰基，则要乘上一个大于 1 的系数 $100/(100-M_{ad}-A_{ad})$。

【例 1-3】 试证明收到基与空干基之间的换算式为 $A_{ar} = A_{ad} \times \dfrac{100 - M_t}{100 - M_{ad}}$。

证明： 根据上述相同道理，干燥基与收到基间的关系是

$$A_d = A_{ar} \times \frac{100}{100 - M_t} \tag{1-11}$$

而干燥基与空干基的关系是

$$A_d = A_{ad} \times \frac{100}{100 - M_{ad}} \tag{1-12}$$

因为式（1-11）与式（1-12）相等，所以

$$A_{ar} \times \frac{100}{100 - M_t} = A_{ad} \times \frac{100}{100 - M_{ad}}$$

$$A_{ar} = A_{ad} \times \frac{100 - M_t}{100 - M_{ad}} \text{ 或 } A_{ad} = A_{ar} \times \frac{100 - M_{ad}}{100 - M_t}$$

由此可见，由空干基换算成收到基，要乘上一个小于 1 的系数 $(100 - M_t) / (100 - M_{ad})$；反之，由收到基换算成空干基，要乘上一个大于 1 的系数 $(100 - M_{ad}) / (100 - M_t)$。

根据上述各例换算，可以看出基准间的换算有一定的规律性，即煤质特性指标按收到基→空干基→干燥基→干燥无灰基的顺序，其数值依次增大，如依上述顺序变换，则所乘系数均大于 1；反之，如依反向顺序变换，则所乘系数均小于 1。而大于 1 或小于 1 的系数，在分子或分母上所减去的数值，就是两者所相差的组分，无非是全水分、空气干燥水分及灰分三项。

四、基准的应用

试验室所测煤中全水分是以收到基来表示的，而其他特性指标均以空干基表示，在不同方面应用时，则要求将空干基换算到所需要的基准。

锅炉燃用原煤，以收到基表示煤质特性指标，直接反映原煤各种成分的含量与性能，这对电厂煤场、输煤与锅炉系统设计来说是最为方便的。

由于收到基低位发热量可以表示原煤实际上用来发电的热量，故它是计算发供电煤耗的基本参数。虽然各电厂燃用煤种不同，其发热量也可能相差很大，但采用标准煤耗度量各电厂耗煤情况，就使得不同电厂之间的经济指标具有了可比性。而试验室直接测出来的是空干基弹筒发热量 $Q_{b,ad}$，它必须经过一定的校正与换算，最后得出计算标准煤耗所需的收到基低位发热量 $Q_{ar,net}$。

试验室直接测出的煤质特性指标值均用空干基表示，这是因为用来分析、测定的煤样均处于空气干燥状态。空干基所表示的各种煤质特性指标务必准确，首先要求样品必须真正处于空气干燥状态，煤中水分含量大于或小于空气干燥水分 M_{ad}，都将对其测试结果带来直接影响。当然，以不准确的数据来换算到其他基准，也就不可能获得正确的结果。

干燥基意味着煤中不含水分，即干煤所处的状态。为了检查测试结果的准确性，普遍应用标准煤样，而它的特性值均以干燥基表示。这样在不同湿度条件下，所测出的空气干燥基特性指标值虽有所不同，但经换算可成为干燥基，这样实测值与标准煤样的标准值（名义值）之间就具有直接可比性，从而判断测试结果的准确性。

煤中水分受环境影响而变化，在不少场合，考虑到排除水分对煤质数据的影响，就需要

应用干燥基，例如煤的采样精密度是这样规定的，当原煤干燥基灰分 $A_d > 20\%$ 时，其精密度要求为 $\pm 2\%$。

干燥无灰基挥发分是煤变质程度的标志，也是决定煤实际用途的一项重要参数。在煤炭分类中，V_{daf} 是其最重要的分类依据，这在本章第一节中已做了介绍。由于干燥无灰基是一种假想的状态，它不计水分与灰分，只计可燃成分，因此与燃烧性能密切相关的干燥无灰基挥发分 V_{daf} 在电厂锅炉设计与燃烧调整中应用甚多。

由此可知，切实理解各种基准的含义，正确、熟练地进行不同基准间的换算，了解各种基准的主要用途，是学习和掌握电力用煤特性检测技术的专业基础条件，也是对每一个煤质检验人员的基本要求。即使对燃煤管理、锅炉燃烧专业方面的人员来说，也均具有重要的参考价值。

第五节 煤质监督与电力生产

火电厂是利用电力燃料燃烧所产生的热能来获取电能的生产单位。煤、石油、天然气等天然有机燃料均可作为电力燃料，但根据我国的国情，其中最主要的是煤。

一、发电用煤情况概述

为了满足电力生产的需要，大型火电厂年消耗原煤数百万吨。燃煤通过陆路或水路，应用各种运输工具运进电厂，一般情况下将其存放于贮煤场，贮煤场的贮煤容量通常不能小于电厂 15 天的用煤量。

由于煤源多，煤质变化大，电厂往往要在贮煤场配煤以满足锅炉燃烧的要求，配好的煤再通过输煤系统（破碎及除铁）的输煤皮带进入原煤仓。经过粗碎的原煤，送入球磨机或其他类型的磨煤机磨成粉，将煤粉送入煤粉仓或直接送入锅炉燃烧。前者称为储仓式制粉系统，后者称为直吹式制粉系统。

通过热风把煤粉吹入锅炉的燃烧器，煤粉在锅炉内燃烧产生的热能将水加热为蒸汽（高压），推动汽轮机，带动发电机发电。而煤的燃烧产物中一部分通过除尘装置除去，一部分随烟气进入烟囱排出，产生的灰、渣则通过除灰装置（炉渣还得先经破碎）借助于水力输送到灰场。

二、煤质监督

发电用煤的质量，直接对电厂的安全经济运行产生重大影响，做好煤质监督是电厂燃煤全过程管理中的一个重要环节。从国家电力公司直至基层电厂都十分重视煤质监督工作。原能源部决定，自 1989 年始，对全国电厂中的煤质检验人员，要通过全国统一的理论与操作考试，实行持证上岗制度，从而有效地保证了煤质监督水平。另一方面，从国家电力公司到各网省局均颁发了煤质监督条例、制度，使得煤质监督工作走上标准化、规范化的轨道。目前，国家电力公司及其各地区发电用煤质量监督检验中心相继成立，这无疑将进一步推动电力部门煤质监督工作的开展。

1. 入厂煤质监督

入厂煤质监督的根本任务是根据供煤合同，通过对入厂煤的采制样及化验（简称采制化），监督入厂煤的质量是否符合供煤合同要求，能否做到质价相符，以维护电厂自身经济权益。另一方面，及时掌握入厂煤的质量变化情况，为电厂配煤提供数据，以确保锅炉机组的安全经济运行。

对电厂入厂煤数量监督是根据轨道衡、地磅等衡器加以计量验收的。而对于质量监督来说，首先是按合同及有关标准，做好入厂煤质的验收。

对入厂煤，国家电力公司规定各电厂必须按照国标要求采样。一些电厂为了更好地掌握每车煤的质量，即使对汽车进煤，也力求做到车车采样，批批化验。

当前，火车及汽车车厢上采用机械采样方式尚处于开发完善阶段，距离普遍实用化还有一段时间，目前主要还是依靠人工采样。所采样品送往制样室，借助机械及人工相结合的办法完成制样。对大中型电厂来说，加速实现入厂煤采样的机械化，有其必要性与迫切性。因为多数采煤样机是包括采样与制样的联合装置，随着采样机械化的实现，制样的机械化水平也大大提高。当前，应在制样室加大机械制样，减少人工制样的比重。

入厂煤质特性检测的基本要求是：

（1）对每天每批入厂煤，均应进行全水分、空干基水分、灰分、全硫分、挥发分、发热量的测定。

（2）对新煤源来说，则应预先搞清楚上述特性值，然后应加测可磨性、灰熔融性、灰成分等项目，以确认该煤源可否用于本厂锅炉燃烧，确定可用之后方可进煤。

（3）每半年及年终必须按煤源，对入厂煤混合样进行一次煤、灰全分析，以充分掌握各矿的煤质特性及其变化趋势，为以后选择煤源提供依据。

（4）如某一入厂煤质发生频繁波动，就要缩短对其进行全分析的周期，以便及时发现问题，及时中止这一煤源或采取其他措施，以确保入厂煤质量。

2. 入炉煤质监督

入炉煤质监督的根本任务是根据锅炉机组设计（包括输煤、制粉、燃烧、除灰系统），提供符合生产要求的入炉煤。一方面保证机组的安全经济运行；另一方面，通过煤质特性检测，提供计算电厂最重要经济指标——标准煤耗的煤质参数。入炉煤的数量是根据安装在输煤皮带上的电子皮带秤或核子秤来计量的；而其质量则通过入炉煤采样机采制入炉煤样，然后进一步制成空气干燥煤样，送试验室分析测定后确定的。

目前，入炉煤采样机已在不少电厂安装或应用，其技术已日趋成熟。按照国际标准对入炉煤采样的要求，凡是输煤皮带运行速度超过 1.5m/s，煤层厚度超过 0.3m，流量超过 200t/h，就不宜进行人工采样。我国大中型发电厂输煤皮带宽度一般为 1000～1500mm，运行速度为 2.5～3m/s，流量为 600～1500t/h 不等，故均应采用机械采样。如进行人工采样，皮带高速运行，危险性很大，所采样品也不可能具有代表性。国家电力公司要求：大中型火电厂必须实现入炉煤采样的机械化，而且不允许以采集煤粉样代替原煤样来作为入炉煤监督的样品。

对入炉煤质特性检测来说，其基本要求是：

（1）每天至少一次对全天入炉煤混合样进行全水分、空气干燥水分、灰分、全硫分、挥发分、发热量的测定。

（2）每半年及年终要对入炉煤半年及全年的按月的混合样进行煤、灰全分析，其项目同入厂煤要求。各厂还应对按日的月混合样进行上述常规项目的检测，以积累入炉煤质资料。

（3）入厂煤质变化频繁时，则要增加入炉煤质的检测频率，例如对每班煤样进行一次常规项目的检测。

(4) 若入炉煤质影响生产正常运行，如发生磨煤机出力不足、煤粉太粗、锅炉结渣等情况时，则应增测煤粉细度、可磨性、灰熔融性等项目。

无论是入厂煤还是入炉煤，今后应加强对煤中含硫量的检测。同时，随着机组容量的不断增大及锅炉参数的不断提高，对入炉煤的监督也应不断充实其内容，提高其时效性。目前存在入炉煤质检测滞后于锅炉燃烧的问题，当完成入炉煤各项特性指标检测并报出结果时，煤早已入炉燃烧，起不到及时指导燃烧的作用，解决这一问题是入炉煤质检测工作的主攻方向。

三、煤场监督

电力生产的特点之一，是它的连贯性。为了确保电厂生产不间断，电厂务必要贮存一定量的煤，故每座电厂均建有贮煤场。根据各台锅炉设计煤质不同，电厂中可能建有几个贮煤场，以贮存不同品种、不同性质的电煤。

煤在煤场中贮存，煤质会发生不同程度的变化，导致热值的损失，有的煤还会产生自燃，造成更为严重的后果。因而，加强对煤场存煤的科学管理也是电厂煤质管理的重要组成部分。另一方面，多数电厂煤源较多，煤质差异较大，为了适应锅炉燃烧要求，需要对入炉原煤进行适当掺配。故做好煤的贮存，可以降低煤的自然损耗，也为进行合理配煤创造有利条件，有助于锅炉的安全运行并提高电厂的经济效益。

做好煤场监督，通常有以下几方面的要求：

(1) 我国电厂入厂煤普遍采用露天煤场贮存。在组堆时就要注意不同煤种、品种的煤应分别组堆存放。对挥发分含量较高的煤，特别是存放时间较长的，则要将煤堆分层压实，使其堆积密度达到 $1.05 \sim 1.10 t/m^3$，以尽量降低煤中的空隙率。煤堆顶部呈凸起状，以防积水；同时对煤堆的高度、角度均有相应的要求。

(2) 为防止煤的自燃，必须做好测温监督工作。特别是堆放高挥发分煤时，尤其要加以注意。通常煤堆温度达到 60℃ 左右时，就应该进一步加强测温监督，缩短测温周期，确定祸源区，以便及时采取措施。当局部温度达到 80℃ 时，则在短时间内就可能发生自燃。因此，不断改善煤堆测温手段及开展如何有效防止煤堆自燃的技术措施的研究非常重要。

(3) 做好煤场盘点是电厂煤质监督管理的定期工作之一，它必须解决煤堆体积的计量及堆积密度测定的问题。煤堆体积的测量，除采用传统方法，即将煤堆平整成一定的几何形状，然后按数学公式计算外，现在可用激光系统快速测量全煤场的各特征点，并自动记录其空间坐标，利用数字内插拟合技术，建立数字地面模型，从而计算出煤堆体积。这种方法大大提高了盘煤质量并缩短了盘煤时间，现在应用这一技术的电厂日益增多。目前煤的堆积密度还需进行人工测量。

(4) 做好配煤掺烧有着重要的现实意义。电厂锅炉均是按一定煤质设计的，而实际上电厂进厂煤很难完全满足锅炉设计煤质的要求，特别是供煤紧张时，就更难顾及进厂煤质了。为了确保锅炉机组的安全经济运行，应对不同性质的入厂煤，特别是某些劣质煤予以配煤掺烧，控制好入炉煤质。

四、煤质检测试验室与制样室

各燃煤电厂均建立了煤质检测试验室，其基本任务是及时提供入厂煤及入炉煤准确的分析数据，对入厂及入炉煤质进行有效监督，为确保入厂煤做到质价相符以及为锅炉的安全、经济运行及计算标准煤耗提供可靠依据。电厂煤质特性检验试验室所配备的人员、仪器、环境条件要与入厂及入炉煤质监督的要求相适应，应能提供煤中全水分、空干基水分、灰分、挥发分、发热量、全硫、煤粉细度、飞灰可燃物等的常规监督项目的检测结果，同时对煤的元素分析、灰熔融性及灰成分等的测定也应配备相应的仪器，并要求工作人员掌握其测试技术。

对于可磨性及电厂一时不能进行检测的项目，则应按规定的要求送电力系统各煤检中心检测，而不应使《燃料监督条例》中所规定的检测项目出现空白数据，而且规定的检测周期也不得擅自延长。

为了完成入厂及入炉煤质的检测，煤质试验室应配备的主要仪器有：高温炉及温控仪、鼓风干燥箱、分析天平、工业天平等通用仪器，以及热量计、定硫仪、元素分析炉、灰熔融性测定仪等专用仪器。而对制样室来说，则应配有粗碎及细碎破碎机、制粉机、振筛机、标准试验筛、二分器等设备。电厂所有燃煤采制化人员均必须持有国家电力公司统一颁发的煤质检验人员岗位合格证。

以上所述，只是对电力生产中煤质监督的总体要求。对于电厂中的制样室、测热室等试验室的具体要求，将在本书有关章节中加以详细说明。

电力用煤采制样技术

按标准要求进行采制样，是电力用煤特性检测中最为重要的环节，是获得可靠测试结果的必要前提。煤是粒度及化学组成都很不均匀的固体物料，从大量的煤中采制出能代表这批煤平均质量的少量样品，就必须遵循一定的原则和采用科学的方法。本章重点说明煤炭采制样的基本概念及其方法；针对电厂中采制样方面的实际问题，对如何掌握采制样技术加以阐述；同时对入炉煤机械采制样装置的基本构造、性能测试及其应用等予以介绍。

第一节 煤炭采样的基本概念

由于煤的粒度及化学组成都很不均匀，且煤量很大，故要采集到有代表性的样品难度很大。例如从1000t的一批煤中采集100kg样品，只是相当于1000t煤的万分之一。另一方面，在采样时，一旦出现差错，则连补救的机会也没有。因为原来的一批煤已从车上卸下或入炉，故不可能重新采样。

鉴于在电厂中煤炭采样的重要性及很大的技术难度，煤质检验人员务必要学习采样原理与方法，掌握采样技术。

一、采样及其有关术语的含义

（1）采样。按规定方法采取有代表性煤样的过程，要求按国家标准和电力行业标准进行采样。

（2）批。需要进行整体性质测定的一个独立煤量数。一批煤的煤量可多可少，原则上是以1000t作为一批，少则可以是数十吨，多则可以是2000t或稍多一点。

（3）采样单元。从一批煤中采取一个总样的煤量，为采样单元煤量，一批煤可以是一个或多个采样单元。例如一列火车运来2000t煤，其中包括三个煤矿的供煤，则这一批煤应按矿别分别采样，即它应是三个采样单元。当一批煤只是一个采样单元时，一批煤与一个采样单元煤实际上是一样的。

（4）子样。从一个采样部位按规定采集的一份样品，即采样器具操作一次或截取一次煤流全断面所采集的一份样品。

（5）总样。从一个采样单元取出的全部子样合并成的煤样。

（6）分样。能代表整个采样单元的一部分试样。

（7）试验室煤样。由总样或分样缩制的送往试验室供进一步制备的煤样。

二、煤的不均匀度

煤是一种不均匀的固体物料，其不均匀度主要由煤中水分、灰分、粒度等指标的变化决定。灰分与粒度越大，则煤的不均匀度越大，要想采集到有代表性的煤样也就越困难。

由于煤的粒度与密度的不同，在重力作用下，大小颗粒产生的自然分离与分层现象，称为偏析作用。这也是造成煤不均匀性的原因之一。

有多种煤质特性指标可以用来表征煤质的不均匀度，一般用所采样品灰分的标准差 S 或方差 V 来表征。

标准差或称标准偏差，它表示单次测定值与平均值偏离程度的一种平均偏差。通常它有两种表达形式

$$S = \sqrt{\frac{\Sigma(x - \bar{x})^2}{n - 1}} \tag{2-1}$$

$$S = \sqrt{\frac{\Sigma x^2}{n - 1} - \frac{(\Sigma x)^2}{n(n - 1)}} \tag{2-2}$$

式中　　x——测定值；

$\bar{x}$——各次测定的平均值；

$\Sigma(x - \bar{x})$——各次测定的总偏差；

n——测定次数；

Σx^2——各次测定值平方和；

$(\Sigma x)^2$——各次测定值和的平方。

方差是指各测定值与平均值差值的平方和的均值，其数学表达式为

$$V = \sigma^2 = \frac{\Sigma(x - \bar{x})^2}{n} \tag{2-3}$$

标准差 S 与方差 V，在很多方面均有广泛的应用，本书第八章将对其做详细阐述。

将式（2-1）与式（2-3）比较可知：σ^2 值略小于 S^2 值，测定次数 n 越小，则两者差值越大；测定次数较多，S^2 值则近似等于 σ^2，即 $V = \sigma^2 \approx S^2$。

在处理较少测定数据时（通常测定次数少于 60 次），一般应用标准差；而在煤的采制样中，则多用方差来表示所采制样品的离散情况。

方差 V 越大，表示煤质越不均匀；V 越小，则表示煤质越均匀。采样原理依据的就是方差理论。

我们先来看看下列两组数据。对每一批（一个采样单元）煤各采 6 个子样，分别制样与分析，从而获得两组干燥基灰分值 A_d（%）：

第一组 A_d 的范围是 26% ~ 32%，平均值 $\bar{x}_1 = 28.8\%$；第二组 A_d 的范围是 22% ~ 34%，平均值 $\bar{x}_2 = 28.8\%$。第一组各子样灰分变化幅度小，第二组则大得多，虽然两组灰分的平均值相等，但它们的不均匀度有明显差异。直观上，灰分变化幅度小的，应该说是较为均匀的，即不均匀度小；反之，灰分变化幅度大的，应该说不均匀度也大。

	1	2	3	4	5	6
第一组	26	27	29	28	32	31
第二组	22	27	28	30	32	34

将上述两组 A_d 数据代入式（2-1），得出第一组样品标准差 $S_1 = 2.32$；第二组 $S_2 = 4.22$。由此可知，标准差 $S_1 < S_2$，故第二组煤的不均匀度要大于第一组。

在这里需要指出：标准差的单位与测定值单位相同，例如上述 S_1 与 S_2 的单位均应用%

表示；标准差对测定结果的特大及特小偏差具有很高的敏感性，且它又与各次测定值有关，故它是精密度表示的最好方法。

煤质检验结果的误差由采样、制样及分析三方面误差构成。如用方差来表示的话，则采样误差最大，约占总误差的80%；制样误差次之，约占16%；分析误差最小，约占4%。因而煤质检验结果的可靠性，在很大程度上取决于采样的代表性。

式（2-1）表示单个子样的标准差。其单个子样的总方差 S_0^2，除包括采样方差 S_S^2 外，还包括制样与分析方差 S_{da}^2，即

$$S_0^2 = S_S^2 + S_{da}^2 \tag{2-4}$$

单个子样的采样方差为 $S_S^2 = S_0^2 - S_{da}^2$，而由 n 个子样所组成的总样的采样方差为 S_S^2/n，故 n 个子样所组成的煤样的总方差 S_n^2 为

$$S_n^2 = \frac{1}{n}S_S^2 + S_{da}^2 \tag{2-5}$$

在95%的概率下，采样标准差 S_n 与精密度 P 之间存在下述关系

$$P = \pm 2S_n \tag{2-6}$$

根据国际标准规定，制样和分析的方差 S_{da}^2 与采样精密度 P 的关系是

$$S_{da}^2 = 0.05P^2 \tag{2-7}$$

将式（2-6）平方，则 $P^2 = 4S_n^2$，将其代入式（2-5），消去 S_n^2，即

$$P^2/4 = S_S^2/n + 0.05P^2 \tag{2-8}$$

设 $P = \pm 1\%$，代入式（2-8），则

$$0.25 = S_S^2/n + 0.05$$

$$n = 5S_S^2$$

设 $P = \pm 2\%$，则

$$1 = S_S^2/n + 0.20$$

$$n = 1.25S_S^2$$

表 2-1 S_S^2 与 n 的对应关系

单个子样采样方差 S_S^2	4	16	36	64	100
$P = \pm 2\%$ 时子样数 n_2	5	20	45	80	125
$P = \pm 1\%$ 时子样数 n_1	20	80	180	320	500

由表 2-1 可以看出，当采样精密度 P 由 ±2% 提高到 ±1% 时，应采的子样数要增加到原来的 4 倍。

三、采样精密度

在采样中所采集的各子样特性与这一采样单元煤的特性平均值（视为真实值）相比，偏差总是不可避免的，且规定这种偏差不应超过一定的限度，而且正确的采样不允许有系统偏差存在。

采样精密度，就是指采样所允许达到的偏差程度，采样的代表性就是以采样的精密度来度量的。如煤样的灰分测定值与这批煤的总体平均值相差越小，则说明采样的精密度较高；

反之，则较低。

在讨论采样精密度时，有几点需要加以说明：

(1) 采样精密度这一名词几经变化，在 1983 年前，称为采样准确度；1983 年以后至 1996 年，称为采样精确度；而 1997 年 2 月开始实施的国标 GB 475—1996，则改称采样精密度。

精密度的英文名称为"precision"，它是指一组观测值互相接近的程度；而准确度的英文名称为"accuracy"，它是指观测值与真值的接近程度。当精密度好又不存在系统误差的情况下，精密度与准确度是等同的。

值得注意的是，在强调采样精密度应符合国家标准时，不应忽视采样是否存在系统误差。

(2) 一批（一个采样单元）煤的灰分含量的真实值是不可知的，但借助于数理统计方法可知，在没有系统偏差的情况下，采集足够的子样，其灰分测定的总平均值就接近真实值。因此，煤样的测定值与此总平均值的差值就反映了采样精密度，它实际上是采样、制样及化验的总精密度。

(3) 采样精密度通常是以 95% 的概率为前提条件。例如煤的灰分含量为 28%，采样精密度为 ±2%，则就意味着在 100 次采样中，有 95 次可期望所采煤样灰分含量落在 26% ~ 30% 范围内。

采样精密度 P 值的大小，反映了对采样代表性要求的不同。前已指出：煤的不均匀度越大，要采集到有代表性的样品也就越困难，要提高采样精密度，可通过增加采样子样数来实现。

采样精密度 P、煤的不均匀度（单个子样的标准差）S 与采集子样数 n 三者之间的关系可用式 (2-9) 来表示

$$P = 1.96 \frac{S}{\sqrt{n}} \tag{2-9}$$

如采样精密度为 ±2%，则上式可简化为 $n \approx S^2$，标准差 S 表示各个子样灰分测定值与其平均值之间的离散程度。不难理解，对一批（一个采样单元）煤采集多个子样，其灰分测定值与其平均值的偏离程度就小，即标准差 S 值也小，则煤的不均匀度小，或者说，煤的均匀度高。

由式 (2-9) 亦可知：当采样的子样数 n 一定时，采样精密度 P 与标准差 S 成正比。P 值越小，表示采样精密度越高。当煤的不均匀度一定，即 S 值一定时，则采样精密度 P 与采样的子样数 n 的平方根成反比。因此要提高采样精密度，即减小 P 值，则采样的子样数就要相应增加。

因此，增加采样的子样数是提高采样精密度的主要途径。另一方面，增加子样量也有助于提高采样精密度。如采样量过少，则一些粒径较大的块煤或矸石就无法采集到，这就可能产生系统偏差而影响采样的代表性。

采样的子样数与质量对采样的精密度的影响是不同的，前者的影响要远远大于后者。然而子样数及子样量也不是越大越好，因为当子样数与子样量达到一定程度后，继续增多子样数及增大子样量，对精密度的提高甚微，而且随采样量的增多，采样与制样工作量大大增加。因此，国家标准中规定了最少采样子样数及每个子样的最小质量。如果能按标准规定采

样，对绝大多数煤来说，是能够满足采样精密度要求的。

表 2-1 给出了采样方差 S_0^2 与采样子样数之间的关系。例如采样精密度由 ±2% 提高到 ±1% 时，应采集的子样数 n 则增大至原来的 4 倍，由式（2-9）也可得出相同的结论。式（2-9）中的 S，是指单个子样（灰分测定结果）的标准差，它包括采样、制样与化验偏差在内；而式（2-2）中的 S_S，是指单个子样的采样标准差，它不包括制样与化验偏差，故二者是有一些区别的。

四、采样方法

依据采样原理，可采取不同的采样方法。各种方法采样均应达到国家标准所规定的采样精密度要求，且所采样品不存在系统误差。常用的采样方法有随机采样法、系统采样法及多份采样法。

所谓随机采样，就是指在采取子样时，能使任何部位的煤都有同等的机会被采出，不存在系统误差的采样方法。

本节所述煤的采样，就是指随机采样。而采样精密度，则反映了随机采样偏差，虽然这种偏差总是存在的，但其偏差不允许超过一定限度，从而保证所采样品具有代表性。

目前国标所规定的商品煤采样主要是系统采样法。所谓系统采样，是指按相同时间、空间或质量的间隔采取子样，但第 1 个子样在第一个间隔内随机采取，其余的子样则按选定的间隔采取。例如在入炉煤输煤皮带上采样时，为了满足采样精密度要求，采样机的采样头应该以一定的时间间隔动作一次。

此外，国标规定对商品煤采样精密度进行核对时，采用多份采样法。所谓多份采样法，是指从一个采样单元取出若干子样，依次轮流放入各个容器中，每个容器中的煤样构成一份质量接近的煤样，每份煤样能代表整个采样单元的煤质。

五、采样的基本原则

电厂入厂煤样通常在火车或汽车顶部车厢中采集，而入炉煤则多从输煤皮带上采集。不论在何处采样，其基本原则都是一致的。为了保证所采样品的代表性，必须切实掌握采样的技术要求，对一个采样单元来说，应该做到：

（1）子样数要满足采样精密度的要求。

（2）每个子样的量应符合标准的规定。

（3）采样点要合理分配与正确定位。

（4）要使用适当的采样工具或机械。

上述四点是相互关联的，其中最重要的是子样数不能少。但是其他任何一条不符合要求，也将使采样代表性受到影响，甚至使所采样品完全丧失代表性。

无论是人工采样还是机械采样，均不得存在系统偏差，这一点是极其重要的。

第二节　电厂入厂煤人工采样

电厂入厂煤的采样工作随运煤方式及电厂的地理位置而异。国内多数电厂以火车或汽车进煤，有的电厂则上述两种方式兼有；而海滨、沿江电厂，多以轮船进煤，再以输煤皮带或用汽车将煤自港口转运进电厂。

当前，电厂入厂煤采样还是以人工方式为主，机械采样也日益增多，但尚需完善与提高。对于人工采样，无论是何种输煤方式，其基本要求是一致的，同时在某些方面又有一定的差异。

一、入厂煤采样的技术要求

对于电厂入厂煤，无论在何处采样，均应符合采样的基本原则。为了保证所采样品的代表性，必须切实掌握采样的技术要点。

采样时，原则上以1000t为一采样单元，超过或不足1000t时，以实际运量为一采样单元。

1. 最少子样数的确定

（1）1000t原煤、筛选煤、精煤及其他洗煤（包括中煤）和粒度大于100mm的块煤，应采最少子样数见表2-2。

表2-2 1000t煤应采最少子样数

品种 \ 干燥基灰分（%） \ 采样地点		煤 流	火 车	汽 车	船 舶	煤 堆
原煤、筛选煤	> 20	60	60	60	60	60
	≤ 20	30	60	60	60	60
精 煤		15	20	20	20	20
其他洗煤（包括中煤）和粒度大于100mm的块煤		20	20	20	20	20

（2）在煤流、煤堆上采样，煤量超过1000t的，子样数则按式（2-10）计算

$$N = n\sqrt{\frac{m}{1000}} \tag{2-10}$$

式中　N——实际应采子样数，个；

n——表2-2规定的子样数，个；

m——实际被采样的煤量，t。

（3）煤量少于1000t时的子样数，则按表2-2规定数目按比例递减，但最少不能少于表2-3规定的数目。

表2-3 煤量少于1000t应采最少子样数

煤种 \ 干燥基灰分（%） \ 采样地点		煤 流	火 车	汽 车	船 舶	煤 堆
原煤、筛选煤	> 20	表2-2规定数目的1/3	18	18	表2-2规定数目的1/2	表2-2规定数目的1/2
	≤ 20		18	18		
精 煤			6	6		
其他洗煤（包括中煤）和粒度大于100mm的块煤			6	6		

2. 每个子样的最小质量

每个子样的最小质量按商品煤的最大粒度决定，见表2-4。

表2-4 煤的最大粒度与子样质量

最大粒度（mm）	< 25	< 50	< 100	> 100
子样质量（kg）	1	2	4	5

煤的最大粒度不能理解成煤中最大的一块块煤的尺寸，它是通过筛分试验加以测定的，测定方法如下：

（1）对1000t煤，不论车皮容量大小，如图2-1所示，沿对角线方向、按5点循环，在每节车皮上采集一个不少于30kg的子样。

（2）合并各子样，称重（精确到0.5kg），然后利用孔径为150、100、50、25mm的筛子（方孔或圆孔筛均可）进行筛分试验，分别称出筛子上方的余煤量。

（3）计算各筛上方余煤占总煤样量（约600kg）的百分数。取筛上方余煤量最接近5%的那个筛子，将小于该筛的孔径作为煤的最大粒度。

例如：对1000t原煤，采集了600kg煤样，用不同孔径的筛子分别筛分，其结果如下：

筛子孔径（mm）	150	100	50	25
筛上煤量（kg）	2	11	31	74
筛下煤量（kg）	598	589	569	526

由筛分试验可知，该煤的最大粒度应小于50mm。因为600kg原煤样通过50mm孔径筛，其筛上方余煤量最接近600kg的5%（30kg）。

上述筛分试验至少半年进行一次。

3. 采样点的正确定位

采样点必须正确定位，以防止产生系统误差。采样点布置的总原则是：采样点应均匀地分布于采样单元的全部煤量中。当然，在不同地点采样，其采样点的布置还有各自的规定与要求，这将在下文中做具体的说明。

4. 采样工具或机械

为了进行采样，必须采用适当的采样工具或机械。

从煤流中或静止煤中人工采样时，使用的采样铲的深度与宽度均应不小于被采样煤的最大粒度的3倍。一般使用的采样铲为尖头铲，其宽度为250mm，深度为300mm。如是机械采样，采样器的开口尺寸也应为煤的最大粒度的3倍。

二、火车顶部采样

1. 子样数的确定

在火车顶部采样时，子样数按表2-3确定。但是从300t到一列火车（约2000~2500t），每节车皮不论容量大小，原煤、筛选煤均采集3个子样，洗煤、精煤则采集1个子样。也就是说，当火车运煤量大于1000t时，并不是按式（2-10）计算应采的子样数，而是对任何一节车皮，原煤筛选煤采集3个子样，洗煤、精煤采集一个子样。

当火车运煤量小于1000t时，子样数按表2-2规定数目按比例递减，但最少不能少于表2-3所确定的子样数。例如600t原煤，应采集36个子样，运煤量在300t以下时，则应采集18个子样；若是洗煤或精煤，上述煤量则分别应采12个子样或6个子样。

这里所指的采样子样数，是为了满足采样精密度要求，即保证采样代表性所需要的最少子样数。

2. 子样质量的确定

每个子样的最小质量按表2-4确定，为此，电厂首先要掌握供给本厂各矿来煤的最大粒度。由表2-4也可看出：随着煤的粒度增大，即煤的不均匀度增加，要采到有代表性的煤样，每个子样的质量也应增大。对某一采样单元来说，根据子样数及每个子样的质量，就可计算出总样量。

3．采样点的分配与定位

在火车顶部采样，无论煤的品种如何，当煤量超过 300t 时，采样点均应分布于车皮对角斜线上，各车斜线方向一致，斜线的始末两点均应距车角 1m，其余各点均应均匀地布置于剩余斜线上，采样深度应为 0.4m 以下。

对原煤来说，子样点采取斜线三点布置，如图 2-2 所示；对洗煤、精煤来说，子样点采取斜线上按五点循环方式在每节车上采集一个子样。

当采样单元煤量小于 300t 时，原煤、筛选煤与洗煤、精煤采样点的位置分别如图 2-3 及图 2-4 所示。

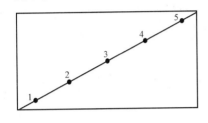

图 2-1　斜线五点采样布置示意

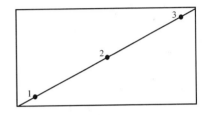

图 2-2　斜线三点采样布置示意

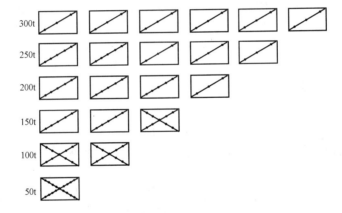

图 2-3　300t 以下原煤、筛选煤的采样点布置

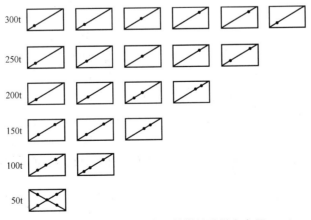

图 2-4　300t 以下洗煤、精煤的采样点布置

图 2-3 及图 2-4 是以一节车皮装煤 50t 来布置采样点的，但现实每节装煤 60t 的车皮，子样数及子样点的布置也是有差异的。此问题将在本章第三节中予以论述。

由图 2-3 可知，对 250t 原煤、筛选煤来说，在 5 节车皮上采样，其中 3 节车皮上各采 3 个点，2 节车皮上各采 5 个点；对 200t 煤来说，则在 4 节车皮上采样，其中 3 节车皮上各采 5 个点，1 节车皮上采 3 个点；对 150t 煤来说，则在 3 节车皮上采样，其中 2 节车皮上各采 5 个点，1 节车皮上采 9 个点（两对角线上布点）；对 100t 煤来说，则在 2 节车皮上采样，每节车皮上各采 9 个点；对 50t 煤来说，则在 1 节车皮上布置 18 个采样点。

应该指出：在 1 节车皮上采集 18 个子样，除按图 2-3 中交叉对角线上布置外，也可将 1 节车皮划分为 $3 \times 6 = 18$ 个方块，然后在每一个方块内布置一个采样点。

总之，当以不足 300t 为一采样单元时，依据均匀布点，使每一部分煤均有机会被采出的原则分布子样点。另一方面，也可看出在火车顶部采样，其采样点可按对角斜线、交叉对角线或将车皮划分为若干矩形的方式来布置。

在学习与掌握采样技术要点时，要认识到其中最重要的是采样点数，它的多少直接影响采样精密度的高低。但这并不是说，其他的技术要求不重要。例如每个子样的量很小，这样大块矸石或煤块就无法采集到；又如从煤层表面采样，其样品的灰分及水分因受环境的影响而不能反映煤的真实情况等。因而我们在进行入厂煤采样时，要把各项技术要点看成一个整体，全面予以实施，否则，所采样品就可能失去其代表性。

【例 2-1】 一批 1200t 由火车运进电厂的原煤，每节车皮装煤 50t，煤的最大粒度小于 100mm，问应采集的样品量最少为多少千克？如上述入厂煤不是原煤，而是洗煤，其应采样品量又有何变化？

解： 如装原煤，则 1200t 煤应装 1200/50 = 24 节车皮。由于煤的最大粒度小于 100mm，故每个子样量至少为 4kg，总的样品量为

$$24 \times 3 \times 4 = 288(kg)$$

如装洗煤，则应在每节车皮上采集 1 个子样，则总样品量为

$$24 \times 1 \times 4 = 96(kg)$$

【例 2-2】 一批 450t 煤由火车运进电厂，其中 250t 为原煤、200t 为洗煤，每节车皮装煤 50t，煤的最大粒度均是小于 50mm，问应采集的原煤及洗煤的样品量各为多少千克？

解： 上述 450t 虽是一批，但包括 2 个采样单元。对 250t 原煤来说，应采集 18 个子样；对 200t 洗煤来说，则应采集 6 个子样。由于煤的最大粒度均小于 50mm，故

$$应采原煤样品量 = 18 \times 2 = 36(kg)$$
$$应采洗煤样品量 = 6 \times 2 = 12(kg)$$

三、汽车上采样

由于煤炭市场的变化，电厂汽车入厂煤激增。汽车上采样，问题较多，国标 GB 475—1996 的规定是：子样数与子样质量按表 2-2 ~ 表 2-4 确定。采样点布置则为沿车箱对角线方向，按 3 点（始尾两点各距车角 0.5m）循环方式采样。当在 1 台车上需采取 1 个以上子样时，应按与火车采样相同的原则进行布点，将子样分布在对角线上或平分线上或整个车箱内，并挖至 0.4m 以下。

对于汽车上采样，按国标执行有其特殊的困难。例如 1000t 原煤采集 60 个子样，一辆汽车上的煤，少则三五吨，多则一二十吨不等，因而 1000t 原煤的装车数可能相差悬殊，那么

如何进行采样呢？另一方面，汽车装煤往往装得很满，实际上是很难按斜线在其顶部下挖 0.4m 采样的。

鉴于要在汽车上采样的电厂日渐增多，同时执行国标又有具体困难，故原电力部于 1995 年制定了汽车上采样的行业标准 DL/T 567—1995，该标准对汽车运输煤样的采取方法做了若干不同于国标的规定。现将其要点说明如下：

1. 采样精密度

汽车采样精密度如表 2-5 所示。

表 2-5　　　　　　　　　　　　DL/T 567—1995 汽车采样精密度

原煤、筛选煤		其他洗煤（包括中煤、煤泥）
干燥基灰分 $A_d \leqslant 20\%$	干燥基灰分 $A_d > 20\%$	
$\pm A_d / 10\sqrt{2}$，但不小于 0.7%（绝对值）	$\pm 1.5\%$（绝对值）	$\pm 1.1\%$（绝对值）

DL/T 567—1995 相对于 GB 475—1996 来说，采样精密度的要求较高，这是 DL/T 567—1995 中所规定的采样子数比国标规定的大大增多所致。

前已指出：采样子数多少，决定采样精密度的高低。DL/T 567—1995 规定：不带拖斗的汽车，不论运载量多少，均视为一辆车，带有拖斗的汽车，不论运载量多少，均视为两辆车。对同一煤源发出的同一品种的煤，若一天的发运量超过 30t（含 30t）时，则按 3 点循环法每辆车采取一个子样；一天的发运量不足 30t 时，不论煤的品种如何，应采的子样数不少于 6 个。

如果 1000t 煤，由 100 辆汽车来装运，则应采集 100 个子样，根据式（2-9）就能计算出采样精密度

$$P_1 = 1.96 S_1 / \sqrt{n_1}$$
$$P_2 = 1.96 S_2 / \sqrt{n_2}$$
$$(2-11)$$

对于同一采样单元的煤，不均匀度是一定的，即 $S_1 = S_2$，由于采样子样数增加，则采样精密度可按下式计算

$$P_1 / P_2 = \sqrt{n_2} / \sqrt{n_1} \quad 或 \quad P_2^2 = P_1^2 n_1 / n_2$$

将 $P_1 = \pm 2\%$，$n_1 = 60$，$n_2 = 100$ 代入上式，则

$$P_2 = \pm 1.55\%$$

由此说明，正是 DL/T 567—1995 要求对每辆车都进行采样，增加了采样子样数，从而提高了采样精密度。

2. 采样方法

子样质量及采样工具仍同国标规定。由于子样数较国标规定大大增加，故采样点的布置也就有所差异。

对汽车顶部采样时，也是沿车厢对角线方向上布置，按 3 点循环法在每一辆车上采集 1 个子样。斜线始末两点应各距车角 0.5m（指车角与采样点的水平距离），另一点为斜线的中心点。同一批次的斜线方向应一致，采样时也是下挖到 0.4m 以下，清除滚落在坑内的煤块

或矸石后再取。

对同一煤源发出的同一品种的煤，若一天运量不足 30t 时（每车按 5t 计），其采样点布置应本着中间采样点与车角采样点比例基本保持一致的原则，按图 2-5 布置。

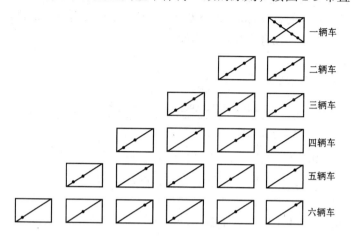

图 2-5　DL/T 567—1995 30t 以下汽车采样点布置

虽然 DL/T 567—1995 规定，对每辆汽车都要采样，但是还有一些实际问题不易解决：一是汽车装煤往往装得很满，大大高于车门高度，给采样带来诸多不便；二是供煤方知道采样要下挖一定深度，某些不法人员则将矸石或劣质煤装于汽车下半部，以至无法采集到这部分样品。为此，有的电厂与供煤方协商，可将汽车车厢侧门打开，在卸煤过程中采集 1 个或多个子样。在将煤卸于煤场时可用这种方式，而在地磅附近设置采样平台时，这种方式则难以采用。

四、船舶上采样

国标 GB 475—1996 规定：直接在船上采样，一般以一仓煤为一个或分成若干个采样单元。

子样数、子样质量及采样工具均与火车上采样相同。当一采样单元煤量超过 1000t 时，则应按式（2-10）计算应采的子样数。例如一采样单元的煤量为 1500t，则应采的子样数为

$$N = 60 \times \sqrt{\frac{1500}{1000}} = 60 \times 1.22 = 73.2 \approx 74(个)$$

应该指出：国家标准中规定的子样数为最少采样数，如计算结果出现小数时，均进为整数。

根据均匀布点使每一部分煤都有机会被采出的原则，采样点的布置如图 2-6 所示。采样时，将船舱分为 2～3 层，每 3～4m 为一层，将子样均匀分布于各层表面上。

应该指出：船舶上不直接采取仲裁煤样和进出口煤样。商品煤样一般也不在船舶上采取，而应在装卸煤过程中于输煤皮带的煤流中或在转运的汽车等运输工具上采样。

电厂在执行国标时遇到不少困难，同时进出口煤炭多通过船舶运输，其采样方法与国际接轨尤为重要。原电力工业部根据实际需要，制定了行业标准 DL/T 569—1995《船舶运输煤样的采取方法》，该标准对人工及机械采样方法均做出了相应的规定，本节主要介绍人工采样方法。

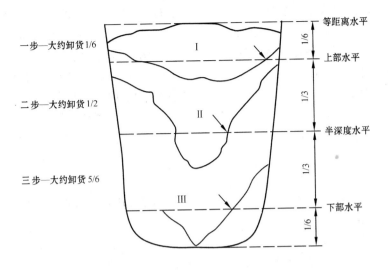

图 2-6 船舶上采样点布置

1. 采样精密度

船舶上的采样精密度规定与汽车上完全相同，即干燥基灰分 $A_d > 20\%$ 时，采样精密度为 ±1.5%；而对洗煤来说，则为 ±1.1%，为避免重复，读者可参见表 2-5。

2. 采样方法

煤量为 1000±100t 原煤、筛选煤及除精煤以外的其他洗煤（包括中煤、煤泥）应采取的最少子样数参见表 2-6。

当煤量不足 1000t 时，子样数目按表 2-6 规定的数目递减，但最少不得小于表 2-7 中规定的数目。

表 2-6 船舶上 1000t 煤的最少采样数

煤炭品种	干燥基灰分 A_d（%）	采样地点		
		煤流	船舶	
			驳船	海轮
原煤、筛选煤	≤20	50	40	50
	>20	100	80	110
其他洗煤（含中煤、煤泥）	—	30	30	30

表 2-7 船舶上不足 1000t 煤的最少采样数

煤炭品种	干燥基灰分 A_d（%）	采样地点		
		煤流	船舶	
			驳船	海轮
原煤、筛选煤	≤20	16	20	25
	>20	30	40	55
其他洗煤（含中煤、煤泥）		10	10	10

对于驳船上采样点应按煤量均匀地分布在驳船的首、中、尾各舱，具体位置应随船舱形状及各舱装运量而定。可将某一船舱划分相等的若干方块，在每块中心各采一个子样。由于受途中水雾的影响，表面层煤不宜采集，仍应下挖到 0.4m 以下采样。

对于大型海轮，一个舱的装煤量就可达数千吨甚至万吨以上，因而要在船舱内采集到有代表性的样品是很困难的。一般说来，对海轮要根据各舱实际载运量划分成几个采样单元，按照图 2-6 进行分层采样。总之，为了能采集到有代表性的样品，尽可能不要在船舱内采样，而应在卸煤过程中采取煤样，应采的子样数要均匀分布在煤的有效流过时间内或采样单元内的煤量中。

五、入厂煤的采样精密度

根据我国煤质特性及工业上的一般要求，国家标准 GB 475—1996 对商品煤的采样精密度作出了明确的规定。

（一）对采样精密度的规定

煤炭品种不同，对采样的精密度规定也有所不同，参见表 2-8。

表 2-8   采 样 精 密 度 的 规 定

原煤、筛选煤		精 煤	其他洗煤 （包括中煤）
干燥基灰分≤20%	干燥基灰分＞20%		
±1/10×灰分，但不小于±1%（绝对值）	±2%（绝对值）	±1%（绝对值）	±1.5%（绝对值）

例如干燥基灰分 A_d 为 25% 的原煤，所采样品灰分测定值在 23%～27% 范围内；A_d 为 15% 的原煤，所采样品灰分测定值在 13.5%～16.5% 范围内，则认为采样精密度符合标准规定的要求。前者所采样品的灰分值越接近 25%，后者越接近 15%，则说明采样精密度越高。

对于洗煤来说，由于大量矸石在洗煤过程中被除去，也就是说煤质均匀性提高了，即使灰分含量大于 20%，但精密度要求仍有所提高，标准规定为 ±1.5%；精煤是灰分最低的优质煤，其均匀度更高，故标准规定其采样精密度要求最高，为 ±1%。由表 2-8 还可看出：洗煤与精煤的采样精密度的规定与其灰分含量无关。

还有一点需要指出：采样精密度在实际应用中为采样、制样及化验总精密度。

（二）采样精密度的核对与计算

在影响煤炭采样精密度的诸因素中，子样数的多少是首要因素。国家标准规定，对灰分＞20% 的原煤、筛选煤，在火车上采样其精密度要求为 ±2%。显然 A_d＞20%，其范围很大，例如灰分含量为 21%，它与含量为 31% 的煤相比，其不均匀度是有明显差异的。采样精密度能否符合国标要求，要靠对采样精密度予以核对，它的实质就是核对子样数能否满足标准所规定的精密度要求。

1. 采样精密度的核对

（1）对 1000t 的火车进厂原煤，设其 A_d＞20%，仍按标准要求采集 60 个子样。

（2）将所采集的子样按顺序依次放进 6 个样品桶中，即 1、7、13、…、55 号样放入第一个样品桶中；6、12、18、…、60 号样放入第六个桶中，这样可得到由 60 个子样组成的 6 个分样。

（3）对上述 6 个分样分别制样，测出空气干燥水分及灰分，计算出干燥基灰分 A_{d1}、

A_{d2}、…、A_{d6}。

（4）如 6 个分样的 A_d 值的极差在 2.4% ~ 9.8% 之间，则认为采集的子样数能够满足采样精密度 ±2% 的要求；如极差在 1.2% ~ 4.9% 之间，则认为采集的子样数能够满足采样精密度 ±1% 的要求。

（5）如 6 个分样的 A_d 极差大于 9.8%，则说明所采集的 60 个子样不能满足采样精密度 ±2% 的要求，为此，应将子样数增加 50% 即 90 个，再按上法核对。6 个分样的 A_d 极差越大，反映煤的不均匀度越大，则表明距规定的精密度相差越远，所增加的子样数应增多。

（6）如 6 个分样 A_d 极差小于 2.4%，则说明不必采集 60 个子样就能满足采样精密度 ±2% 的要求。一般可减少 1/3 子样数，即采集 40 个子样，再按上法进行核对。如果 A_d 极差值越小，则反映煤的不均匀度越小，故应采的子样数可以减少。同时，它还表明对这种煤采集 60 个子样，A_d 极差处于 1.2% ~ 4.9% 范围内，故实际上其采样精密度已达到 ±1% 的要求。

一般进行采样精密度的核对时，要连续进行 2 ~ 3 次试验，如有 2 次符合要求，则认为采样精密度合格。

例如：按上述方法 6 个分样的 A_d 值分别是 40.5%、37.6%、43.4%、39.9%、45.1% 及 42.5%，则其极差为 45.1% – 37.6% = 7.5%，也就是说，采集 60 个子样可以符合采样精密度 ±2%，但不符合 ±1% 的要求。

2. 采样精密度的计算

对按前面 1 所述方法所采集的 6 个分样分别制样，测出 A_{ad}，再换算成 A_d，它们依次为：27.19%、27.37%、27.69%、29.49%、26.85% 及 27.61%，极差为 29.49% – 26.85% = 2.64%。虽然它符合采样精密度 ±2% 的要求，但究竟采样精密度是多少呢？

采样精密度 P 按式（2-12）计算

$$P = \pm t_{\alpha,f} \overline{S} \quad \%$$

$(2\text{-}12)$

式中 $\overline{S}$——6 个分样 A_d 的平均标准差；

$t_{\alpha,f}$——数理统计量，其中 α 为显著性水平，通常取 0.05，f 为自由度，它等于分样数，$n-1$。

在这里计算采样精密度时，应采用 $t_{0.05,5}$，它可通过 t 值表查得为 2.57。t 临界值表参见表 2-9。

表 2-9 t 临 界 值

α ＼ f	1	2	3	4	5	6	8	10	20	40	60	∞
0.05	12.71	4.30	3.18	2.78	2.57	2.45	2.31	2.23	2.09	2.02	2.00	1.96
0.10	6.31	2.92	2.35	2.13	2.02	1.94	1.86	1.81				

关于数理统计方面的知识，在各种计算中应用较多，本书将在第八章中对此予以进一步介绍。这里只要求读者能够查出 t 临界值，计算出采样精密度即可。

$$\overline{S} = \sqrt{\frac{1}{n(n-1)}\left(G - \frac{M^2}{n}\right)}$$

$(2\text{-}13)$

将 $t_{0.05,5} = 2.57$，$n = 6$ 代入式（2-12），则

$$P = \pm 2.57 \sqrt{\frac{1}{6 \times (6-1)}\left(G - \frac{M^2}{6}\right)} = \pm 0.47 \sqrt{G - M^2/6} \qquad (2\text{-}14)$$

式中　G——分样灰分值的平方和；

　　　M——分样灰分值之和；

　　　n——分样数。

将本例中相关数值代入式（2-14），就可直接计算出采样精密度 P。

6 个分样灰分值之和 $M = 166.2$，6 个分样灰分值的平方和 $G = 4608$，$n = 6$，将以上数值代入式（2-14），则

$$P = \pm 0.47 \sqrt{4608 - \frac{(166.2)^2}{6}} = \pm 0.97\%$$

第三节　电厂入厂煤采样中的若干问题

煤质检测结果的可靠性，关键在于所采样品应该具有代表性。电厂中对入厂煤火车上采样，依据国标 GB 475—1996《商品煤样采取方法》；而对汽车及船舶上入厂煤采样，则遵循电力行业标准 DL/T 567—1995《汽车运输煤样的采取方法》及 DL/T 569—1995《船舶运输煤样的采取方法》。但是在执行上述标准中，有的电厂问题很多，也很突出，这既有采样人员对标准学习与理解不够、执行不力等主观上的原因，也有国标及电力行标中某些条文规定过于笼统、缺少可操作性等客观方面的因素。

由于电力发展的需要，加速实现煤的采样机械化显得十分迫切，而国标基本上是针对人工采样而言的；另一方面，一节火车车皮装煤量由原来的 50t 增大至 60t，这给采样按标准 GB 475—1996 执行带来新的难度。现在用于运煤的汽车装载量大大增加，一辆车装煤 20 ~ 30t 并不少见，故电力行业标准 DL/T 567—1995 也不能充分适应这种变化。

一、执行标准中的问题

（一）执行国标中的问题

1. 采样子数不足

（1）在火车上采样，随意减少子样数的现象在某些电厂中常常发生。例如对一列火车来煤，按标准规定应车车采样，对原煤、筛选煤每节车皮应采 3 个子样，对洗煤应采 1 个子样。有的采样人员并不车车采样，想采几个样就采几个样；有的虽车车采样，本应每车采 3 个子样，则随意减少为 1 个子样；更有甚者，只是在临近制样室的几节车皮上采少数几个子样，每个子样量取十多公斤，甚至数十公斤，总的采样量确实不少，但采样精密度大大降低。上述严重违反标准规定的做法是不允许的。

电厂中煤质监督人员检查采样是否符合标准要求，首先就要检查所采子样数够不够，而不能只检查总样品量的多少。

（2）在皮带上采集煤样，也往往出现类似情况。按要求采样点应均匀分布于全煤流中，例如电厂通过皮带上煤，每班一般上两次，每次 1 ~ 2h。如要采到有代表性的煤样，采样人员必须在上煤全过程中，每隔一段时间（通常 3 ~ 5min），人工采集一个子样，这样所采样品合并起来，可作为该班的入炉煤样。而实际上采样人员只是随意在皮带上采几个子样而已，它根本无法代表当班入炉煤的平均质量。

那么，皮带上煤时，采样子数又应如何确定呢？例如某电厂皮带流量为 480t/h，所上原煤灰分大于 20%，每班上两次煤，一次上煤时间为 1.5h，总上煤量为 $480 \times 3 = 1440t$，按式（2-10）计算，应采子样数为 72 个，故每采 1 个子样的间隔时间为 180/72 = 2.5min。若输煤皮带参数更高，流量更大，则人工采每个子样的时间间隔更短，故人工采样要满足标准中的子样数目是很困难的。

2．不按要求采集子样量

对火车来煤或在皮带上对入炉煤采样，每个子样质量由煤的最大粒度确定。

对火车上采样，煤的最大粒度是通过筛分试验来确定的。然而，不少电厂很少或者根本未进行过这种试验，采样人员只是凭目测和经验来判断。

对于小于 150mm 的煤，每个子样的最小质量 m 与煤的最大粒度 D 之间的关系是

$$m = 0.06D \quad （kg）$$

式中　D——煤的最大粒度，mm。

标准中子样的最小质量与煤的最大粒度之间的关系参见表 2-4，该表就是参照上式制定的，但考虑到我国的煤质特性，式中的 0.06 改为 0.04，即 $m = 0.04D$。例如煤的最大粒度小于 100mm，则子样量至少为 4kg。

现在电厂容量不断增大，煤源增多，入厂的各煤源煤的最大粒度有可能存在差别，采样时，应根据各矿煤的最大粒度来确定每个子样量。故定期对本厂入厂的主要煤别进行筛分试验以确定其最大粒度是完全必要的。即使对同一煤源，由于煤的粒度变化，也应该及时复测，以调整每个子样应采集的质量。如子样量过少，则较大粒径的煤或矸石就无法采到，这就可能对所采样品带来系统偏差。一般情况下，这样做的后果是样品灰分偏低、发热量偏高。

3．采样点不能正确布置与定位

最常见的情况是在火车上采样时，不按标准要求确定采样点，随意性较大，且下挖深度不足 0.4m，有的甚至只采表层煤。

由于煤是不均匀性很大的固体物料，煤的粒度分布的不均匀性是很明显的。粒度较大的煤块及矸石块易分布于车皮四周；而较小粒度的小块煤及煤末则较多分布于车皮中部。按斜线分布采样点，有助于克服这种粒度分布的不均匀性而能够采集到没有系统偏差的样品。标准中明确规定了在火车上各个采样点的具体位置，有利于采样的规范化操作，同时，可使不同人员之间的采样具有可比性。

电厂入厂煤在长途运输途中，车皮表面煤质受风吹、雨淋、日晒的影响较大，故不宜从车皮表层煤中采样。

4．采样工具问题

国标规定在运输工具顶部采集最大粒度不超过 150mm 商品煤样时，使用宽度约 250mm，长度约 300mm 的尖铲。但有的电厂没有配备这样的采样工具。例如用小铁铲采样，它就不能采到较大块的煤样，且它往往也容纳不了所规定的子样量；如果采样铁铲过大，就会增加采样人员的劳动强度，也无此必要。对采样工具的原则要求是：其铁铲宽度应为煤的最大粒度的 3 倍，其容积以容纳下所规定的最小子样量为宜。

(二) 执行行标中的问题

1．汽车上采样

虽然行标 DL/T 567—1995 规定，不论车辆装煤量多少，车车都应采样，但由于现在更多

地采用大型汽车装煤，例如平均每车装煤 25t，那么 1000t 煤只用 40 辆汽车来运输，即应采集 40 个子样。显然采样精密度无法达到表 2-5 的规定，而且连国家标准规定也不能达到。

汽车上采样点的布置，行标与国标规定是一致的。由于运煤车往往装煤量过多，在其顶部采样，根本无法按标准要求布点，而且操作也相当危险。和火车上采样一样，其 0.4m 以下装有劣质煤或矸石，将无法采到这部分样品，从而使所采样品不具代表性。

2. 船舶上采样

行标 DL/T 569—1995 规定在船舶上采样精密度与 DL/T 567—1995 在汽车上采样精密度相同，均要求高于国标。例如对 $A_d > 20\%$ 的原煤，采样精密度规定为 $\pm 1.5\%$，这意味着对一定煤量来说，应采子样数比火车上更多。船舶不同于火车，小船装煤数百吨，而大船可装煤数万吨，甚至 10 万 t 以上。大船的一个船舱的装煤量就可能超过 1 万 t。作为一个采样单元来说，按式（2-10）来计算子样数，其采样精密度不仅难以符合行标的要求，很可能连国标规定也达不到。同时采样操作也很困难，如将它划分为几个采样单元，由于各采样单元的煤连成一片，故实际上也是很难操作的。

DL/T 569—1995 规定的采样精密度似乎与子样数的规定不协调一致，且缺少可操作性，这对大型船舶来说，尤为明显。

二、对现行标准修订的若干建议

（1）国标中要大大充实机械采样的内容。

大中型电厂日燃用天然煤 6000 ~ 30000t，若依靠人工对大宗多批火车来煤进行采样，不仅劳动强度大，花费时间长，而且采样质量难以得到充分保证。如以对洗煤的要求去采原煤样，即采样子数减少至标准规定的 1/3，则采样精密度将由原来的 $\pm 2.0\%$ 降至 $\pm 3.5\%$。采取减少子样数及样品量，以降低采样精密度的办法来解决大型电厂中大宗多批火车来煤的采样问题是不可取的。即使这样做，也只是部分减轻采样劳动强度及节约一些采样时间，解决问题的根本办法还是在于实现入厂煤的机械化采样。

GB 475—1996 是对原 GB 475—1983 的修订，但其主要内容变动很少。该标准所规定的内容实际上仅仅适合于人工采样，对机械采样几乎没有涉及；而 ISO 1988—1975《Hardcoal-Sampling》包含的内容比 GB 475—1996 要多得多。在 ISO 1988—1975 中，有关采样原理、各种采样方法、采样设备及工具、采样精密度的计算、系统误差的检验等统统包括在内，且有许多计算实例与附图，便于理解与执行。

鉴于当前技术发展的限制，在电力系统中，首先要求入炉煤（即在皮带上输送燃煤）实现采样机械化，而电厂入厂煤目前仍较多地采用人工采样，但也应逐步实现采样的机械化。故借鉴国际标准，加速修订我国商品煤采样方法标准，特别是大大充实机械采样的内容，不仅具有必要性，而且具有迫切性。最新的国际标准 ISO 13909—2001《Hard Coal and coke - Mechanical sampling》已正式公布，我国商品煤机械采样标准也正在制定中。

（2）对汽车与船舶采样方法需做出更明确的规定。

国标 GB 475—1996 中某些规定过于原则，从而使采样操作难以实施规范化要求而各行其是。这对汽车及船舶采样来说，尤为突出。

如在汽车上采样，对 1000t 原煤应采子样数及每个子样的质量均与火车上一样。而在汽车上如何采集 60 个子样？子样点究竟如何分配？标准上并无具体说明。又如直接在船上采样，标准上规定：一般以 1 舱为一采样单元，也可将 1 舱分为若干采样单元。比如某海轮的

1舱装煤1万t，究竟应分几个单元？显然1万t煤划分成不同单元数，其采集的子样数不同，从而采样精密度就不具可比性。这方面借助国际标准的规定也是有益的。例如 ISO/DIS 9411-1 中规定，一批煤采样单元的划分参见表2-10。

表2-10 一批煤中的采样单元数

批量（t）	<5000	5001~20000	20001~45000	45001~80000	80001~125000	125001~180000	180001~245000
采样单元（个）	1	2	3	4	5	6	7

该标准还规定了在不同精密度下，每一采样单元应采子样数。

（3）商品煤采样深度的合理性值得研究。

国标 GB 475—1996 规定，火车上采样要下挖0.4m。这一规定有时会为不法人员所利用，将劣质煤或矸石置于火车下半部，从而引发供需双方之间的经济纠纷；另一方面，在电厂要进行入厂煤与入炉煤热值差的考核，两者的差值应保持在一定范围内。由于实测入厂煤在0.4m以下采样，致使出现入厂煤质优于入炉煤质的情况，从而使人们对采样深度规定的合理性提出质疑。

为了验证上述问题，不少电厂进行了有关试验，即火车卸煤车前在车上按标准规定的深度进行了采样，后按标准要求进行制样与分析，与卸煤后重新采样分析结果进行对比，发现在火车上采样灰分值、全硫值往往系统偏低，而挥发分及热值则往往系统偏高。照理说，卸车后，商品煤经充分混合，其检测结果更具代表性。虽然这种情况不是普遍的，但确实是存在的，宜从标准中加以规定来予以防止。

商品煤采样应能真正代表这一采样单元的全部煤质情况，现行标准规定的采样深度，其所采样品只能代表火车上部的煤质，约相当于全部煤量的1/3甚至更少，而不能反映全部煤的平均质量。最好能通过全煤层采样，以保证火车（包括汽车）自上而下的全煤层均可采到样品。如果在执行时存在困难，则建议标准中增加从火车下部抽采样品的有关条文。

如采样深度规定不合理，采样的仲裁检验也将难以令人信服。供需双方由于煤质测定结果的差异而引起经济纠纷的事例也经常发生，有的还诉诸法律。而造成上述测定结果出现较大差异的情况一般不在于分析测定，分析中的问题容易判别，仲裁并不困难，问题往往出在采样上，其次就是制样。

对火车来煤采样，仲裁单位所依据的也只能是国家标准规定的方法。如果供煤方将劣质煤总是置于车皮下半部，即使如何严格按标准采样，也无法采集到这部分样品，这样的问题又如何解决呢？而从采样的根本目的上来说，这样的采样并不能采集到真正有代表性的样品。如坚持这样的仲裁结果，由于所采样品很难反映全部被检煤的平均质量，故这种仲裁的结果很难令人接受。这也进一步说明加速修订国标 GB 475—1996 是极其必要的，甚至是刻不容缓的。

（4）对商品煤采样单元煤量问题的建议。

采样精密度的制定与采样单元煤量相关。标准 GB 475—1996 中规定：精煤和特种工业用煤，按品种、分用户以1000t（±100t，下同）为一采样单元，其他煤按品种，不分用户以1000t为一采样单元。该标准又规定：运量超过1000t或不足1000t时，可以实际运量为一采样单元。

标准指出：当煤量超过1000t时，子样数按式（2-10）计算。

例如 1000t 原煤，灰分 $A_d > 20\%$，应采子样数为 60 个，那么 10000t 原煤，按式（2-10）计算应采子样数为 190 个。前者每个子样平均代表 16.7t 原煤，后者每个子样则代表 52.6t 原煤。如 1000t 原煤采集 60 个子样，采样精密度达到 ±2%，则 10000t 原煤采集 190 个子样，相当于 1000t 采集 19 个子样，其采样精密度下降为 $P = \pm3.55\%$。

GB 475—1996 中规定：煤堆上采样子样数及子样质量均同火车上采样。

作者认为：标准宜对采样单元煤量的上限做出具体规定，应在保证采样精密度的前提下，作为确定一采样单元煤量上限的依据，同时还应考虑它的可操作性。一个采样单元煤量过大，不仅难以保证所采样品的代表性，同时采样操作也很难进行。根据我国火车进煤的实际情况，一列火车通常不超过 50 节，每节装煤按 60t 计，则一个采样单元最高煤量定为 3000t 为宜，对其他运煤工具采样，也可参照这一规定执行。

（5）不同容量车皮上采样子样数的确定有待明确与规范。

20 世纪 90 年代中期以前，运煤火车装煤多用容量 50t 的车皮，而现在普遍采用 60t 的车皮。例如用 50t 的车皮装煤 900t，对原煤来说，按标准应采 54 个子样；对洗煤来说，应采 18 个子样。如果用 60t 的车皮装煤，则 900t 原煤仅装 15 个车皮，每节车皮采 3 个点，则为 45 个子样。如对 1800t 一采样单元的原煤来说，用 50t 车皮装煤，按每车采 3 个点计算，则应采 108 个子样；如按 60t 车皮装煤，则应采 90 个子样。标准又规定大于 1000t 时，按式（2-10）计算子样数，1800t 原煤则应采子样数为 81 个。

作为标准，必须具有科学性、技术先进性，同时还应重视可操作性，防止标准条文模棱两可，产生误解。作者建议，火车装煤量大于 300t 时，不论车皮容量大小，原煤一律采 3 个子样，洗煤采 1 个子样。而对于大于 1000t 的煤来说，火车及汽车采样均不采用式（2-10）计算子样数；该公式可适用于大于 1000t 在煤流及煤堆上采样计算其子样数。

（6）对行标 DL/T 567—1995 修订的建议。

前已指出：对于汽车上采样，按国标执行有其特殊的困难。鉴于此情况，原电力部制定了汽车采样的行业标准 DL/T 567—1995。该标准规定：不带拖斗的汽车，不论运载量多少，均视为一辆车，带拖斗的汽车，不论运载量多少，均视为两辆车。电厂要做到车车采样，批批化验，由此 1000t 采样子数远超过 60 个，故对采样精密度也做了相应的调整，原煤的采样精密度由 ±2% 提高到 ±1.5%，洗煤由 ±1.5% 提高到 ±1.1%。这样克服了执行国标采样点难以布置的问题，同时又提高了汽车采样的精密度，这对电厂汽车进煤采样发挥了积极作用，促进了汽车采样的规范化。

随着科技的发展，大型运煤汽车日益增多，装煤 20t、30t 的大型汽车并不少见。如仍按 DL/T 567—1995 采样，一车采 1 个子样，则采样精密度大大降低。例如 1000t 原煤用装煤量 25t 的汽车来运输，一共 40 辆汽车按要求采集 40 个子样，则采样精密度降至 ±2.45%；如用 30t 的汽车来运输，则采样精密度更降至 ±2.70%。这样的结果不仅不符合 DL/T 567—1995 采样精密度 ±1.5% 的要求，也达不到国标 ±2% 的规定。

作为一项国家标准或是电力行业标准，必须随着生产的发展、技术的进步、形势的变化而适时加以修订。为此，作者提出如下修订建议：

（1）分析化验单元煤量的限定问题。

DL/T 567—1995 规定：按煤矿一天的实际煤运量一批次作为一分析化验单元，或以 1000 ±100t 为一批次作为一个分析化验单元。

由于汽车进煤的电厂，往往矿源很多，送煤量各矿可能相差悬殊，某一矿一天运进电厂的煤仅数辆车的情况并不少见。例如：一座装机 60 万 kW 的电厂，日燃煤约 6000t，如由某矿一天运进电厂的煤为 60t，仅相当于全天燃煤量的 1/100，再由于电厂往往无法确知当天该矿究竟发多少煤，故电厂多按一车采集 1 个子样的规定来采样，其结果也就既不符合行标 DL/T 567—1995，也不能符合国标 GB 475—1996 的规定。DL/T 567—1995 规定，一天发运不足 30t，应至少采集 6 个子样；而 GB 475—1996 规定，当煤量小于 1000t 时，原煤至少采集 18 个子样。

另一方面，将此 60t 煤量作为一采样单元，进行制样与化验，则电厂在制样与化验方面的工作量将很大。故建议将煤矿运进电厂的某一品种的煤量满 300t 作为一采样单元，提供分析化验报告用以结算煤款。而小于 300t，则可根据近几天的煤量予以累加，当某一天的煤量累计达到 300t 时，则作为一采样单元的终结。第二天进煤，则算作另一个采样单元的煤量。

（2）子样数的确定。

汽车从矿上进煤至电厂，涉及供需双方的利益，故它的采样精密度应符合或优于国标 GB 475—1996 的规定。

根据运煤汽车煤量大为增加的现状，作者建议运煤汽车不论主、副车，可分为大、小两种：装煤 15t 以上者为大车，装煤 15t 及以下者为小车。大车每车采 2 个子样，小车每车采 1 个子样。

对 1000t 一采样单元的原煤来说，即使全部用装载 15t 的小车来运，仍可采集 67 个子样。如采集 60 个子样，采样精密度达到 ±2% 的话，则采集 67 个子样，采样精密度可提高到 ±1.9%；如上述 1000t 煤全用装载 25t 的大车来运，则可采集 80 个子样，由此采样精密度将提高到 ±1.7%。

（3）采样点的布置。

不论一车采集 2 个或 1 个子样，其采样点均应沿车厢对角线方向上按三点（首尾两点距车角 0.5m）循环方式采样，其深度仍定为 0.4m 以下。这样易于布置，便于操作。

设下述四辆汽车，其中 1、4 为大车，2、3 为小车，采样点的布置如图 2-7 所示。

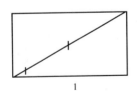 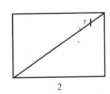 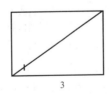 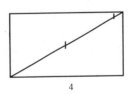

图 2-7　不同装载量汽车采样点布置

关于火车及汽车煤采样深度问题，国标及行标均定为 0.4mm 以下，这是不合理的，前文已做了分析、讨论，此问题值得进一步研究。

进厂煤质关系到电厂的发电成本及锅炉机组的安全经济运行，而煤的采样标准是煤质检验中一项最为关键的基础性标准。无论是国家标准 GB 475—1996，还是电力行业标准 DL/T 567—1995，均不能完全适应电力生产的要求，故加速修订上述采样的国家标准及行业标准，是很有必要性和迫切的。

第四节　电厂入炉煤人工采样

为了确保电厂锅炉安全、经济运行及计算标准煤耗，必须对入炉煤进行采样分析，当今电厂入炉煤基本上是采用皮带输送方式。电力行业标准 DL/T 567—1995 中明确要求，为达到采样精密度，入炉原煤样的采取应使用机械化采样装置。这就表明：电厂入炉煤不再使用人工采样方法。

GB 475—1996 中的有关规定，主要是针对人工采样而言的；机械采样装置使用中的问题很多，虽然有不少电厂安装了采煤样机，但能符合标准要求稳定运行的并不多，不得已一些电厂仍采用人工方法在输煤皮带上采样。同时，人工采样也是机械采样的基础，故本节仍对入炉煤人工采样方法加以介绍，有关入炉煤机械采样问题另作阐述。

一、煤流采样

煤流采样与在火车顶部采样的要求大致相同，但也有一些特殊点。

1. 采样精密度与采样子数

国标 GB 475—1996 规定，商品原煤 $A_d > 20\%$ 时的采样精密度为 $\pm 2\%$，对 1000t 不同品种的煤作为一采样单元来说，其采样子数参见表 2-2；大于 1000t，则按式（2-10）计算子样数；而不足 1000t，则按表 2-2 规定数目按比例递减，但最少不能少于表 2-3 规定的数目。

如按电力部行业标准 DL/T 567.2—1995 要求，由于采样精密度规定为 $\pm 1\%$，则应采子样数为原来的 4 倍，即对于 $A_d > 20\%$ 的 1000t 原煤，在煤流中采样子数为 240 个。

【例2-3】　对 A_d 为 24% 的原煤 200t，按国标及电力行业标准规定，应各采多少个子样？

解：按国标规定，200t 原煤应采子样数为按表 2-2 规定子样数的 1/3，即 20 个，而不是按比例计算的 12 个。

如按电力行业标准规定，则应为按国标所采子样数的 4 倍，即 $20 \times 4 = 80$ 个。

【例2-4】　对 1400t A_d 为 18% 的原煤，按国标及原电力部行业标准规定，应各采多少子样？

解：当一采样单元煤量大于 1000t 时，如按国标规定，则按式（2-10）计算

$$N = 30 \times \sqrt{\frac{1400}{1000}} = 35.5 \approx 36(\text{个})$$

如按电力部行业标准规定，则应采子样数为 $36 \times 4 = 144$ 个。

【例2-5】　某电厂输煤皮带流量为 720t/h，上煤时间为 2h，煤的灰分 A_d 为 27.5%，问如按国标规定人工采样，应每隔多少时间就要采集一个子样？

解：总上煤量为 $720 \times 2 = 1440t$，按式（2-10）计算，则

$$N = 60 \times \sqrt{\frac{1440}{1000}} = 60 \times 1.2 = 72(\text{个})$$

在 120min 内应采集 72 个子样，故两个子样的采样间隔时间为 120/72 = 1.67min

计算表明：按国家标准规定，每隔 1.67min 即 1min40s 就应采集一个子样；如按电力标准规定，则每隔 25s 就应采集一个子样。即使执行国家标准，人工采样也是很困难的。

同时，国际标准 ISO 1988—1975 也指出：输煤皮带速度超过 1.5m/s，流量大于 200t/h，煤层厚度超过 0.3m 时，不宜进行人工采样。当前，我国电力系统进入以 300MW 及 600MW

为主力机组的年代，输煤皮带速度多在 2.5m/s 左右，甚至 3m/s 以上，流量多在 400～1000t/h，甚至达到 1500t/h，煤层厚度一般为 0.3～0.5m，故大中型电厂不宜再使用人工采集入炉煤样。人工采样不仅采样精密度难以得到保证，而且，当输煤皮带运行速度越快，皮带宽度越宽，煤层厚度越厚时，在皮带上进行人工采样的危险性也越大。

2．每个子样的质量

皮带上采样，每个子样质量由煤的最大粒度决定，参见表 2-4。

3．采样点的布置

采样点布置的总要求是各采样点应均匀分布于煤的有效流过时间内。具体做法可分为两种：一种是等时间间隔地从输煤皮带上或落煤处采集一个子样，另一种是等质量间隔采集一个子样。后者往往要与煤的计量装置配合使用，多适用于机械采样方式，由于每个子样都代表一定量的煤，故采用这种方法有助于提高采样精密度；而前者则较适合人工采样方式。

在输煤皮带上采样，要使所采样品具有代表性，可根据煤流的大小，以 1 次或分 2～3 次横截煤流的断面采集 1 个子样。当分次采样时，可按左、右或左、中、右的顺序依次进行，采样部位不得有交错重复。

还须指出：大中型电厂输煤皮带上横截煤流采集到的一个完整的子样量，决非如表 2-4 所规定仅 1～5kg，而往往达数十千克或更多。显然，这里所指的还只是对小型输煤皮带上进行人工采样而言的。

4．采样工具

一般采用可容纳 5kg 煤量的平头铲。

二、煤堆采样

煤堆上不采取仲裁煤样，必要时可在迁移过程中采集煤样。

1．子样数的确定

在煤堆上采样，其子样数与火车上采样相同。例如对 1000t 原煤来说，不论灰分含量多少，均应至少采集 60 个子样；大于 1000t 时，所采子样数仍按式（2-10）计算，而不足 1000t 时，则按表 2-2 规定的数目按比例递减，但最少不得少于表 2-3 所规定的数目，即 30 个子样。

2．每个子样的质量

每个子样质量由煤的最大粒度决定，参见表 2-4。

3．采样点的布置

煤堆上采样点的布置，应根据煤堆的不同堆形及子样数目，均匀分布在煤堆的顶、腰、底的部位上，底应距地面 0.5m，在采样点上，先除去 0.2m 的表层煤，然后采样。

4．采样工具

采用尖头铲，其规格同火车顶部采样用铲。

煤堆上采样，由于堆的大小及形状各异，特别是大堆煤，其煤量可达数千吨、甚至数十万吨，不应把它们视为一个采样单元，而应用式（2-10）计算子样数。又如一大堆煤堆成锥形体，且高度较高，要想在此煤堆的腰部及顶部采样是相当困难的。一般说来，煤堆受煤量及其形状影响很大，其所采样品的代表性难以得到充分保证，故在采样精密度要求较高的情况下，不宜在煤堆上采样。

【例 2-6】　有一个 1800t 的原煤煤堆及一个 350t 的洗煤煤堆，煤的最大粒度均小于

50mm，问应采集的原煤及洗煤样品各为多少千克？

解： 无论是原煤还是洗煤，在煤堆上采样时，无论灰分含量是否大于或小于20%，对1000t煤来说，至少要采集60个子样。根据式（2-10），1800t原煤应采的子样数为

$$N = 60 \times \sqrt{\frac{1800}{1000}} = 80.5 \approx 81（个）$$

由于煤的最大粒度小于50mm，故每个子样量应不少于2kg，因而采集的样品量为 $81 \times 2 = 162kg$。

另一个350t的洗煤煤堆，按照表2-3的规定，应采的子样数为10个，故所采集的洗煤样品量应为 $10 \times 2 = 20kg$。

三、煤粉采样

以煤粉样代替原煤样作为入炉煤监督的样品曾在国内不少电厂中采用，至今仍有部分电厂沿用这一办法。由于煤粉采样方便，又不用制样，这种方法颇受现场人员欢迎。但基于下述诸因素，电力行业标准DL/T 567.2—1995《入炉煤和入炉煤粉样品的采取方法》中明确指出：入炉煤粉样品的检测结果只用于监督制粉系统运行工况，不能代表入炉原煤质量，并且不能用于计算煤耗。也就是说，要求今后电厂入炉煤一律采原煤样，而不得再取煤粉样来监督入炉煤质量。其主要理由是：

（1）煤在制粉过程中，会不同程度地氧化而变质。同时由于煤粉粒度的不同，易发生偏析作用，其中密度最小的部分煤粉被三次风带进炉膛，故煤粉样不能反映入炉煤的真实情况。

（2）目前世界各国均采用炉前煤的分析结果代表电厂入炉煤质，为与国际上保持一致，也不宜继续采用煤粉样。

（3）当前使用于中小型电厂的入炉煤采样机在技术上日趋成熟，且有产品供应市场，适用于大型电厂的入炉煤采样机也正处于开发研究与完善化过程中，因此取消煤粉样的条件已经成熟，实现入炉煤采样机械化已经成为可能。

还须指出：电力行业标准规定煤粉样不作为计算标准煤耗的依据。在电厂中为了对入炉煤粉细度进行检测，仍需采集煤粉样，具体办法在电力行业标准DL/T 567—1995《火电厂燃料试验方法》中做出了明确规定。

然而，煤粉样能否代替原煤样，是一个争论已久的问题。主张采取煤粉样代替原煤样的主要理由是：

（1）煤粉样的优势在于其粒径小，均匀性好，易取得有代表性的样品。由三次风带进炉膛的细粉量约占总煤粉量的10%左右，故采集到的煤粉样中的粗粉粒子较多，易导致煤粉样较原煤样的所测灰分含量偏高，热量偏低。但是这样造成的灰分及热量的误差份额不会太大，是一种系统误差，并不难予以修正。

（2）原煤通过磨煤机制成煤粉，煤质不会发生多大变化，即使个别煤种有轻微变化，但也不致影响煤质测试数据的准确性。

（3）煤粉粒度的不同造成灰分含量的差异，这是一种偏析作用，它对采取具有代表性的煤粉样起不到重要作用，科学的煤粉采样方法能够采集到有代表性的煤粉样品。

作者认为：对电厂入炉煤应尽可能采用机械化采制样装置采制原煤样，特别是在要求提供准确的灰分、发热量、硫含量等的数据时。如果是为了监督入炉煤的质量，为锅炉燃烧提

供煤质数据，用煤粉样代替原煤样来分析煤质应该是可以的。虽然一般煤粉样较原煤样灰分含量稍许偏高，发热量稍许偏低，但诸如挥发分、氢含量的测定值往往与灰分含量没有什么关系，故用煤粉样来测定这些特性指标仍然可以反映原煤在这些方面的真实情况。采集原煤样及煤粉样各有利弊，全盘加以肯定或否定都是不适宜的。

第五节　电力用煤的机械采样

按标准要求对电力用煤进行采样，是煤质特性检测中最为重要的环节，是获得可靠检测结果的必要前提。

人工采样，劳动强度大，工作效率低，更主要的是难以保证采样精密度总能符合标准规定的要求。电力行业标准 DL/T 567—1995《火力发电厂燃料试验方法》规定：电厂入炉煤应采取机械化采制样。其实，对于火车、汽车来煤，也迫切需要解决采样机械化问题。

一、对采样装置的主要技术要求

无论用于火车、汽车或是皮带上的机械采样装置，都必须达到如下技术要求：

（1）采样精密度符合国家标准规定要求，所采样品不应存在系统误差。

（2）采样装置必须能实现可靠运行。

对任何一种机械采样装置来说，保证所采样品的代表性及运行的可靠性是其主要技术要求。除设计思路外，还与系统流程的选择、主要部件的选型与配套、设备的加工与安装以及运行管理与维护等多方面因素密切相关。

由于目前火车及汽车煤机械采样还处于研究改进、不断完善的过程中，技术上还不够成熟；而煤流机械采样装置在不少电厂已安装使用，故本节以阐述煤流机械采样装置为主，同时对火车、汽车煤采样装置予以简要介绍。

二、煤流机械采样装置

机械采样装置其核心部件为采样头。对它来说，关键是能采集到皮带全断面（或 1/2 断面）的煤样，同时由于它频繁地动作，故必须具备良好的运行可靠性。

根据采样头安装位置的不同，通常又分为皮带中部及皮带端部两种类型。

各种采样头的示意图如图 2-8 ～ 2-15 所示，其中图 2-8 ～ 图 2-10 为中部采样头，图 2-11 ～ 图 2-15 为端部采样头。

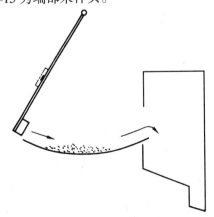

图 2-8　刮板式采样头示意

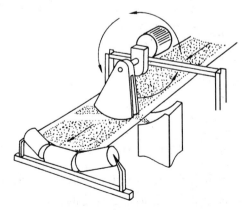

图 2-9　锤式采样头示意

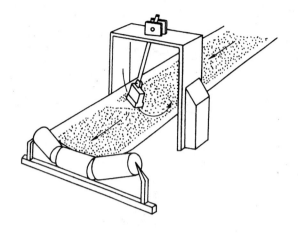

图 2-10 相对速度型采样头示意

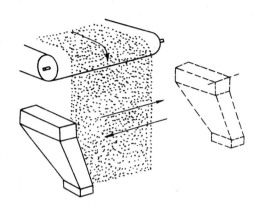

图 2-11 切割槽式采样头示意

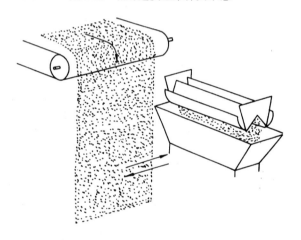

图 2-12 切割料斗式采样头示意（一）

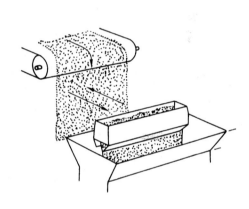

图 2-13 切割料斗式采样头示意（二）

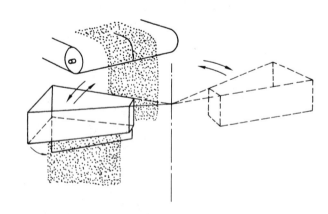

图 2-14 摇臂式采样头示意（一）

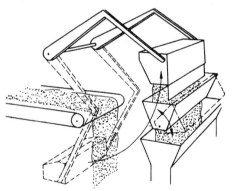

图 2-15 摇臂式采样头示意（二）

一般说来，中部采样头体积较小，选择安装位置的余地较大，较适合在中小型电厂低参数皮带上安装，特别是已运行的电厂，往往受空间位置的限制，只好加装中部机械采样装置；而端部采样头体积较大，安装位置没有选择的余地，已运行的电厂加装难度较大。至于说哪一种类型的机械采样装置更好，由于二者各有利弊，故难以评述。

1. 皮带中部机械采样装置

皮带中部机械采样装置早在 20 世纪 50 年代就已经在电厂中安装使用，最具有代表性的为一种扇形体采样头的装置，如图 2-16 所示。

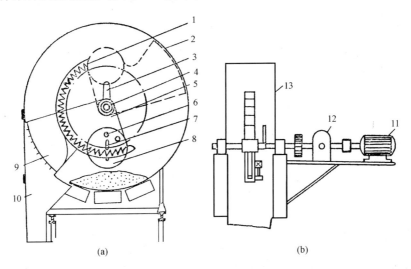

图 2-16 扇形体采样头机械采样装置

(a) 采样头；(b) 整机

1—棘轮；2、13—外壳；3—拨动杆；4—主轴；5—扇形体；6—支点；7—制动器；
8—重锤；9—刮板；10—落煤管；11—电动机；12—减速器

扇形体采样头机械采样装置由电动机驱动，电动机通过减速器带动主轴，而主轴上有扇形体、拨杆及重锤。拨杆随主轴转动并顶着重锤的支点使扇形体上升，当升至最高点时，在重锤重力作用下，扇形体急速下落，使得固定在扇形体下方的刮板 9 迅速从皮带上截取煤样，落入煤斗中。采样后采样头沿力的方向继续向前，扇形体上的制动器被棘轮 1 卡住，制止扇形体倒退，然后它又被拨动杆拨动上升，如此不断做圆周运动，实现单向采样。这样的采样头结构较复杂，其所受到的推力取决于重锤的重量，采样间隔时间则依靠调整变速箱的变速比控制。

这种早期采用的中部机械采样装置至今某些小型电厂仍在采用。该装置所占空间位置不大，多使用于低参数的输煤皮带，即带宽小于 650mm，带速 1.2m/s 左右，流量通常也在 200t/h 以下。这种装置往往采集不到大块煤，每次采样量也就在 1kg 左右，甚至更少，采样后皮带留有多量底煤，故样品代表性较差，不能符合机械采样装置的基本技术要求，故大中型电厂均不采用。

在 20 世纪 80 年代中期，我国生产的采煤样机大都采用刮板式采样头。如重庆电力配件厂生产的 CYJ–A 型采煤样机（参见图 2-45），采样头由液压推动，并配有二级破碎二级缩分机，组成一完整的刮板式采制煤样机。显然，它比图 2-16 的机械采样装置要先进得多，该机曾被全国近一半电厂采用。然而该装置仍然存在由于采用刮板式采样头，其所采样品量较少，样品代表性较差的问题，加上制样系统易堵，因而逐渐被其他类型的采煤样机所取代。

现以山东电力研究院与潍坊电厂共同研制，由江苏某机电设备厂加工的一台刮斗式采煤样机为例予以说明。该机械采样装置（见图2-17）安装在电厂带宽1200mm，带速2.5m/s，流量1000t/h的输煤皮带上，采样头为单向摆动、单侧排样方式，如图2-18所示。

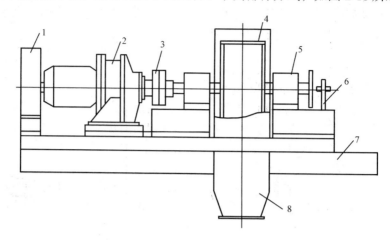

图 2-17 刮斗式中部机械采样装置示意
1—制动器；2—减速机；3—联轴器；4—采样斗；5—轴承座；
6—传感器；7—导流板；8—接煤斗

输煤皮带运行，采样头按设定时间自动动作，采样头横截皮带全断面，随皮带负荷的不同，所采集的每个子样量约为14～20kg，通过落煤管，集中收集所采样品。

刮斗式采样头要优于传统的刮板式采样头。一是它采样量大，约以10m/s速度截割皮带，基本不留底煤，故样品代表性好；二是本机设计采样器用不锈钢加工制造，其开口宽度为140mm，相当于煤最大粒度的4.7倍（通常为2.5～3倍），故所采样品不易存在系统误差；三是选用特殊限位装置，以保证采样头不致停留在皮带中间；四是选用堵转电动机为动力，以确保湿煤及皮带负荷较大时也能可靠运行。

为了确保整个采样系统可靠运行，我们还采取了诸多其他措施。如落煤管采用大口径管，由不锈钢制造，垂直安装。所选择的位置，一是方便采样头的安装，二是落煤管穿过楼板，方便样品收集。皮带两侧采样装置采用两套控制系统，每一侧采样装置又有自动与手动两种控制方式，以防控制系统一旦出现故障而影响运行。自动控制系统应用逻辑程序控制器（PLC）对采样装置予以控制，这比传统的控制方式可靠性要高。为保护控制装置，控制箱采用双层门保护的悬挂式结构，以防电气线路及元件进水受潮。

上述刮斗式采样装置安装于某电厂中，该厂装机容量为600MW，日燃天然煤量5400t，

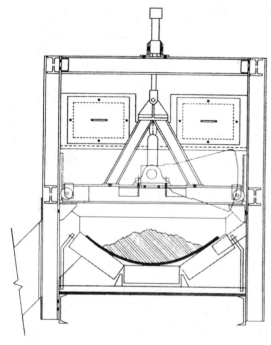

图 2-18 刮斗式单向摆动、单侧排样采样头

平均上煤时间为7h。以一天上煤量作为一个采样单元进行采制样与化验，其检测结果代表当天的入炉煤平均质量，作为计算标准煤耗的依据。按式（2-10）计算，全天应采集140个子样，也就是每隔3min（420/140）采样头应动作一次，故据此设计成采样装置每隔1.5min、2.0min、2.5min任选动作一次。目前确定2.5min动作一次，当A_d在30%左右时，经检验，其采样精密度达到±1.39%，优于国家标准规定。

皮带中部采样装置，按刮斗驱动方式可分为电动机驱动（360°单向旋转，单侧排样）和采用液压驱动（单向摆动，升起返回，单侧排样或双向摆动，单双侧均可排样）两种。

应该指出：一台机械采样装置所采样品能否达到预期的技术要求，选择采样头固然是关键，但整个采样系统是一个整体，任何部件选择或配套，甚至安装不当，都将直接影响采样装置的稳定运行并使所采样品的代表性受到影响。同时，任何一台机械采样装置均需人进行精心维护。如定时给有关部件加油，随时消除一些小的缺陷，防止打扫卫生时大量水进入控制系统、电动机等重要部位。为了管好机械采样装置，电厂制定相关的运行、管理制度并认真贯彻执行是完全必要的。即使再好的设备，如无人管好、用好，其寿命也将是不长的。这一点对各级生产管理人来说，加深这方面的认识尤为重要。

2. 皮带端部机械采样装置

虽同是皮带端部采样装置，其采样头的结构及所采子样量还是有很大区别的。图2-11～图2-15所示的采样头，如果样品料斗的容积足以容纳皮带全断面、煤层全厚度的煤量，则确实能采集到一个完整子样，其样品的代表性必然很好。例如国外有电厂配皮带流量为2500t/h的采煤样机，初级子样量达410kg；又如从美国进口的，安装在我国港口上的大型采煤样机，带宽2200mm，流量6000t/h，每个初级子样达871kg。这两例均能采集到完整的子样，样品具有很好的代表性。

现在国内电厂安装的皮带端部采煤样机采样头多能截割皮带全断面，却不包括煤层全厚度。即使采用与图2-14或图2-15所示结构相似的摇臂采样头，为了避免制样的困难，其样品料斗容积均设计较小，即当样品装满后自然溢出斗外，故所采样品往往为几公斤，多则一二十公斤，这不能称为一个完整子样。还有一种从国外进口的勺式采样装置，其勺式采样头从煤流中截取一小段煤作为样品，由于样品量不多，故代表性不好。关于一完整子样的计算与测定，读者可参阅本章第七节。

对于采样头切割皮带速度的大小，直接关系到所采子样量及其代表性高低。从理论上讲，当采样头切割皮带速度无限快时，则无法采集到样品。国际标准规定：采样头切割皮带的速度不应太快，其极限切割速度约为0.46m/s。

在皮带端部采样，根据煤流下落时的抛射状态分别选型。当皮带运行速度很高时，煤流近似呈水平状，宜选用垂直升降抽板式采样头，如图2-19所示。当皮带运行速度中等时，煤流近似呈抛物线状，宜选用往复摆动接斗式采样头，如图2-20所示。而当皮带运行速度很低时，煤流近似垂直向下，宜选用水平往复式采样头，如图2-21所示。

目前，电厂使用的皮带端部采煤样机的采样头有摆动式、摇臂式各种形式，虽子样量不多，如按国标GB 475—1996规定的原煤采样精密度±2%（$A_d > 20$%）要求，一般还是能够达到的。如按电力行业标准DL/T 567—1995规定"电厂入炉煤采样精密度要达到±1%"的要求衡量，上述无法采集到输煤皮带上的一个完整子样的采样装置，则难以达到行业标准的要求。

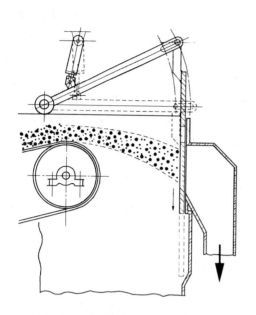

图 2-19　配高速运行皮带的抽板采样头示意　　　　图 2-20　配中速运行皮带的摆斗采样头示意

三、火车、汽车机械采样装置

无论在运输工具上，还是在煤流中进行机械采样，对采样装置的基本技术要求是一致的，但由于要从不同的地方采取样品，国标规定其采样要求有所区别。从火车或汽车上采样还有自身的特点，故它们与煤流机械采样装置有显著的不同。

国标 GB 475—1996 规定：火车或汽车上均从表面下挖 0.4m 采样，故国内生产厂家在设计采样头时，下插煤层深度往往控制在 0.4~0.8m；而国外多采用螺旋式采样头，它较适合任意深度，甚至全煤层深度采样。不同形式的采样头各有优缺点，用户可根据本单位实际情况加以选择。

另一方面，无论是火车，还是汽车上的机械采样，总是与机械制样系统组成一体。故单一使用机械采样的装置很少。

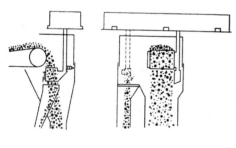

1．螺旋采样装置

螺旋式采样头用于火车及汽车采样时，根据电厂实际情况，可装在不同的载体上。装在移动龙门架上，适用于露天敞车采样；装在桥式双梁行车上，适用于卸煤廊内采样；装在垂直轨架上，则适于露天汽车上采样。

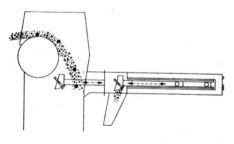

图 2-21　配低速运行皮带的
接斗采样头示意图

国外生产的火车及汽车煤的采样装置普遍采用螺旋采样头，国内也有这类产品。由于它也可用于全煤层采样，故颇受人们关注。图 2-22 为国内某电厂使用的火车煤螺旋采样头示意。

螺旋采样头当螺旋转动时，靠液压推力将取样头钻入煤层中，在螺旋叶片和外壳的组合作用下，使煤在管中提升。当提升到弃煤孔时，弃煤门开启，使煤回落到车厢中。当继续提升煤样时，弃煤门关闭，而煤样门开启，则下层煤样可取出而导入集料斗中。也有的螺旋采样头，可先将弃煤输送完，再旋转取样，然后单独提升煤样。但是否放完弃煤和煤样，全凭操作人员的视觉判断。

使用螺旋采样装置可以采集到较深煤层甚至全煤层的样品，这是其他形式的采样装置所不具备的。但在其运行中往往出现下述现象：①当煤中水分含量较高时，在叶片、轴及其交界处黏煤严重，特别是无烟煤、贫瘦煤；②煤中的大块、矸石等与粒度较细的煤提升速度不同，因而在接近放样时，弃煤中的大块掺到煤样中的现象较严重；③螺旋叶片与外壳之间的间隙存煤相当可观，从而产生丢样现象而影响采样代表性；④不管螺旋采样装置采用何种方式出料，其死角堵煤也是不可避免的。

由于介绍螺旋采样装置运行情况的资料不多，要想进一步了解这方面情况，建议读者参阅《燃料纵横》杂志 2000 年 3 期上《火车煤螺旋自动取样器剖析》一文。

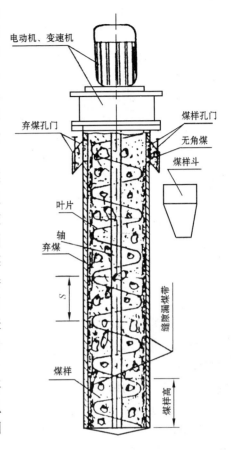

图 2-22　火车煤螺旋采样示意

2. 其他采样装置

除螺旋采样头外，还有振插式、抓斗式等多种形式的采样头，它们均是按现行国标 GB 475—1996 所规定的采样深度设计的。在本章第四节作者已论述了国标对采样深度规定的合理性。如能克服螺旋采样头的不足，又能实现全煤层采样，将会大大推动我国火车、汽车煤采样的机械化进程。

无论何种形式的采样装置，因用于火车或汽车煤的采样，其运行环境条件较差，露天使用，易为雨水浸入而生锈；另一方面，煤尘的飞扬，很易使机械传动系统发生故障，故除了所采样品应符合国家标准规定要求外，必须特别重视采样系统的长期运行可靠性。为此，设计、选材、加工、安装及控制各方面均要加以重视，采取切实措施，以保证采样装置的安全、稳定运行。

考虑到火车、汽车煤一体化采制煤样机其制样系统更易发生堵煤、混煤及导致系统误差产生的弊病，也可考虑采用分体式采制煤样系统，即采样装置只是完成机械采样，而将所采样品集中完成机械制样。

当然，一体与分体式采煤样机各有利弊，各单位可根据自己情况加以权衡，从而作出更为合适的选择。

第六节 电力用煤的人工制样

根据采样要求，对一批煤来说，所采的原始煤样少则几十公斤，多则几百公斤，故必须对原始煤样加以缩制，以提供能够代表其组成与特性的分析煤样。前已指出：采样、制样与分析，是获得可靠测定结果的三个互相关联的重要环节。任何一环的差错，都将对煤质的最终分析结果带来影响。其中影响最大的是采样，其次就是制样。应该指出：制样操作不当而造成的制样误差有时并不亚于采样误差。对每一个煤质检验人员来说，不仅要掌握采样技术，而且也应掌握制样技术，从而能提供具有代表性的分析试样，供煤质分析之用。

一、燃料制样的基本概念

1. 制样的含义

对所采集的具有代表性的原始煤样，按照规定的程序与要求，对其反复进行筛分、破碎、掺合、缩分等操作，以逐步减少煤样的粒度与质量，使得最终所缩制出来的试样能够代表原始煤样的平均质量。这一过程，称为制样。

2. 制样的精密度

用以分析煤质特性的少量试样是由相对大量的原始煤样缩制而成的。分析煤样与原始煤样的平均质量之间越接近，则分析煤样越具代表性，即制样的精密度越高。实际上，分析煤样与原始煤样的平均质量不可能完全一致，也就是说，偏差总是存在的，但这种偏差不应超过一定限度。缩制偏差的限度，就称为制样精密度。

在制样过程中，由于外部物质混入试样或损失掉一部分试样以及在缩分中保留的试样与舍弃部分的煤质有所差异，从而造成了制样偏差。为了减小制样偏差，即提高制样精密度，就必须严格遵循制样方法，仔细地进行各项操作以及选用适当的缩制设备

精密度常用标准偏差 S 值的大小来度量。S 值可用下式表示

$$S = \sqrt{\frac{\sum_{i=1}^{n}(x_i - \overline{x})^2}{n-1}} \tag{2-15}$$

或

$$S = \sqrt{\frac{1}{n-1}\left[\sum_{i=1}^{n}x_i^2 - \frac{1}{n}\left(\sum_{i=1}^{n}x\right)^2\right]}$$

而通常随机变量或总体标准差用 σ 表示

$$\sigma = \sqrt{\frac{\sum_{i=1}^{n}(x_i - \overline{x})^2}{n}}$$

或

$$\sigma = \sqrt{\frac{1}{n}\sum_{i=1}^{n}(x_i - \overline{x})^2}$$

式中　n——观测次数；

$\overline{x}$——n 个观测值 x_1、x_2、$\cdots$、x_n 的算术平均值，即 $\frac{1}{n}\sum_{i=1}^{n}x_i$。

一般样本的方差用 S^2 表示，总体方差用 σ^2 表示。由上式可以看出：观测次数越多，S 值越接近 σ 值。在处理具体的煤质检验数据时，观测次数往往为数次至数十次，故多应用标

准差；但在煤的采制样及分析精密度检验中，常常应用方差。由于方差具有加和特性（即可将总方差分解成各因素的方差之和），故它可用于检验不同条件下所测的两组数据是否具有相同的精密度。例如比较机械采制样及人工采制样的观测数据，从而判别二者的精密度是否存在显著性差异，即常用的数理统计方法中的 F 检验法，这在本书第八章中还将进一步阐述。

如 S 表示单个子样的标准差，其单个子样的总方差 S_0^2 除包括采样方差 S_S^2 外，还包括制样与分析方差 S_{da}^2，即

$$S_0^2 = S_S^2 + S_{da}^2 \quad 或 \quad \sigma_0^2 = \sigma_S^2 + \sigma_{da}^2$$

大量试验表明：若以方差来表示误差，采样误差占 80%，制样误差占 16%，而分析误差仅占 4%。

国家标准规定了对制样全过程的检验方法，就是检验制样设备与分析的总精密度能否符合 $0.05P^2$，并无系统误差。P 为采样、制样与分析的总精密度，其值为

$$P = \pm t\sigma \quad 或 \quad P = \pm t\sqrt{\sigma^2} \tag{2-16}$$

式中　　t——由自由度（$f = n - 1$）及概率所决定。t 临界值参见表 2-11。

表 2-11　　　　　　　　　　　　　　t 临界值表

α \ f	1	2	3	4	5	6	8	10	20	40	60	∞
0.05	12.71	4.30	3.18	2.78	2.57	2.45	2.31	2.23	2.09	2.02	2.00	1.96
0.10	6.31	2.92	2.35	2.13	2.02	1.94	1.86	1.81				

当 $f = 60$ 时，$t_{0.05,60} = 2.00$，将式（2-16）等号左右平方，则

$$P^2 = 4\sigma^2，即 \quad \sigma^2 = 0.25P^2 \tag{2-17}$$

由于总方差的 80% 来自采样，故制样与分析方差占 20%，即 $0.05P^2$，这就是我国国标 GB 474—1996 规定制样与分析方差应符合 $0.05P^2$ 的依据，并以此表示它与精密度间的关系。

由式（2-17）就不难算出不同品种的煤，由于采样精密度规定的不同，如用方差来表示制样与分析精密度的话，就会得出表 2-12 中的结果。

表 2-12　　　　　　　　　制样分析方差与其精密度的比较　　　　　　　　　　%

煤　　的　　品　　种	采制化总精密度	制样与分析方差	制样与分析精密度
原煤、筛选煤（$A_d > 20\%$）	±2	0.20	±0.89
其他洗煤（包括中煤）	±1.5	0.11	±0.66
精　　煤	±1	0.05	±0.45

设 $A_d > 20\%$ 的原煤，标准规定的采样精密度为 $\pm 2\%$，则制样与分析方差为 $0.05 \times 2^2 = 0.20$，故制样与分析精密度为 $\pm 2\sqrt{0.20} = \pm 0.89\%$。对洗煤来说，制样与分析方差为 $0.05 \times 1.5^2 = 0.11$，故制样与分析精密度为 $\pm 2\sqrt{0.11} = \pm 0.66\%$。

由表 2-12 可知，若精密度之比为 1:2，则方差比为 1:4，故读者不要将采制样精密度与以方差表示的精密度相混淆。

二、制样室条件

制样室是将已采集的煤样缩制成分析试样的工作场所。为了保证分析试样具有代表性，

制样室必须具备如下基本条件：

（1）制样室应不受风、雨侵袭及外界尘土的影响，并装有排风扇等除尘设备。制样室与煤样贮存处不应有热源并避免阳光直射。

（2）制样室通常为水泥地面，上铺不小于6mm厚的钢板，其面积按煤种及其数量而定，一般说来，钢板面积为 $20\sim30m^2$。

（3）制样室内应配备各种破碎设备、不同规格的试验筛、分样机械及工具等，还应配备磅秤、架盘天平、磁铁、煤样桶、各种刷子及其他清扫工具。

（4）制样室应设有专门柜架，以作存放样品之用。在制样室附近，应有制样人员工作记录及更衣场所，并有洗手池等卫生设备。制样人员在操作时，应穿戴专用的制样胶鞋、帽子、口罩及手套等，以避免操作时污染煤样及保护人员安全。

（5）提高环保要求，制样室应加装除尘设备，尽量降低制样室空间中悬浮煤尘的浓度。

三、制样设备与工具

从制样的含义可知，制样过程中要反复应用筛分、破碎、掺合、缩分操作，故必须配备相应的制样设备与工具。

1. 筛分设备

制样过程是按煤的粒级大小分级完成的，通常分为 25、13、6、3、1 及 0.2mm 六级，煤样粒级的大小则通过筛分来加以判别。

在制样时，必须配备上述各粒级的方孔筛。由于标准规定，如用二分器缩分煤样，允许用通过 3mm 圆孔筛的样品来制备分析煤样及作为存查煤样，故还应配备 3mm 的圆孔筛。

在这里应注意，筛子有方孔与圆孔之分，同尺寸的方孔筛要比圆孔筛面积大一些。设方孔筛的面积为 D^2 或 $4r^2$，则同尺寸的圆孔筛面积为 πr^2，故方孔筛为同尺寸圆孔筛面积的 1.27 倍。

此外，为了确定煤的最大粒度，还需要配备 50、100 及 150mm 的方孔或圆孔筛。对大孔径的筛子，因为筛分的煤样粒子较大，煤量较多，要求筛底强度较高，通常用装有操作把手的长方形筛，由两人操作；孔径 13~1mm 的筛子，通常用不锈钢加工，孔径 13mm 及 6mm 的筛子由两人操作，筛帮装有金属把手，小孔径的筛子则由一人操作；孔径 0.2mm 的筛子应用 $\phi200$ 的标准试验筛。由于最终样品质量直接影响煤质检测结果，故要求筛子具有较好的质量，并应定期送计量部门检定合格后使用。

2. 破碎设备

破碎机有各种类型，适合破碎不同粒度的煤样。对一台破碎机来说，关键是看它的主要技术参数：进料粒度、出料粒度、处理样品量、适应水分等几方面。同时，破碎设备工作时对环境的污染、噪声的大小以及煤样的水分损失都应加以考虑。单纯用碎煤机的破碎比去考虑是远远不够的。所谓破碎比，是指碎煤机入料与出料粒度之比。

（1）颚式碎煤机。

它是将动颚板固定在曲柄摇杆机构的连杆上，使动颚板相对定颚板做复杂运动，颚腔中物料不断被颚板撞击和搓动而被破碎，直至达到小于出料口尺寸后才能被排出机外。

为使出料粒度的大小在规定范围内可调，该类型碎煤机均设有出料口宽度调整机构。

颚式碎煤机结构示意如图 2-23 所示。

颚式碎煤机为低速碎煤机，其出料粒度要求小于 25mm 或小于 13mm。该类碎煤机的缺点是，使用过程中颚板会被磨损，则出料粒度越来越大（颚板在必要时可以更换），使得调整出料口宽度较难实施，甚至丧失其功能。

（2）锤式碎煤机。

这是当前应用较多的一种中碎、细碎碎煤机，通常用于出料粒度为 13～1mm 的样品，其结构如图 2-24 所示。为了防止污染，设备均加工成密封式。当煤样进入此碎煤机后，受到回转的转子活动锤头离心力的冲击，使其获得一定的功能，煤样与破碎膛内壁互相撞击，破碎后通过筛网进入接料斗。

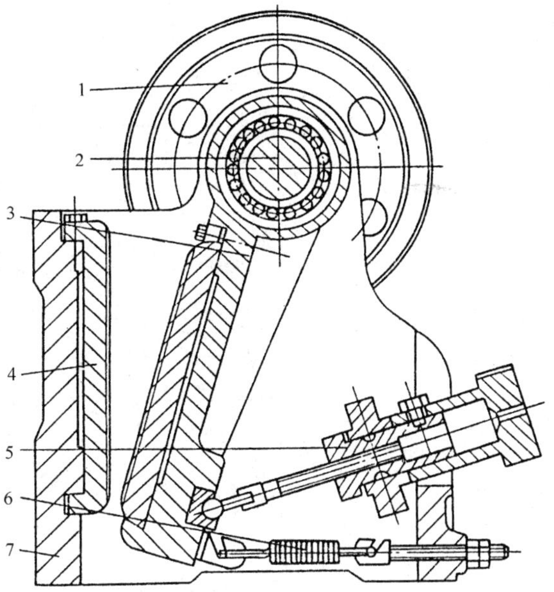

该机转速较高，破碎效果较好。因其破碎时煤样温度增高，煤水分损失较大，故一般用于对取出测定全水分样品后余下煤样的破碎。通常只有粒度大于 13mm 的煤块才通过锤式碎煤机破碎，因为大块煤水分较少，同时占全部煤样的比例也不大，故其水分的少量损失对煤样全水分测定结果的影响不大。现在不少电厂也采用锤式碎煤机制备粒度小于 13mm 煤样。因为它比颚式碎煤机具有更多的优点，故它被很多电厂广为采用。

碎煤机下方的筛板是控制出料粒度用的。一台碎煤机配置不同孔径的筛板，就可获得不同粒度的煤样。

（3）双辊碎煤机。

该碎煤机多用于水分较小的煤样作细碎之用，其结构如图 2-25 所示。例如破碎后排料达到小于 3mm 或小于 1mm。该机是在两根水平轴上平行安装两个相对回转的轧辊，在其作回转运动时，将进入破碎腔的煤样轧碎，再以两轧辊间缝隙通过，进入接料斗排出机体。传动机构由电动机驱动三角胶带，带动主动轧辊作回转运动，再由主动轧辊径中介链轮带动从动轧辊作与主动轧辊反向、同步的回转。

该碎煤机对煤的水分适应性较差，煤的水分及黏性较大时，轧辊间易黏煤、堵煤。

（4）密封式制粉机。

该机专门用来制备分析煤样，其结构见图 2-26。通过安装在电动机轴端的偏心锤，将电动机的回转能量转换为具有一定频率的振荡、冲击力，使粉碎机的

图 2-23　颚式碎煤机结构示意

1—大胶带轮；2—偏心轴；3—连杆机构；4—定颚板组合；
5—调节机构；6—闭锁机构；7—机体

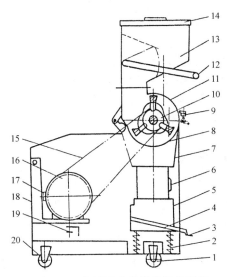

图 2-24　密封锤式碎煤机结构示意

1—脚轮；2—弹簧；3—脚踏板；4—接样器座；
5—小接样器托架；6—小接样器；7—下壳体；
8—筛板；9—锁紧手柄；10—转子；11—上壳体；
12—闸门手柄；13—加料斗；14—加料斗盖；15—
三角胶带；16—电动机；17—胶带轮；18—底座；
19—调节螺杆；20—万向脚轮

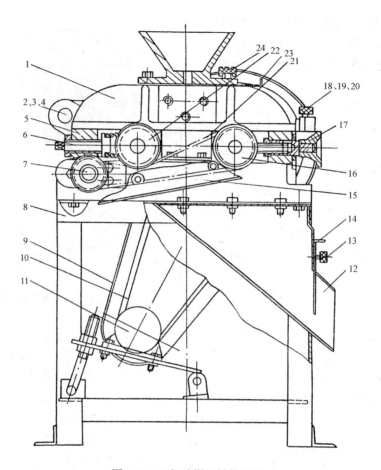

图 2-25 双辊碎煤机结构示意

1—箱盖组合；2—长销轴；3—挡圈；4—开口销 4×18；5—箱体组合；6—弹簧压紧机构；
7—中介链轮组合；8—机架组合；9—胶带罩焊合；10—三角胶带；11—电动机；12—接
料斗焊合；13—定紧螺钉；14—排料斗插板；15—链传动罩盒；16—主动辊轮组合；17—
调节杆组合；18—钉紧螺钉；19—扣紧叉；20—销轴；21—传动链；22—从动辊轮组合；
23—进料口插板；24—顶丝

冲击环、冲击块在料钵内对煤样进行撞击、碾击、研磨，使煤样达到粉碎的目的。

密封式制粉机粉碎煤样效率高，通常 1.5～2min 即可达到制备粒径小于 0.2mm 粉样的要求。使用时应注意料钵内所加煤样应为不超过 100g 的粒径小于 1mm 或小于 3mm 圆孔筛的细煤粒。如加料粒度太粗或样品量过多，将难以保证出料粒度，从而使煤质检测结果精密度较差。

该机运行时，震动及噪声较大，另外，一定要注意将压紧装置压好，以防运行时冲击环、冲击块飞出钵外而伤人。现在生产厂多将该机外装防护罩，这是很必要的。

此类制粉机有一次可磨制 1 个、2 个甚至多个样品等不同型号，但多数还是选用 1～3 个料钵，即一次磨制 1～3 个样品。

（5）联合破碎缩分机。

为了提高制样效率，现在生产厂推出多种类型的联合破碎缩分机。现以一种密封式破碎缩分机为例说明它的工作原理。破碎系统采用冲击破碎原理，当煤样进入碎煤机内时，将受到转子锤头离心力的冲击，使其获得一定的动能，煤样与破碎腔内壁相互撞击，破碎后通过筛网进入缩分系统。

缩分系统由类似二分器的多组可调缩分器组成。缩分器作水平方向往复运动，即切割煤样，缩分器的格槽朝两个方向出料，将切割的煤样进一步分割，其中一部分收取，一部分舍弃。这样连续不断，达到在煤样的不同部位有规律的采取若干点，使所制取的样品能代表送入该设备的全部原始煤样。

该机将锤式碎煤机与动态二分器组合，其缩分比应符合标准规定的粒度与其最少保留量的关系。它比静态二分器好，缩分时煤样不易堵塞于二分器的格槽中。如处理样品量较大，则宜加装给煤设备，使其组成给煤→碎煤→缩分→样品这一完整流程。

现在国内生产多种类型的联合破碎缩分机，生产厂往往考虑到设备的安装紧凑，一般均无有效的给煤设备，在不足3m的高度内，有的安装了一台碎煤、一台缩分设备；有的则安装了两台碎

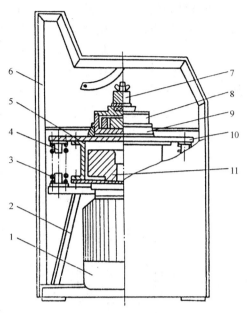

图 2-26　密封式制粉机结构示意
1—电动机；2—机架；3—压缩弹簧；4—弹簧座；5—联接套；6—机壳；7—压紧装置；8—粉碎装置；9—座圈；10—振动面板；11—偏心锤

煤、两台缩分设备，制样系统中缺少缓冲空间。由于上料不均，极易造成系统堵塞。目前联合破碎缩分机适应原煤水分能力较差，当 $M_f > 7\%$ 时，易堵煤。

总之，电厂的制样室必须配备各类碎煤机，特别注意其配套使用。有的电厂仅有粗碎而没有细碎碎煤机；而有的电厂则相反，仅有细碎而没有粗碎的碎煤机。为了保证制样质量，节约时间，减轻制样劳动强度，应尽可能多采用机械制样，而减少人工制样。大中型电厂更应力求尽快在制样室实现全部制样的机械化。

3. 掺合缩分设备

所谓缩分，是指在制样过程中，将煤样分成具有代表性的几部分，将一份或多份留下来的过程。保留的样品占总煤样的百分比，则称为缩分比。例如由 100kg 原煤样经多次缩分后最终保留 5kg 样品，则总的缩分比为 5：100，即 1：20。

煤样只有充分掺合均匀，才允许缩分。在制样室，通常采用人工掺合，一般应掺合三遍，多采用堆锥四分法缩分。

所谓堆锥四分法，是把煤样从顶端均匀分布，堆成一圆锥体，再压成厚度均匀的圆饼，并分成四个相等的扇形，取其中相对的扇形部分的煤样缩分方法。堆锥，一方面有助于煤中各种组分分散均匀；另一方面，它对煤样中不同粒度的煤来说，又是一个离析过程。煤中的较大颗粒将滚落在锥体底部四周，而较细的颗粒则集中于锥体中部。对堆锥务必仔细操作，保证样品中各种粒度的煤由锥尖到底部形成有规律的分布，采用大小相适宜的十字分样板将煤饼划分为四等分。这样所保留的样品煤质与舍弃部分的煤质不会出现较大的差异，从而减少制样误差。

由堆锥四分法所分出的两部分煤样，在其特性方面应该是十分接近的。显然，掺合是否均匀，缩分操作是否正确都是十分重要的。

煤样的制备过程，是不断减小煤样粒度及减少煤样质量的过程。通过破碎可减少煤样粒度，通过缩分可减少试样质量，故破碎与缩分是制样过程中十分重要的操作，自始至终，反复使用。

当煤样破碎到粒度小于13mm时，也可使用二分器缩分。二分器是借助于平行而交错的相同宽度格槽，将煤样分成两个煤质相同、数量相等的一种非机械缩分工具。槽式二分器如图2-27所示。

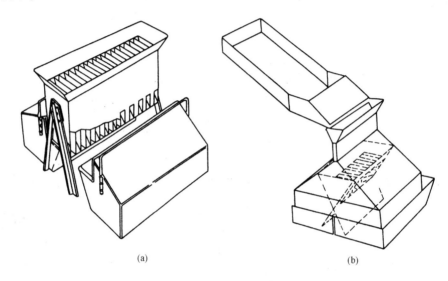

(a)   (b)

图2-27　槽式二分器

（a）开式；（b）闭式

由图2-27可知：槽式二分器是由一系列大小相等的长方形格槽组成，每个槽以相同的次序向左右两侧开口。格槽宽度相当煤样最大粒度的2.5～3倍，但用以缩分1mm煤样的二分器，其格槽宽度应为5mm。小槽数目应为偶数。槽式二分器要比四分法缩分好，它起到掺合与缩分煤样的双重作用，操作比较方便。

使用槽式二分器时，应注意以下几点：

（1）在使用前要对槽式二分器进行检查，证明不存在系统误差者方可采用。

（2）必须配有规格不同的一组槽式二分器，以供缩分不同粒度的煤样之用。

（3）在使用槽式二分器时，煤样要均匀地分布于全部格槽中；只有垂直加煤，才能保证两侧煤样量相同；要适当控制加煤速度，以防堵塞。

采用封闭式槽式二分器更好，可减少水分的损失和避免煤粉的飞扬，进而达到减小缩分误差的目的。在制样过程中，粒度小于3mm的煤样（3.75kg）如能全部通过3mm圆孔筛，则可用二分器直接缩分出不少于100g制备分析煤样及不少于0.5kg作为存查煤样。这样可省去制备小于1mm样品这一环节，有助于缩短制样时间并减轻制样人员的劳动强度。

一组槽式二分器所占位置较大，当煤样水分含量较高时，易造成堵塞和破损等，因此在实际使用中受到限制。目前，市场上已有用不锈钢加工而成的二分器，其使用效果要优于铁皮制品。如煤样水分过大，还是采用堆锥四分法缩分为好。

为了对煤样进行掺合，也可使用机械混煤装置，参见图 2-28。

四、制样技术要点

为了保证将原始煤样缩制成具有代表性的分析煤样，就必须掌握制样的技术要点，按照标准规定的方法与程序进行制样。制样时间不宜过长，一般不超过 2h。

1．煤样缩制流程

由图 2-29 可知，煤样缩制实际上是分阶段进行的，而各个阶段又是互相衔接的。不同阶段是以煤样粒度大小不同而划分的。通常分为 25、13、6、3、1 及 0.2mm 六个阶段。在每一阶段都必须进行筛分、破碎、掺合、缩分等相似的操作，只是各粒度所对应保留的样品量不同。煤的粒度越大，所保留的样品量也越多。

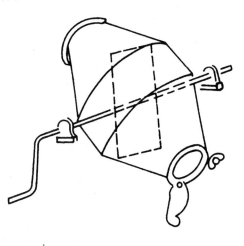

图 2-28　混样器示意

2．煤样缩制要点

对于原始煤样，必须先全部通过 25mm 筛后，方允许缩分。

在煤样缩制过程中，务必遵循煤样粒度与所保留样品的最小质量之间的关系。煤是一种散粒的混合物料，存在着一个可以保持与原物料组成相一致的最小质量。此最小质量随煤的不均匀度增加而增大，同时与制样的精密度有关。显然，为保持与原煤样组成相一致，对制样的精密度要求越高，留样的最小质量也越大。故实际上是期望能够满足制样精密度的要求而又不必保留过多的样品，参见表 2-13。

表 2-13　　　　　　　　　　煤样粒度与所保留样品最小量之间的关系

煤样粒径（mm）	< 25	< 13	< 6	< 3	< 1	< 0.2
最小保留量（kg）	60	15	7.5	3.75	0.1	0.1

当煤样缩制成 1mm 时，从其中缩分出 0.1kg 用来制备分析煤样，同时取出不少于 0.5kg 作为存查样品。

3．制样操作的规范化

（1）筛分与破碎。

通过对原始煤样的逐级筛分与破碎，以达到逐步减小煤样粒度的目的。为使煤样破碎到规定粒度，必须采用不同孔径的筛子筛分。凡未通过筛孔的煤样，都要再次破碎，直至全部煤样通过为止。要注意筛子有方孔与圆孔之分。要检查筛网是否完好。检验变形的不合格筛子要及时更换。

制样室破碎煤样时，一般不宜使用高速锤击磨，以防水分损失及细粉飞扬。在破碎煤样时，不得将难破碎的矸石等舍弃，对于这些难破碎的样品，最好一次破碎到符合要求的粒度。不论使用何种破碎设备，破碎前均应将其清理干净，再用少许欲破碎的煤样对设备进行"冲洗"，再次清理干净后方可正式使用。

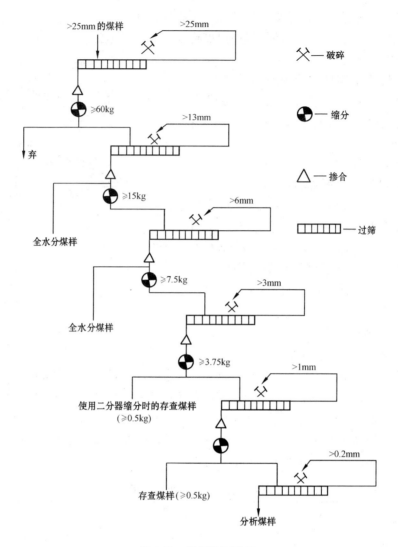

图 2-29 煤样缩制系统

如电厂大块煤数量不多而煤源又较多，制样人员往往不愿使用机械而宁愿用人工破碎。人工碎煤时，煤样的飞溅是不可避免的，故钢板面积不能小，一般宜控制占制样室面积的40%～50%。溅于四周的样品应集中在一起进行掺合与缩分操作。如发现上一阶段破碎时较大颗粒煤样遗留在钢板上，则应将其除去，不可将它混入本阶段的样品中。例如煤样已破碎到粒度为 3mm 以下时，在样品中就不应存在大于 3mm 的煤粒。

（2）掺合与缩分。

对破碎后的煤样加以掺合和缩分，以达到逐步减少煤样质量的要求。掺合煤样力求达到均匀，而后才允许缩分。因此，掺合煤样往往要反复多次，通常多采用堆锥法。堆锥是影响制样精密度的主要因素，操作不当易产生较大偏差。堆锥时，由于煤粒粒径不同而产生离析作用，粒度较大的总是分布于圆锥底部四周，而粒度较小的及细粉则往往集中于圆锥的中部与顶部。对粒度较大的煤样，其数量相应也较多，为使煤样掺合均匀，在堆锥时可一铲一铲地将煤从堆底铲起，每铲铲起的煤样不应过多，并分两三次让煤样沿堆顶部均匀向四周滑落；对粒度较小的煤样，其数量相应也较少，在堆掺时宜分几次自上而下切取煤样，以解决或减少煤堆中粒度分布不均的问题。重复堆掺三次后，可按四分法或直接用二分器进行缩分。

再次强调指出：原始煤样必须全部破碎到25mm粒度以下时方可进行缩分。在缩分时，必须严格遵循煤样粒度与保留煤样最少量之间的关系。相当多电厂采用四分法缩分。为此，将掺好的煤堆压成一个厚度均匀的圆锥体，再将其压平成扁圆形，选用不同规格的十字分样板进行缩分。十字分样板一定要放在扁圆形正中，并一直插到煤堆底部。舍弃或保存其中两个相对的扇形体，然后按规定要求对所保留的煤样进行下一步缩制。

由四分法所分出的两部分煤样，在其特性方面应该是十分接近的。显然，掺合是否均匀，缩分操作是否正确都是十分重要的。

煤样缩分到粒度小于13mm后，也可使用槽式二分器缩分。

五、各种样品的制备

1. 测定全水分煤样的制备

测定全水分的煤样，既可单独采取，也可在制备分析煤样的过程中分取。国标 GB 475—1996 规定：单独采取测定全水分煤样时，在火车上可按均匀布置采样点的原则按5点循环法1车采1个子样，不足1000t时，至少采6个子样。

测定全水分的煤样粒度应小于6mm或小于13mm，煤样量应分别为不少于500g及2kg。

当煤样按图 2-29 所示缩制到小于 13mm 或小于 6mm 时，可稍加掺合，摊平后按图2-30所示的九点法采样。对于小于 13mm 的煤样，每点采样量约为 0.25kg，总样品量不少于 2kg；对于小于 6mm 的煤样，每点采样量约为 60g，总样品量不少于 500g。

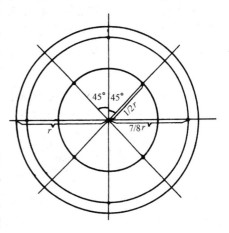

图 2-30　九点法取全水分煤样布点示意

取出煤样后，应立即封入密封容器中，贴好标签，速送化验室测定煤中全水分含量。

在采样前适当掺混还是必要的。若不加掺混，则所采样品均匀性较差；如仔细反复掺混，则煤样水分损失又太多。故标准中指出：煤样破碎到规定粒度，稍加混合即可。在具体操作中，当原始煤样按规定的制样程序，破碎到小于13mm时，稍加掺合不易掌握，可掺合一遍，立即按九点法取出2kg样品，用来测定全水分。有的制样人员先将小于13mm的煤样掺合缩分，当余下不少于17kg煤样时，再取出2kg测定全水分，这种理解是不对的。因为制备测定全水分煤样操作要快，尽量减少水分的损失，所以不应先缩分再取测定全水分的样品。

2. 分析煤样的制备

分析煤样的制备是整个煤样缩制过程中最后一个环节，当原始煤样按图2-29流程，破碎到小于1mm时，应为3.75kg，从其中缩分出100g用磁铁吸去混入的铁屑后，将其磨细，全部通过0.2mm筛。通常多采用密封式制粉机制成分析试样，对100g、1mm的煤样来说，粉碎1~2min即可达到粒度小于0.2mm的要求。一般情况下，无须过筛。制粉时间不宜过长，以防煤质变化。

煤样装瓶前，必须处于空气干燥状态。所谓空气干燥状态，是指试样在空气中连续干燥

1h，其质量变化应不大于0.1%。如原煤样水分含量较高，为了加速干燥以节约时间，允许采用低温（45±5℃）干燥法去除煤中外表水分，但务必注意不要采用高温干燥。如果采用高温干燥，不仅煤中外表水分，而且内在水分也可能部分或全部失去。在这种情况下磨制成小于0.2mm的试样，并立即装瓶送试验室分析，这时试样已处于半干燥或干燥状态，而试验室的分析结果，则以空干基为准。显然其报出的煤质检测结果是不对的。从基准的含义可知，干燥基比空干基数值要高。

上述这种情况并不少见，要特别加以注意：一是干燥温度切不可过高，以防止内在水分的损失；二是装瓶前，务必使煤样达到空气干燥状态，制成小于0.2mm粉样后，置于空气中一段时间是有必要的。

一种定性检查煤样是否处于空气干燥状态的办法，是观察洁净干燥的玻璃棒是否再黏附煤粉。如玻璃棒黏附煤粉，则说明尚未达到空气干燥状态；至于定量的测量方法，则是将试样在空气中连续干燥1h，其质量变化不大于0.1%，则认为达到空气干燥状态。如试验室测出煤中空气干燥水分 M_{ad} 的数值很小时，例如0.1%～0.5%，就应检查在制样时干燥温度是否过高，导致内在水分损失。

分析煤样装入瓶中，为便于混合，煤样量不应超过煤样瓶的3/4。

3．存查煤样的留取

存查样品是为了对煤质分析结果予以复查与仲裁，故存查样品应与被测煤样的特性尽可能接近。因而存查样品要与制备分析试样的样品来自一个整体。存查样品应自报出结果之日起计算保存两个月。存查样品粒度应小于1mm，数量不少于0.5kg。

4．制样实例

试述从36kg原始煤样中如何制备分析煤样。

（1）首先让36kg原始煤样过25mm筛，将筛上大块破碎直至全部通过25mm筛，决不允许将筛上大块煤或矸石舍弃；

（2）按要求对小于25mm的煤样，其最小保留量为60kg，而现在全部煤样仅36kg，故不用缩分；

（3）将36kg已破碎到小于25mm的煤样，用13mm筛子筛分，筛上物继续破碎，直至全部通过13mm筛；

（4）对已通过13mm筛的煤样，稍加掺合后按九点法取出2kg测定全水分的样品。对粒度小于13mm的煤样，其最小保留量应为15kg，故可缩分一次，实际保留量为17kg；

（5）将上述小于13mm的煤样，用6mm筛子筛分，筛上煤样继续破碎，令其全部通过6mm筛；

（6）对粒度小于6mm的煤样，最小保留量应为7.5kg，故应缩分1次，实际保留量为8.5kg；

（7）将上述小于6mm的煤样，用3mm筛子筛分，筛上的煤样再破碎，令其全部通过3mm的筛子；

（8）按要求小于3mm的煤样，最小保留量为3.75kg，故要缩分1次，实际保留量为4.25kg；

（9）将上述小于3mm煤样，用1mm筛子筛分，筛上煤样再破碎，令其全部通过1mm筛；

（10）从小于1mm煤样中，缩分出0.1kg用来制备分析煤样，0.5kg留作存查煤样，其余舍弃；

（11）将小于1mm0.1kg的煤样，达到空气干燥状态，通过制粉机磨制成小于0.2mm的煤样。

5．执行制样标准中的几个问题

（1）测定全水分煤样在制备前，应对小于13mm的煤样稍加混合后，按九点法采样。为便于操作，用掺合一遍来代替稍加混合，或许会更好一些。

（2）从小于1mm、3.75kg煤样中如何分取出0.1kg用来制备分析煤样，标准中未作具体规定。制样人员操作时往往自订一套方法。例如有的一直缩分下去取出0.1kg样品；有的则按九点法从3.75kg煤样中取出0.1kg样品；有的先将3.75kg样品先缩分两次，余下0.94kg再按九点法取出0.1kg样品，余下的全部作为存查煤样。采用最后一种方法，既符合国标规定，操作也最为方便。

（3）分析煤样应达到空气干燥状态。标准中有两种提法：一是煤样通过孔径为0.2mm的筛子，并使之达到空气干燥状态；随后又讲空气干燥也可以在煤样破碎到小于0.2mm之前进行。操作方法应力求规范化，确定出统一的空气干燥方法为好。作者认为：还是以先达到空气干燥状态，再制备分析煤样为宜。由于制备小于0.2mm样品时，煤中的空气干燥水分或多或少地会有所损失，故制成的样品可在空气中搁置一段时间，当其与空气中的湿度相平衡时，即真正达到空气干燥状态。

第七节　电力用煤的机械制样

人工制样，程序复杂，劳动强度大，效率很低，而且制样质量难以得到保证。对大中型电厂来说，实现煤样制备机械化，是生产的迫切需要，是科技发展的必然趋势。无论是人工还是机械制样，基本技术要求是一致的。即所制备的样品应具有代表性，制样与分析的总方差应符合$0.05P^2$的规定，且不允许存在系统误差；制样系统运行可靠，其年投运率能达到95％以上。

本章第六节，详细阐述了人工制样的要求，特别强调制样时，要注意煤样粒度与最小保留量之间的关系应符合标准的规定。国标GB 474—1996，主要是针对人工制样而言，而机械化制样系统的设计，研究人员大都依据国际标准ISO 1988—1975及ISO/DIS 9411—1。在制样过程中，煤样只要选择一个中间粒度，通常为10mm或3mm，其对应的样品保留量为10kg或2kg，因而只要选择一种碎煤机即可。这样将大大简化制样系统的流程，从而使其实现机械化成为可能。

一、机械制样系统流程及主要设备

无论是在制样室还是在生产现场（采制煤样机的制样部分），在制样流程方面视其具体情况的不同还是有所区别的。

1．制样室机械制样系统流程及主要设备

电厂一般多选用各类联合破碎缩分机来实现机械制样，其生产流程一般为：人工加料→一级碎煤机（通常出料粒度小于13mm）→一级缩分器→二级碎煤机→二级缩分器→最终样品（粒度一般小于3mm）。

由于国标规定测定煤中全水分样品的粒度小于13mm或6mm，故一级碎煤机出料粒度多选小于13mm。为了尽量减少原煤破碎时水分的损失，碎煤机应采用低速，例如速度为300～400r/min。

缩分器的缩分比与一次处理样品量的多少密切相关。如一次处理原煤样在60kg以上，但不足120kg，则一级缩分器的缩分比定为1∶4是适宜的；如一次处理样品量可达到120kg或240kg以上，那么一级缩分比应是可调的，它应为1∶4～1∶16，也就是所获得的小于13mm样品至少保留15kg，这才符合标准规定的要求。如二级碎煤机出料粒度小于3mm，显然二级缩分比应为固定的，即1∶4，这样可获得大于3.75kg的样品。

现在生产的联合破碎缩分机实际上并未达到完全实现机械化的要求，通常要靠人工喂料或通过皮带脉动上煤方式进料。缺少良好的给料设备，将难以保证系统不堵煤。因此，给煤机应是机械制样系统的必要组成部分。

为了使各主要部件的选择与配套得当，保证制样系统正常运行，还应有足够的空间位置供其安装。如果搞成一体式，势必设备高度较高，在制样室内安装、运行都有一定难度。如各设备安装很紧凑，则系统抗堵能力较差。当煤样水分较大或处理量较多时，系统常常发生堵塞现象。

为了克服上述不足，作者在本章第二节已提出，可考虑上述系统流程由两台联合破碎缩分机来完成。即

原煤样→给煤机→碎煤机（出料粒度小于13mm）→缩分器→小于13mm的样品；

小于13mm的样品→给煤机→碎煤机（出料粒度小于3mm）→缩分器→小于3mm的样品。

这样每台联合破碎缩分机的高度约在3m左右，便于安装与运行，且减少系统堵塞的可能。

用来粗碎的一级碎煤机转速不能高，缩分器可采用二分器结构形式；二级碎煤机转速较高，缩分器的形式仍可同一级，当然也可选配其他形式。

2. 现场机械制样系统流程及主要设备

现场机械制样系统本身为采制煤样机的组成部分。早期生产的采煤样机，其制样系统与上述制样室使用的联合破碎缩分机大体相似，多采用二级破碎、二级缩分流程。有的有给煤设备，如3S－ND型；有的无给煤设备，如CYJ－A型（参见本章第九节）。弃煤有的自排，有的则提升至原皮带带走。

而近期生产的采煤样机，多采用一级破碎、一级缩分流程。即采集的原煤样→给煤机→碎煤机（出料粒度多为小于13mm或小于6mm）→缩分器→样品。

系统结构简化，加上样品粒度较大，故系统的运行可靠性提高。

（1）碎煤机。

碎煤机是制样系统中最重要部件。通常要根据碎煤机出料粒度选择其机型，根据处理样品量选择其出力。碎煤机的类型及其转速对碎煤后出料粒度影响很大。碎煤机有粗碎、细碎之分。国内生产的采煤样中的制样系统不少采用二级碎煤方式，即一级用于粗碎，二级用于细碎。一级一般采用低速碎煤机，如颚式、低速环锤式等；二级多用中高速碎煤机，如锤式、中高速环锤式、齿锥式以及对辊式等。通常转速不小于900r/min者为高速。

鉴于我国标准采用小于13mm或小于6mm的煤样来测定全水分，故制样系统中多选小于13mm或小于6mm作为中间粒度。前者可用低速碎煤机，后者则可用中速碎煤机。

国内外不少采煤样机中的制样系统所获的最终样品小于 3mm，故多选用转速为 900r/min 左右的锤式、立式环锤式、齿锥式等碎煤机。当然，碎煤机转速高，出料粒度较细，破碎效果好，然而出料粒度太细，不仅易增加水分损失，而且煤粉易发热变质，从而极易造成碎煤机及缩分器的堵塞。例如，国内某种碎煤机采用转速为 900r/min 的立式环锤磨，煤经破碎后随即进入旋锥式缩分器，缩分器的转速通常为 40r/min 左右，热的水蒸气随煤样由碎煤机进入缩分器，经扩容致使水蒸气大量凝结下来，使得缩分器内的分配锥面上全被煤浆所黏附，造成缩分器难以运行。即使在碎煤机后方即缩分器前方再加装一给煤机，也难以从根本上解决缩分器的堵塞问题。

对采煤样机中所配用的碎煤机来说，最好结合国内情况，将测定全水分的样品在系统中一并加以解决。中低速环锤式碎煤机显示了一定的优越性，其中立式环锤碎煤机体积小，其应用前景看好。

立式环锤碎煤机的主轴为立轴，垂直工作，其结构如图 2-31 所示。转子上的环锤分几层安装形式，每层环锤均呈水平旋转，原煤样从顶部入料口进入碎煤机，首先受到顶层，随之又受到第二层、第三层环锤的交替锤击作用，即经过多次剪切、挤压、滚研、研磨及煤样与煤样之间的相互作用而完成碎煤作业。

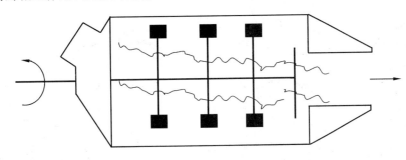

图 2-31　立式环锤碎煤机示意

该碎煤机是由电动机通过三角皮带，齿轮减速后带动转子工作的。环锤碎煤机的转速应根据所采煤的特性、所要求的出料粒度通过实际试验来确定，从而选择与其配套的减速装置。

各种锤式碎煤机在制样系统中广泛被选用。使用锤式碎煤机时，在其进料之前应达到全速运转。为确保破碎效果，进料方向要与破碎机旋转方向保持一致。进料应尽可能被分布在转子的整个宽度范围，以充分利用其碎煤能力。

要避免在转子一侧或一角进料。否则，煤样就不可能被分布在转子的整个宽度范围内而影响破碎效果。应在碎煤机前方加装给煤设备，尽量以均匀流速进料，以获得最大的破碎能力。

在关闭碎煤机电源前，特别注意应先停止给料，并留下足够的时间让煤样排出，这对于减少堵煤是十分重要的。在任何情况下，组装碎煤机时，都要特别注意对面的两排锤头总量必须相等，以确保转力平衡。

为得到不同粒度的样品，可以改变转子的速度、筛条的间隙或筛板孔径的尺寸。

现在有的单位将上述立式环锤式碎煤机改为不减速，即它与电动机同速，为 970r/min，而在碎煤机上部一侧又开一出料口，由于仅经过一层环锤，即期望破碎后由上部出口可获得出料粒度较大的煤样，用来测定全水分；而下部出口则可获得出料粒度更细的煤样，例如小于 3mm。实际情况并非如此理想，由于该碎煤机转速增大，破碎效率大大提高，以致从上部出口所得的煤样粒度不仅远小于13mm，甚至还远小于6mm，不能用来测定全水分；而下部出口的煤样粒度更细，且样品发热，这将影响煤质，同时由于煤的水分蒸发，水汽随煤样进入缩分器（如不在缩分器前方加装给煤机），极易使水汽在缩分器内部凝结下来，致使缩分器发生严重堵塞，故对立式环锤碎煤机的这种改造尚值得作进一步的考察与研究。

当然，除立式环锤碎煤机外，只要满足采煤样机碎煤要求，其他类型的碎煤机也可采用。国外多采用锤式碎煤机。无论采用何种类型的碎煤机，均要求用耐磨材料加工，以延长其使用寿命。

制样系统的设计，要把运行可靠性放在首位，把防堵问题作为重点来加以考虑。为此，宜选用中低速碎煤机，究竟多少转速合适，最好通过实际试验来确定。以往常常用减速装置来降低转速，现在也可选用变频电动机来控制转速，以达到更好的效果。

（2）缩分器。

缩分器是制样系统中最易受堵的设备。故选型宜大一些，进料口口径不能太小。

缩分器类型很多，各有特点，参见图2-32至图2-39。

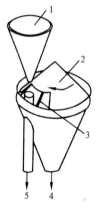

图2-32　旋锥式缩分器
1—进料斗；2—旋转锥体；
3—可调装置；4—余煤；
5—样品

图2-33　贮存槽式缩分器
1—进料；2—样品

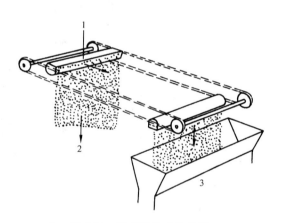

图2-34　链式料斗式缩分器
1—进料；2—余煤；3—样品

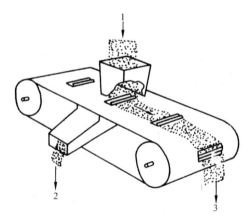

图2-35　具有凸边的开缝皮带式缩分器
1—进料；2—样品；3—余煤

图2-36　旋转式缩分器
1—进料；2—样品；3—余煤

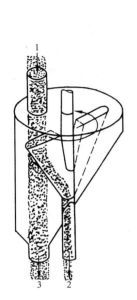

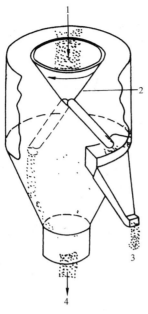

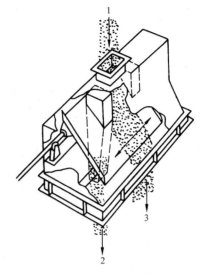

图 2-37　旋槽式缩分器　　图 2-38　旋转漏斗及斜槽式缩分器　　图 2-39　切割槽式缩分器

1—进料；2—样品；　　　　1—进料；2—旋转漏斗；　　　　1—进料；2—样品；

3—余煤　　　　　　3—样品；4—余煤　　　　　　3—余煤

在选用缩分器时，要特别注意最终样品的粒度与其保留量之间的关系，它应符合国家标准或国际标准的有关规定以确定合适的缩分比。

如采用一级缩分，其缩分比不能太大。否则较大的煤粒不易进入缩分器口，从而导致所缩分出的样品粒度偏小，易出现灰分值偏低的倾向。同时，由于缩分口开度小，故易造成堵塞。如要增大缩分比，则可采用多级缩分形式，如两级 1∶12 的缩分器串联，其缩分比就可达到 1∶144。

（3）给煤机。

在制样系统中配用给煤机，对防止碎煤机及缩分器的堵塞有着重要的作用。国内早期的采煤样机产品一般没有给煤设备，系统堵塞是一个普遍现象。实践证明：在采煤样机的制样系统中一定要加装给煤机，而且要选用给煤均匀、运行可靠的设备。常用的给煤机有皮带式、螺旋式及振动式等类型，其中以皮带式给煤机应用较普遍。振动式给煤机性能较差，较少使用。对于大中型电厂，不仅在碎煤机前方，最好在碎煤机后方即缩分器前方也装上给煤机，这样将有助于减少制样系统堵塞现象发生，提高采煤样机的运行可靠性。

（4）余煤处理装置。

余煤可采取直接自排到下层皮带而无需任何处理装置的方式，也可以通过提升机提到原输煤皮带上或其他合适去处。显然，第一种方式较好，因此采煤样机必须安装到适当位置以便得以实现余煤自排。特别是新电厂输煤系统设计，应考虑到这一点。

二、机械化、自动化制样系统

由山东电力研究院与潍坊电厂共同研制成功的分体式采煤样机，由采样系统及自动化制样系统两个独立部分所组成。该机的制样系统不仅制样全过程实现了机械化作业，而且各个环节之间实现程序控制，从而实现了自动制样。

1．设计原则

（1）本系统的设计主要根据国际标准 ISO 1988—1975 及 ISO/DIS 9411—1，同时结合我国标准 GB 474—1996 的规定，力求由本机所制备的样品既符合国际标准的原则，又符合我国国标的要求。

（2）把制样系统运行的可靠性放在设计的首位。除保证制样中各设备具有足够的裕度外，还对碎煤机、缩分器作了特殊的选择并配以低速运行的皮带给煤机，在顺煤流方向各设备出力依次增大，从而保证了系统稳定运行，大大减少了发生堵塞的可能性。

（3）大大提高制样效率，力求实现制样的自动化。制样系统设计制样量达 1000kg/h，完全适合当今大型电厂 30 万及 60 万 kW 主力机组上配用。系统既采用微电脑程序控制自动运行，也可由人工控制。由于该系统自动化程度高，大约可提高工效 20～50 倍。

2．制样系统流程

输煤皮带运行→采样装置按设定时间自动动作→采样装置横截皮带全断面→随皮带负荷不同，采集子样量 14～20kg→通过落煤管，集中收集所采集的样品。

分体式采煤样机的制样系统采用二级制样、二级缩分流程，即原煤样置于料斗中→贮煤仓→进入皮带给煤机→低速立式环锤碎煤机（出料小于 13mm，此时取出测定全水分样）→一级缩分器→一级样品进入二级碎煤缩分器→获得小于 3mm 的最终样品。

一级余煤则用专门小车收集运至煤场。

制样系统流程如图 2-40 所示。

3．技术措施

首先在设计中就考虑通过制样系统可同时获得粒度小于 13mm 测定全水分的样品；用于制备空干基煤样小于 3mm（圆孔筛）的样品及按标准规定的存查样品。

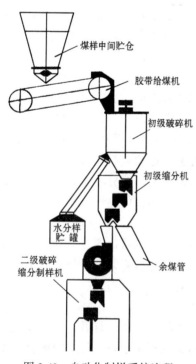

图 2-40　自动化制样系统流程

（1）每次上料 100～120kg，约 5min 可完成一个制样周期，即从原始煤样通过制样系统获得上述三种样品。

为保证制样的代表性，系统中加装了低速皮带给煤机，以保证样品均匀缓慢地进入低速立式环锤碎煤机，在此取出测定全水分煤样。

（2）采用往复格槽式缩分器缩分，单级缩分比最大为 1：16，缩分比较低，则不易产生系统误差。由于此类缩分器的结构与二分器相似，它又始终处于运动状态中，故也不易发生堵塞。

（3）二级采用高速锤式碎煤机并与往复格槽式缩分器直接相连，碎煤机装有筛板，以保证破碎后的煤样通过 3mm 圆孔筛，符合标准规定的用于制备空干基样品及存查煤样的要求。

（4）各种样品均收集于密封的容器中，防止散失及污染。各样品的数量均符合国标中的有关规定。

4．系统运行可靠性的保证

（1）贮料仓下方加装电控门，以初步控制落煤流量。选用极低速皮带给煤机，将煤样较均匀地流入初级碎煤机。

（2）初级碎煤机选用低速立式环锤碎煤机，将煤样破碎至小于13mm，该碎煤机破碎腔容积及出力较大，不易堵塞，破碎效率高。

（3）一二级缩分均采用往复格槽式缩分器，其结构与二分器完全相同，但由于往复运动，这样可有效地防止煤样在缩分器内堵塞。

（4）单级缩分器的缩分比较小，这样既可降低制样系统误差的可能性，又有利于防止堵塞。

（5）制样系统采用集中控制与手动就地控制两种方式，且互不干扰。

（6）自控系统采用微电脑程序控制，全部电控设备安装在控制箱内，屏面有设备运行模拟图，容易识别故障位置，便于维修；同时，系统出现故障，还有报警，自动停运功能。

（7）各主要部件处理量均留有裕度，各部件匹配适当，系统自上而下处理量依次增大。

（8）制样系统采用钢架结构，立式布置，便于设备安装，并最大限度减少系统内积煤与堵塞。

用户在使用过程中对设备进行精心维护，运行中加强巡回检查，对小的缺陷随时加以消除，使得设备自投运以来一直保持良好状态，制样系统未发生影响运行的故障。

经对自动化制样系统的全面性能检验，最终样品与二级余煤灰分 A_d 差值的10组平均值 $\overline{h}_1$ 及 $\overline{h}_2$ 分别为0.52%及0.64%，所制备的样品不存在系统误差。该制样系统投入运行已达两年之久，用于电厂入炉煤制样，煤样在被采以前，已经电厂大碎煤机破碎，粒度小于30mm，年投运率达100%。

5. 制样系统精密度与系统误差检验

（1）精密度检验。

制样系统性能检验用煤系取自电厂主煤场的入厂原煤，它不同于入炉煤，粒度大于50mm者占有一定比例，故比入炉煤均匀性要差一些。为检验制样系统性能，测试时每次上料100kg，收集最终样品及二级余煤，共收集20组；然后，分别制成分析煤样，化验水分、灰分，从而计算出干燥基灰分 A_d 值。现将测试数据汇总列于表2-14中。

表2-14　　　　　　　　制样系统最终样品与二级余煤 A_d （%）值

序号	最终样品 A_d 值	二级余煤 A_d 值	样品－余煤 ΔA_d 值	序号	最终样品 A_d 值	二级余煤 A_d 值	样品－余煤 ΔA_d 值
1	32.09	31.90	＋0.19	12	36.61	35.09	＋0.52
2	31.81	31.82	－0.01	13	35.26	34.90	＋0.36
3	34.89	34.06	＋0.83	14	32.90	35.26	－2.36
4	34.81	34.22	＋0.59	15	36.98	36.64	＋0.34
5	34.27	33.53	－1.26	16	36.14	35.81	＋0.33
6	34.96	34.72	＋0.24	17	35.23	35.57	－0.34
7	37.32	37.06	＋0.26	18	34.79	34.44	＋0.33
8	35.74	35.36	＋0.38	19	35.45	34.66	＋0.79
9	37.03	36.33	－0.70	20	35.10	.34.28	＋0.82
10	35.70	36.48	－0.78	平均	35.12	34.92	＋0.20
11	36.07	36.29	－0.22				

将 1 ~ 10 号列为一组，11 ~ 20 号列为另一组，计算对应一组 A_d 差值的平均值 $\overline{h}_1$ 及 $\overline{h}_2$。按表 2-11 计算

$\overline{h}_1 = 0.52\%$；$\overline{h}_2 = 0.64\%$

$\overline{h}_1$ 及 $\overline{h}_2$ 均小于国标规定的 $0.37P$，即 0.74% 的要求，故制样系统精密度合格。

（2）最终样品与二级余煤 A_d 值一致性检验。

先求出最终样品与余煤的平均标准差 $\overline{S}$。

$S_样 = 1.51$

$S_余 = 1.40$

将 $S_样$ 及 $S_余$ 代入下式

$$\overline{S} = \{[(n_样 - 1)S_样^2 + (n_余 - 1)S_余^2]/(n_样 + n_余 - 2)\}^{1/2}$$
$$= 2.12^{1/2} = 1.46$$

计算统计量 t 值

$$t = |A_样 - A_余|[(n_样 \cdot n_余)/(n_样 + n_余)]^{1/2}/\overline{S} = 0.20 \times (400/40)^{1/2}/1.46 = 0.43$$

查 t 值表，$t_{0.05,38} = 2.02$（双边检验），由于 $0.43 < t_{0.05,38}$，故最终样品与余煤灰分 A_d 平均值之间具有一致性。

（3）系统误差检验。

最终样品与二级余煤 A_d 差值的平均值 $\overline{d}$ 为 $+0.20\%$。

计算 A_d 差值的方差 S_d^2

$$S_d^2 = [\Sigma d^2 - (\Sigma d)^2/n]/(n\text{-}1)$$

将 $\Sigma d = 11.98$　$\Sigma d^2 = 11.90$ 代入上式，则

$$S_d^2 = (11.90 - 11.98^2/20)/19 = 0.25$$

故 $S_d = 0.50$

最后计算统计量 t 值

$$t = |\overline{d}|n^{1/2}/S_d = 0.20 \times 20^{1/2}/0.50 = 1.79$$

查 t 值表，$t_{0.05,19} = 2.09$，由于 $1.79 < t_{0.05,19}$，故二者无显著性差异，制样系统不存在系统误差。

（4）置信范围检验。

最终样品与二级余煤 A_d 差值的置信范围 D 按下式计算

$$D = \overline{d} \pm t_{0.05,19} S_d/n^{1/2} = 0.20 \pm 2.09 \times 0.50/20^{1/2} = 0.20 \pm 0.23\%$$

计算表明：二者差值在 95% 的概率下，为 $-0.03\% \sim +0.43\%$ 范围内。

检验制样的精密度，也就是要核验制样与分析的总方差与标准规定的 $0.05P^2$ 之间是否存在显著性差异。如果检测结果如国标 GB 474—1996 附录 A 中所指，所做 20 个同种煤的煤样都来源于同一标准差 σ 的正态总体，则从其中抽取的若干观测值之间的极差分布遵循一定规律。平均极差 $\overline{h}$、极差标准差 S_b 与总体标准差之间存在下述关系

$$\overline{h} = d_2 \sigma$$

$$S_b = d_3 \sigma$$

d_2 与 d_3 随抽取观测值的个数的不同而变化，参见表 2-15。

表 2-15　　　　　　　　　　　极差分布系数与观测个数 n 的关系

n	2	3	4	5	6	7	8	9	10
d_2	1.13	1.69	2.06	2.33	2.53	2.70	2.85	2.97	3.08
d_3	0.85	0.89	0.88	0.86	0.85	0.83	0.82	0.81	0.80

根据国标规定，采取的为双份试样，也就是说每组只有两个观测值，即 $n=2$，故

$$差值的平均值\ \overline{h} = 1.13\sigma \tag{2-18}$$

$$差值的标准差\ S_b = 0.85\sigma \tag{2-19}$$

由于是双份试样，故可用其差值来代替极差。差值平均值 $\overline{h}$ 的置信界限为

$$\overline{h} \pm 2S_b/\sqrt{n} \tag{2-20}$$

由此可求出标准附录 A 中 10 个差值平均值 $\overline{h}$ 的置信界限为

$$1.13\sigma \pm 2 \times 0.85\sigma/\sqrt{10} = 1.13\sigma \pm 0.54\sigma \tag{2-21}$$

也就是说，10 个差值平均值 $\overline{h}$ 的置信界限为 $0.59\sigma \sim 1.67\sigma$。

由于制样与分析总方差 $\sigma^2 = 0.05P^2$，即 $\sigma = \sqrt{0.05}P = 0.22P$，代入上式，则

$$1.13\sigma \pm 0.54\sigma = 0.25P \pm 0.12P \tag{2-22}$$

故 10 个差值 $\overline{h}$ 的置信界限为 $0.13P \sim 0.37P$。

如果两组中有一组平均差值大于 $0.37P$，则说明制样分析方差过大。也就是说，其值有 95% 的可能不在置信界限内，即制样分析精密度与 $0.05P^2$ 之间存在显著性差异，故判断制样精密度不合格；如连续两组的平均差值 $\overline{h}_1$ 及 $\overline{h}_2$ 均小于 $0.13P$，则表明制样分析方差偏低，也就是精密度处于较高水平。

故国家标准 GB 474—1996 对制备煤样全过程精密度检验方法作出如下规定：

做 20 个同种煤的煤样，连续 10 个 h 值的绝对值为一组（不能选择分组），求出每组的平均值 $\overline{h}$。若连续两组的平均值 $\overline{h}$ 均小于 $0.37P$，则认为煤样制备精密度符合要求。如有一组平均值 $\overline{h}$ 大于 $0.37P$，则表明制样方差过大，需要检查原因，采取改进措施，使之符合精密度要求。

需要说明一点，本书中的采样精密度用符号 P 表示，而国家标准中则用符号 A 表示。

关于制样精密度的检验，其评判是否合格的标准应与煤样的粒度有关，按国标规定的 $\overline{h}$ 值小于 $0.37P$ 来检验粒度小于 1mm 或小于 3mm 圆孔筛的样品是适宜的。由于制样流程具有分级的特点，在制样过程中，会出现不同粒级的样品，那么在不同粒度级时，缩分器精密度的合格标准如何确定？这在本章第十节中将作进一步的讨论。

第八节　电厂入炉煤粉与灰渣的采制样

入炉煤粉细度是电厂中常规监督项目，它需要采集煤粉样，以监督锅炉制粉系统的运行工况；另一方面，为了检查锅炉的燃烧状况，计算锅炉热效率，须对灰渣可燃物进行分析，故需要采集与制备灰渣样。本节将对电厂入炉煤粉的采样及灰渣的采制样加以介绍。

一、入炉煤粉的采样

当今电厂通常均采用煤粉悬浮燃烧方式的煤粉炉。其制粉常分为带中间贮仓式的制粉系

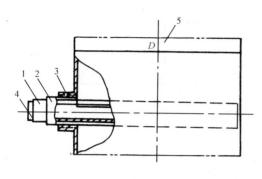

图 2-41 煤粉活动采样管

1—内管；2—外管；3—管座；4—堵头；5—下粉管

统和直吹式制粉系统。不同的制粉系统煤粉样的采集方法往往不同。

1. 活动煤粉采样管采样

它适用于带中间贮仓制粉系统的煤粉炉，采集的样品可用于煤粉细度的测定。该方法是对制粉系统进行日常运行监督时用的采样方法。

活动煤粉采样管的采样点位于旋风分离器至煤粉仓的下粉管段上，介于两个锁气器中间。此管段内只有煤粉向下流动，而无气流通过。应用带槽的活动采样管定时插入取样孔手动采样。活动采样管的结构参见图2-41。采样时，采样管在插入下粉管上的取样孔之前，应将内、外管槽形开口互相遮盖，并将内管的槽口处于垂直向上的位置。拧开锁气器堵头，迅速将采样管插入并保持密封。转动外管槽口使之垂直向上，接受煤粉样。采样管装满煤粉后，恢复内、外管槽处于遮盖位置；取出采样管，立刻拧上堵头，把煤粉倒入密封容器中。应用活动采样管采集煤粉样的关键，是采样管位置正确及系统密封性良好。

2. 自由沉降采样器采样

为了使煤粉样能真实地反映入炉煤的情况，采样点最好设在中间煤粉仓出口的给粉管路系统内。这样，采样的对象就是直接吹入炉膛的煤粉。为此，在给粉机出口落粉管上采样时，则可采用煤粉自由沉降采样器。由于煤粉在落粉管内呈分散状态自由沉降，因此原则上只要取样管系统保持严密，就可进行准确的连续采样，所采煤粉应能代表煤粉仓不同部位的煤粉。自由沉降采样器结构参见图2-42。露在落粉管外的采样管；应用石棉或其他绝热材料保温；采样管孔对准落粉管中心线，其孔径可以根据具体条件加以调整；每次装入采样容器后，要检查采样系统的密封性。

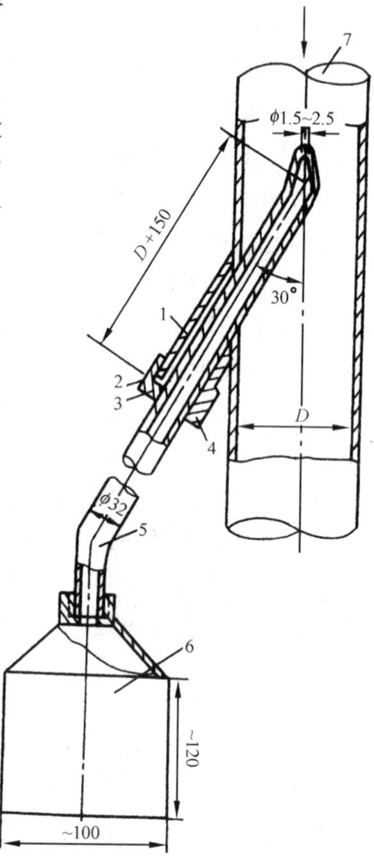

3. 活动等速抽气采样器采样

对带直吹制粉系统的煤粉炉；煤粉样品必须从通过炉膛的气粉混合物管道内抽取气粉样并进行气粉分离后才可获得。为了使所取煤粉样具有代表性，宜采用活动等速抽样管来抽取气粉样。活动等速抽气采样器的结构参见图2-43，它可安装在排粉机或粗粉分离器出口气粉流向下的垂直管道中，采样管口应对准管道中心抽取气粉并从中取得有代表性的煤粉样。采样器的最主要运行条件是保持等速采样，即吸入采样器管口的气流速度与其周围环境气流速度相等。采样时应用微压计控制；采样系统应保持良好的密封性，并防止堵塞。要做到等速采样是比较麻烦的，装

图 2-42　煤粉自由沉降采样管

1—斜管座；2—压板；3—橡皮垫；

4—盖；5—采样管；6—样品罐；

7—下粉管；D—下粉管内径

置也比较复杂，要详细了解这方面情况，读者可参阅《燃煤锅炉燃烧调整试验方法》。

二、锅炉飞灰采样

所谓飞灰，是指从燃煤锅炉尾部随烟气逸出的细小灰粒，通常其中含有数量不等的未燃尽的炭粒。

飞灰可燃物是反映锅炉燃烧效果的主要技术指标。在日常运行中，为了监督锅炉运行工况并改进运行操作，需要经常采集飞灰样来测定其中的可燃物含量。对于不同燃烧方式的锅炉，应在尾部烟道的适当部位安装专用的取样系统，连续抽取少量烟气流并在系统中将其中所含飞灰全部分离出来作为飞灰试样。

1. 抽气式飞灰采样器

抽气式飞灰采样器主要由取样管及旋风捕集器组成，其结构参见图2-44。从烟道内抽取飞灰样品与从气粉管道内抽取煤粉样品的情况类似，也应遵守等速采样的原则。旋风捕集器型式与煤粉采样用的相似，只是尺寸要求大一些。可燃物含量与飞灰颗粒有关，一般说，颗粒越大，含量越高。

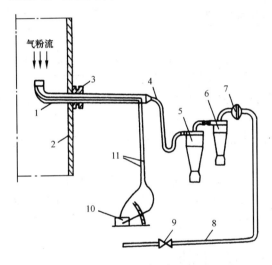

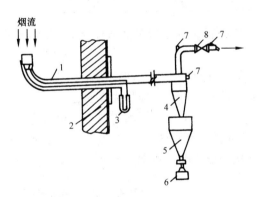

图2-43 活动等速抽气采样器

1—采粉管；2—输粉管壁；3—管座；4—软橡胶管；
5、6—二级旋风子；7—过滤器；8—帆布胶管；
9—调节阀；10—微压计；11—静压传递管

图2-44 抽气式飞灰采样器

1—采样管；2—烟道壁；3—U形管压差计；
4—旋风捕集器；5—中间灰斗；6—取样瓶；
7—吹扫孔；8—调节闸阀

抽气式飞灰采样器应安装在省煤器出口，管口要对准气流。采样管口的烟速，应接近管道内烟速。露出烟道外的采样管部分应予以保温。采样系统要保持良好的密封性。

电厂中如装有高效干式除尘器，也可采集其排灰的样品作为飞灰试样。

2. 撞击式飞灰采样器

撞击式飞灰采样器通常安装在锅炉空气预热器出口的水平烟道的中心线上。采样器要求密封，外露部分应予以保温。

该采样器是利用撞击与重力作用进行气灰分离的采样装置，飞灰中颗粒较大者易于被撞击而落入集灰瓶中，造成所采集的飞灰样品中粗颗粒者比重较实际飞灰中为高，使其飞灰可燃物测定结果偏高，因而飞灰可燃物的实际含量应按测定值乘上0.84～0.88的修正系数。

三、炉渣样及灰场灰样的采制

1. 炉渣样的采集

炉渣样品在除渣系统出渣口处按一定的时间间隔采集。在渣堆采样时，采样点应分布在渣堆各个部位，采样点可选择 5~10 个，每点采样量按渣的粒度确定（参见表 2-16）。

表 2-16　　炉渣粒度与最小采样量关系

渣的粒度（mm）	≤25	≤50	≤100	>100
最小采样量（kg）	1	2	4	5

采样时要注意渣块大小比例及外观颜色。每值每炉采样量约为总渣量的 0.005%，但最少不得少于 10kg。

2. 炉渣样的制备

将全部渣样破碎到 25mm 以下后，按表 2-17 规定缩制，如炉渣水分较高，应预先干燥并达到恒重后制备分析试样。

表 2-17　　炉渣缩制粒级与最小质量的关系

炉渣粒度（mm）	≤25	≤3	≤1	≤0.2
最小质量（kg）	15	1	0.1	0.05

将磨制 0.2mm 以下的渣样充分混匀并取适量样品用玛瑙钵研细备用。

3. 灰场采集灰样

如需在灰场中将灰样作为单独样品，应按网格布点采样。采样点 5~10 个，采样深度 150mm 左右，每点采样量为 0.5kg。

将多点采集的灰样均匀混合后倒入方盘内，铺成厚度 2~3mm 薄层，分成若干小方块，按一定间隔顺序取样。取样点不少于 9 个，每点取样量不少于 5g，将此样充分混匀并取适量样品用玛瑙钵磨细备用。

第九节　采制煤样机在电厂中的应用

采制煤样机简称采煤样机，它包括采样与制样两大部分。目前，普遍使用的为一体式采煤样机，即通过机械采样装置所采集的样品随即进入制样系统，也就是说边完成采样，边进行制样。这种采煤样机结构比较紧凑，采样与制样由一个控制系统控制。但由于一体式采样机运行可靠性较差，特别是其制样系统易堵，故作者提出了将机械采样与机械制样分开的设想，即由采样机械采集到样品后，集中送至机械制样系统集中完成制样，从而形成一种分体式采煤样机。实践证明：这种分体式采煤样机有其独特的优点，不仅皮带采煤样机，且火车、汽车采煤样机均可考虑在一体化与分体式之间加以权衡后作出选择。

本节重点阐述与分析一体式皮带采煤样机（电厂中主要用于入炉煤的采制样）的应用情况及其存在问题，同时，对火车及汽车采煤样机的要求与应用情况一并加以介绍。

一、皮带采煤样机的主要技术要求

自上世纪 80 年代以来，国内研制成功的刮板式采煤样机在不少电厂的输煤皮带上安装使用。进入 90 年代，国内又有一些单位在采煤样机改进与研制方面取得了技术上的突破，入炉煤实现机械化采制样的电厂正在迅速增多。同时，少数电厂还引进了国外生产的各种类型的采煤样机。另一方面，用于火车及汽车上的采煤样机的研制早已起步，并取得了显著成绩，国产的火车、汽车采煤样机已在一些电厂安装试用，正处于不断完善的过程中。但是各种采煤样机在应用中也存在不少问题，集中表现为采样代表性不足；采煤样机对煤的水分适应性较差，系统易堵塞；制样系统易存在系统误差等。

原电力工业部于 1993 年 11 月颁布的《火力发电厂按入炉煤量正平衡计算发供电煤耗的方法》中指出：机械采制样装置是目前能够采到具有代表性样品的手段。入炉煤采样机的安装位置最好选在输煤皮带端部的下落煤流处。

该方法还明确指出机械采制样装置应符合下列要求：

（1）采样的精密度按灰分 A_d 计，要求在 $\pm 1\%$ 以内；

（2）根据煤的不均匀度确定周期（或一定煤量）截取整个煤流截面；

（3）适应湿煤能力强，当煤的外在水分 $M_f < 12\%$ 时，能正常连续运行。

这三条对今后电厂入炉煤采样机提出了很高的技术要求。严格说来，上述三条中，任何一条都是不容易做到的，这应该成为国内采煤样机研制的指导性方向。

应该指出，电力行业标准 DL/T 567—1995《火力发电厂燃料试验方法》与国家标准 GB 475—1996 对采样精密度要求是有较大区别的。对灰分 $A_d > 20\%$ 的原煤来说，前者要求采样精密度（实际上是指采制化的总精密度）为 $\pm 1\%$；而后者则为 $\pm 2\%$。如把 1000t 原煤作为一个采样单元来，则要使采样精密度达到 $\pm 2\%$，应采集 60 个子样；而要使采样精密度提高到 $\pm 1\%$，则子样数要增加至原来的 4 倍，即应采集 240 个子样。故按电力行业标准来要求皮带采煤样机的精密度，在现在条件下，是很难稳定达到的。当然采样精密度能达到 $\pm 1\%$ 是最好不过了，如达不到这一水平，至少也应达到国标规定的 $\pm 2\%$ 的水平。

二、皮带采煤样机的应用

首先要指出的是对皮带采煤样机的安装要求：

（1）在输煤系统设计、安装时，一并设计采煤样机的安装位置。如一时无合适的采煤样机可供选择，则应预留它的位置。通常采煤样机上下总高度约在 10m 左右，某些采煤样机高度可达 20m。

（2）采煤样机应安装在电厂原煤碎煤机的后方皮带上，一方面使进入采煤样机的煤中没有大块；另一方面，煤已经过多级除铁，有助于减少混入煤中的铁器进入采煤样机的机会。

（3）采煤样机的安装地点与皮带磅称应相距较近，这样以确保煤量与煤质相一致。同时，要将采样头与皮带称联动，二者也不宜相距太远。

（4）采煤样机与输煤皮带应设有电气联锁装置，一般情况下，采煤样机与皮带同步运行，有助于对入炉煤采样要求的规范化，防止采煤样机开开停停，确保其投运率。

（5）采煤样机安装时，要留有适当通道，便于工作人员巡回检查及对采煤样机的维修。

1. 皮带中部采样的采煤样机

（1）CYJ－A 型采煤样机是在国内火电厂中安装最多的一种采煤样机，约占全国大中型火电厂的 50％左右。该机采样头由液压推动器及连杆组成，采用活动颚板与轧辊相结合的二级复合式慢速碎煤机，下接二级缩分器，缩分比为 1∶120，并可调。该机对金属异物具有自动排除的功能，它的第三代产品除二级缩分器改为一级缩分器外，其他方面与第一、二代产品相同，早期产品均不配余煤处理装置，须用户在安装使用中自行解决。该机结构紧

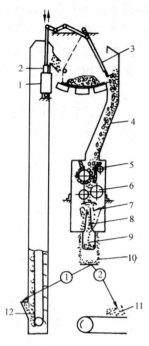

图 2-45　CYJ－A 型刮板式
采煤样机

1—液压推动器；2—复位重锤；3—刮煤板；4—落煤管；5—粗碎机；6—细碎机；7—一级缩分器；8—二级缩分器；9—煤样桶；10—余煤；11—下层输煤皮带；12—提升机

凑，较适合在已投产的电厂中加装，对原煤水分的适应性约为 7% 左右。CYJ－A 型采煤样机如图 2-45 所示。

CYJ－A 型机的一级碎煤机粗碎煤样后紧接着为二级碎煤机细碎煤样，这样结构固然紧凑，但系统设计明显不合理，二级碎煤机负载过重。当煤中水分含量较大时，例如超过 7%～8%，二级碎煤机的轧辊上就会严重黏煤，从而使其上方出现堵煤，造成该处的积煤从异物排放管排出，缩分器空转而取不到煤样。若采用一级碎煤→一级缩分→二级碎煤→二级缩分流程，同时加装给煤设备，有助于解决此问题。

该机采样头为刮板式，难以采到有充分代表性的样品，但它的运行还是比较可靠的。对中小型输煤皮带来说，也可考虑采用。该机的碎煤机的耐磨性有待提高。如果能对该型机予以适当改造，还是可以更好地发挥其作用的。

（2）国内某厂生产的采煤样机，采样头由直线提升电动机及连杆机构组成，刮板刮取煤样后借助电动机提升到一定高度后再复位。该机配用高速立式环锤碎煤机对煤样一次破碎，然后接一级缩分器，缩分比约为 1：（10～30），余煤通过提升装置返回原皮带。

该机采用一级碎煤、一级缩分流程，结构更为紧凑。由于该机配用的碎煤机转速高，出料粒度小，发热的煤粉进入低速运转的入口口径很小的缩分器后，在无给煤设备的情况下，易在缩分器入口造成堵塞。另一方面，若原煤水分较大，则所采煤样经碎煤机破碎后因过热致使水分蒸发，随后进入缩分器，经扩容冷却，水分在缩分器内部特别是在分配煤的锥面上凝结下来，甚至形成浆状物，从而严重地妨碍了采煤样机的正常运行。

该机采样头推力不足，常常因刮不动煤而烧坏电动机。该机对原煤水分的适应性也在 7% 左右。

以上两种采煤样机的系统流程中，均无给煤设备。实践表明：在采煤样机的系统流程中，给煤机是不可少的，且要选用性能良好的给煤设备才行。必要时，碎煤机与缩分器前方均要加装给煤机。

（3）美国生产的两种采煤样机，一种是由紧贴皮带的采样头将所采煤样经皮带给煤机进入锤式碎煤机，然后通过缩分器收集样品的，余煤通过提升装置返回原皮带。

该类型采煤样机的系统流程随皮带出力或皮带宽度不同而有所区别。对 1m 以下宽度的输煤皮带，采用一级给料、一级碎煤、一级缩分流程；对 1m 以上宽度的皮带，采用二级给料、一级碎煤、二级缩分流程。该机体积庞大，高达 20m，在已投产的电厂中难以安装使用。

另一种采煤样机由一级采样器将所采样品经一级给煤机进入碎煤机，经破碎后的煤样进入二级采样器，再经二级给煤机进入三级采样器，最后将样品收集，余煤则进入下层皮带带走。

上述进口采煤样机均采用一级碎煤方式，正如国际标准所规定的，从原煤到小于0.2mm的样品，只有一个中间粒度，通常为10mm或3mm。

再一点需要指出的是：在采制样系统中，采样器与缩分器是两个不同的装置，它们各有专门的名称。然而采样器与缩分器在功能上是相似的，即从大量煤中，采集或缩分出少量煤样，它能代表原来一批煤的平均质量与特性。上述采煤样机中的二、三级采样，就相当于一、二级缩分器。一级或称初级采样器，则为我们所说的采样头。

2. 皮带端部采样方式的采煤样机

国内研制成功并已生产的某型号采煤样机的采样头，由电力推杆推动，由机械部件支承连接，使旋转圆板中间采样口周期地通过皮带下落煤流的全断面，从而完成一次采样操作。所采样品通过给煤机进入碎煤机，再通过缩分器得到粒度小于13mm的样品。

由作者参与研制的一种采煤样机是在皮带端部安装摇臂式采样头，它以电力推杆为动力，从煤流中截取全断面的煤样进入皮带给煤机，然后将样品均匀地送入低速立式环锤碎煤机，出料粒度小于13mm，此时取出测定全水分的煤样。通过一级缩分器的样品则进入二级锤式碎煤机破碎，一级余煤自排到下层皮带。经二级碎煤机的样品进入二级缩分器而取得粒度小于1mm的最终样品。该机采样头与皮带称联动，按等质量间隔（可调）从输煤皮带端部截取煤样，实现了采样与计量同步，这有助于提高采样的精密度。

上述两种采煤样机均有给煤设备，不仅采样的代表性较刮板式有所提高，同时受堵的可能性减小，余煤尽可能设计成自排方式。

3. 主要部件的选型、配套与堵塞问题

首先要选择好采样头，它是采煤样机的最重要部件。对它的基本要求是：①能采集到有代表性的煤样；②具有良好的运行可靠性。

对大型皮带来说，现行刮板式采样头是难以满足上述要求的。原能源部标准SD 324—1989中指出：采样头活动臂的长度应与输煤皮带相吻合，在动作时既不损伤皮带，又能刮出全部子样。在电厂上煤过程中，输煤皮带负荷不可能处于恒定状态，实际上刮板式采样头动作以后要达到不留"底煤"的要求是不可能的。这样所采集的子样往往只是刮取皮带表层煤，且较大的块煤更易漏采。一般说来，刮板式采样头结构比较简单，它较适合在小型采煤样机上使用。

当前，国产的采煤样机的采样头存在一个相当普遍的问题，即采样头与其动力不配套，无论是刮板式或是端部采样头，这种情况均不少见。作者认为：其原因之一在于采样装置阻力太大，例如某型号的采样头动力为180kg，而实际上施于采样头上的力仅仅20kg，因而当煤层较厚、水分较大时，易造成电动机的烧毁；其原因之二在于原先用于650mm或700mm皮带上的采样头的配套动力，改用于大型皮带上的采煤样机，从而显得动力严重不足。

不仅是采样头的动力要求不符，而且如材质、强度、轴承等均存在严重不配套的情况，例如除了采样设备尺寸放大外，在大型皮带上仍采用小型皮带上所配用的采煤样机部件，造成设备变形、支撑轴承座损坏等均不少见。

采煤样机实际上包括采、制样系统。当然制样装置应与采样装置相配套；制样系统中的碎煤机与缩分器也应相匹配。对于大型皮带，如果从一级采样器所采集的样品直接进入制样系统，那么要完成制样并符合其精密度要求是很不容易的，制样装置的体积必然也很大。在这种情况下，一般煤样在进入碎煤机前，先通过二级采样，这样大大减少了制样装置的负担。

对采煤样机中的制样装置的要求是：①应与采样装置相配套，且留有裕度；②样品粒度与最少保留量之间的关系应符合有关标准；③对各种形式的碎煤机及缩分器进行筛选，以满足制样要求；④加装给煤机及多种防堵装置；⑤收集测定全水分的煤样，力求能在该系统中一并解决。

如何防止采煤样机的堵塞，提高对煤的水分适应性，可以说是采煤样机运行中最关键的问题，除系统流程设计不合理外，采煤样机主要部件选型配套不当，往往是造成运行障碍的主要原因。

另外，落煤管选择与安装不当，也是常造成系统堵塞的原因。例如管道太细、内部管壁粗糙、弯管部位形成死角、管道安装不良等，均可能造成煤样在落煤通道中受堵，从而使采煤样机无法运行。此外，采制样系统应选择优质配件，以确保采煤样机的运行可靠性。例如某些采煤样机传动部件断裂，继电器甚至电动机多次被烧，碎煤机严重磨损等问题，均与此有关。

在这里所讲采煤样机的设计流程的合理性与主要部件的选型配套问题，在从国外引进的采煤样机上也同样存在。目前，所引进的采煤样机多装在 1200～1500mm 宽度的输煤皮带上，应用于 300～600MW 机组。设备庞大，总高度均在 20m 上下，价格昂贵，且普遍对原煤粒度要求高。也就是说，煤的不均匀度不能太大。而国内发电用煤来源复杂，煤质不稳定，进口采煤样机很难适应我国发电用煤的质量现状。

诚然，国外进口的某些采煤样机系统流程设计还是比较合理的，控制系统技术较先进，但当原煤外在水分在 10% 以上时，系统的堵塞往往也是不可避免的。

4. 采煤样机运行管理方面的弊端

国内电厂安装的各种形式的采煤样机的使用情况确实是不能令人满意的。除其自身不足外，有不少电厂对采煤样机的运行管理不善，也是重要原因之一。对采煤样机运行管理方面的问题，较集中的表现在如下诸方面：

（1）采煤样机运行管理责任不清。入炉煤采样机安装在输煤皮带上，然而煤的采制化一般并不由燃料车间来管理，有的电厂由化学车间管理；有的电厂则是燃料公司管入厂煤，化学车间管入炉煤，这往往造成上述部门之间互相扯皮，致使采煤样机实际上处于无人管理的状态。一些本来是不难解决的问题往往因不同部门之间责任不清而一拖再拖，严重影响了采煤样机的正常使用。

（2）对入炉煤采制样人员缺少培训与考核。电厂入炉煤采制样人员的业务素质对保证采煤样机能否正常运行关系极大。采煤样机运行人员应熟悉国家标准对煤炭采制样的规定与要求，掌握其技术要点，并熟悉采煤样机的结构与各部件的功能，能消除一般故障。然而实际情况并非完全如此。某些电厂入炉煤采样机运行人员对上述知识甚为缺乏，因此对有关人员的培训与考核，就显得极为迫切和必要。

（3）入炉煤采煤样机运行管理制度不健全，也是影响采煤样机正常使用的一个不容忽视的方面。实践表明：凡是采煤样机使用正常，投运率高的电厂，都是建立并执行了一套健全的运行管理制度。

由于采煤样机高度较高，需要跨越不同楼层，要确保整个系统正常运行，有必要建立定时巡回检查制度，并认真做好运行记录。对运行中发现的小故障应及时处理，对大的缺陷则应向生产厂及时反馈，尽快予以解决。

原电力部规定：机械采制样装置要与输煤皮带系统设有电气联锁装置。其检修周期要与输煤系统大致相同。这就要求电厂要实施采煤样机与输煤皮带同步运行，投运率也应该成为对采煤样机运行考核的主要指标。目前，国内有的电厂的采煤样机投运率全年可达95%以上，但也有一些电厂采煤样机投运率很低，甚至一停就是几个月或更长时间。另一方面，对采煤样机检修周期的要求，就意味着它能在1~2年内始终处于运行状态而不用大修，除加强对采煤样机运行监督与维修管理外，别无选择。

三、火车与汽车采煤样机的特点及其应用

电厂入厂煤主要依靠火车及汽车运输，实现入厂煤采制样机械化，大力研制与应用火车及汽车采煤样机，不仅具有必要性，而且具有迫切性。

火车、汽车采煤样机与皮带采煤样机，既有共同点，又有各自的特点。

1. 火车采煤样机的特点及其应用

虽然同是火车进煤，但各电厂卸煤方式可能不同，有的用翻车机，有的用螺旋式，有的用抓斗式卸煤机卸煤，还有的为自卸车或人工卸煤等。因此，采煤样机要与卸煤方式相配合；另一方面，火车进煤，列车在站内停留时间有限制，也就是说，火车煤进厂后，要迅速完成采样与卸煤。

国内电厂现已安装使用火车及汽车采煤样机的并不多。根据不同的采样地点，火车、汽车采样头可装在不同载体上：移动式龙门架，适用于露天火车采样；桥式双梁行车，适用于卸煤廊内采样；固定垂直轨架，适用于露天汽车采样。

例如某单位研制的火车采煤样机，可适用通用敞车，单节车厢内采集3个子样需2.5min，轨距6000mm，全部工作过程由单片机控制，超声波零定位。该机定位后，行走机构自行锁紧，采样头旋转并由螺旋进料装置驱动进至煤层深度400mm下开始采样。当煤样集满粒斗后，采样头回到上部极限位置，粒斗门自动开启，煤样进入同CYJ-A型皮带采煤样机中的破碎、缩分系统。该机缩分比可调，能使样品量(不论车皮多少)保持在3kg左右。

通过实地考察，了解到上述采煤样机有以下缺点：①采样装置的行程较短，对低煤位煤车不适用；②对深度超过0.2m的冻煤（该机装在东北地区某电厂中）及黏煤采样困难，大块煤不易采到；③制样系统易堵。

在本章第五节中已介绍过螺旋采样装置的优缺点，国外产品多采用这种类型的采样装置；而国内产品并不限于上述类型，例如振插式、抓斗式采样装置也用于火车采样。

我国标准规定，在火车上大于300t的一个采样单元，如是原煤，则每节车皮沿对角线采集3个子样；如是洗煤，则每节车皮沿对角线按五点循环法采集1个子样。当煤量小于300t时，则原煤及洗煤至少应采子样数分别为18个及6个。目前，所设计的采样装置多具备三维空间移动功能，即可以前后、上下、左右移动，故其传动机构相当复杂。另外，采样装置置于露天或半露天且煤粉飞扬的环境下运行，传动机构卡塞，设备生锈等将难以避免，如不采取有效的保护措施，再好的设备也难以长期可靠运行。

国标 GB 475—1996 规定的火车采样方法，系针对人工采样而言。机械采样是否需要完全按照上述方法设计是值得研究的。一般来说，只要所采制的样品具有代表性，即符合有关标准中采制样的精密度要求，且其所获得的样品又不存在系统误差，采取何种采制样方式与方法均是可以的。

无论是皮带，还是火车或汽车的一体式采煤样机，其制样部分往往问题较多，特别是易堵及易产生系统误差，故原先多设计成二级碎煤、二级缩分系统逐步被现在采用的一级碎煤、一级缩分流程所代替。一般说来，煤样粒度越细，制样系统受堵的可能性也越大。故现在多用小于13mm或小于6mm作为样品的最终粒度，这样结构简化，且制样系统运行可靠性提高；另一方面，所获得的最终样品粒度较大，故在制样室中还须对它作进一步的缩制。

2. 汽车采煤样机的特点及其应用

由于大型电厂耗煤量很大，电厂煤源日趋多元化，汽车进煤的电厂也越来越多，所以研制汽车采煤样机已成为当前热点之一。

汽车采样又不同于火车采样，按电力行业标准，在汽车上原煤应采集1个子样，但当采样单元小于30t时，则应采集6个子样，故汽车上进行机械采样要比火车上易于实现。现在国内生产厂家生产的各种各样的采样装置，它们与火车煤的采样装置结构相似或者是完全相同，二者可以通用。

对汽车煤采样来说，最突出的也是制样问题。由于一个电厂每天汽车进煤可来自十多个，甚至数十个煤矿，也就是说，一天汽车入厂可能包括十多个甚至数十个采样单元，且各矿运煤进电厂汽车排序杂乱，如制样系统不经"冲洗"，必然导致混样，从而使样品失去代表性。如煤的水分较大，混样几乎是不可避免的。

作者设想：用旋转的样品贮存罐先将不同煤源的样品集中起来，然后分别制样。也就是汽车采煤样机也设计成分体式的。既可在采样现场安装独立的制样系统；也可考虑将收集的样品集中在制样室进行机械制样。而对采样装置来说，则充分利用汽车机动性这一特点，设计成的采样装置能上下移动以简化其结构，提高运行的可靠性。同时，整个采样系统应是密封的，以尽量减少雨水、煤尘对其运行的影响。

无论是火车还是汽车采煤样机，当前研究较多的是采样装置，而恰恰是制样系统问题更多，难度更大，深入研究的不多，故今后这方面还有很长路程要走。采用分体式采制煤样机，也是可以考虑的一种选择。

四、国外采煤样机应用简评

1. 大型入炉煤采样机的设计与应用

我国电厂已进入以300MW及600MW机组为主力机组的时代。例如国内某电厂安装两台600MW机组，其输煤皮带宽度为1500mm，额定流量为1500t/h，今后入炉煤采样机应主要与这类大型输煤皮带相配用。

图2-46是一国外的采煤样机系统流程，它安装在某一大型燃煤电厂中，该流程为一级碎煤、三级采样方式。采样器在下落煤流中切割全皮带宽度采集煤样。采样器的切割速度不应太快，其极限切割速度约为460mm/s。采煤样机的输煤皮带流量为2500t/h，初级子样量约为410kg。由图中可以看出：在碎煤机前方为一、二级切割采样器；碎煤机后方则为第三级切割采样器（相当于缩分器）。各级采样器后均留有检验系统偏差的取样口。这对其性能测试来说，是颇为方便的。

国内用户在使用中往往为了防止系统堵塞，任意扩大采样间隔时间。采样间隔时间加大，就意味着采样精密度降低，这样做是极不可取的。

对大型电厂皮带采煤样机，多数采用皮带端部采样方式，为了保证所采样品具有代表性，其料斗的宽度要大于皮带宽度，其厚度要超过煤流厚度，也就是料斗容量要容纳下截取皮带全断面、全厚度的一个完整子样量，如图 2-47 所示。一种典型的煤流采样机如图 2-48所示。

2．大型采煤样机运行闭路系统

图 2-49 是一大型采煤样机运行的线路系统，这对国内大型电厂设计采煤样机有一定的参考价值。

3．高可靠性小型皮带采煤样机

现介绍一种小型摇臂式皮带采煤样机，见图 2-50。整个系统可装进 5.3～8.6m 的垂直空间内，运行可靠性很高。

该采煤样机中一架空的摇臂与切煤料斗是此摇臂式采煤样机的关键部件。该系统是依靠在非切煤位置牵引切煤料斗向下并通过煤流运行的。采样时，料斗实际转到平行于煤流的位置。摇臂当时是逆向运转，料斗向上并通过煤流得到无偏流煤样。由料斗进行旋转而完成循环，这样就将所采样品倾斜倒入落煤管溜槽，再到一级给煤机及碎煤机。

该采煤样机的设计是让第一级采样器位于皮带端部的前上方，这样也就缩小了空间，并使它便于在已投产的电厂中加装。该机的年投运率曾达到 99.4%。

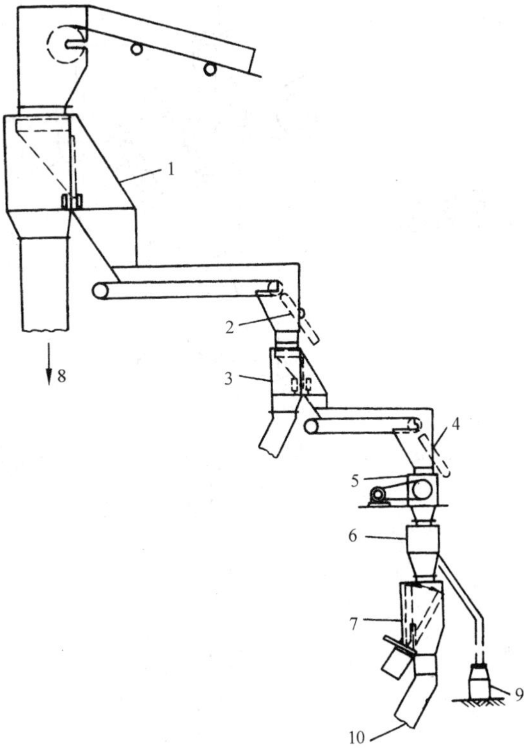

根据采样头在皮带上的安装位置不同，皮带采煤样机有中部与端部之分。究竟哪一种类型更好，目前没有一个定论。作者认为：传

图 2-46　大型电厂用皮带采煤样机
1—初级采样器；2—初级偏差试验用斜管；3—二级采样器；4—二级偏差试验用斜管；5—碎煤机；6—三级采样器；7—三级偏差试验用斜管；8—主煤流；9—最终样品；10—余煤

统的刮板式采煤样机所刮取的子样量少，很难不留底煤，样品代表性较差，故现在采用刮板式采样头者已经较少；而刮斗式采样头，其优越性则比较明显，所采子样量较多。例如山东电力科学研究院研制的分体式采煤样机，其采样头即采用中部刮斗式，每个子样量达 14～20kg（带宽 1200mm，带速 2.5m/s，流量 1000t/h），经检验电厂所用原煤灰分在 30% 左右，其采样精密度为 ±1.39%，且运行可靠，年投运率达到 100%。总的来说，中部采样装置所占空间位置较小，选择的余地较大，尤其适合运行电厂中加装。

端部采样头，如能采集到皮带全断面、煤层全厚度的样品，其代表性一定很好，也不会出现系统误差，这样每个子样量往往达数十甚至数百千克。制样系统很复杂，需要处理大量煤样；另一方面，采样头只限于安装于皮带端部这一特定位置上，新建电厂在设计

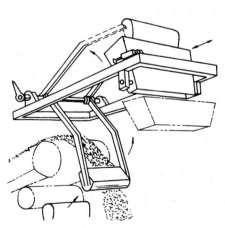

图 2-47　摇臂式采样装置示意

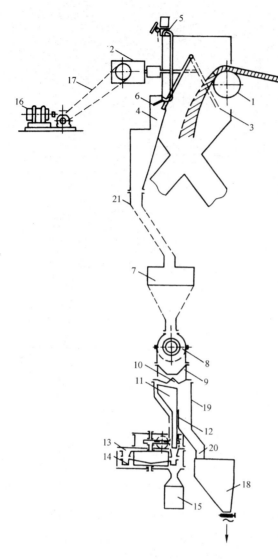

图2-48　一种较典型的采煤样机系统

1—传动滚筒；2—控制机构；3—子样采集装置；4—落煤管；5—落煤管入口开启装置；6—落煤管档板；7—煤斗；8—碎煤机；9—料斗；10—分配锥体；11—扇形缩分器；12—空心轴；13—扇形料斗；14—容器；15—煤样罐；16—带减速装置的电动机；17—链条；18—中间容器；19—一级缩分器外壳；20—一级缩分器落煤管；21—软管

中就考虑安装，对于运行中的电厂往往受空间位置的影响而无法采用。实际上，我们现在所说的端部采样头，多数也不是采集皮带上的一个完整子样。如前所述，往往采样头能截割皮带全断面却不是通过煤层全厚度，故大多数电厂输煤皮带上配用的上述端部采样头，每个子样量往往也只有十余千克，甚至三五千克或更少。从样品的代表性上来讲，未必超过刮斗式中部采样。事实上，现在采用刮斗式中部采样装置的日益增多。

电厂究竟选用何种采样装置，可根据本厂条件加以选择。由于国标规定原煤（$A_d > 20\%$）采样精密度为±2%，故一般说来，对采样装置的要求并不高，现行的中部或端部采样装置即可满足要求；如要按电力行业标准来要求，采样精密度要达到±1%，则其难度要大得多，特别是子样数要大大增加，故对采样及制样系统都将提出更高的要求。对采煤样机来说，应首先达到国家标准规定，进而力争达到电力行业标准的要求。

4.汽车采煤样机

现介绍一种国外的汽车采煤样机（见图2-51），供读者参考。

由图2-51可以看出：初级采样器即采样头为高度可调节的螺旋式采样装置，可以垂直切割煤层，故它可用于各种类型的汽车。

该汽车煤采样机有外罩罩住，以尽量减少雨水、煤尘等环境条件对该采样机运行的影响。图2-51所示的采煤样机的流程是合理的，由于采用螺旋采样头，其深度可以任意加以控制。它采用一级碎煤、一级缩分流程，结构比较紧凑，也较适合我国情况，其出料粒度可选择小于13mm或小于6mm，这样可解决全水分测定的样品问题。

前文也已指出螺旋式采样头也有它的不足之处，各种形式的采样头各有优缺点。不管怎样，上述汽车采样流程是具有一定价值的，不仅汽车煤而且火车煤采样也可参考。

五、分体式采煤样机简介

我们总结了一体化采煤样机的运行经验，分析了其存在的问题，提出了研制分体式采制

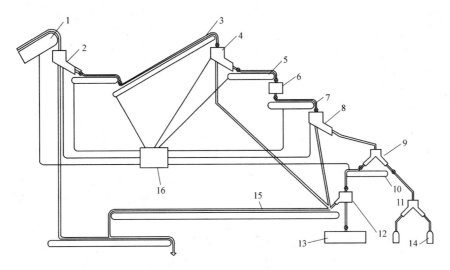

图 2-49　大型采煤样机运行线路系统

1—主输煤皮带；2—初级采样器；3—初级给料皮带；4—二级采样器（即相当于初级缩分器）；
5—二级给料皮带；6—碎煤机；7—碎煤机输煤皮带；8—三级采样器（相当于二级缩分器）；
9—转换溜槽（精密度检验时用）；10—三级给料皮带；11—缩分器；12—样品收集器；
13—分析样品；14—重复采样罐；15—弃煤皮带；16—程序控制器

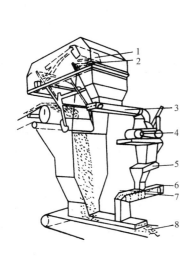

图 2-50　高可靠性小型采煤样机

1——级采样器；2—料斗闸门；3——级给煤机；
4—碎煤机；5—二级给煤机；6—二级采样器
（相当于缩分器）；7—最终样品；8—弃煤

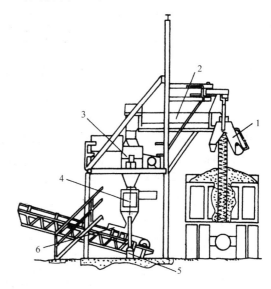

图 2-51　汽车采煤样机系统

1—初级采样器；2—初级皮带给煤机；3—碎煤机；
4—二级采样器；5—样品收集器；6—余煤系统

煤样机的设想。作者参与了该机的研制工作，1999 年底国内第一台分体式皮带采煤样机研制成功，随即在某电厂（60 万 kW 容量）投入试运行。其采样装置，即采用中部刮斗式，而制样则研制成功一套自动制样系统，它不仅可作为分体式采煤样机的组成部分，又可作为一独立系统，从而实现电厂入厂及入炉煤全部煤样制备的机械化与自动化。关于该机采样与制样设备情况，前文已经提及，参见图 2-18 及图 2-40 及其说明。

分体式皮带采煤样机的研制成功，表明火车、汽车煤采样机采取分体式也应是可行的。无论是一体式还是分体式，均各有利弊。作者认为分体式采煤样机除采制样的精密度可达到标准规定的要求外，还具备下述有利条件：

（1）采样装置所占空间较小，不存在堵煤现象。现在刮斗式中部采样头，与输煤皮带联动，能横截整个皮带断面，运行速度高，采样代表性好。运行平稳且安装、维修均较为方便。

（2）制样系统由车间移至地面，设备的安装不受现场条件的限制，运行、维修均十分方便，值班人员的工作条件大大改善，这是一体式采煤样机所无法比拟的。

（3）不仅电厂各锅炉的入炉煤，而且全厂入厂煤均可在此制样系统中完成制样，充分体现了分体式采煤样机的优越性，它具有比一体式采煤样机更多的功能，由此带来可观的经济效益。

（4）借鉴分体式采煤样机的设计思路与设计原则，对火车煤、汽车煤的机械采制样也可考虑采用分体式结构。例如分体式火车、汽车采煤样机就不易出现堵煤现象，对汽车煤采样，也可避免混煤情况等。

分体式采煤样机的不足之处在于采样系统与制样系统分开后，对所采样品有一个输送至制样系统的问题需要解决。建议采样系统与制样系统尽可能相距较近，例如在皮带上采样后，通过楼层，将所采样品直接下落至输煤栈桥挤下方的制样系统中完成制样为最好；又如分体式火车或汽车采煤样机，其制样系统应设在采样系统近旁，尽可能减少样品输送转运带来的困难。

第十节　采煤样机性能检验

任何一台采煤样机正式使用前，均必须进行性能检验，合格者方可投入运行。采煤样机性能主要是指采制样品的代表性及有无系统误差。本节将以实例阐述采煤样机的性能检验方法，同时对贯彻 DL/T 747—2001 导则提出建议。

一、皮带采煤样机性能检验

（一）采样性能检验

1. 检验方法

根据国际标准的规定，通过机械采样与停带人工采样 A_d 之间的对比试验，可对该采样装置所采样品的代表性及其他性能作出评价。

输煤皮带在运行中进行人工采样，是不能采集到有代表性的样品的；而停带人工采样却可在皮带全断面上把所有粒度的煤作为一个完整子样全部被采集下来，故样品的代表性是无可置疑的。

对停带人工采样时，应注意以下几点：人工采样位置一定要紧挨机械采样装置，越近越好，根据机械采样的子样量确定人工在皮带上采样的区段，加工一简易工具，取下该区段的全部煤样；机械采样与停带人工采样样品务必一一对应，构成一组，切不可混淆，至少应采集 20 组。

按照输煤皮带的运行规程，输煤皮带是不允许带负荷启动的，因为启动电流很大，容易造成输煤皮带电动机温升过高，甚至被烧。在试验过程中监视电动机的温升是必要的，以防意外事故的发生。因此，如何实施停带人工采样的关键问题不是采样本身，而是如何启停皮带，既要确保安全生产，又完成停带人工采样。

具体操作可这样进行：试验开始，人工控制皮带上煤量，例如仅让输煤皮带 10m 左右区段有煤，当达到皮带端部后，采样装置动作（用手动），随即停带，人工从邻近采样装置的端部皮带上采集一段煤样，其量与机械采样量相近。根据采样精密度要求，相隔一定时间后，通常为 3~5min，启动皮带。再按上述方法采集以后各组煤样，直至采满 20 组。然后对各组煤样分别制样与分析，测出 M_{ad} 及 A_{ad}，从而计算出各组干燥基灰分 A_d 值。

根据机械与人工停带采样的测试结果，就可对有关数据进行计算，从而对其采样性能作出评价。

2. 检验计算与评价

按表 2-18 所列对比试验结果，对采样装置进行性能检验。

表 2-18   **两种采样方法的对比示例**

组　别	机械采样 A_d（%）	停带人工采样 A_d（%）	两种采样方法 ΔA_a（%）	组　别	机械采样 A_d（%）	停带人工采样 A_d（%）	两种采样方法 ΔA_a（%）
1	27.19	26.61	+ 0.58	12	25.37	25.35	+ 0.02
2	24.91	24.51	+ 0.40	13	31.06	31.46	− 0.40
3	23.77	25.18	− 1.41	14	30.38	30.53	− 0.15
4	24.81	27.35	− 2.54	15	30.08	29.87	+ 0.21
5	25.77	28.45	− 2.68	16	31.07	29.96	+ 1.11
6	23.70	24.65	− 0.95	17	25.43	24.03	+ 1.40
7	24.52	23.42	+ 1.10	18	26.40	29.36	− 2.96
8	26.73	27.04	− 0.31	19	26.08	26.32	− 0.24
9	26.02	27.19	− 1.17	20	26.68	25.36	+ 1.32
10	27.27	27.30	− 0.03	平均	26.64	27.01	− 0.37
11	25.57	26.38	− 0.81				

（1）精密度检验。应用 F 检验方法对两种采样方法的精密度一致性进行检验。

机械采样标准差 $S_j = 2.30$；停带人工采样标准差 $S_r = 2.28$。

$$F = S_j^2 / S_r^2 = 1.02$$

查 F 表得知：$F_{0.025,19,19} = 2.51$（显著性水平取 0.05，双边检验），由于 $1.02 < F_{0.025,19,19}$，故说明两种采样方法精密度之间无显著性差异。

（2）灰分平均值一致性检验。先求出 S_j 与 S_r 的平均标准差 $\overline{S}$

$$\overline{S} = \sqrt{\frac{(n_j - 1) S_j^2 + (n_r - 1) S_r^2}{(n_j + n_r - 2)}} = 2.29$$

再按下式计算统计量 t 值

$$t = \frac{|\overline{A}_j - \overline{A}_r|}{\overline{S}} \sqrt{\frac{n_j \cdot n_r}{n_j + n_r}} = 0.51$$

查 t 值表，$t_{0.05,38} = 2.02$（双边检验），由于 $0.51 < t_{0.05,38}$，故二者灰分平均值具有一致性。

F 值与 t 值检验，请参阅本书第八章。

（3）系统误差检验。系统误差是利用两种不同采样方法所采样品 A_d 之间是否存在显著性差异来判断的。

先求出两种采样方法 A_d 差值的平均值 $\overline{d}$

$$\overline{d} = \frac{1}{n}\Sigma(A_{机} - A_{人}) = -0.37\%$$

再计算 A_d 差值的方差 S_d^2

$$S_d^2 = \frac{1}{n-1}\Big[\Sigma d^2 - \frac{(\Sigma d)^2}{n}\Big] = 1.66$$

$$S_d = 1.29$$

最后计算统计量 t 值

$$t = |\overline{d}|\sqrt{n}/S_d = 1.28$$

查 t 值表，$t_{0.05,19} = 2.09$，由于 $1.28 < t_{0.05,19}$，故二者无显著性差异，机械采样不存在系统误差。

（4）置信范围的检验。两种方法 A_d 差值的置信范围 D 计算如下

$$D = \overline{d} \pm t_{0.05,19}\frac{S_d}{\sqrt{n}} = -0.37 \pm 0.60\%$$

计算表明：两者 A_d 差值在 95% 的概率下为 $+0.23\% \sim -0.97\%$ 范围内。

由此可以得出结论：机械采样与停带人工采样之间灰分平均值具有一致性，且不存在系统误差，故机械采样可以替代停带人工采样。

（5）采样精密度的核对。关于采样精密度的核对方法，在本章第二节中已作了说明。6 个分样 A_d 值分别为 27.19%、27.37%、27.69%、29.47%、26.85% 以及 27.61%，极差为 2.64%。它满足总精密度为 ±2% 时采样精密度为 9.8% ~ 2.4% 的要求。这也说明所采子样数满足规定的采样精密度。

（6）采样精密度的计算。采样精密度 P 的计算在本章第二节中也已作了介绍。

$$\overline{S} = \sqrt{\frac{1}{n(n-1)}\Big(G - \frac{M^2}{n}\Big)} = 0.377$$

$$P = \pm 2.57\% \times 0.377 = \pm 0.97\%$$

（二）制样性能检验

1．制样精密度

将一级缩分器分出的少量样品与一级余煤分别收集后，制样并分析 M_{ad} 及 A_{ad}，从而计算出 A_d，一共分析了 20 组样品及余煤，其结果列于表 2-19 中。

将 1~10 列为第一组，11~20 列为第二组，求出 A_d 差值的平均值 $\overline{h}_1$ 及 $\overline{h}_2$。

$$\overline{h}_1 = 0.73\%$$

$$\overline{h}_2 = 0.73\%$$

$\overline{h}_1$ 及 $\overline{h}_2$ 均未超过国标规定的 $0.37P$，即 0.74% 的要求，故一级制样装置精密度合格。

2．系统误差检验

其检验方法同采样装置，计算出统计量 $t = 0.53$，由于 $0.53 < t_{0.05,19}$，故制样装置不存在系统误差。

如该采样机制样系统包括一级及二级制样，则对二级制样精密度及系统误差检验方法同上，不复述。

表 2-19 　　　　　　　　　　　　一级样品与一级余煤 A_d 对比

组　别	一级样品 A_d（%）	一级余煤 A_d（%）	样品与余煤 ΔA_d（%）	组　别	一级样品 A_d（%）	一级余煤 A_d（%）	样品与余煤 ΔA_d（%）
1	27.69	28.29	－ 0.60	11	27.20	27.31	－ 0.11
2	24.61	25.76	－ 1.15	12	27.46	26.56	＋ 0.90
3	26.71	26.66	＋ 0.05	13	23.47	24.39	－ 0.92
4	26.54	26.07	＋ 0.47	14	22.53	22.55	－ 0.02
5	26.13	26.50	－ 0.37	15	24.28	23.05	＋ 1.23
6	29.90	29.16	＋ 0.74	16	24.26	24.98	－ 0.72
7	22.95	24.57	－ 1.62	17	24.74	24.89	－ 0.15
8	30.95	30.43	＋ 0.52	18	27.17	24.80	＋ 2.37
9	23.97	24.33	－ 0.52	19	24.23	24.84	－ 0.61
10	21.67	22.68	－ 1.01	20	28.15	28.38	－ 0.23

3．缩分比检验

对表 2-19 中的 20 组样品及余煤分别称量，样品的平均量为 0.70kg，余煤的平均量为 12.60kg，则缩分比为 0.70/（0.70 + 12.60）= 1∶19。

在考察采制样性能时，对两种采样方法或样品与余煤的粒度分布进行测定，将有助于对其性能，特别是对有无系统误差作出定性判断。例如对某一台采煤样机的采样性能进行检验，机械采样与停带人工采样样品粒度分布见表 2-20。

表 2-20　　　　　　　　　　　　不同采样方法的子样粒度分布　　　　　　　　　　　　（%）

子样粒度与 子样量	子样粒度分布（mm）				子样量 （kg）
	＞ 25	25 ~ 13	13 ~ 3	＜ 3	
机械采样	5.4	12.9	33.2	48.5	8.8
停带人工采样	8.3	12.6	33.0	46.1	8.7

由上表可以看出：机械采样与停带人工采样相比，其中大粒度（大于 25mm）者所占百分比较小，而小粒度（小于 3mm）者则较大。一般说来，粒度较小者，其灰分含量较低；反之，则较高。由此可以推断：机械采样样品灰分要比停带人工采样样品灰分偏低一些。实际测定结果是：机械采样样品平均灰分为 30.60%；停带人工采样样品为 31.46%。这与粒度分布的推断是一致的。

又如某一采煤样机，对其缩分的样品与余煤粒度分布进行检验，其结果列于表 2-21。样品与余煤相比，样品中大粒度（大于 3mm）者所占比例较小，而小粒度者（小于 1mm）者所占比例却显著增大，这将导致样品中灰分值较余煤明显偏低。实测的结果完全证实了这一点：样品的平均灰分为 23.92%，余煤平均灰分为 25.70%。

故对采煤样机性能检验时，进行上述粒度分布试验将是有益的。

表 2-21　　　　　　　　　　　　缩分的样品与余煤的粒度分布　　　　　　　　　　　　（%）

名称 ＼ 粒度	大于 3mm	3 ~ 1mm	小于 1mm
样　品	6.0	32.8	61.2
余　煤	13.3	33.8	52.9

（三）整机性能检验

1. 水分损失

皮带上的入炉原煤通过采煤样机后，水分损失是不可避免的。

标准 SD324—1989《刮板式入炉煤机械采样装置技术标准》中指出：水分损失试验是将一批准备好的粒度 50mm 以下重约 50kg 的试验煤样在铁板上堆锥、压平，用 9 点取样法取 1kg 左右，迅速破碎至 13mm 以下，作为试验煤样的全水分样品。然后，将试验煤样用塑料布盖上，以防止水分损失，并按每 5kg 左右，模拟采样过程倾入采样装置的制样部分，取破碎、缩分后（3mm 以下）的样品 0.5kg 测定全水分含量。

13mm 以下与 3mm 以下的样品全水分含量之差即为采样机的水分损失，其损失应小于 1.5%。

国标 GB 475—1996 中规定：煤流中每个子样量按煤的最大粒度决定。对小型刮板式采煤样机来说，每个子样量较少，一般仅 1~2kg。对于大型皮带上采用的端部采煤样机来说，每个子样量很大，同时按国家标准 GB 211—1996《煤中全水分测定方法》的规定，测定全水分的煤样粒度为小于 13mm 或小于 6mm。为此，在对采煤样机进行水分损失试验时，主要还是参照国际标准所规定的方法。

水分损失试验方法如下：当采样头动作以后，在输煤皮带人工采集 2kg 样品，同时，于制样系统中收集一个测定全水分的样品（设该采煤样机具有收集测定全水分样品的功能），分别装入密封容器中，这样一共采集 20 组样品进行全水分测定，其结果列于表 2-22。水分损失 MR 按下式计算：

$$MR = \frac{1}{20}\Sigma(M_原 - M_采)\qquad(2\text{-}23)$$

式中　$M_原$——原煤全水分，%；

　　　$M_采$——通过采样机后煤的全水分，%。

表 2-22　　　　　　　　　　　采煤样机水分损失　　　　　　　　　　　（%）

组　别	原煤水分 $M_原$	通过采样机后水分 $M_采$	水分损失	组　别	原煤水分 $M_原$	通过采样机后水分 $M_采$	水分损失
1	7.5	7.0	0.5	12	7.7	6.7	1.0
2	7.3	6.2	1.1	13	7.8	7.0	0.8
3	8.1	7.1	1.0	14	7.9	6.8	1.1
4	7.9	6.6	1.3	15	8.2	7.1	1.1
5	8.2	7.1	1.1	16	8.6	7.4	1.2
6	7.7	6.6	1.1	17	8.4	7.3	1.1
7	7.6	6.9	0.7	18	8.1	7.0	1.1
8	8.3	7.2	1.1	19	7.9	6.8	1.1
9	8.1	7.2	0.9	20	9.2	8.5	0.7
10	8.0	7.0	1.0	平均	8.0	7.0	1.0
11	7.5	6.5	1.0				

计算表明：水分损失 $MR = 1.0\%$。

还须指出：如某采煤样机没有收集测定全水分样品的功能，则可在缩分后的余煤中人工收集测定全水分的样品供水分损失试验之用。应该注意：如采煤样机最终样品粒度为小于

3mm 或小于 1mm，由于它与原煤中测定全水分的样品粒度不一致，其测定结果不具有可比性，故不宜取这种小粒度的最终样品来测定全水分，并计算水分损失。

在对采煤样机进行水分损失试验时，还常碰到这样的情况，即通过采煤样机后煤的水分含量反而比皮带上原煤水分含量还高，一般说，原煤水分含量越高，其水分损失也越大。出现上述异常情况，多为原煤自身水分较低所致。例如原煤水分为 4.8%，而通过采煤样机后所测煤的全水分大于 4.8%，如 4.9% 或 5.0%，这往往是由全水分测定误差造成的。国标规定，当煤中全水分含量小于 10% 时，重复测定的允许差为 0.4%（绝对值）。更何况上述两种并非同一样品，由于测定误差而导致通过采煤样机的样品全水分含量有可能略高于原煤全水分的情况是可以理解的，但这毕竟是异常值。

总之，在计算水分损失时，应将上述异常值剔除。如不剔除，往往会得出水分损失为 0.1%，甚至没有任何损失这种不切合实际的结论。

2. 采煤样机对原煤水分的适应性

这是对采煤样机一条很重要的技术要求，采煤样机对原煤水分（或外在水分）适应性的大小，往往决定该采煤样机的实际应用价值。采煤样机对原煤水分的适应性，是指该机对一定水分含量的原煤来说，一直可以稳定正常运行而不发生堵塞现象。例如某采煤样机在原煤水分为 6.2% 的条件下连续正常运行，未发生任何堵塞现象；当煤的水分达到 7.3% 时，系统中发生局部堵塞情况，采煤样机尚可运行；当煤的水分增大至 9.0% 时，系统中多处发生堵塞情况，以至采煤样机无法运行。那么该机对原煤水分的适应性为 7%。这还是比较符合实际的。

为了进行上述试验，有的单位只是将少量煤中掺入一定量水（如其全水分含量为 11.9%）后，由人工送入采煤样机（采样头动作 2～3 次），若在制样系统运行中未发现严重堵塞的情况，则得出该机对原煤水分适应性达 11.9% 的结论。这一结论很可能是不可靠的，当继续对这种含水分 11.9% 的煤进行采样时，往往在采样头动作较多次后，制样系统出现堵塞直至最后被迫停运。因此，采煤样机生产厂要实事求是地确定所生产的设备对原煤水分适应性的指标。

3. 采煤样机运行可靠性

对采煤样机来说，要求所采制样品具有代表性，并具有运行可靠性。二者缺一不可。为了对采煤样机进行性能测试，短短几天内，只能是对采煤样机运行可靠性作一次系统观测。从采煤样机设备来讲，运行可靠性不高，系统最易发生问题的地方是：在落煤管、碎煤机、缩分器等部位出现堵塞；采样头动作不到位或者动作后不能按要求复位；某些设备（采煤样机中还有若干辅助设备）误启停，指示仪表不准等。

对采煤样机运行可靠性要依靠长期的考察结果，即考察年投运率。如年投运率能达到 95%，则认为运行可靠性较高。如果在性能测试的几天内，就发现采煤样机出现这样或那样的故障与问题，其运行可靠性是不会太高的。所以对采煤样机进行技术性能测试的同时，观测记录它的运行情况，也可对采煤样机的运行可靠性作一大体的判断。

二、采煤样机性能检验大纲示例

采煤样机性能检验内容多，难度大，周期长。为了确保其性能检验的顺利进行，必须在检验前做好充分准备。其中最重要的一项工作是提前制定采煤样机性能检验大纲，从而按大纲要求进行必要的准备并组织实施。

作者曾对多台采煤样机进行过性能测试，现以对某电厂的采煤样机性能检验为例，就其大纲的主要内容作一介绍，供读者参考。

1. 检验目的

在采煤样机运行正常的条件下，考察采煤样机采样的代表性，评判采样精密度所能达到的水平。同时，对该机所采最终样品与余煤的一致性、运行可靠性等方面进行测试，从而对该采煤样机的总体性能作出评价。

2. 检验内容

该检验包括五个方面的内容，每一方面的检验又包括若干子项。

（1）采样代表性检验。以停带人工采样为参比，进行 20 组不同采样方法所采样品 A_d 值对比，从而对下述各项进行检验与计算：①采样精密度计算；②两种采样方法 A_d 平均值一致性检验；③系统误差检验；④置信范围计算。

（2）采样量与粒度分布的检验。其中包括：①子样量检验；②粒度（25mm、13mm、3mm 筛上样品）分布检验。

（3）采样精密度的核对。在检验条件下，考察其采样头动作周期（初步确定某一时间间隔采集 1 个子样）是否符合要求，并计算出采样精密度。

（4）制样系统的检验。其中包括：①考察缩分器的缩分比；②样品粒度分布检验；③样品与余煤 A_d 的一致性检验。

（5）整机运行可靠性的考察。在检验条件下，重点考察：①各部件运行有无障碍；②系统是否发生堵塞；③电控系统是否可靠。

3. 检验安排与主要技术要求

该项检验通常由国家电力公司各煤检中心负责，由所在电厂配合共同完成。

（1）组织安排 根据工作需要，可设本项检验的总负责人一名，通常由煤检中心高级技术人员担任，并分三个小组，即设备与采样组、制样组及分析组，各组设正副组长，由电厂及煤检中心有关人员分别担任。

（2）时间安排 具体检验日期视各方面准备情况协商确定，完成全部检验约 15d。

（3）检验项目安排 现场检验均安排在白班，于皮带上煤期间进行。现场采样后，其他检验穿插进行。

（4）检验前，采煤样机系统必须稳定无故障运行 7 ~ 10d。正式开始检验前，应将采煤样机系统清理干净。

1）检验项目 1。要求机械采样后，立即停带（制样系统停运），在采样头邻近部位从皮带上刮取与机械采样量相近的一段原煤。机械采样样品与停带人工采样样品分别收集于两个样品桶中，如此共收集 20 组样品，并从中分取测定全水分的样品。

2）检验项目 2。将上述 20 组样品交制样组分别制样，分析组测定 A_{ad} 及 M_{ad}，计算出 A_d 值。

3）检验项目 3。现场采集 60 个子样（制样系统停运），分别依次放置于 1 ~ 6 号样品桶中，交制样组制样，分析组测定 A_{ad} 及 M_{ad}，计算出 A_d 值。

4）检验项目 4。采煤样机处于整体运行状态，每采集 1 个子样后，将样品及余煤分别收集起来，置于不同的桶或瓶中（塑料袋亦可），这样收集 20 组，也就是说 20 个样品与 20 个余煤样。

根据质量计算出缩分比，对样品和余煤分别用 3mm、1mm 及 0.2mm 孔径的筛子进行筛分分析。然后将上述样品交制样组制样，分析组测定 A_{ad} 及 M_{ad}，计算出 A_d 值。

5）检验项目 5。现场考察并记录采煤样机运行中的情况。

4．安全注意事项

（1）皮带启停由专人操作，专人监护，并监视输煤皮带电动机温升及瞬间电流的变化。

（2）采煤样机由设备组组长指定专人操作。

（3）所有参加本检验的人员均应遵守安全规程，注意人身与设备安全。

5．检验数据汇总、处理与计算

（1）设备运行情况，现场采样、子样量、粒度分布等数据由设备与采样组组长负责记录与汇总。

（2）制样数据由制样组组长负责记录。

（3）测定数据由分析组组长负责记录及汇总。

（4）各组数据汇总后交本次检验总负责人进行数据处理与计算。

6．评价标准

（1）检验中采制样及分析方法完全以现行国家标准为依据，严格按标准要求操作。

（2）评价标准是国家对商品煤的采样精密度要求 ±2%（$A_d > 20\%$ 的原煤）及原电力部对电厂入炉煤的采样精密度要求 ±1%。

（3）数据处理及计算将参照国际标准 ISO 1988—1975 及 ISO/DIS 9411—1 进行。

7．检验报告

承担本检验的单位应于全部检验结束后 15d 内向电厂提交正式检验报告。

通过上述检验大纲的介绍，可以看出要对一台采煤样机的性能进行较全面的评价，其工作量是很大的，而且技术难度较大。对新研制或新投产的设备的性能进行全面检验是十分必要的。以往在对采煤样机进行技术鉴定时，也做过一些检验，但受时间限制（通常鉴定会议为 2~3d，有的甚至只有 1d），检验内容很少，很难对采煤样机的各项性能作出确切的评述。因此，虽然通过了技术鉴定，但在实际应用中出现很多问题，且不易解决。这种教训值得吸取。

电厂作为采煤样机的用户，应该对采煤样机进行质量验收，即必须通过若干具体检验证明它是否合格，是否与产品说明书上的技术指标相一致。电厂可择其主要项目如采样精密度，制样系统是否存在系统偏差，采煤样机对原煤的水分适应性等进行检验，同时注意考察采煤样机的运行可靠性。作者认为：当前采煤样机的采样精密度还是以国标 GB 475—1996 中规定的要求，即 $A_d > 20\%$ 时为 ±2% 较适宜。当然，如能达到原电力工业部规定的 ±1% 的要求则更好。

三、采煤样机性能检验与验收中的几个问题

1．采煤样机性能承检单位的资格问题

对采煤样机的性能检验，其承检单位必须具备标准所规定的资格与条件。国标 GB 475—1996 中规定：机械采样器要经权威部门鉴定，采样无系统偏差，精密度达到本标准要求。不能用生产厂的产品合格证代替性能鉴定结论。

当前一个比较普遍的问题是：采煤样机虽能运行，但从未进行过全面性能检验，究竟所采制样品的精密度如何，有无系统误差均不得而知。更有人认为：采煤样机只要运行就比人工采制样好，没有认识到对采煤样机进行性能检验的必要性。

标准中规定的承检单位是权威机构，而权威机构的具体含义又是如何？目前尚无定论。一般来说，通过国家技术监督局组织的计量认证或经国家实验室认可委员会认可的煤质检测机构应该说具备对采煤样机性能的承检能力与资格。例如在电力系统中，一般省、市以上的电力煤检中心就可承担此项工作。

2. 汽车、火车采煤样机的性能检验问题

总的说来，汽车、火车采煤样机的性能检验方法，大体上与皮带采煤样机相同，但也有一些特殊点。

作者最近对一大型电厂的一台汽车采煤样机的性能进行了检验并作出了评价，在此作一简要介绍，供读者参考。

汽车采煤样机性能检验项目包括：采样性能、制样性能、水分损失检验及采煤样机运行可靠性考察。

（1）采样性能检验。

被检验的采煤样机，系采用振插式采样头，从汽车表面0.4m以下采集煤样，通过给煤皮带，将样品送至碎煤机，然后进入缩分器，从而获得粒度小于13mm的样品，余煤则借助小车收集，由人工送走。

汽车、火车不同于皮带，为进行采样代表性试验，系在同一煤源，即来源于同一标准差σ的正态总体的条件下按标准人工采集一个样品与在同一点上机械采集一个样品组成一组，共收集20组样品进行对比试验，对所采样品按标准规定一一制样并化验M_{ad}、A_{ad}，换算成A_d值。根据上述人工与机械采样的20组A_d值，即可对采样精密度、系统误差等进行检验，具体检验计算同皮带采煤样机性能检验。

（2）制样性能检验。

令采煤样机处于运行状态，在每辆车上采集一个子样，经给煤机、碎煤机、缩分器，获得一份样品及一份余煤作为一组，这样一共收集20组。对所有样品及余煤按标准规定一一制样并化验M_{ad}、A_{ad}，换算成A_d值，然后就可根据样品与余煤的20组A_d值，检验制样精密度与系统误差。

在制样性能检验时，对样品及余煤一一称量，即可求得缩分器的缩分比。例如所检验的这台汽车采煤样机的样品量为0.65～1.25kg，平均为0.86kg；余煤重为3.8～5.9kg，平均为5.0kg；制样缩分比为1：5.9～1：7.7，平均为1：6.8。

（3）水分损失检验。

为进行水分损失检验，令制样系统空转（相当于制样系统解列），在每一辆车上机械采集一个子样（深度在0.4m以下），随即用人工收集于密封容器中；制样系统恢复正常运行，从样品罐中收集一个样品组成一组，这样共收集20组。由于该采煤样机所制样品粒度小于13mm，故可直接用于全水分测定。

在进行水分损失试验时，偶尔会出现这样的情况，即机械采的样品全水分还略高于原煤水分，例如原煤水分8.2%，而机械采样样品水分为8.3%或8.4%，这往往是由水分测定误差所引起的；另一方面，当制样系统内部比较潮湿，而煤样自身水分又较低时，则易出现这种情况。机械采样样品水分有所增加，毕竟是不正常的，应作为异常值加以剔除。

（4）系统运行可靠性考察。

系统运行可靠性主要依靠平时的运行记录加以考察，重点是采样装置运行的可靠性，制样系统是否堵煤、混煤，采煤样机有无其他运行故障等。

汽车采煤样机运行难点在制样系统方面，普遍的问题是制样时易造成堵煤与混煤。

3. 贯彻电力行业标准 DL/T 747—2001 中的问题与建议

电力行业标准 DL/T 747—2001《发电用煤机械采样装置性能验收导则》的颁布实施，为采煤样机的性能验收与测试提供了一个指导性标准，这是十分及时的；另一方面，在采煤样机的性能测试中，也存在一些问题。

（1）完整子样问题。

为了保证采样的代表性，采样装置应采集到一个完整子样。DL/T 747—2001 4.2 条指出：所有采样器，包括原始子样采样器、第二（三）级采样器应能采集到一个完整子样。该标准 6.1.3 条又指出：无论何种采样器，其开口尺寸应不小于火电厂发电用煤最大粒度的 3 倍，原始子样采样器开口最小尺寸不小于 150mm；子样质量应满足 GB 475 中最大粒度与最小子样量的关系。对大中型电厂所使用的输煤皮带来说，这二者相距甚远，难以统一。

1）完整子样的含义。在输煤皮带上要采集到一个完整子样，就应使采样装置切割皮带整个断面并包含所采区段煤层全厚度的所有煤量。

现在，国产各类皮带采煤样机，无论是端部还是中部采样，通常采样装置总能切割皮带整个断面，然而却不能包含煤层全厚度。对中部刮板式采样装置来说，在皮带上要不留底煤也是难以实现的。故采样装置所采子样量一般 2～5kg，多则 10 余千克而已。显然，这不能算作一个完整子样。

2）完整子样量的计算。某电厂 300MW 机组配用的输煤皮带参数是：带宽 1200mm，带速 2.5m/s，额定流量 1000t/h。如采样器开口宽度为 180mm，则一个完整子样量的理论计算值为

$$1000/（60 \times 60）= 0.278（t/s）= 278kg/s$$

1s 时间流经皮带上的煤量为 278kg，也就是 0.18m 带长上的煤量应为

$$0.18/2.5 \times 278 = 20（kg）$$

也就是说，该皮带在额定流量下，采样器开口宽度为 0.18m 时，一个完整子样量为 20kg（见表 2-23）。

表 2-23　　　　　　　　　　一个完整子样量的理论计算值

皮带流量（%）	50	60	70	80	90	100
子样质量（kg）	10	12	14	16	18	20

在性能测试时，我们在静态输煤皮带上，切取 0.18m 宽度上的全部煤量进行了实测，它们分别为 9.5、14.5 及 20.5kg，其时皮带负载相当额定流量的 50%、70% 及 90%，故理论计算值与实测值基本吻合。

在性能测试期内，皮带负载在 50%～90% 范围内部波动，平均约为 600t/h，即相当 60% 的负载量，其子样量为 1.03～3.42kg，平均为 2.16kg，故它无法采集到一个完整子样。

国标 GB 475—1996 所规定的煤的最大粒度与子样量的关系主要是针对人工采样而言，如将它用于机械采样装置，其子样量必然太少（按该标准要求，粒度小于 50mm 者，子样量应不少于 2kg）而无法实现一个完整子样的要求。

如原煤最大粒度为小于 150mm，则采样器开口宽度应为 450mm，则此时一个完整子样量

应为 $0.45/2.5 \times 278 = 50kg$。故为了确保采样代表性，采样时必须能够采集到一个完整子样。

（2）采样系统误差的检验问题。

对采样装置的基本要求是：采样精密度符合标准要求，且所采样品不存在系统误差。

电力行业标准 DL/T747—2001 中 4.2 条明确要求：采样器应无系统误差。但该标准未对系统误差的检验方法做出具体规定。该标准 6.2.7 条又指出：整机采样精密度检验参照 ISO 1988 的相关内容。

ISO 1988—1975 规定了采样精密度的检验，计算方法，同时规定采用停带人工采样样品作为参比，以检验采样器是否存在系统误差。而 DL/T 747—2001 则规定，按六分样法检验精密度。

实际上，了解 ISO 1988—1975 的人并不是很多，甚至不少人根本就未见过国际标准 ISO 1988—1975。

关于如何进行停带人工采样及其应注意的问题在前文中已作了说明。为增强上述标准的可操作性，建议将标准中所说的参照 ISO 1988 的相关内容改为系统误差的具体检验及计算方法为好。

（3）制样精密度检验。

制样精密度检验通常按国标 GB 474—1996 规定的方法进行。

根据依次 10 组样品与余煤灰分平均差值 $\overline{h}$ 是否超过 $0.37P$ 作为精密度是否合格的依据。

采样机通常采用二级碎煤、二级缩分流程或一级碎煤、一级缩分流程。为减少制样系统堵煤，现在更多的采用一级碎煤、一级缩分流程，即最终样品多为小于 13mm 或小于 6mm。由于最终粒度的差异，如采用同一粒级标准来评判，即是否超过 $0.37P$ 来确定精密度作为合格标准是不适宜的。样品粒度越大，煤的不均匀度也越高，要达到上述制样精密度也越难。这是我们对采煤样机性能检验中常常碰到的一个问题。

经性能检验，现在多数采样装置对原煤采样精密度能达到 ±2% 的要求，有的甚至可达到 ±1% 的水平。然而制样系统精密度要达到 0.74% 的要求甚难，对较大粒度的最终样品来说，甚至就无法达到。现以对某电厂试验结果为例来加以说明（见表 2-24）。

表 2-24　　　　　　　　　　　机械制样样品与余煤的 A_d 值　　　　　　　　　　（%）

组 别	样品 A_d	余 煤 A_d	ΔA_d（样－余）	组 别	样 品 A_d	余 煤 A_d	ΔA_d（样－余）
1	22.89	23.96	－ 1.07	11	37.08	37.36	－ 0.28
2	22.79	24.31	－ 1.52	12	30.31	29.78	＋ 0.53
3	29.41	26.82	＋ 2.59	13	31.21	33.98	－ 2.77
4	22.42	31.72	－ 9.30	14	27.94	28.87	－ 0.93
5	30.73	35.67	－ 4.94	15	33.49	30.85	＋ 2.64
6	23.64	25.64	－ 2.00	16	31.07	26.63	＋ 5.44
7	23.44	25.57	－ 2.13	17	31.74	33.29	－ 1.55
8	25.53	30.87	－ 5.34	18	27.40	30.55	－ 2.95
9	29.05	28.84	＋ 0.21	19	37.89	29.30	＋ 8.59
10	27.20	29.44	－ 0.24	20	28.18	28.49	－ 0.34
			$\overline{h}_1 = 3.14$				$\overline{h}_2 = 2.60$
总平均值					28.67	29.54	－ 0.87

连续 10 组样品及余煤的干燥基灰分平均差值 $\overline{h_1}$ 及 $\overline{h_2}$ 分别为 3.14% 及 2.60%，均大大超过国家标准规定的 0.74% 的要求；如按电力行业标准来衡量，则超标准 7.2~8.4 倍，制样精密度严重不合格。

由于该采煤样机最终样品粒度设计小于 13mm，实测表明最终样品及余煤的粒度分布见表 2-25。

表 2-25 　　　　　　　　　　　样品与余煤的粒度分布　　　　　　　　　　　（%）

粒　度（mm）	>13	>6	>3	<3
样　　品	2.2	13.3	28.9	55.6
余　　煤	3.3	24.9	48.2	23.7

由表可知：样品与余煤粒度均小于 13mm，他们分别占总样品 97.8% 及 96.7%，但各区段粒级差异很大，通过筛分分析，即可大体判断，其制样精密度难以合格。

在采煤样机中，最终样品的粒度通常有小于 13mm、小于 6mm、小于 3mm 等三种情况。粒度越小，煤的均匀性也越好，制样精密度也越易达到要求。为了对不同粒度的煤样提出更为科学的制样精密度的评判标准，选用不同规格的二分器及不同缩分比的缩分器进行试验研究，具有重要的实际意义。

（4）水分损失问题。

皮带入炉煤通过采样机后，水分损失是不可避免的。本节中已介绍过水分损失的两种检验方法。DL/T 747—2001 规定了典型易堵煤种的 M_{max} 水分适应性及水分损失检验方法。选择火电厂可能用到的黏性最大的煤种（可以是单一或混合煤种），按照子样最小质量 5kg 和电厂带式输送机每值大致运煤量计算应采子样数（至少 40 个子样），并准备检验煤量。

提前一天将检验煤样加适量水分，或适当干燥后使之达到采制样设备标称最大全水分。在检验前按照 GB 474 中九点法采集测定全水分煤样。根据 GB/211 测定原煤全水分，并根据最小取样周期每次以 5kg 由人工送入一级给料机，破碎、缩分后，收集留样并测定全水分，计算水分损失不应大于 1.5%，且系统应无明显卡堵，否则，以每次 1% 逐步减少原样全水分后再作试验，直至找出最大适应水分和相应的水分损失。

DL/T 747—2001 规定水分损失不大于 1.5% 作为合格标准，似乎太宽，值得研究。

造成原煤水分损失过大的一个重要原因是：在采煤样机中配用高速碎煤机。例如作者最近对一台电厂中部采煤样机进行性能测试，原煤水分在 6.2%~9.3% 范围内变化，而由于该采煤样机配用的锤式碎煤机，其转速达 1400r/min，致使水分损失达到 2.0%（绝对值）。为减小原煤的水分损失，选用的碎煤机的类型及转速是十分关键的因素。

通过采煤样机，煤的水分损失是属于系统误差的范畴，它可以被认识，也可以被修正。通常随煤的水分含量增加，水的损失也增大。一般情况下，它可以通过线性回归，导出一个一次方程来加以修正。现举一例来加以说明，见表 2-26。

设机械采样水分以 x 表示，原煤水分以 y 表示，则一次方程可用 $y = a + bx$ 来表示。

$$a = \frac{\sum x^2 \sum y - \sum x \sum xy}{n \sum x^2 - (\sum x)^2} \tag{2-24}$$

$$b = \frac{n \sum xy - \sum x \sum y}{n \sum x^2 - (\sum x)^2} \tag{2-25}$$

表 2-26	煤 的 水 分 损 失							%
原 煤 全 水 分	5.6	6.7	7.6	9.0	10.7	11.5	13.1	14.8
机械采样全水分	5.1	6.0	6.7	7.6	8.8	9.4	10.6	12.0
水分损失（绝对值）	0.5	0.7	0.9	1.4	1.9	2.1	2.5	2.8

根据表 2-24 机械样与原煤样的水分数据按式（2-23）及式（2-24）求得 $a = -1.38$，$b = 1.36$，即

$$y = 1.36x - 1.38$$

设通过采煤样机后的样品实测水分为 7.5%，则按上式求得原煤的水分百分含量为 $1.36 \times 7.5 - 1.38 = 8.8\%$，在此应注意，按标准规定要求，煤中全水分含量只需保留小数点后一位。

通过相关性检验，表明原煤水分含量与其水分损失呈现良好的相关性，它可用相关系数 γ 来表示。

$$\gamma = \frac{n\Sigma xy - \Sigma x \Sigma y}{\sqrt{[n\Sigma x^2 - (\Sigma x)^2][n\Sigma y^2 - (\Sigma y)^2]}} \tag{2-26}$$

$$\gamma = 0.9995$$

关于线性回归及相关性等问题，本书第八章将作系统阐述。

如某些原煤水分含量很高，则可进行分段多点校正。

将水分划为四个区段，即小于 10%、10.1%～15.0%、15.1%～20.0%、大于 20%。每一区段均按上述方法校正，则可得到四个一次方程，从而可对各区段煤的水分损失作出更准确的校正。

第三章

煤 的 工 业 分 析

煤的工业分析是以水分、灰分、挥发分、固定碳表示煤质分析四个项目的总称。其中水分与灰分是煤中不可燃组分，挥发分与固定碳是煤中可燃组分，它们之和构成了煤的全部组成。

根据工业分析指标，可以基本掌握各种煤的性质与特点，并确定其在工业上的实用价值。在火电厂中，煤的工业分析是每天对入厂煤及入炉煤必测的常规检验项目。

第一节 概 述

煤的工业分析是总体上评价煤质与合理利用煤炭资源的基本依据。

一、煤的水分

水分是煤中不可燃成分，它是评定电力用煤经济价值的最基本指标之一。根据煤样所处的状态，水分可分为收到基水分和空干基水分。

煤中收到基水分是由外在水分及内在水分组成的。外在水分是指在开采、运输、储存以及洗煤时，在煤的表面上附着的水以及被煤表面大毛细管（孔径大于 $0.1\mu m$）所吸附的水。这种水分以机械方式与煤结合，其蒸汽压与纯水的蒸汽压相等。将煤置于空气中干燥时，煤中的外在水分极易蒸发，直至煤表面的水蒸气压与空气相对湿度平衡为止。此时失去的水分，就是外在水分。

内在水分指以物理化学方式与煤结合的水分，其中一部分是以吸附的方式和机械方式凝结在煤的小毛细管（孔径小于 $0.1\mu m$）中。内在水分的蒸汽压小于纯水的蒸汽压，因而在室温条件下这部分水不易失去。内在水分也称吸着水分或固有水分。外在水分与内在水分均是煤中游离水。

煤中的游离水，在 $105\sim110℃$ 的温度下，经过 $1\sim2h$ 后，一般就可逸出，而结晶水通常要在 $200℃$ 以上才能分解析出，高岭土则在高达 $560℃$ 时，才能分解失掉结晶水。

煤中水分的存在形式，根据其结合状态可分为游离态和化合态两种。游离水是煤的内部毛细管吸附或表面附着的水。化合水是以化合方式同煤中矿物质结合的水，也称为结晶水，如硫酸钙（$CaSO_4 \cdot 2H_2O$）、黏土（$Al_2O_3 \cdot 2SiO_2 \cdot 2H_2O$）及高岭土 $[Al_4(Si_4O_{10})(OH)_8]$ 中的结晶水。

煤的外在与内在水分的总和，称为全水分，用符号 M_t 表示。

但在计算全水分 M_t 时，要注意由于外在及内在水分的样品所处的状态不同，也就是说它们并不处于同一基准，故二者不能直接相加，可参见式（3-4）来计算全水分。

在一定条件下，吸附和凝聚在煤的毛细管中的饱和水分，称为煤的最高内在水分。它是区别各种年轻煤最适宜的指标，同时也可用来区别年老无烟煤及一般无烟煤。煤的孔隙度与其碳化程度有一定关系，煤的最高内在水分含量在一定程度上反映了煤的碳化程度、黏结性及发热量等煤质特性。

在电力用煤分析中，水分测定包括原煤全水分 M_t 以及空干基水分 M_{ad}。煤中全水分有时与收到基水分 M_{ar} 相混用。所谓收到基水分，是指煤在使用状态时存在的水分；而煤中空干基水分有时则与分析水分混用。所谓分析水分，是指分析煤样在规定条件下测得的水分。

煤中水分含量变化范围很大，它与煤的变质程度之间存在一定的关系。随着煤的变质程度的加深，则水分含量减少，见表3-1。

表 3-1　　　　　　　　　　　　　　　煤的水分含量与变质程度　　　　　　　　　　　　　　　　%

水　分 ＼ 煤　种	泥　煤	褐　煤	烟　煤	无烟煤
M_t	60～90	30～60	4～15	2～4
M_{ad}	40～50	10～40	1～8	1～2

二、煤的灰分

煤的灰分是指煤在规定条件下完全燃烧后残留物的产率。煤中灰分含量是衡量煤质优劣的一项重要指标，它对电力生产的影响很大。

煤中所有可燃成分完全燃烧以及煤中矿物质在一定温度下产生一系列分解、化合等复杂反应后的残渣即为煤中的灰分。

所谓矿物质，是指存于煤中的无机物质。煤中矿物质又分为内在矿物质和外在矿物质两种。内在矿物质是在成煤过程中形成的，由成煤植物本身所含金属元素组成，也叫做原生矿物质。在成煤过程中而由外界混入的矿物质，叫做次生矿物质。在采煤过程混入煤中的顶板和煤层中的夹矸等，称为外来矿物质，它容易用机械或洗选方法除去。

由原生及次生矿物质所形成的灰分，称为内在灰分；由外来矿物质所形成的灰分，则称为外在灰分。

煤中矿物质含量越多，灰分含量也越高，发热量则越低，燃烧稳定性也就越差。煤中矿物质是煤中除水分以外的所有无机物质，它是由各种硅酸盐、碳酸盐、硫酸盐、金属矿化物及氧化亚铁矿物等组成的。煤中矿物质在815℃温度下灼烧后，其中许多组分发生变化，主要反应如下：

（1）黏土、石膏等水合物失去结晶水

$$2SiO_2 \cdot Al_2O_3 \cdot 2H_2O \xrightarrow{815℃} 2SiO_2 + Al_2O_3 + 2H_2O \uparrow$$

$$CaSO_4 \cdot 2H_2O \xrightarrow{815℃} CaSO_4 + 2H_2O \uparrow$$

（2）碳酸盐受热分解放出二氧化碳

$$CaCO_3 \cdot MgCO_3 \xrightarrow{815℃} CaO + MgO + 2CO_2 \uparrow$$

$$FeCO_3 \xrightarrow{815℃} FeO + CO_2 \uparrow$$

（3）氧化亚铁生成三氧化二铁

$$4FeO + O_2 \xrightarrow{\text{815℃}} 2Fe_2O_3$$

（4）硫化铁的氧化

$$4FeS_2 + 11O_2 \xrightarrow{\text{815℃}} 2Fe_2O_3 + 8SO_2 \uparrow$$

（5）硫酸钙的生成

$$2CaCO_3 + 2SO_2 + O_2 \xrightarrow{\text{815℃}} 2CaSO_4 + 2CO_2 \uparrow$$

三、煤的挥发分

煤的挥发分是由各种烃类所构成的有机可燃成分。挥发分相同的两种煤，其燃烧特性仍然可能有明显的差异，这是因为它们的组成不同。

煤的挥发分是评定燃料燃烧性能的首要指标。挥发分测定是一项规范性很强的试验，其检测结果完全取决于所规定的试验条件。煤的挥发分测定方法较简单，而且它可以反映出煤的许多重要特性。如掌握煤的挥发分及其结渣特征，就能初步断定该煤种的碳化程度、结焦性、黏结性、发热量及焦油产率等各种重要性质，因此，几乎世界各国均采用干燥无灰基挥发分 V_{daf} 作为煤炭分类的一项主要指标。

不同煤种的挥发分含量及其组成是不同的，煤的挥发分含量基本上随煤的变质程度加深而减少，而挥发分开始逸出温度则随煤的变质程度加深而增高。在电力用煤中，烟煤约占全部煤量的 90%，烟煤挥发分的成分如表 3-2 所示。

表 3-2 　　　　　　　　　　　　烟煤挥发分的成分 　　　　　　　　　　　　　%

挥发分成分	CH_4	H_2	CO	CO_2	C_2H_4	H_2S	$C_2H_6O_2$
各成分含量	28 ~ 32	42 ~ 51	7 ~ 10	2 ~ 4.5	2 ~ 3	0.75	少量

由表 3-2 可知，烟煤挥发分主要由碳、氢两种元素组成。挥发分含量高低虽然是煤的活性的一种表现，但由于不同煤种的挥发分性质不同，用它来判断所有煤种的可燃性，有时也不确切，甚至出现较大偏差。近年来用热重分析和差热分析来判断煤的燃烧性能。

总之，煤中挥发分含量是了解煤质及其用途的最基本也是最重要的指标，它的大小影响着电厂锅炉的安全经济运行，故掌握好挥发分的检测技术十分重要。

四、煤中固定碳

煤中固定碳是指煤去除了水分、灰分及挥发分后的残留物，或者说，它是在测定挥发分后的残余物中除去灰分后的残渣。从工业分析角度去看，挥发分与固定碳是煤中可燃成分，是煤的发热量的来源。

煤中固定碳与挥发分一样，也是表征煤碳变质程度的一个指标，即煤中固定碳含量随煤的变质程度加深而增高。一般褐煤 $FC_{daf} \leqslant 60\%$。烟煤为 50% ~ 90%，无烟煤往往大于 90%。

固定碳与挥发分含量的比值，称为煤的燃料比，用它同样可以表征煤的变质程度。一般煤的燃料比：无烟煤为 9 ~ 49，烟煤为 1.1 ~ 9，褐煤为 0.6 ~ 1.5。

在煤的工业分析中，水分、灰分、挥发分含量均通过实际测定而得到，而固定碳是可用差减法 $FC = 100 - M - A - V$ 计算而得。

五、煤的工业分析特性与电力生产

煤中水分、灰分、挥发分等工业分析特性是评价煤质的基本指标，它们对电厂生产有着十分重要的影响，现分别加以阐述。

1. 煤中水分

煤中全水分含量对发电厂关系极大，首先它是确定煤质及其计价的主要依据之一。

水分是煤中的不可燃成分，煤中水分含量越大，则将不可燃的水分运进电厂的量也越多，势必增加运输压力及电厂的经济负担。例如：日燃煤 1 万 t 的电厂，煤中水分由 10% 降至 9%，则每天可减少 100t 水运进电厂，全年就可节约运力三万余吨，对电厂的直接经济影响也很可观。

煤场、输煤系统、煤仓的设计，统统要考虑原煤的全水分含量，煤中水分含量越高，则要求相应的煤场、煤仓容积越大，输煤设备选型也越大，这些都将给电厂建厂投资及运行管理带来困难。

在燃烧过程中，更多的水分蒸发汽化，要消耗更多的热能，致使可以用于发电的有效热量即低位发热量降低，这就会使炉内温度下降，导致机械热损失和化学不完全燃烧热损失增加，锅炉热效率下降。同时，煤中水分越大，烟气体积增加，由烟气带走的热量也就增加，排烟热损失及排风机电能消耗也相应加大，这样将使锅炉运行的经济性受到很大影响。

煤中全水分含量是计算煤的低位发热量的一个重要参数，没有可靠的低位发热量的计算结果，就无法准确计算发电厂的标准煤耗。

2. 煤中灰分

煤中灰分含量高低，是衡量煤质的一项最为重要的指标，从而也就可以决定其实际使用价值。

煤中灰分含量与发热量之间具有相关性，它们是煤炭计价的主要依据，根据其灰分的测定结果，就能大体判断煤的发热量及其在电厂中应用可能会产生什么问题。

灰分与水分一样，都是煤中不可燃成分。煤的灰分含量越高，其可燃成分相对减少，发热量降低，用于加热灰分的热量消耗随之增加，故使燃烧温度下降，燃烧稳定性较差。因此，就要求热风温度较高且实行改善着火条件的措施。

灰分含量越高，锅炉受热面的沾污及磨损越严重。炉膛受热面的沾污常常引起结渣及过热器超温而威胁锅炉安全运行。锅炉尾部受热面的沾污，又会导致排烟温度的升高而进一步降低锅炉运行的经济性。对燃用高灰分的煤，其锅炉炉膛及对流受热面都应安装有效的吹灰装置。为减轻锅炉受热面的磨损，必须限制烟气流速，并要采取局部防磨措施。

灰分含量高，对除尘设备及烟囱高度要求也高，故基建投资增大，运行费用相应增高。为了减少对环境的污染，目前，大型电厂普遍采用高效的电除尘器及设置高烟囱，以减少烟尘的排放量并提高其扩散能力。

由除尘器收集下来的大量粉煤灰如何排往灰场及加以综合利用，又是电厂生产中的一大难题。以一个 600MW 的电厂为例，燃用灰分为 26.5% 的煤，容积达 1000 万 m³ 的贮灰场只能存灰 20 年。在人口日益增长而土地短缺的情况下，贮灰场地颇难解决。如煤中灰分含量增大，必将缩短贮灰场的使用时间。从电厂通过输灰管道，将灰排往贮灰场，其距离短则数千米，长则达数十公里，且其中还可能跨越铁道、河流等。一般情况下，是借助于水力，将灰排至贮灰场，即使采用高浓度的灰浆泵排灰，灰水比也要达到 1：4 左右。随着冲灰水的外排，又有可能碰到灰水 pH 值及含氟量超标问题，同时，在排灰过程中，还会产生管道结垢与磨损等问题。

由上可知，煤中灰分含量的增加，对电厂的基建投资及安全经济运行均产生一系列不利影响。当然，电厂粉煤灰不用为害，用则为宝。其中应用最多的是：作为铺路及筑坝掺合料，生产水泥、砌块、陶粒等建筑材料的原料，改良土壤、填充矿坑的材料，生产绝缘材料的原料，此外还可用于磁选铁粉，提炼稀有金属等。因此，电厂粉煤灰的综合利用，有着十分广阔的前景。

电力用煤要求灰分不能太高，发热量不能太低，但电厂也不能应用低灰分、高发热量的精煤，因为它价格太高。对电力用煤灰分含量及发热量的要求，随锅炉设计参数不同而有所差异。总的说来，一般煤粉炉，当使用烟煤时，对其灰分含量要求多在 20% ~ 30%，最大不得超过 40%，收到基低位发热量在 19.00 ~ 23.00MJ/kg，最低不低于 16.70MJ/kg。

3. 煤中挥发分

电力用煤的挥发分是影响电厂制粉系统安全运行及锅炉稳定燃烧的首要指标。

不同煤种的挥发分含量及其组成是不同的。挥发分含量低者，其中氧的比值也小，碳氢化合物所占比值较大，故其发热量及挥发分开始逸出的温度都较高。而挥发分含量高的煤，则出现相反情况。例如无烟煤的挥发分开始逸出温度约为 400℃，挥发分发热量约为 69MJ/kg；褐煤的挥发分开始逸出温度约为 130 ~ 170℃，挥发分发热量约为 26MJ/kg；烟煤则介于二者之间。

及时提供煤的挥发分测定结果，锅炉运行人员据此进行相应的调整，是保证锅炉稳定燃烧的必要条件。煤的挥发分与其着火温度之间存在一定关系。一般煤的着火性能随挥发分含量增加而增强，高挥发分的烟煤及褐煤易着火，其煤粉着火温度约为 800℃；而低挥发分、高灰分的低质煤难着火，且易造成燃烧不良，甚至导致锅炉灭火，其煤粉的着火温度可能高达 1100℃。

电厂锅炉一般为煤粉炉，煤粉的着火性能不仅取决于挥发分及灰分含量，而且还与煤粉细度及气粉混合物的初始浓度等因素有关。空气煤粉混合物的气粉比，即通常所说的一次风率对气粉流的着火速度有很大影响，对于一定挥发分及灰分含量的煤种来说，有一个最佳气粉比值，也就是说，可能达到的最佳的着火稳定性。最佳气粉比值随挥发分含量的增加及灰分含量的减少而有所增大。

煤的挥发分与煤的存放及制粉系统的安全运行也都有着密切关系。堆积煤粉开始阴燃并明显产生热量的温度随煤的挥发分含量增加而降低。V_{daf} 为 15% ~ 30% 的煤，阴燃温度约为 270 ~ 300℃，而 V_{daf} 为 40% 的高挥发分烟煤，其阴燃温度约为 210℃。因此当制粉系统中的局部部位存在积粉时，会使温度升高、甚至达到自燃。煤粉的着火燃烧，可使压力普遍升高，从而有可能导致制粉系统的破坏并使火焰外喷；在敞开的空间，煤粉与空气混合物引起的尘粉爆炸，也常常使人员与设备受到伤害。因此，在发电厂中，如何预防煤粉的自燃与爆炸具有重要的意义。

煤中挥发分含量的高低，不仅对锅炉运行的安全性，而且对其运行经济性也都具有影响。挥发分含量越大，一般其灰渣未完全燃烧热损失越小，飞灰可燃物含量也越小，这有助于提高锅炉的热效率。

在锅炉设计时，须提供煤、灰全分析结果，各项煤质特性指标均以收到基表示其结果，惟独挥发分含量系采用干燥无灰基 V_{daf} 来表示。这是因为考虑到煤中所含水分及灰分等不可燃成分的影响，使用 V_{daf} 值来判断煤的可燃性较为接近锅炉的实际情况。V_{daf} 在选用煤种、锅炉设计、燃烧调整等方面均有广泛应用。而在应用中经常会碰到对 V_{daf} 如何理解的问题，故在这里就此问题作进一步的阐述。

V_{daf} 是指煤中挥发分占煤中可燃成分（即挥发分与固定碳之和）的百分率。V_{daf} 的高低首先由煤种决定。如某电厂希望选用 V_{daf} 值较高的煤，就可选择高挥发分的烟煤，如弱黏煤、不黏煤、长焰煤等；如希望选用 V_{daf} 值较低的煤，就可选择低挥发分的烟煤，如贫煤、贫瘦煤、瘦煤等。

在试验室挥发分含量是应用空气干燥煤样测出 V_{ad}，而根据不同需要换算成干燥无灰基或其他基准的挥发分含量的，它们之间的关系是

$$V_{daf} = V_{ad} \times \frac{100}{100 - M_{ad} - A_{ad}} \tag{3-1}$$

$$V_{d} = V_{ad} \times \frac{100}{100 - M_{ad}} \tag{3-2}$$

$$V_{ar} = V_{ad} \times \frac{100 - M_{t}}{100 - M_{ad}} \tag{3-3}$$

由式（3-1）可知，V_{daf} 值随 A_{ad} 及 M_{ad} 值的增大而增大，现举一例说明。

设 $V_{ad} = 10.00\%$，$M_{ad} = 1.00\%$，$A_{ad} = 20.00\%$，则 $V_{daf} = 12.66\%$；如此例中其他参数值不变，而只是 A_{ad} 由 20.00% 改为 40.00%，则计算出来的 $V_{daf} = 16.95\%$。

由计算可知，对同一煤源（V_{ad} 变化较小），灰分含量的增加（设 M_{ad} 不变）必然导致 V_{daf} 值的增大；反之，灰分含量减小，则 V_{daf} 值也将减小。对同一种煤来说，不同批煤采样分析，其灰分含量可能相差很大，但由于 V_{ad} 值一般均较为接近，故换算成 V_{daf} 后，其值却有很大的差别。

V_{daf} 值的大小确是衡量煤的燃烧特性最重要的指标，但我们切不可把不同煤种与同一煤种的 V_{daf} 值混同起来。上例计算表明，对同一种煤来说，V_{ad} 均为 10.00%，由于其 A_{ad} 值各为 20.00% 及 40.00%，计算出的 V_{daf} 则分别为 12.66% 及 16.95%。这两批煤相比，显然，第一批煤优于第二批。就其着火性能来说，由于第二批煤 A_{ad} 高达 40.00%，其着火性能理应不如第一批煤。然而从 V_{daf} 值来看，第二批煤的 V_{daf} 值明显高于第一批煤的 V_{daf} 值。因此，在对 V_{daf} 值选择时，首先考虑的是煤种；而对同一种煤来说，则主要取决于灰分含量（一般情况下，水分影响较小）。

如果锅炉设计的 V_{daf} 值较高，例如应为 18.00%，则可以在贫煤中掺烧部分挥发分较高的其他烟煤来提高 V_{daf} 值，而不是要求贫煤的 V_{daf} 值提高到 18.00% 的水平。要是这样，煤中灰分含量就将大大提高。设 $V_{ad} = 10.00\%$，$M_{ad} = 1.00\%$，$A_{ad} = 45.00\%$，则计算出 $V_{daf} = 18.52\%$。V_{daf} 值随 A_{ad} 值增大而增大，煤质相应下降，这是不可取的。

第二节 煤中水分的测定

一、全水分的测定

测定收到基水分即全水分的煤样，既可由测水分专用煤样来制备，也可在制备分析煤样过程中分取，这在本书第二章中已作了说明。

1. 测定方法

国家标准 GB/T 211—1996 规定，煤中全水分测定可采用四种方法，参见表 3-3。它们可分别适用于不同煤种。

表 3-3   煤中全水分测定方法及其要点

方法代号	方法名称	技术要点	适用范围
A	通氮干燥法	粒度小于 6mm，通氮条件下，于 105～110℃干燥至恒重	对各种煤种均可适用
B	空气干燥法	粒度小于 6mm，在空气流中，于 105～110℃干燥至恒重	适用于烟煤及无烟煤
C	微波干燥法	粒度小于 6mm，在微波炉中干燥，根据质量损失计算全水分含量	适用于烟煤及褐煤
D	空气干燥法一步或两步法	粒度小于 13mm，在空气流中，于 105～110℃干燥至恒重	适用于 M_f 高的烟煤及无烟煤

由表 3-3 可以看出：测定全水分煤样的粒度可以是小于 6mm，也可以是小于 13mm。在制备测定全水分煤样时，显然其粒度越小，制样过程中煤的水分损失越大，故电力部门多采用小于 13mm 的煤样来测定全水分。

按国标 GB/T 211—1996 的规定，其测定步骤又分为一步法或两步法，电厂中多采用一步法。该法测定全水分，其称样量为 500g，称准到 0.5g，将其置于预先加热到 105～110℃的带鼓风干燥箱中，烟煤干燥 2h，无烟煤干燥 3h。然后取出趁热称重，称准到 0.5g。

两步法是先准确称量全部粒度小于 13mm 的煤样（称准到 0.01%），摊于浅盘中，于不超过 50℃的条件下干燥至恒重。所谓恒重，是指连续干燥 1h，质量变化不大于 0.1%。干燥的煤样称准到 0.01%。

然后将上述煤样破碎到粒度小于 6mm，按方法 B 测定其内在水分。按式（3-4）计算出全水分含量

$$M_t = M_f + \frac{100 - M_f}{100} M_{inh} \tag{3-4}$$

式中 M_f——煤样的外在水分，%；

   M_{inh}——煤样的内在水分，%。

在两次重复测定中，当 $M_t < 10\%$ 时，其差值应不超过 0.4%；而 $M_t \geqslant 10\%$ 时，其差值应不超过 0.5%。

2. 注意事项

当前，在电力系统中普遍采用方法 D 中的一步法测定煤中全水分，对其测定中应注意的问题说明如下：

（1）煤样粒度必须符合要求。煤样粒度太大，在规定时间内干燥不完全，致使全水分测定结果偏低。有的电厂制备测定全水分煤样时，并不用规定孔径的筛子筛分，而凭目测估计煤样粒度，这是不允许的。

（2）在测定全水分前，应检查盛放煤样容器的密封情况，然后将其表面擦净后称重，精确至总质量的 0.1%，并与容器标签上注明的总质量相核对。如称出的量小于标签上注明的量（不超过 1%），并能确定煤样在运送过程中没有损失，则应将其减少的量作为煤样在运

送过程中的水分损失量，计入煤样全水分。

（3）干燥温度必须按要求加以控制。为此，干燥箱控温性能应该良好。干燥箱要附有鼓风装置，这样有助于干燥箱内部温度均匀，又可加速箱内水分的排出。由于在鼓风条件下，水分蒸发比较完全，故全水分的测定值要比不鼓风条件下的测定值高，这对水分含量高的煤样更为突出。

（4）干燥时间要合理掌握。干燥时间应为煤样达到完全干燥的最短时间。如煤样已达到干燥状态，继续鼓风干燥，只能加速煤样的氧化，这对变质程度较低的煤来说更为明显，而且也浪费了时间和电能。

（5）煤样干燥后，要立即称重。如搁置空气中冷却一段时间再称重，它就会从空气中吸收水分，使得全水分测定结果偏低。

当前，在国内还有少数单位采用粒度小于 3mm 的煤样来测定全水分，这是不适宜的，应尽快纠正。

微波法测水分是通过超高频率电场强迫煤中的极性水分子反复摆动而加热，微波加热不仅速度快，而且内外同时进行。由于煤样表面存在散热现象，故其内部的温度可能比外部更高，同时它不会发生煤样表面的氧化。

二、空干基水分（分析水分）的测定

煤中空干基水分含量通常随煤的变质程度加深而减小。变质程度较浅的煤如褐煤，在热风干燥过程中易氧化，因而对于不同的煤种，分析煤样中的水分宜采用不同的方法。

（一）测定方法

（1）方法 A 称为通氮干燥法，其要点是：称取一定量的煤样，置于 105～110℃鼓风干燥箱中，在干燥的氮气流中干燥到恒重，根据煤样的失重来计算出水分含量。

方法 A 可适用于所有煤种。

（2）方法 B 称为蒸馏法，其要点是：称取一定量的煤样于圆底烧瓶中，加入甲苯共沸，分馏出的液体收集在水分测定管中并分层，量出水的体积，并从回收曲线上查出煤中水分含量。

方法 B 也可适用于所有煤种，但更多的是应用于测定褐煤及油母页岩中的水分。

由于该法使用的甲苯系有毒易燃的有机溶剂，成本高，测定手续也较复杂，故一般可用干燥法测定。GB/T 212—2001 已删除了蒸馏水。

（3）方法 C 称为空气干燥法，其要点是：称取一定量的煤样，置于 105～110℃鼓风干燥箱中，在空气流中干燥至恒重，然后根据煤样的失重来计算出水分含量。

方法 C 仅适用于烟煤及无烟煤。

在国标 GB/T 212—1996 中规定的方法 A，是一种新的测试方法，在 105～110℃的干燥过程中，通入干燥的氮气，将有效地防止煤样的氧化。该法需配有箱体严密的小空间干燥箱。它有气体进、出口，并带有自动控温装置。对所用的氮气，其纯度要求达到 99.9%。

（二）空气干燥法测定中应注意的问题

在电力系统中，用来测定煤中空干燥基水分的方法普遍采用空气干燥法。应用该法测定时，应注意以下问题：

（1）试样粒度应小于 0.2mm；干燥温度必须按要求加以控制（105～110℃）；干燥时间以达到干燥完全来合理掌握，不同煤源，即使属于同一煤种，其干燥时间也不一定相同。

（2）测定分析水分时，进行检查性干燥，每次 30min，直到连续两次干燥煤样的质量减少不超过 0.001g 或质量有所增加时为止。在后一种情况下，要用质量增加前一次的称量结果作为计算依据。当分析水分小于 2%时，就可不必进行检查性干燥。

（3）样品务必处于空气干燥状态后方可进行水分的测定。不少单位在制样时，为加速煤样的干燥而提高干燥温度（标准规定干燥温度不应超过 50℃），结果致使煤样处于干燥或半干燥状态，这样所测出的 M_{ad} 往往很小，如仅仅在 0.5%左右或更低。

一旦出现上述 M_{ad} 测定值过低的情况，可将小于 0.2mm 的样品倒入小盘中摊开，让其与空气接触一段时间，当达到恒重时，立即再次装入瓶中，重新测定空干基水分。

（4）在测定操作时，煤样置于称量瓶中，瓶盖垂直于瓶体，让水分充分逸出；当干燥完毕，将瓶盖盖好，自干燥箱中取出后，立即放置于干燥器中冷却至室温，视环境温度不同，一般要冷却 10～15min。这和全水分干燥后要求趁热称重是不同的。全水分测定结果保留小数点后一位，而空干燥基水分保留小数点后两位。

三、水分的测定计算

煤中水分的大小，对它的运输、贮存、利用均有影响，对煤中水分测定认真操作及正确计算，是对电厂每一个煤检人员的基本要求。

【例 3-1】 对某一煤样测定全水分时，样品盘重 452.3g，样品重 501.1g，干燥后称重为 901.6g，检查性干燥后称重 901.8g，则此煤样的全水分为多少？

解：因检查性干燥后，煤样质量有所增加，故采用第一次称重量 901.6g 进行计算

$$M_t = \frac{452.3 + 501.1 - 901.6}{501.1} \times 100 = 10.3(\%)$$

【例 3-2】 将某煤样由煤矿送到电厂后测得水分为 8.4%，如知其在途中煤样的水分损失为 1.2%，则此煤样的全水分 M_t 应为多少？

解：$M_t = 1.2 + 8.4 \times \frac{100 - 1.2}{100} = 1.2 + 8.3 = 9.5$（%）

注意由于电厂所收到的煤样已损失了 1.2%的水分，它与原煤样所处的状态不完全相同，故二者不可直接相加。

【例 3-3】 设将小于 6mm 的测定全水分的煤样装入密封容器中称量为 600g，容器质量为 250g，化验室收到煤样后，称量装有煤样的容器为 590g，测定煤样全水分时称取试样 10.1g 干燥后失重 1.1g，则此煤样装入容器时的全水分为多少？

解：设运输过程中煤样损失为 M_1，则

$$M_1 = \frac{600 - 590}{600 - 250} \times 100 = 2.9（\%）$$

$$M_t = 2.9 + \frac{1.1}{10.1} \times 100 \times \frac{100 - 2.9}{100} = 13.5（\%）$$

本题另一解法：根据途中的水分损失量及试验室所收到煤样干燥后计算出的水分量占原煤样的百分比，即为全水分 M_t。

途中水分损失量为 600 - 590 = 10（g）

由于进试验室后测得的水分含量为 $\frac{1.1}{10.1} \times 100 = 10.9$（%），试验室所收到的样品量为 590 - 250 = 340（g），故其中水分量为 340 × 10.9/100 = 37.1（g）。

故煤中总的水分损失量为 $10 + 37.1 = 47.1$（g），而原来的样品量为 $600 - 250 = 350$（g），则全水分 $M_t = 47.1/350 \times 100 = 13.5$（%）。

【例3-4】 设某供煤单位供应电厂原煤 10000t，合同规定煤中全水分含量为 8.0%，而实际上收到的煤其全水分含量为 9.5%，则供煤方应补给电厂多少吨 $M_t = 8\%$ 的原煤？

解： 10000t 原煤，按合同规定电厂应收干煤 $10000 \times 92/100 = 9200$（t），而实际上只收到干煤 $10000 \times 90.5/100 = 9050$（t），故电厂少收干煤量为 $9200 - 9050 = 150$（t），那么应补给电厂折合 8.0% 全水分的原煤量为 $150/(1 - 8.0\%) = 150/0.92 = 163$（t）。

在本例中，如供煤方补给电厂 $M_t = 9.5\%$ 的原煤量则为：$150/(1 - 9.5\%) = 166$（t）。

总之，煤中水分含量对电厂的生产影响很大，煤检人员要充分认识这一点。原煤测定全水分样品的采集、制备及化验的正确操作与计算，都是不容忽视的。

第三节 煤中灰分的测定

煤的灰分是煤质的最重要特性指标之一，煤中灰分含量的高低对电力生产的关系很大。煤中灰分的测定分为缓慢灰化法与快速灰化法。前者可作为仲裁方法；后者则作为例行分析方法。

一、煤在受热过程中的变化

前已指出，煤中灰分主要来源于煤中的矿物质。在大多数情况下，铁、铝、钙、镁、钾、钠的硅酸盐构成矿物质的主要成分，其中黏土（$SiO_2 \cdot Al_2O_3 \cdot 2H_2O$）占较大比重。此外，还常有硫化铁、碳酸钙、碳酸镁、硫酸铁、氧化亚铁以及以有机盐形态存在的其他金属氧化物、磷酸盐、氯化物等。

煤在灰化过程中，即在 $815 \pm 10℃$ 范围内所发生的主要变化是：各种矿物质先后失去结晶水；低于 500℃ 时，硫化矿物分解生成二氧化硫；高于 500℃ 后，碳酸盐矿物分解。标准方法规定的灰化最终温度 $815 \pm 10℃$，实际上是指碳酸盐已经分解完全而硫酸盐尚未分解的温度。

煤中矿物质在 815℃ 温度下灼烧后，其中许多组分发生变化，本章第一节中已将其主要反应列出。它们包括黏土、石膏等水合物失去结晶水、碳酸盐热分解放出二氧化碳、氧化亚铁氧化成三氧化铁、硫化铁的氧化以及硫酸钙的生成等。

二、温度测量原理与方法

灰分测定必须控制灰化温度，了解温度的测量原理，掌握温度正确测量的方法，不仅对灰分、挥发分测定来说，是十分重要的，而且对煤中碳、氢含量测定，也具有同样的价值。故本节将较详细地介绍应用热电偶测量温度的原理与方法。

热电偶温度计由热电偶、测温仪表及连接导线组成。它被广泛用来测量 $100 \sim 1300℃$ 范围内的温度，用特殊材料制成的热电偶还可以测量更高的温度，如用于灰熔融温度测定的铂铑-铂热电偶，短时间内可测量 1600℃ 的温度。

1. 热电偶的测温原理

热电偶的感温元件是由两根不同的导体组成的，其一端彼此连接。当连接的一端与不连接的一端存在温差时，就产生电动势。温差作为电动势的函数由二次仪表（测温仪表）显示出来。热电偶感温元件的两根导线，称为热电极。其连接的一端称为工作端或热端；热电极开口的一端称为自由端或冷端。当工作端与自由端之间存在温差时，即产生电动势，常称为热电偶的热电势。在相同温差条件下，热电偶的热电势随热电极的材料不同而异。例如铂铑$_{10}$－铂热电偶100℃时热电势为0.643mV，而镍铬－镍硅热电偶100℃时热电势则为4.10mV。

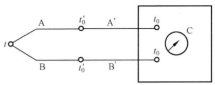

图3-1　补偿导线在测温回路中的连接

t—热电偶工作端温度；A、B—热电偶的热电极；A′、B′—补偿导线；t_0'—原冷端温度；t_0—新冷端温度；C—测温仪表

在实际测量温度时，热电偶与测温的二次仪表之间通过补偿导线连接，见图3-1。在温差100℃范围内，热电偶的补偿导线的热电特性与配套热电偶相一致，故补偿导线可视为热电偶的延伸线，且其价格低廉。此时，热电偶的自由端则移至补偿导线的开口端。

2．常用热电偶的技术特性

在煤质检验中，常用的热电偶是：镍铬－镍硅（镍铬—镍铝）热电偶及铂铑$_{10}$－铂热电偶两种。两者的技术特性见表3-4。

表3-4　　　　　　　　　　　　常用热电偶的技术特性

热电偶名称	极性	识别	化学成分	正极		负极	
				材料	颜色	材料	颜色
镍铬—镍硅（镍铬—镍铝）	正	无磁性	Cr 9%～10%，Si 0.4%，Ni 90%	铜	红	康铜	白
	负	稍有磁性	Si 2.5%～3.0%，Co≤0.6%，Ni 97%				
铂铑$_{10}$—铂	正	较硬	Pt 90%，Rh 10%	铜	红	镍铜	白
	负	较软	Pt 100%				

在工业分析、元素分析中，测定灰分、挥发分、碳、氢含量时，均采用镍铬－镍硅热电偶；测定灰融熔性时，则采用铂铑$_{10}$－铂热电偶。

3．热电偶的测温方法

从热电偶的测温原理可知，热电偶的热电势大小取决于热端与冷端的温差。只有在冷端温度恒定的情况下，热电势才能正确反映热端温度的大小。在实际使用中，冷端往往是置于距热源很近的大气中，且受高温炉及环境温度的波动的影响较大，冷端温度不可能是恒定值，为了消除冷端温度变化对温度测量的影响，常采用下述几种冷端温度补偿方法，这在灰分测定中将要加以利用。

在煤质检测中常用热电偶为镍铬—镍硅热电偶及铂铑$_{10}$—铂热电偶，在此将其特性及其应用方面的要求一并加以介绍。

镍铬—镍硅热电偶，它是价格较低廉的一种热电偶，长期使用的最高温度为900℃，短期测温可达1100℃。热电偶直径一般为1.2～2.5mm。在500℃以下，可在还原性、氧化性或中性气氛中可靠地工作。而在500℃以上，只能在氧化性或中性气氛中工作。镍铬—镍硅热电偶不能用于氧化还原交替的气氛中，也不能用于含硫气氛中。镍铬—镍硅热电偶的热电势比铂铑$_{10}$—铂热电偶的热电势大4～5倍，温度与热电势之间基本呈线性关系。这种热电偶主要在煤中灰分、挥发分测定中用以测量高温炉炉温。

铂铑$_{10}$—铂热电偶，它是一种贵金属热电偶，其直径通常为 0.5mm，它长期使用的最高温度为 1300℃，短期使用可达 1600℃。这种热电偶宜在氧化性及中性气氛中使用。若在还原性气氛中使用，则其外面套有合适的非金属材料如刚玉保护套才能使用。这种热电偶在高温下长期使用会使晶粒过分增大，导致铂电极折断。此外，高温下铂电极对污染很敏感，且铂铑电极中的铑会挥发或向铂电极扩散而造成热电势的下降。在煤质检测中，这种热电偶主要用于煤灰熔融测定中测量灰熔点炉的温度。常见热电偶的技术特性见表3-4。

上述两种热电偶通常均有外套管。前者常用高温瓷管，后者则常用刚玉管。应用热电偶测温，通常有下述方法。

（1）计算法。各种热电偶的分度关系是在冷端温度为 0℃ 的情况下得到的。各种热电偶的温差与热电势的对应关系常用分度表或分度曲线的形式表示。在测温时，只要知道该热电偶的分度特性，并考虑冷端温度的补偿，就可求得热端温度。

例如用镍铬—镍硅热电偶测温时，热电偶冷端温度为 38℃，实测热电势为 33.29mV。从分度表上查得 38℃ 时的热电势为 1.53mV，则热端温度为 33.29 + 1.53 = 34.82mV，热电势所对应的温度，它可由分度表查出来为 813℃。

（2）冰水槽法。如在测温时，将热电偶冷端置于 0℃ 的冰水槽中，则不必进行冷端温度补偿。例如上例中，冷端温度为 0℃，实测热电势为 33.29mV，则从分度表上查出，热端温度为 800℃。该法是一个很准确的冷端处理方法，但使用起来比较麻烦，在煤质检验中，则多用于热电偶的校验及高温炉温度场测定等场合。

（3）测温仪表机械零点调整法。与热电偶配套使用的测温仪表高温毫伏计（动圈表）的机械零位可以调整。如热电偶冷端温度比较稳定，则可采用对测温仪表的机械零位加以调整来实现冷端温度补偿。例如冷端温度为 40℃，则可调整仪表的机械零位至 40℃ 处，这相当于测温仪表的起始温度，那么仪表指针所指示的温度即为热电偶热端温度。如冷端温度经常变化，此法就不宜使用。

在上述三种方法中，方法（1）中的热电偶配电位差计使用，测温较准确；而方法（3）中的热电偶所配用的高温毫伏计每 20℃ 一分格，其测温精确度较差；方法（2）测温准确，但比较麻烦。此外，还有一种补偿电桥法，补偿电桥是利用不平衡电桥所产生的电压来补偿热电偶冷端温度变化而引起的热电势变化，在这里就不多加介绍了。

热电偶及其测温仪表是计量器具，必须定期由计量检定部门（或授权的检定部门）检定，合格者方可使用。

三、缓慢灰化法的主要技术问题

1. 分段升温

缓慢灰化法采用分段升温。500℃ 以前升温速度要慢，使硫化物分解有足够的时间。在 500℃ 时要求恒温 30min，以保证硫化物分解产生的二氧化硫排出炉外。最后将炉温升到 815 ± 10℃，此时碳酸钙分解，二氧化硫已排出炉外。

如果二氧化硫气体不能及时从炉内排出，它将与氧化钙发生反应生成硫酸钙被固定在灰中，从而使得灰分测定结果偏高。为此，高温炉要安装烟囱，如某些试验室所使用的高温炉没有烟囱，则可参照有烟囱的高温炉自行加工，将其安装于高温炉上或者将炉门保留适当缝隙。但有的高温炉不关严炉门就断电，则可将炉门上看火孔打开或增设通风孔。

2. 灰化温度的测定

关于如何使用热电偶及测温仪表测量温度已经作了详细说明，在这里还有三点须指出：①为了较好地控制炉内温度，对炉内温度场应进行测定，以确定能达到标准所规定的 815±10℃ 的所在位置；②当前测温用仪表多改用数显温控仪（以取代动圈表），测温精度有所提高，温度可以指示到 1℃；③在温度升降过程中，热惯性的影响是明显存在的，这将对炉温的严格控制产生不利影响。

为了进一步说明热惯性的问题，现举一例来介绍。为了对高温炉的温度进行校验，应用标准热电偶与校准表来测量炉内温度。标准热电偶及被校热电偶冷端均置于 0℃ 的冰水中，而热端位置相同。校验结果列于表 3-5 中。

表 3-5　　　　　　　　　　　　　高温炉内温度的校验

被测热电偶+高温表	标准热电偶+校准表	被测热电偶+高温表	标准热电偶+校准表
835℃	819.0℃（断电） ↓ 822.3℃ → 806.7℃（通电） ↓ 803.9℃（复升）	925℃	908.0℃（断电） ↓ 910.1℃ → 896.0℃（通电） ↓ 892.8℃（复升）

测量表明，被测温度指示为 835℃ 时，实际上是 803.9~822.3℃ 的范围，这基本上符合灰分测定 815±10℃ 的要求，当被测温度指示为 925℃ 时，实际上是 892.8~910.1℃ 的范围，完全符合挥发分测定 900±10℃ 的规定。所以说由于热惯性的存在，控温器上的高温表温度指示值并不能完全准确地反映炉内温度，实际上它反映了一个温度范围。

除上述因素外，高温炉自身质量如炉丝拉伸的均匀性，炉膛外保温层填充的紧密程度以及炉体的密封性等均将对炉温的控制产生影响，故在煤质检验中，所使用的高温炉并不是很容易达到 ±10℃ 的要求的。

3. 箱式高温炉恒温区域的测定

国标中对煤的灰分及挥发分的测定，要求试样置于炉内恒温区域，温度分别能维持在 815±10℃ 及 900±10℃。不少书刊对箱形高温炉温度场的测定方法有所介绍：有的只作纵向温度场的测定，有的测一平面温度场，有的则是作定性的简易测量，这些均不能满足工业分析标准中对高温炉恒温区域的测定要求。

由于灰皿或挥发分坩埚均置于灰皿架或挥发分坩埚架上，它们在炉内占有一定的空间位置，故对箱式高温炉应测量其空间温度场，从而确定它的恒温空间区域。为此，可先用细素瓷管或刚玉管（通常用的细热电偶套管）用镍铬丝扎成一长方体，其尺寸应根据炉膛容积决定，一般为 100mm×100mm×200mm。

预先选用经计量检定合格的 9 支细镍铬-镍硅热电偶（外有分节瓷套管保护）并编号，从高温炉炉门上的看火孔中插入炉内，各支热电偶的热端分别与长方体支架的连接点相结扎，以测量空间 9 点的温度。测点分布如图 3-2 所示。

将上述各支热电偶的冷端接于电位测量装置的接线端子上，由于该装置可

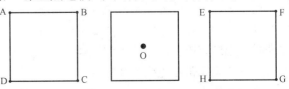

图 3-2　空间温度场测点分布图

AB = 100mm；BC = 100mm；O—温度场中心

实施多点切换，故待炉温稳定后，在一个很短时间内即可测出各点的热电势。此电势值通过精密数字式指示仪表显示，从而根据电势—温度对照表查出各测点温度。

例如：一台箱式高温炉的测试空间范围是：$100mm \times 100mm \times 80mm$，平面中心点 O 与炉口距离为 $200mm$，与炉腔底面距离为 $90mm$，并处于两侧面中心。各测点与 O 点之温差的测量结果参见表 3-6。

表 3-6 各测点与 O 点之温差

测 点	温度点（℃）815 Δt	900 Δt	测 点	温度点（℃）815 Δt	900 Δt
A	+ 6.9	+ 6.5	E	− 0.3	+ 0.4
B	+ 4.4	+ 3.7	F	+ 6.8	+ 6.7
C	− 3.2	− 1.5	G	− 3.9	− 3.2
D	− 1.1	− 0.6	H	− 3.8	− 2.9

测试表明：该高温炉的恒温区确能达到 ±10℃ 的要求，故可用于煤中灰分及挥发分的测定。

温度场只是测量各点与中心点之温度差值。为了明确地知道各点的真实温度，在进行温度场标定时，可从看火孔中插入一支标准热电偶，其热端位于中心点 O 处，这样就可指示 O 点的实际温度。由于已知各测点与 O 点的温差，那么各测点的实际温度也就可知了。

4．灰化条件的控制与选择

测定灰分时，煤样在灰皿中的厚度不应超过 $0.15g/cm^2$。煤样厚度太大，即使完全灰化也会使灰分的测定值偏高。这是由于煤表面灰化后，底部生成的硫氧化物会被表面灰中氧化钙所固定，从而产生灰分测定值偏高的倾向。

在灰化方式上，最好选用单一样品单独灰化。如多种样品置于同一炉中灰化，由于在灰化过程中反应产物的互相作用，将影响灰分含量。煤样混烧与单烧相比，其测定结果往往不同，特别是煤中含硫量及灰中氧化钙含量较高时，其测定结果的差别更为明显。

为了检查灰化情况，须进行检查性灼烧，每次 20min，直到连续两次灼烧质量变化不超过 0.001g 为止，应用最后一次灼烧后的质量进行灰分计算。对灰分小于 15% 的煤，在灰化后可不必进行检查性灼烧。在电厂中，则多采用一次性灼烧完全的办法来测定灰分。至于一次性灼烧需多少时间，则应按不同的煤源，通过与检查性灼烧相对照后来加以确定。

标准规定对灰分测定的精密度要求分重复精密度与再现精密度。重复测定不同于平行测定，在实际操作中要加以注意。由于缓慢灰化法测定煤中灰分所需时间很长，通常要 4h 左右，在一般的例行分析中，也可采用平行测定，但只进行单次测定是不适宜的。

近年来，市场上出现了快速升温的高温炉，因采用轻质耐火及保温材料，自身质量轻，外型也较美观，并带有烟囱，通常这种高温炉配微电脑时间温度控制器来控制炉温。由于炉子温升很快，故对控温要求更严格，特别是对热惯性的抑制具有更高的难度；另一方面，这种高温炉的材质还有待进一步的提高。

四、快速灰化法的应用范围

快速灰化法分方法 A 及方法 B。方法 A 是将装有煤样的灰皿放在预先加热到 $815 \pm 10℃$ 的灰分快速测定仪的传送带上，煤样自动送入仪器内完全灰化，然后送出，并测出灰分含量；方法 B 是将装有煤样的灰皿由炉外逐渐送入预先加热至 $815 \pm 10°C$ 的高温炉中灰化至质量恒定，测出灰分含量。方法 A 要求配备专用的快速灰分测定仪；而方法 B 所用仪器与缓慢灰化法完全相同。在电厂中使用较多的是方法 B。

方法 B 中，由于装有煤样的灰皿由炉外逐步送入预先加热到 $815 \pm 10°C$ 的高温炉中灰化，煤中的碳酸盐的分解与硫的氧化反应几乎同时进行，因而硫氧化物还不能排到炉外就为氧化钙所固定，从而使得灰分测定结果偏高。

快速灰化法较适用于例行的监督试验，在仲裁及校核试验中仍须采用缓慢灰化法来测定煤中灰分含量。

第四节　煤中挥发分的测定

挥发分的测定是一项规范性很强的试验方法，其测定结果完全取决于所规定的试验条件，其中以加热温度及加热时间的控制最为重要。

一、挥发分、焦渣、固定碳之间的关系

煤的挥发分，是将煤样在 $900 \pm 10°C$ 于隔绝空气的条件下，加热 7min，由煤中有机物分解出来的液体（呈蒸气状态）及气体产物。

煤中挥发分失去以后，所残留的不挥发物称为焦渣。在测定挥发分后，煤中的灰分转入焦渣中。将焦渣含量减去灰分含量，就是固定碳含量。固定碳 FC_{ad}（%）可按下式计算

$$FC_{ad} = 100 - (M_{ad} + A_{ad} + V_{ad}) \tag{3-5}$$

根据焦渣外部特征，可初步鉴定煤的黏结性。所谓黏结性，是指煤在干馏时黏结其本身或外加惰性物质的能力。焦渣特征与煤中固定碳含量对锅炉燃烧均有一定的关系，因而对焦渣特征的判别及固定碳的计算，均包括在煤的工业分析范围之内。

二、焦渣特征分类

测定挥发分后的焦渣，按其特征分为 8 类：

(1) 粉状——全部呈粉状，没有互相黏着的颗粒。

(2) 黏结——以手指轻压即成粉状或基本上呈粉状，其中较大的团块，轻轻一碰即成粉末。

(3) 弱黏结——用手指轻压即碎成小块。

(4) 不熔融黏结——以手指用力压后才裂成小块，焦渣上表面无光泽，下表面稍有银白色光泽。

(5) 不膨胀熔融黏结——焦渣成扁平的饼状，煤粒界限不易分清，上表面有银白色金属光泽，下表面的银白色光泽更明显。

(6) 微膨胀熔融黏结——手指压不碎，在焦渣上下表面均有银白色金属光泽，但在焦渣表面上有微小膨胀泡或小气泡。

(7) 膨胀熔融黏结——焦渣上下表面有银白色金属光泽，明显膨胀，但高度不超过15mm。

(8) 强膨胀熔融黏结——焦渣上下表面有银白色金属光泽，焦渣高度大于 15mm。

根据上述焦渣特性可以初步判断煤在骤然受热（进入锅炉内的高温区域）的条件下其黏结性、膨胀性及熔融性。这对电厂锅炉选择用煤具有一定的参考价值。

三、挥发分测试中主要技术问题

1. 加热温度与加热时间的控制

严格控制好加热温度（900±10℃）及加热时间（7min），是挥发分测定中的关键。在此条件下，各种煤中有机物的热分解反应趋于完全，挥发分测定结果比较稳定。关于温度如何测量的问题，在本章第三节中已作了详细介绍，这里不再复述。在测定挥发分时，总共加热时间为7min，因此要用秒表或其他较精确的计时器计时。当有试样的坩埚一送入高温炉恒温区时，记时开始，到坩埚离开高温炉，这一过程应准确为7min。温度与时间控制不严，将可能导致测定结果产生较大的误差。

2. 坩埚称重与放置要求

测定挥发分时，必须使用符合标准要求的挥发分坩埚，其盖与坩埚配合严密，总质量为15～20g。称量试样时须连同坩埚盖一起称重。为了使同一炉中测定的各个试样保持相同的试验条件，应将挥发分坩埚置于坩埚架上，将其放于高温炉恒温区域内。这样既可避免坩埚底与高温炉壁直接接触，又可使各个坩埚所处温度尽可能一致。

测定挥发分时，应将高温炉上烟囱封住，否则，会使测定结果偏高。打开炉门放进坩埚后，必须立即关好炉门，以使高温炉能在3min内回升到900±10℃，如果不能达到此要求，则试验作废。为此，在放进坩埚时，可让炉温略高于900℃，例如920℃。一般一次操作不宜超过四个坩埚。

3. 坩埚的取出与称量

当坩埚送入高温炉恒温区时，计时开始，同时立即关好炉门，当时间快到7min时，一般提前2～3s打开炉门，正好7min时，将坩埚移出高温炉。

在测定时，坩埚及其盖的外表面如聚有黑烟，多因煤中挥发分含量太大，逸出速度太快所致。碰上这种情况，试验应作废。此时可将煤样压成饼并切成小块后重新测定，如仍出现上述情况，则称样量可酌量减少。

从炉中取出坩埚后，先应置于空气中冷却5～10min，再移入干燥器中冷却至室温（约15～20min）后称重，计算出挥发分含量。

4. 测定结果的检查

挥发分测定结果的重复性与再现性，均由国标GB/T 212—2001作出了规定。至于测定结果的准确性如何检查，则可应用标准煤样。例如某一标准煤样干燥基挥发分V_d的标准值为26.51%±0.27%（其中±0.27%为不确定度），如果对上述标准煤样的挥发分重复测定结果V_{ad}分别为26.27%及26.49%，空气干燥水分M_{ad}为1.83%，则重复测定的干燥基挥发分V_d按下式计算：

$$V_d = V_{ad} \times \frac{100}{100 - M_{ad}} \tag{3-6}$$

计算表明：V_d值分别是26.76%及26.98%，根据标准规定的重复精密度要求，小于0.50%，是合格的。重复测定结果的平均值为26.87%，而标准煤样标准值为26.51%±0.27%，如测定值能落在26.24%～26.78%范围内，即认为准确性符合要求。现在实测值已处于上述范围以外，说明测定准确度不合格，其测定结果偏高。

应用标准煤样，不仅可检查测定结果的准确性，同时也有助于查明产生误差的原因。上例中测定结果偏高，可能是炉温偏高，原先当炉温升到920℃打开炉门放进试样，可以改为当炉温升到910℃时进行上述操作，然后再重新测定一下，视其结果如何。这样我们就可找到一个最佳操作条件。

在煤的工业分析中，挥发分是比较难测准的一个项目，一方面要严格控制测试条件，另一方面所用仪器设备均须满足标准要求。任何方面的疏忽大意，均有可能导致测定结果产生较大的误差。这里，应特别强调应用标准煤样来检查测定结果的重要性与必要性。

5. 挥发分测定结果的计算

空干基煤样的挥发分（%）按下式计算

$$V_{ad} = \frac{m_1}{m} \times 100\% - M_{ad} \tag{3-7}$$

当空气干燥煤样中碳酸盐二氧化碳含量为2%~12%时，则

$$V_{ad} = \frac{m_1}{m} \times 100\% - M_{ad} - (CO_2)_{ad} \tag{3-8}$$

当空干基煤样中碳酸盐二氧化碳含量大于12%时，则

$$V_{ad} = \frac{m_1}{m} \times 100\% - M_{ad} - \left[(CO_2)_{ad} - (CO_2)_{ad}(焦渣) \right] \tag{3-9}$$

式中　　　V_{ad}——空干基挥发分，%；

　　　m_1——煤样受热后的失重，g；

　　　m——煤样质量，g；

　　$(CO_2)_{ad}$——空干基煤样中碳酸盐二氧化碳含量，%；按 GB 218—1996 测定；

$(CO_2)_{ad}$（焦渣）——焦渣中二氧化碳占煤样量的百分数，%。

煤中碳酸盐二氧化碳的测定装置如图3-3所示，用盐酸处理煤样，煤中碳酸盐分解成二

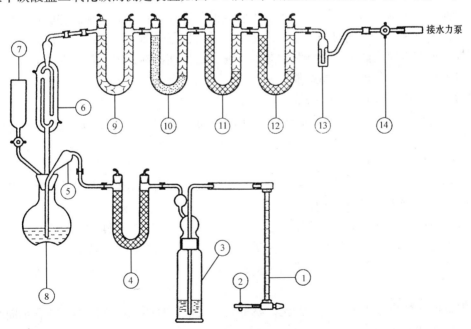

图 3-3　煤中碳酸盐二氧化碳测定装置
①—气体流量计；②弹簧夹；③—洗气瓶；④、⑨、⑩、⑪、⑫—U形管；⑤—犁形进气管；⑥—双壁冷凝管；⑦—管状具活塞漏斗；⑧—带橡皮塞的平底烧瓶；⑬—气泡计；⑭—二通玻璃活塞

氧化碳，后者用碱石棉吸收，根据吸收剂的增重，可求出碳酸盐二氧化碳含量。

【例3-5】 设某煤样重1.0004g，称得坩埚重17.9366g，已知 $M_{ad} = 1.43\%$，煤受热后称得坩埚重18.7415g，问 V_{ad} 及 V_d 为多少？

解：煤样受热后的失重 $m_1 = （1.0004 + 17.9366） - 18.7415 = 0.1955（g）$
则

$$V_{ad} = \frac{0.1955}{1.0004} \times 100\% - 1.43\% = 18.11(\%)$$

$$V_d = V_{ad} \times \frac{100}{100 - M_{ad}} = 18.11\% \times \frac{100}{100 - 1.43} = 18.37(\%)$$

【例3-6】 上例中已知 $A_{ad} = 27.44\%$，问 V_{daf} 及 FC_{daf} 各为多少？

解： V_{daf} 与 V_{ad} 之间的关系是

$$V_{daf} = V_{ad} \times \frac{100}{100 - M_{ad} - A_{ad}} = 18.11\% \times \frac{100}{100 - 1.43 - 27.44}$$

$$= 25.46(\%)$$

故 $FC_{daf} = 100 - 25.46 = 74.54 （\%）$

6. 固定碳的计算

对空干基来说，$FC_{ad} = 100 - M_{ad} - A_{ad} - V_{ad}$，%；对收到基来说，$FC_{ar} = 100 - M_{ar} - A_{ar} - V_{ar}$，%；对干燥基来说，$FC_d = 100 - A_d - V_d$；%，对干燥无灰基来说，$FC_{daf} = 100 - V_{daf}$，%。

第五节　煤工业分析指标的热重法测定

煤工业分析指标是电厂对入厂及入炉煤测定的常规性项目。标准规定它们均采用经典的干燥及灼烧法测定，这颇费时间，难以满足电厂及时控制煤质，指导锅炉燃烧的要求。

国外已较多地应用热重分析法测定煤的工业分析特性指标，国内也已有这类产品，它不同于经典方法。工业分析特性指标能在一台仪器上完成测定，大大提高了检测效率，所使用的仪器为热重分析仪（Thermogravimetric Analyzer）。

本节将对热重法测定煤的工业分析指标作一简要介绍，以便于读者在实际工作中选用。

一、热重法的检测原理

研究物质在某种特定温度与气氛条件下其质量发生变化而测出其含量的方法，称为热重分析法，简称热重法，用TG来表示。

综观经典的工业分析指标的测定，它们有一个共同点：通过对样品的加热，致使其质量发生变化而计算出水分、灰分及挥发分含量。热重法将加热与称量设备结合在一起，俗称热天平，它能对在受热过程中的试样予以称量，故热重法可以用来对煤的工业分析指标进行测定。

根据试样在受热过程中的质量变化，就可绘制质量、时间、温度曲线，即热重曲线。典型的热重曲线如图3-4所示。

二、热重仪简介

生产热重仪的国家很多，国内电力系统中使用的多为美国产品。美国产品是按美国试验标准设计的，它与我国现行的国家标准规定的技术参数不尽相同。例如测定水分的温度为 106℃，挥发分为 950℃，灰分为 750℃，见图 3-5。

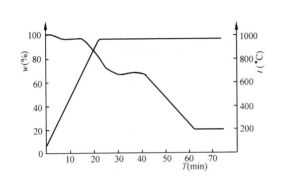

图 3-4 典型的热重分析曲线

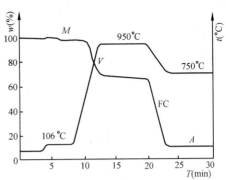

图 3-5 按美国 ASTM 标准的热重分析曲线

美国某公司生产的一种热重分析仪可以方便地选择和设定各项参数，以满足不同使用场合的需要，并可以存入 6 套参数随时选用。每一套参数中可分成 5 步，分别测定各阶段的质量损失。每一步的温度、温度梯度、气氛要求均可选择，可以显示或打印输出试样质量的变化曲线。仪器内存贮的 700 个分析数据可随时查阅，并设有诊断功能。

该仪器可配 1 台或 2 台高温炉，1 台高温炉一次最多测试 19 个试样，它的主要技术指标是：

精密度：±0.5%；　　　　　　准确度：±0.5%；

分辨率：0.05%（1g 试样）；　天平灵敏度：0.00025g；

炉温范围：50～975℃；　　　　炉温稳定度：±4℃；

试样范围：1～5g；　　　　　　测量范围：0～100%；

测试时间：1 个周期（19 个样品）需 200min。

该仪器是先将炉温升到 106℃测定水分，再将炉温升至 950℃测定挥发分（7min），再降温至 750℃测出灰分，待炉温降至室温，即完成了一个测定周期。

上述热重分析仪所称样品量少，采用微型炉加热，能以 200℃/min 的速率迅速把煤样加热到预定温度。测量全过程中的多阶程序，包括停留时间、自动转换清洗气体，均由系统计算机自动控制。该热重分析仪用于煤工业分析的热重分析曲线参见图 3-6。

图中表明：测量周期为 30min，外加冷却时间，完成一次测量的周期约为 50min 左右。

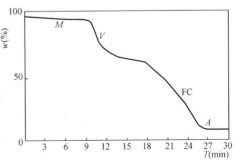

图 3-6 用于工业分析的热重分析曲线

三、热重法在国内电力系统中的应用

国外的热重分析仪价格昂贵、维修不便，同时国外的分析方法标准与我国标准也不一致，例如挥发分测定方法的规范性很强，加热温度不同，则结果就会有所差异，故国内有的单位研制开发了符合我国国家标准 GB 212—1991 的热重分析仪，并通过了技术鉴定，在一些单位中已开始使用。

国产热重分析仪与国外相比，最大的不同点在于：国外产品采用单炉加热试样，国内产品对试样的加热采用多温区炉，从而省去降温时间，有助于缩短测试周期。单炉及多温区炉升降温的差别可从图3-7及图3-8中显示出来。

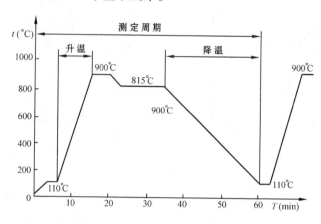

图 3-7　单炉控温的升降温时序图

上述国产热重分析仪是以我国 GB 212—1991 的要求作为控制条件，水分及灰分的测定分别为 110℃ 及 815℃，以达到恒重为目标，挥发分则是在 900℃ 下于通氮条件下加热 7min 而求得的。

该仪器试样量为 0.3 ~ 0.5g，每 20min 可完成一个样品的测定，其测试结果能达到国标规定的允许差要求。该仪器以 10 个煤样为一组由微机控制进行自动连续进样分析、计算、显示与打印。该仪器还有计算高、低位发热量等其他功能。

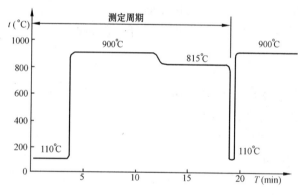

图 3-8　多温区炉的升降温时序图

作为单个样品的测定来说，应用上述仪器完成工业分析的时间约 20min，但批量测定，其效率不如美国产品。对国产热重分析仪的性能，特别是其运行可靠性及对不同煤质的适应性，尚有待作进一步的考察。

第六节　煤工业分析指标的在线检测

按照现行的国家标准，电厂中从煤样的采集、制备到提出工业分析的测定结果，往往需要 8h 甚至更长的时间，它不能及时反映入厂或入炉煤的煤质情况。由于测试手段的限制，使得实际需要与测试数据报出时间的滞后之间的矛盾越来越突出。国内外已经研究成功不用采制样而直接测定煤中灰分、水分等的在线检测方法，并已投入实际使用。美国、德国、澳大利亚、俄罗斯等国家使用在线检测方法的时间已经不短，国内产品也开始进入市场，为一些用煤单位所采用。

本节重点阐述煤中水分、灰分在线检测方法的原理及其特点，分析这种方法在电力系统中的应用前景，同时对煤中其他特性指标的在线检测仪器作简要介绍。

一、放射性测定煤中灰分

当前，在线测灰仪多安装在电厂输煤皮带上，一般用来控制入炉煤的质量。由于发热量与灰分之间存在良好的相关性，故掌握了灰分数据，也就可以推知发热量的高低。

1. 测定原理

煤由可燃及不可燃组分组成，其中挥发分与固定碳为可燃组分，它们均是由原子序数较小的氢、氧、碳原子组成的。灰分是不可燃组分，它主要由硅、铝、镁、钙等原子序数较大的原子组成。

当低能 γ 射线穿过煤层时，可燃组分中的各元素原子序数小，吸收效应较弱，γ 射线衰减系数小；反之，不可燃组分灰分中各元素原子序数较大，吸收效应较强，γ 射线衰减系数也大。

穿射煤层后的射线强弱，直接反映了灰分含量的大小。高能 γ 射线穿过煤层时，还可以直接测出煤层的密度值。

利用高、低两种能量的射线建立数字模型，最后由它可以测算出灰分值。在一定范围内，此模型可以不受煤中水分及疏松程度的影响。用这种双能量射线透过煤层的原理来制成的灰分测定装置已在国内外不少单位使用。

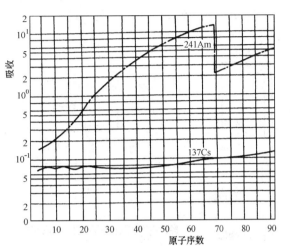

图 3-9 双能测灰仪原理

双能测灰仪的测灰原理如图 3-9 所示。由图可以看出：煤的有效原子序数为 5～7，对 Am^{241} γ 射线的吸收率为 1.7%～1.9%，灰的有效原子序数为 10～14，对 Am^{241} γ 射线的吸收率增加到 2.3%～3.0%。

2. 测灰仪简介

国产双能测灰仪所用放射源：

镅——241，60keV；铯——137，660keV。

仪器使用条件：

环境温度：0～40℃；相对湿度：≤90%；

电源电压：220V（±10%）。

灰分测量如图 3-10 所示。

根据用户的不同需要，可以实行在线或离线检测（见图 3-11），前者装在输煤皮带上；后者则通常安装于小车上，便于移动，它可以置于现场附近的试验室或一个可以兼作灰分测定的场所。

此外，上述测灰仪也可安装在煤的采样装置上，参见图 3-12。

双能测灰仪的测灰范围与误差参见表 3-7。

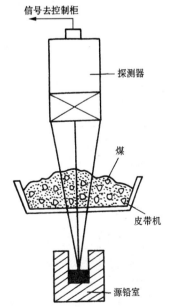

图 3-10 在线灰分检测示意

该仪器还可贮存数据，随时或定时打印结果、报表；有标准通信接口，可以与上位机联网；有电压、电流模拟量，供用户选用；可同时多点采样，集中一点快速测量，实现一机多用；也可用于在线连续测量，实现闭环控制。

根据国家标准 ET528—1990《核仪器基本安全要求》中的有关规定，使用双能测灰仪符合下述辐射防护要求：仪器外表面 5cm 处的剂量当量率不大于 $7.5\mu Sv/h$；距仪器 1m 处的剂量当量率 $\leqslant 0.75\mu Sv/h$。

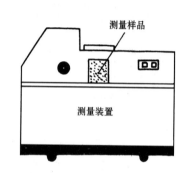

图 3-11　离线灰分检测装置示意　　　　　图 3-12　测灰仪安装在采煤样机上的检测示意

表 3-7　　　　　　　　　　　双能测灰仪的测灰范围与误差

范围　　　　　误差	离 线 测 灰 仪	在 线 测 灰 仪
低 灰 分 煤	$\leqslant 0.5$	$\leqslant 0.5$
中 灰 分 煤	$\leqslant 1.9$	$\leqslant 1.0$
高 灰 分 煤	$\leqslant 2.9$	$\leqslant 2.0$

国产双能测灰仪与燃烧法测灰结果对比试验结果见表 3-8。

表 3-8　　　　　　　　　　不同用户应用不同方法的测灰结果　　　　　　　　　　%

用 户 1			用 户 2		
燃烧法	双能法	误 差	燃烧法	双能法	误 差
37.35	38.06	+ 0.71	28.57	27.53	− 1.04
37.88	37.42	− 0.46	26.69	27.44	+ 0.75
38.46	37.47	− 0.99	27.90	27.74	− 0.16
37.91	38.61	+ 0.70	27.20	27.76	+ 0.56
36.48	35.66	− 0.82	28.34	27.04	− 1.30
37.27	36.62	− 0.65	28.36	27.38	− 0.98
37.20	37.40	+ 0.20	28.61	27.15	− 1.46
37.10	36.77	− 0.33	43.07	42.89	− 0.18

用 户 1			用 户 2		
燃烧法	双能法	误 差	燃烧法	双能法	误 差
36.50	37.14	+ 0.64	41.58	42.51	+ 0.93
36.00	36.61	+ 0.61	43.89	43.68	− 0.21
35.20	34.63	− 0.57	42.86	42.76	− 0.10
37.14	36.93	− 0.21	42.51	41.98	− 0.53
36.50	36.98	+ 0.48	42.64	44.17	+ 1.43
38.02	37.39	− 0.63	43.71	42.92	− 0.79

表 3-8 表明，这两种方法测定的差值并不算大，特别是双能仪测灰并不存在系统误差，故双能法用于电厂入炉煤质量监督还是比较理想的。但双能法要求煤中含硫量、含铁量稳定，水分波动要小于 2%，因此它更适合测量灰分值较低的精煤。

国内有少数电厂引进了德国产双能测灰仪。例如某电厂 5# 输煤皮带甲侧和乙侧双能测灰仪的测灰结果，与燃烧法的对比如图 3-13 和图 3-14 所示。

由图可以看出：甲侧应用两种方法测灰，二者结果相当接近；而乙侧则差得多。

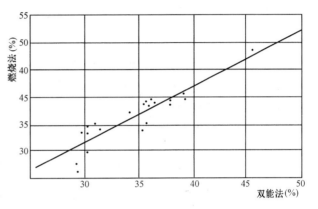

图 3-13 某电厂 5# 皮带甲侧两种方法测灰对比

德国仪器的测量系统包括用微处理器控制的主机和 Am^{241} 及 Cs^{137} 两个透射测量通道。每个通道具有装在屏蔽容器内的放射源及与其相应的闪烁探测器。闪烁探测器采用漂移和衰减的自动补偿，可保证长时间的使用稳定性，不需要周期性的再校准。提供的软件能协助标定，采用快速两点标定法或高精确度多点标定法。仪器可存贮 4 种煤的标定数据。

最近，国内研制成功了放射性测定灰分及高位发热量的仪器，并通过了技术鉴定。这进

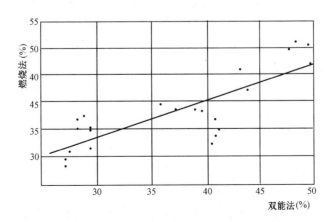

图 3-14 某电厂 5# 皮带乙侧两种方法测灰对比

一步显示了该种测定方法所具有的良好应用前景。

目前，电厂入厂煤质验收存在检测结果严重滞后的问题。国内某电厂采用上述类型的测灰仪仅在数分钟内就可得到检测结果，符合入厂标准者，则允许该煤入厂；否则则拒之电厂之外，作出相应的处理。现以该电厂的检测结果为例加以说明。

表3-9　　　　　　　　某型号双能快速与标准法测试结果对比

快 速 法 A_d （%）	标 准 法 A_d （%）	ΔA_d （%）	快 速 法 $Q_{ar,net}$ （MJ/kg）	标 准 法 $Q_{ar,net}$ （MJ/kg）	$\Delta Q_{ar,net}$ （MJ/kg）
39.91	38.81	1.10	18.08	18.60	− 0.52
40.90	41.04	− 0.14	17.59	17.66	− 0.07
32.92	33.94	− 1.02	20.55	20.21	0.34
37.31	37.53	− 0.22	18.95	18.87	0.08
36.11	35.70	0.41	19.39	19.31	0
36.74	35.73	1.01	19.42	19.69	− 0.27
35.86	36.73	− 0.87	19.70	19.34	0.36
39.27	38.57	0.70	18.45	18.70	− 0.25

由表3-8测试结果的对比可以看出：快速测灰仪用于入厂煤的质量监督验收及入炉煤的监督控制还是可行的。表中的热值为收到基低位发热量，应与标准法采用同一水分及同一氢值。否则，宜对干燥基高位热值加以比较。

国产的在线测灰仪为国内某著名大学所研制、生产，并已在某些洗煤厂等单位使用。该装置安装于输煤皮带的下部，数据在微机终端显示屏上显示，同样可以用于检测运行中皮带上的原煤瞬间及平均灰分值，特别是对电厂入炉煤质的控制来说，更具实际意义。

二、微波法测定煤中水分

目前在市场上尚无国产在线水分检测仪，国内少数电厂所应用的多为国外产品。

微波穿过物料时，使自由水分子旋转。这一效应降低了微波的强度与速度。德国生产的某种型号的测水仪不仅可以利用传统的衰减法进行测量，而且利用了相移新技术测量水分。

常规的微波测水仪只能在一种频率下测量，而该仪器可在很宽的频率带内使用，因而可抑制由于多次反射而引起的谐振干扰。附加的辐射吸收测量可以补偿由于物料堆积密度的变化而引起的误差，从而可在负荷变化的输煤皮带上测量物料的水分。对该仪器来说，物料截面积变化不影响测量结果。

微波水分测定仪示意参见图3-15。

微波测水仪包括微处理器控制的主机、微波发射接受装置及其接线。对煤来说，测量精密度为 ± 0.2%（1σ），焦炭为 ± 0.3%（1σ）。

国内某电厂5#输煤皮带上甲侧及乙侧应用两种方法测定水分的结果参见图3-16及图3-17。

由上述两条曲线可以看出：常规化验法所测水分要低于微波法，这是不难理解的，前者要通过采制样，水分损失是不可避免的；而后者为在线直接检测，其

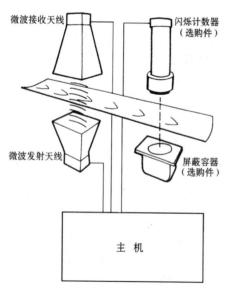

图3-15　微波水分测定仪示意

微波接收天线
闪烁计数器（选购件）
微波发射天线
屏蔽容器（选购件）
主　机

结果能更好地反映皮带上煤中水分的真实情况。

上述煤中灰分及水分在线检测仪的具体测定方法参见仪器使用说明书。

三、多种煤质特性指标的在线检测

除测灰仪及测水仪外，还有利用中子源测定多种煤质特性指标的在线测煤仪，它为国外产品，目前国内也有少数单位引进了此设备。

在线检测煤质的仪器所采用的放射源有中子源及 γ 射线源两种。γ 射线的测定原理前文已述。作为放射源的热中子，可以激发被测煤样中各元素的原子核，使之成为不稳定的高能的激发态。测定这些激发态原子核跃迁到稳定的基态或较稳定的低能态时发出的 γ 射线能谱，就可以测各元素的含量。因此该仪器的测量精确度比用 γ 射线高。但中子穿透能力强，对人体的危害比 γ 射线大得多，故对屏蔽防护要求高，特别是快中子一般要采用水或石蜡等含氢物质、镉片及铅片共同组成屏蔽防护。

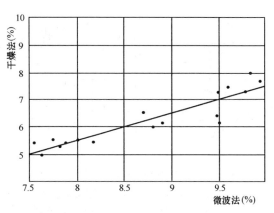

图 3-16　某电厂 5# 皮带甲侧两种方法测水对比

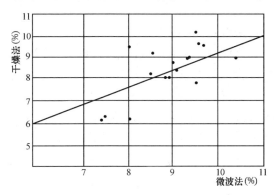

图 3-17　某电厂 5# 皮带乙侧两种方法测水对比

美国生产的某型号在线测煤仪，可直接检测的参数包括：硫、灰分、碳、氢、氮、氯、硅、铝、钛、钾、钙、钠和水分；间接检测的参数包括发热量、灰熔融性、二氧化硫及氧等。

该仪器的主要技术参数如下：

检测时间：1min；

精密度（10min）：硫 0.04%，灰分 0.40%，水分 0.20%，发热量 174J/g；

煤的粒度：< 10cm；

流量：400t/h；

工作温度：- 32 ~ + 46℃；

相对湿度：0 ~ 100%；

电源：220V（AC），60Hz 或 50Hz；

尺寸：401cm × 244cm × 259cm（L × W × H）；

质量：7370kg。

在线测煤仪的应用参见图 3-18。

四、入炉煤挥发分实现快速测定的必要性与可能性

及时提供入炉煤挥发分检测结果，使锅炉运行人员据此讲行相应的调整，是保证锅炉稳定燃烧的必要条件。

综观国内外离线快速及在线煤质检测仪器，很少看到有关挥发分测定方面的资料。作

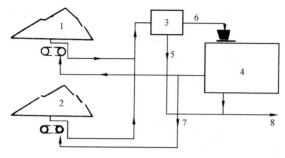

图 3-18　在线测煤仪在电厂中的应用
1、2—煤堆；3—初级采样器；4—在线测煤仪；5—余煤流；6—样品流；7—返回煤堆；8—混煤

者认为：解决锅炉运行中检测煤质的最基本问题，就是首先解决灰分、水分及挥发分的快速检测问题；而作为第二阶段的目标，则是含硫量及灰熔融性的快速检测。

煤的挥发分不同于煤中灰分、水分、含硫量，各矿煤的挥发分含量基本上在一个较小范围内变化，如±（1%～2%），因而我们就可以考虑采用煤粉样代替原煤样来测定挥发分，从而也就免除采制样所花费的大量时间而有助于实现其快速测定。

研究表明：由于煤的着火温度与挥发分之间存在良好的相关性，可以设想，直接对煤粉样着火点进行测定，就可转换出挥发分含量。本书第六章中详细阐述了煤的着火点测定方法及其与挥发分含量之间的相关性。如果能研制出安装在现场的离线着火点快速测定装置，就可解决此问题了。

五、实现锅炉运行中检测煤质的设想

为了加速实现锅炉运行中检测煤质的进程，可采取：

（1）将机械化采制样与在线检测（包括离线快速检测）二者结合起来。例如要测定入炉煤水分，就可从采煤样机所取到的测定全水分的煤样通过离线测定装置（微波法）来完成，而不必将在线测水仪直接安装在输煤皮带上使用，这将大大降低投资和运行费用。

（2）在线检测与离线快速检测并用。各检测项目所用样品可以是原煤，也可以是入炉煤粉，这可视具体项目而定，例如灰分的测定，既可用在线仪器，也可用离线仪器。由于煤中灰分分布不均，宜采用原煤样；而对于挥发分，则可用入炉煤粉样，即免去了采制样，从而大大提高了检测速度与准确性。

（3）为了监督锅炉运行，各特性指标的测量精确度可以适当降低要求以换取速度。例如灰分、挥发分的测量误差达到±0.5%、甚至±1%也就可以了。这样可减小实施快速检测的技术难度，使之实现成为可能。

（4）进一步深入研究煤质特性之间的相关性，例如灰分与发热量、挥发分与着火点、挥发分与氢含量、灰成分与灰熔融性等，这样就可以间接检测某些煤质特性指标了。

（5）引进设备与国内自行研制相结合，不搞统一模式。各网省局对锅炉运行中检测煤质可实行分项目、分阶段实施的原则，在取得经验的基础上由点到面，逐步推广。

以上设想方案，不一定正确，仅供读者参考。在近期内，电厂入炉煤采样机如能达到稳定运行的要求，将有助于满足在锅炉运行中检测煤质的要求。

在线分析无需采样及制样，可以克服现在煤质分析所造成的滞后矛盾，它可以预测过程的发展趋势，从而给过程的控制与调整提供依据。由于它以全部煤量作为检测对象，故其检测结果具有很高的代表性。

电厂可以利用在线检测设备对入厂或入炉煤进行检测与管理。例如对入厂煤进行检测，确定煤质是否符合合同要求；然后将不同质量的来煤予以分别存放；根据入炉煤质的要求进行掺配；最后在入炉输煤皮带上再次进行检测，以控制入炉煤质量，确保锅炉的安全经济运行。

煤 的 元 素 分 析

煤的元素分析，是指构成煤中有机组分的五种元素碳、氢、氮、硫含量的测定与氧含量的计算。本章主要阐述元素分析标准测定方法的检测技术，并将某些具有实用价值及目前最先进的测试方法介绍给读者，同时说明煤的元素组成与电力生产的关系，从而进一步了解其检测目的与它的应用。

第一节 概 述

一、电力用煤的元素组成

不同煤种由于成煤的原始植物及其变质程度的不同，其元素组成与其特性也就有所差异。碳、氢、氧三元素构成煤中有机组分的主体，通常三者含量可达90％以上。碳含量随煤的变质程度加深而增高；而氢含量则与此相反。对于变质程度最深的无烟煤，其含碳量最高，有时可高达95％，而氢含量则可低于1％；对于变质程度最浅的褐煤来说，其含碳量有时不足50％，而氢含量则可高达5％以上。碳、氢是煤中最主要的可燃成分。

氧在煤中呈化合态存在。氧的含量随煤的变质程度加深而减少，例如泥煤含氧量可高达40％，而无烟煤仅有1％～2％。煤中氮一般为有机氮，其含量在各类煤中均不高，约为0.5％～1.5％，其含量的高低大体上随煤的变质程度加深而减少。

硫含量在元素组成中所占比例不大，通常在0.5％～5％范围内，其中可燃硫参加燃烧，并释放出少量的热量。在我国煤中含硫量具有明显的区域分布特征，例如广西、四川、山东等地的电力用煤含硫量普遍较高。

煤中硫按其存在形态划分，可分为有机硫和无机硫两大类。而根据其燃烧特性划分，则可分为可燃硫及不可燃硫两大类。一切有机硫化物、无机硫化物及元素硫均属可燃硫；煤烧后残留于灰中的硫均以硫酸盐形式存在，这其中大部分为有机及无机硫化物燃烧后被煤质吸收和固定下来的新生成的硫酸盐，另有少量是煤中天然硫酸盐。

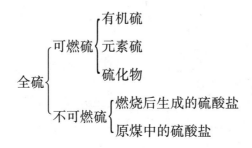

二、煤的燃烧及其条件

1. 煤的燃烧反应

所谓燃烧，就是物质与氧进行反应而产生光和热的现象，一般情况下是利用其热能。

煤中所含的碳、氢、氧、氮、硫中，能够燃烧产生热量的实际上为碳、氢、硫三种元素。前已指出：碳与氢是产生热量的主要来源，而硫燃烧产生的热量很少。

这三种元素燃烧的反应式如下

$$C + O_2 = CO_2$$
$$2C + O_2 = 2CO$$
$$2H_2 + O_2 = 2H_2O$$
$$S + O_2 = SO_2 ; \quad 2SO_2 + O_2 = 2SO_3$$

（1）碳在充足的空气条件下完全燃烧时，生成二氧化碳。1g 碳完全燃烧能产生 34040J 的热量；而在空气不足的条件下，碳则不能完全燃烧而生成一氧化碳，每克碳仅能产生 9910J 的热量。一氧化碳是一种可燃性气体，在充足的空气下，还可燃烧生成二氧化碳，同时放出 24130J 的热量。

（2）氢是仅次于碳的主要热源之一。煤中氢有两种存在形态：一是构成矿物质及水中的氢，它是不能参加燃烧的；另一种是与碳元素构成的有机组分，每克这样的氢完全燃烧时，可放出 143000J 的热量，约相当于同量碳放出热量的 4 倍。例如无烟煤含碳量比烟煤高，但含氢量要低得多，故通常无烟煤的发热量要低于烟煤。

（3）煤中可燃硫的燃烧产物主要为二氧化硫，并有极少量的三氧化硫产生，这将对电力生产带来严重的危害。

（4）氧本身不能燃烧，氧含量越高，势必碳、氢含量越低，从而使发热量降低而不利于燃烧。

（5）煤在锅炉中燃烧时，氮大部分呈游离态，但也有少量氮氧化物生成，它们均随烟气排出。氮氧化物也是对大气产生污染的一种有害物，故从燃烧角度来说，氮是煤中无用甚至是有害的一种成分。

2. 煤的燃烧条件

煤的燃烧，必须提供所需的氧量（空气量），氧量不足，燃烧就不可能完全。

为了计算某一定量的煤完成燃烧必需的空气量，就要对煤进行元素分析，根据其元素组成，按反应式计算出必需的空气量，称为理论空气量（A_0）。

煤的燃烧不仅需要一定量的氧气，而且要求氧气与煤粉要有充分的接触与混合，且要保持在一定温度以上。不同煤完全燃烧的理论空气量是不同的，参见表4-1。

表 4-1 　　　　　　　　　各种煤燃烧所需理论空气量　　　　　　　　m^3/kg（标准状况下）

煤 种	泥 煤	褐 煤	烟 煤	无 烟 煤
A_0	4.5～5.0	5.5～6.0	7.5～8.5	9.0～10.0

由表 4-1 可看出，随着煤的变质程度加深，其挥发分含量减少，煤中氧含量也减少，而燃烧时所需理论空气量则相应增大。

若实际空气量少于理论空气量，结果就会产生未燃物、煤烟及应该燃烧的可燃气体排到大气中去。另一方面，若把多于理论空气量的空气送入燃烧室中，也是不经济的。过多地送入多余的空气，即大大超过理论空气量，将会降低火焰温度。例如用2倍理论空气量的空气送进1200℃的燃烧室中，火焰温度会降至800℃，从而无法达到燃烧的目的。

从热能经济观点来看，供给燃料燃烧的空气量是十分重要的。但是利用现有的燃烧装置及掌握运用的燃烧技术，用理论空气量使燃料完全燃烧是不可能的。如果不供给超过理论空气量一定量的空气，就不可能燃烧完全。因此，理论空气量 A_0 总是小于实际空气量 A

$$A = mA_0$$

m 称为过剩空气系数。当然 m 值越小越经济，m 值的大小，可根据煤的种类、燃烧装置及经验来确定。电厂锅炉的煤粉燃烧，过剩空气系数 m 一般为 $1.15 \sim 1.25$。

三、煤在锅炉中的燃烧过程及热平衡

1. 炉膛热强度

燃料的燃烧，不仅需要足够量的空气，而且需要一定的温度。燃料燃烧前，要使水分蒸发而消耗热量，从而降低了温度。因此，燃料能够燃烧，就必须保证在它的着火温度以上。高挥发分煤粉的着火温度约在800℃左右；低挥发分煤粉的着火温度可高达1100℃。应该指出：这里所指的着火温度与试验室中煤的着火点测定值是不同的。

另外，为了使一定量的燃料完全燃烧，就需要一定的时间与空间，它们可用炉膛热强度来表示，通常采用的单位为 MJ/($m^3 \cdot h$)，煤粉炉炉膛热强度为 $4.2 \times 10^2 \sim 6.3 \times 10^2$ MJ/($m^3 \cdot h$)。炉膛热强度值大，则炉膛及锅炉总体积就相应地小一些，这样消耗的材料少，散热损失也降低。

2. 煤在锅炉中的燃烧过程

吹入锅炉炉膛内的煤粉，由于外来的辐射热等原因而受热，温度逐渐上升，煤中水分被蒸发，这时的热量几乎都用在水分的蒸发上而被消耗。随着煤中水分的蒸发，表面温度继续上升，当升到某一温度时，挥发分开始逸出，褐煤挥发分开始逸出温度约为 $130 \sim 170$℃；除贫煤外的烟煤为 $210 \sim 260$℃；贫煤为 $320 \sim 390$℃；无烟煤约为400℃。所逸出的挥发分与其附近的氧进行反应而着火。挥发分的燃烧即可燃气体的燃烧。由挥发分构成的火焰在锅炉燃烧室内的燃烧，称为空间燃烧。

挥发分全部逸出，残留的碳也就是固定碳就和自表面渗透进来的氧进行反应而燃烧。这种燃烧，称为余烬燃烧。高灰分的煤、结渣性煤等由于氧难以从表面进入，所以燃烧时间要延长到燃烧终了为止。余烬燃烧完成后留下来的就是残存灰渣，通常其中多少含有一些未燃烧的固定碳，这是锅炉的热损失之一。

煤粉从着火以后到燃烧终了的时间，随煤质不同而异。挥发分越大，燃烧时间越短。另一方面，它也与燃烧装置有关。

3. 锅炉的热平衡

锅炉的热平衡，一般指锅炉设备的输入热量与输出热量及各项热损失之间的平衡，其计算式为

$$Q_r = Q_1 + Q_2 + Q_3 + Q_4 + Q_5 + Q_6 \tag{4-1}$$

或者用入炉热量的百分率表示

$$q_1 + q_2 + q_3 + q_4 + q_5 + q_6 = 100\% \tag{4-2}$$

$$q_1 = \frac{Q_1}{Q_r} \times 100\% \tag{4-3}$$

$$q_2 = \frac{Q_2}{Q_r} \times 100\% \qquad\qquad (4\text{-}4)$$

式中　Q_r——输入热量，MJ/kg；

　　　Q_1——输出热量，MJ/kg；

　　　Q_2——排烟损失热量，MJ/kg；

　　　Q_3——可燃气体未完全燃烧损失热量，MJ/kg；

　　　Q_4——灰渣未完全燃烧损失热量，MJ/kg；

　　　Q_5——锅炉散热量，MJ/kg；

　　　Q_6——灰渣物理热量，MJ/kg；

　　　q_1——锅炉输出热量百分率，%；

　　　q_2——排烟热损失百分率，%；

　　　q_3——可燃气体未完全燃烧热损失百分率；%；

　　　q_4——灰渣未完全燃烧损失百分率，%；

　　　q_5——锅炉散热损失百分率，%；

　　　q_6——灰渣物理热损失百分率，%。

锅炉输出热量占输入热量的百分率，就称为锅炉热效率或简称锅炉效率，用 η 表示，即

$$\eta = q_1 = \frac{Q_1}{Q_r} \times 100\% \qquad\qquad (4\text{-}5)$$

由式（4-5）可知，欲求锅炉效率，则应通过试验，测出锅炉的输出热量 Q_1，这种方法称为正平衡法，利用此法所测出的热效率，称为正平衡热效率。

根据式（4-2）热效率 η 可由下式求出

$$\eta = q_1 = 100\% - q_2 - q_3 - q_4 - q_5 - q_6 \qquad\qquad (4\text{-}6)$$

上述方法即为反平衡法或称热损失法，它不需要求出锅炉的输出热量 Q_1，利用此法测得的热效率，称为反平衡热效率。

为了说明煤在锅炉内的燃尽程度，可用燃烧效率 η' 来表示

$$\eta' = 100\% - (q_3 + q_4) \qquad\qquad (4\text{-}7)$$

也就是说，可燃气体及灰渣未完全燃烧损失百分率越小，则锅炉的燃烧效率越高；反之，则越低。一般说，电厂煤粉锅炉的 q_3 及 q_4 均比较小，故燃烧效率较高。

四、元素分析的意义

碳、氢、氧、氮、硫是煤中的可燃组分。元素分析数据是锅炉设计、燃烧调整、燃烧特性计算的基本参数，它们在低位发热量、硫氧化物计算中都不可缺少。硫的燃烧产物对电力生产及大气环境影响很大，电厂必须及时、准确地掌握煤中含硫量数据。故提供可靠的元素分析结果对电力生产有着重要意义。掌握元素分析检测技术，了解各元素成分对电力生产的影响，是对煤质检验人员的一项基本要求。

第二节　煤中碳和氢的测定

煤中碳和氢的含量有多种测定方法。其中有国标 GB/T 476—2001 所规定的元素炉法，

即利比西法；有电力标准高温碳氢测定法；还有红外吸收法等，每种方法各具特点。其中元素炉法为经典方法，可用作仲裁分析，也是国内多数单位实际使用的方法；高温碳氢测定法，较元素炉法快速，系统结构也较简单，测定结果与国标法同样可靠；红外吸收法具有技术先进，测试效率高，结果可靠的特点。

元素炉法测定煤中碳、氢又分三节炉法和二节炉法，其中三节炉法应用最为普遍。煤中碳、氢测定装置相当复杂，且多要试验人员自己装配，操作要求高。碳和氢的测定被认为是煤质特性检测中难度最大的项目。

一、元素炉法

（一）测定原理

煤样置于氧气流中，于 800℃ 以下使其完全燃烧，碳和氢则定量地转化为二氧化碳和水，其反应式如下

$$C + O_2 \xrightarrow{\quad 800℃ \quad} CO_2$$

$$2H_2 + O_2 \xrightarrow{\quad 800℃ \quad} 2H_2O$$

生成的二氧化碳和水分别用不同的吸收剂吸收，根据吸收剂的增重，就可计算出煤中碳和氢的含量。

为确保煤样燃烧完全，就必须满足其完全燃烧的条件。因此，要求维持一定的燃烧温度（800℃），控制一定的氧气流速（120mL/min），称取适量的煤粉试样（小于 0.2mm，称 0.2g）以及充分的燃烧时间（一般不少于 20min）。同时，为防止燃烧不完全而产生一氧化碳，要在燃烧管中加装针状氧化铜，使其进一步氧化成二氧化碳。

$$CuO + CO \xrightarrow{\quad 800℃ \quad} Cu + CO_2$$

上述氧化铜所以采用针状，是为了使反应物与之充分接触，气流易于通过。

煤中除含有碳、氢以外，还含有少量硫、氯、氮等，为了能确保燃烧产物二氧化碳和水的纯净，在燃烧管中还装有铬酸铅及银丝卷，除去硫和氯。

$$4PbCrO_4 + 4SO_2 \xrightarrow{\quad 600℃ \quad} 4PbSO_4 + 2Cr_2O_3 + O_2$$

$$4PbCrO_4 + 4SO_3 \xrightarrow{\quad 600℃ \quad} 4PbSO_4 + 2Cr_2O_3 + 3O_2$$

$$2Ag + Cl_2 \xrightarrow{\quad 180℃ \quad} 2AgCl$$

在 800℃ 的条件下，煤中部分氮燃烧后生成二氧化氮，会导致碳含量的测定结果偏高。为此，在二氧化碳吸收瓶前要加装除氮管，内装二氧化锰，其反应式如下

$$2NO_2 + MnO_2 = Mn（NO_3）_2$$

为使燃烧后生成的二氧化碳和水被定量地吸收，应保持整个测定系统的气密性及选择合适的吸收剂。

（二）测定装置

三节炉法测定煤中的碳和氢，其测定装置由三部分组成：氧气净化系统、燃烧系统及反应产物吸收系统，如图 4-1 所示。

1.氧气净化系统

为保证煤中碳、氢测定结果准确可靠，必须清除氧气源及管路中的二氧化碳和水分。

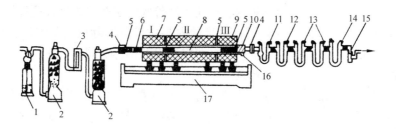

图 4-1 测定碳、氢的装置（三节炉法）

1—鹅头洗气瓶；2—气体干燥塔；3—流量计；4—橡胶帽；5—铜丝卷；6—燃烧舟；7—燃烧管；8—氧化铜；9—铬酸铅；10—银丝卷；11—吸水 U 形管；12—除氮 U 形管；13—吸收二氧化碳 U 形管；14—保护用 U 形管；15—气泡计；16—保护套管；17—三节炉

为此，令氧气通过二氧化碳及水分吸收剂而加以净化。

为了指示氧气流速，在氧气净化系统中间串联一微型浮子流量计。

2．燃烧系统

燃烧装置主要为三节或两节电炉。对三节炉来说，第一、二节炉应控制在 800℃（第一节炉也可控制在 850℃），第三节炉控制在 600℃，上下侧温度应均匀。

燃烧管一般采用气密刚玉管、不锈钢管、素瓷管或石英管，应用较多的是前两种，素瓷管价格低但气密性稍差。

位于第二节炉的管段填装针状氧化铜，位于第三节炉的管段填装粒状铬酸铅，在其中间及前后均用铜丝卷隔开。铜丝卷还起着分散气流的作用，可以保证燃烧过程中生成的一氧化碳、二氧化硫与管中所填装的试剂充分反应，并被有效地转化或去除。在燃烧管出口端填装银丝卷，以除去氯。

三节电炉配有镍铬—镍硅热电偶及数显温度表测温，温控仪来控制温度。

3．吸收系统

为了定量地吸收反应产物水分及二氧化碳，可采用多种吸收剂。作为水分吸收剂，可选用粒状无水过氯酸镁、浓硫酸、无水氯化钙等；作为二氧化碳吸收剂，则可选用粒状碱石棉、钠石灰、40％的氢氧化钾溶液等。为了称量方便，减少通气阻力，现在一般多选用高效固体吸收剂，尤以粒状无水过氯酸镁吸收水分，粒状碱石棉吸收二氧化碳较为普遍。

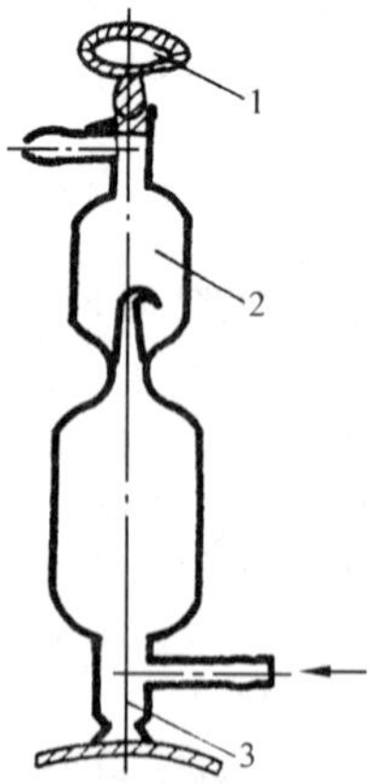

在吸收系统中，在其末端还连接一个装有浓硫酸的气泡计。一方面，它可以大体指示氧气流流速；另一方面，又可防止空气中的水分进入吸收系统。

在吸收系统中，国标中均应用装有吸收剂的 U 形管来吸收水分及二氧化碳。由于 U 形管容积小，而每次测定后碱石棉增重较大，很易失效，所以二氧化碳常需用二级吸收方式。长期试验表明：将吸收剂装入二氧化碳吸收瓶中是比较方便的。通常一只吸收瓶就可保证将二氧化碳完全吸收。二氧化碳吸收瓶如图 4-2 所示。吸收瓶上下活塞均应磨口，瓶塞与瓶身对号组装。吸收瓶下部装粒状碱石棉后，在腰部填以少许脱脂棉，而在瓶上部填装无水过氯酸镁。上下活塞均匀地涂抹一层真空脂或凡士

图 4-2 二氧化碳吸收瓶

1—上活塞；2—本体；3—下活塞

林，以保证吸收瓶具有良好的气密性。当发现碳含量测定结果偏低，就应检查碱石棉是否失效，约有一半碱石棉呈白色的结块状，即应更换吸收剂。

（三）空白试验与煤样测定

碳、氢测定装置比较复杂，中间环节很多，为了保证试验结果的可靠性，首先要正确地组装好整套装置，并了解各部分的功能及要求，保持全系统的气密性。在完成空白试验的基础上，方可进行煤样的测定。

1. 空白试验

如果在测定装置系统中，残存一些有机物及水分，势必影响碳、氢测定结果。由于氧气进入燃烧系统前已经净化去除了残存的二氧化碳及水分，故系统中残存的有机物主要来自燃烧管及其所装的试剂。所谓空白试验，是指在不装试样而又和试样燃烧一致的条件下，测出燃烧管内残存有机物及水分作为空白值。

空白试验是否符合要求，是以水分及二氧化碳吸收瓶的质量变化来衡量的，当水分吸收管前后两次称重差值不超过 0.0010g，二氧化碳吸收瓶不超过 0.0005g 时，即认为达到恒重，此时方可正式测定煤样。否则，要继续通氧，直至达到恒重为止。

作空白试验时，在多雨季节，会因空气湿度太大，水分吸收管的质量不断递增，无法达到恒重，此时可作如下处理：当水分吸收管前后两次增重的差值超过上述要求，但不是过大，基本上呈现规律性递增时，如第一次增重 0.0018g，第二次增重 0.0022g，第三次增重 0.0020g，则可取三次差值的平均值 0.0020g 作为空白值。在测定煤样时，可将水分吸收管的增重减去此空白值来计算煤中含氢量。但应指出：当应用此法时，前后两次水分吸收管增重的差值应当相当接近，且其最大差值不应超过 0.0030g。

除环境因素外，空白试验不能达到恒重的一个常见原因是系统不严密。如果连续三次称重（每次通氧气 25min）仍然达不到恒重要求，就应该逐段检查系统中有无漏气之处，并加以消除。同时也应注意一下氧气净化系统中的水分吸收剂是否失效，如失效应立即更换。

对于长时间停用的三节炉，应提前一天升温通氧，充分驱除系统中的水分及有机物，然后再开始按规定的时间间隔对吸收剂进行称重。为了缩短达到恒重的时间，在称重前适当提高氧气流速是有益的。

空白试验每天均须进行。如一天中更换了吸收剂，则应重新进行空白试验。

2. 煤样测定

当完成空白试验后，即可开始测定煤样。第一、二节炉控制为 800℃，第三节炉为 600℃，将水分及二氧化碳吸收瓶接上，令流速为 120mL/min 的氧气通过全系统。流量计所指示的氧气流速稳定，流量计浮子处于动态平衡状态，系统末端的气泡计显示出气正常，说明该系统气路通畅、气密性良好。

然后将称取的煤样，在其上方覆盖一层干燥的三氧化钨或三氧化二铬粉，打开燃烧管前端的橡胶帽或橡胶塞，将燃烧舟推至规定的位置，迅速塞好。按标准规定的时间要求，分段移动第一节炉，最后使燃烧舟位于第一节炉中心，并保持 18min 后；将第一节炉移回原处。完成一次测定，共需 25min。然后取下水分及二氧化碳吸收瓶，用干净布包好置于空气中冷却 10min 后，将吸收管、瓶用绒布或丝绸擦净（操作时须戴上干净手套）后称重。

对于某些灰分较高的无烟煤或贫煤样来说，也可采取适当延长燃烧时间的办法来确保试样的燃烧完全。一般的操作方法是：将称有试样的燃烧舟先将其 1/3 推入第一节炉中，保持 5min；再移动第一节炉，使燃烧舟的 2/3 进入第一节炉中，保持 5min；再移动第一节炉，使燃烧舟全部进入第一节炉中，保持 5min；最后移动第一节炉，令燃烧舟处于第一节炉的中心处，并保持 15min，最后再缓慢地将第一节炉推回原处。这样完成一次测定，共需 32min。

（四）系统装配与操作条件的控制

1. 各部件及系统气密性检查

系统各部件包括干燥塔、洗气瓶、燃烧管、橡胶塞、吸收管、吸收瓶等，其共同要求就是均须保证其严密性，这是全系统具有良好气密性的前提条件。

在氧气净化系统中所用干燥塔应具磨口塞，不要应用塑料盖帽的干燥塔。为了检查各种玻璃仪器的气密性，可在其进出口的活塞处涂以肥皂水，通气时（可用流速 120ml/min 的氧气）如发现冒泡，则说明该玻璃仪器不严密而不能使用。

对于燃烧管，也应检查其气密性。可将它置于盛水的长水槽中，通入空气或氧气，如发现管子上有气泡冒出，则说明该燃烧管气密性不合格。燃烧管两端所用的橡胶塞（橡胶帽难买到）应富有弹性、大小适中。系统中各部件均用细口径的乳胶管相连接，对发黏、老化发脆的乳胶管要及时更换掉。

如果发现流量计指示不稳定，且流速呈下降趋势，说明净化系统中有漏气之处；如果流量计指示稳定，但气泡计不冒泡，则说明自流量计后的系统中有漏气或堵塞之处。漏气的原因则多为橡胶塞或玻璃磨口塞未能塞紧管口或瓶口；堵塞的原因则多为活塞孔未能对齐或被凡士林堵住所致。如遇到堵塞情况，应尽快查找堵塞的位置，否则，系统内积存的充足氧气有可能将管塞或瓶塞冲开而影响试验的顺利进行。

2. 氧气流速的控制

一定的氧气流速是保证煤样燃烧完全的必要条件。另外，氧气还起到载气的作用，燃烧产物二氧化碳及水汽由氧气流携带进入吸收系统。氧气流速太低，则试样中的碳有可能燃烧不完全，同时燃烧后的水汽有可能部分滞留在燃烧管内，不能完全随氧气带出，从而使碳、氢测定结果偏低；氧气流速太高，燃烧产物则有可能来不及吸收而部分地排出系统外，从而也会导致测定结果偏低。因此，在测定中，适当控制氧气流速是必要的。氧气源直接来自氧气钢瓶，在测定全过程中，氧气流不可中断，同时必须保持 120mL/min 的流速。

3. 三节炉的使用

三节炉是碳、氢测定装置中的主要部件，它们均是电阻丝炉。通常第一节炉用两根 60Ω 的电阻丝并联，此时电流为 $220/30 = 7.3A$，功率为 $220 \times 7.3 = 1.6kW$；第二节炉用两根 80Ω 的电阻丝并联或两根 20Ω 的电阻丝串联，此时电流为 $220/40 = 5.5A$，功率为 $220 \times 5.5 = 1.2kW$；第三节炉用两根 30Ω 的电阻丝串联，此时电流为 $220/60 = 3.7A$，功率为 $220 \times 3.7 = 0.8kW$，故总功率为 3.6kW。三节炉的结线方式是根据电阻丝的阻值大小来决定的。如果第一节炉改为串联，则电流为 $220/120 = 1.8A$，结果是升不到规定温度；如第三节炉电阻丝改为并联，则电流为 $220/15 = 14.7A$，结果是将炉丝烧坏。

每节电炉上下两侧电阻丝阻值应相等，否则就会出现上下温度不一致的情况。如在同一侧炉内温度不均，则主要是电阻丝拉伸不匀所致。

测量炉温是应用镍铬－镍硅热电偶配数显温控表，动圈表测量精确度太低，不能满足标准规定要求。热电偶及其测量表计应按规定定期送国家计量检定机关检定，合格后方可采用。

4. 操作中的注意事项

碳、氢测定中有不少操作细节须加以注意。否则，仍然会导致测定结果产生较大误差。

（1）燃烧管出口端与水分吸收管的连接用乳胶管不能太长。否则，煤样燃烧后产生的水汽将部分地在这一段乳胶管中凝结下来，致使水分吸收剂增重大大减少，氢的测定结果严重偏低。为此，上述连接用乳胶管越短越好。

（2）燃烧管的位置要适当。露出第三节炉外管段太长，水汽易凝结在燃烧管口，致使氢的测定结果偏低；如太短，则易造成橡胶塞过热、分解而影响测试结果，并使吸收剂遭到污染。一般说来，燃烧管口橡胶塞的温度应控制在 65℃ 以内，从而来确定燃烧管与各节炉的相对位置。

（3）燃烧管出口端的水汽可用吹风机或其他加热方法使其汽化而进入水分吸收管，一般可在燃烧结束前 3～5min 进行上述操作，以确保氢测定结果的可靠性。

（4）待用燃烧舟、三氧化钨三氧化二铬可一直置于三节炉旁，这样它们一直处于干燥状态。进行空白试验时，可不必将放有三氧化钨三氧化二铬的燃烧舟推入炉中，同时燃烧舟后方也不一定要再装一铜丝卷，这样操作比较方便，而对测定结果又没有什么影响。

（5）碳、氢测定操作的合理程序是：当吸收剂达到恒重后，立即开始测定煤样。当燃烧完毕，第一节炉复回原位置后，取下吸收水分 U 形管及二氧化碳吸收瓶，用干净布包好。在其冷却过程中，称好下一个试样及覆盖好三氧化钨三氧化二铬粉。当将吸收管、瓶称好后，再次装上，并把所有管塞及瓶塞打开，即令氧气通过全系统，如氧气通畅，则打开燃烧管进口端橡胶塞，用带钩镍铬棒勾出已燃尽试样的燃烧舟，接着用带环的镍铬棒将待测试样的燃烧舟推入燃烧管中预先确定的位置，此时一个样品的测试正式开始。在这里有两点要特别注意：一是在两个样品测定交替过程中，氧气无须中断；二是在推入试样前，已将所有管、瓶的塞子处于通气状态，就不必在试样推入炉中后，又去打开活塞。这样的操作，既快又安全，它不会因活塞孔一时对不上而将其冲开，并导致试验报废。

（6）图 4-1 为国标所规定的测定装置图，而实际测定中，其装置可以适当简化，以减少漏气的可能，且不会对测定结果产生明显影响，如图中的保护 U 形管、保温套管并不是非要不可，由于煤中氯含量极低，在 800C 的条件下，煤中的氮也很难转化为氮氧化物，所以银丝卷、除氮 U 形管一时解决不了而不采用，对测定结果虽有一定影响，但影响甚微。

5. 二节炉的使用

二节炉与三节炉燃烧管内所装试剂不同，二节炉内的燃烧管装入的是高锰酸银。

高锰酸银在 500℃ 下受热分解，其反应式如下

$$AgMnO_4 \xrightarrow{500℃} MnO_2 + Ag + O_2 \uparrow$$

分解出的银原子分散在二氧化锰表面形成活性中心，具有强烈的氧化作用。当不完全燃烧产物 CO 通过时，可使其氧化。同时燃烧过程中产生的二氧化硫及氯等干扰物按下列反应除去

$$2SO_2 + 4Ag + 7MnO_2 = 2Ag_2SO_4 + 2Mn_2O_3 + Mn_3O_4$$

$$2Ag + Cl_2 = 2AgCl$$

二节炉法可获得与三节炉法一致的测定结果，在试验操作及测定装置方面，较三节炉法

简化，试样燃烧时间也有所缩短。

在测定时，第一节炉温控制 800℃，第二节炉温为 500℃，两节炉紧靠在一起，每次空白试验进行 20min，当盛放煤样的燃烧舟位于炉子中心时，维持 13min，其他操作与结果计算均与三节炉法相同。

（五）测定结果的计算与检验

1. 测定结果的计算

碳、氢含量分别按式（4-8）及式（4-9）计算

$$C_{ad} = \frac{0.2729 m_1}{m} \times 100\% \qquad (4-8)$$

$$H_{ad} = \frac{0.1119(m_2 - m_3)}{m} \times 100\% - 0.1119 M_{ad} \qquad (4-9)$$

式中　0.2729——二氧化碳换算成碳的系数，即 12.01/44.01；

　　　0.1119——水换算成氢的系数，即 2.016/18.016；

　　　　m——试样质量，g；

　　　　m_1——二氧化碳吸收剂增重，g；

　　　　m_2——水分吸收剂增重，g；

　　　　m_3——水分的空白值，%；

　　　　M_{ad}——空干基煤样水分，%。

在计算氢含量时，一是要考虑水分空白值的影响；二是在试样燃烧时，煤样中自身水分蒸发同时为水分吸收剂所吸收，故在计算中要予以扣除。

当煤中碳酸盐二氧化碳含量大于 2% 时，碳含量应按下式计算

$$C_{ad} = \frac{0.2729 m_1}{m} \times 100 - 0.2729 (CO_2)_{ad} \qquad (4-10)$$

式中，$(CO_2)_{ad}$ 为空干基煤样中的碳酸盐二氧化碳含量，%。

因为试样中碳酸盐二氧化碳并非碳的燃烧产物；在燃烧过程中，这部分二氧化碳释放出来同样为二氧化碳吸收剂所吸收。故计算含碳量时，应把碳酸盐二氧化碳折算成碳减去。

2. 测定结果的检验

为了检验碳、氢测定装置是否符合要求，测定结果是否可靠，一般采取测定基准有机试剂的办法来加以检验。

蔗糖、苯甲酸均为碳、氢、氧三元素组成的有机物。它们易于纯化，性能稳定，燃烧完全，且其碳、氢含量与煤中碳、氢含量大致接近，故通常作为检验碳、氢测定用基准试剂。例如苯甲酸的分子式为 C_6H_5COOH，其式量为 122.12，其中碳含量为 84.07/122.12 = 68.84%；氢含量为 6.048/122.12 = 4.95%。由于煤中或多或少含有一些硫，为了模拟煤的组成，可在上述试剂中加入适量纯硫。如对此基准试剂的测定结果与理论值相比，碳含量不超过 ±0.30%，氢含量不超过 ±0.10%，且不存在系统误差。则表明测定装置符合要求，测定结果可靠。

上述有机试剂是纯物质，比煤易于燃烧。为此，有机试剂推入炉中，炉温应从低温升起以防试样爆燃；或者将第一节炉仍保持 800℃，而将试样置于炉外低温段位置，以缓慢的速度移动第一节炉，使试样逐步提高温度，最后进入第一节炉中心燃尽。其他测定步骤与结果

计算均与测煤方法相同。

除上述方法外，还可应用标准煤样来检验碳、氢测定结果的可靠性。

二、高温法

（一）测定原理

高温法是将试样置于高温（1350℃）及高速氧气流（180～200mL/min）中燃烧，煤中的碳和氢燃烧后转成二氧化碳和水，分别用不同的吸收剂来吸收，报据吸收剂的增重来计算煤中碳和氢的含量的测定方法。

与元素炉法不同之处，在于高温法所采用的燃烧温度更高，氧气流速更大，因而试样燃烧过程中不致产生一氧化碳，故不必在燃烧管内填装针状氧化铜。利用保持在800℃下的银丝卷可同时去除硫和氯，而不必填装铬酸铅。另外，在1350℃的高温下，因煤中氮以氮气的形式析出，故不必用二氧化锰来消除氮氧化物的影响。

（二）测定装置

高温法测定煤中碳和氢含量，需用一台能够维持1350℃的高温炉来代替三节炉。氧气净化系统与元素炉法完全相同。吸收系统中，则去掉二氧化锰U形管。

高温法测定碳和氢，可选用两节炉或单节炉，它们各有利弊。两节炉中一节维持1350℃，通常为硅碳管炉；另一节为维持800℃的电阻丝高温炉。1350℃的高温炉可选用50/40mm×200/100mm或40/30mm×200/100mm的硅碳管；燃烧管则可选用34/30mm×800mm或24/20mm×800mm的气密刚玉管。高温炉可用晶闸管或自耦调压器控温，用铂铑$_{10}$-铂热电偶及镍铬-镍硅热电偶配数显温度表测温。

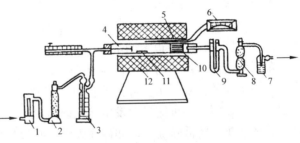

试样置于第一节炉中燃烧，银丝卷则置于第二节炉中。使用单节炉，燃烧装置简单，炉温（1350℃）易于控制，但自燃烧管中心沿轴向温度递减，不存在800℃的恒温区，故不能严格控制银丝卷温度。

高温法测定碳和氢的装置如图4-3所示。

图4-3　高温法测定碳和氢的装置

1—流量计；2—气体干燥塔；3—洗气瓶；4—镍铬推棒；5—热电偶；6—高温计；7—气泡计；8—二氧化碳吸收瓶；9—水分吸收管；10—银丝卷；11—燃烧舟；12—硅碳管高温炉

在测定装置中还有一点需要指出：

燃烧管的组装有一些特殊要求，如图4-4所示。此外，也可凭借电磁吸力来使金属棒前后移动，从而可按要求分段将燃烧舟推进炉子中心。当前，市售库仑定硫仪上用于推移燃烧舟的装置也可用于此处。

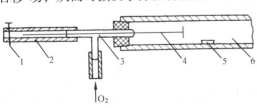

图4-4　燃烧管的组装

1—夹子；2—乳胶管；3—T形管；4—镍铬推棒；5—燃烧舟；6—燃烧管

（三）测定方法

按图4-3组装好仪器，先进行空白试验，炉温保持在1350℃，氧气流速控制在180～200mL/min。如吸收系统达到恒重，即可进行试样测定。

于刚玉燃烧舟中准确称取0.1g试样，对挥发分较大的煤样可在其上方覆盖一层三氧化钨或三氧化二铬，以防爆燃。在燃烧管出口端接上已恒重的吸收系统，按要求控制好氧气流速。在燃烧过程中，分段将燃烧舟由低温部位推至炉子中心，并在中心处保持 5min。完成一次测定，共需 15min。

除对氢含量的计算不考虑空白值外，其他计算要求及测定结果的允许差均与三节炉法一样。

（四）测定中的主要技术问题

1. 空白试验

和三节炉法相同，在试样正式测定以前，吸收水分的 U 形管及吸收二氧化碳的吸收瓶必须达到恒重。由于该法采用的温度高，氧气流速大，而燃烧管内仅有一段银丝卷，因而吸收系统易于达到恒重，这是高温法的优点之一。对恒重的具体要求与三节炉法完全相同，一般通过 2～3 次对吸收管、瓶的称重（每次通氧气 15～18min，冷却 10～15min），即可达到恒重要求。

2. 试样燃烧

试样由低温段逐渐移入高温段，应先用镍铬推棒将燃烧舟推至 400～500℃ 的区段，停留 5min，然后推至温度较高的区段，再停留 5min，最后将其推至炉温中心，并维持 5min，令试样充分燃尽。对低挥发分、高灰分的劣质煤，可适当延长燃烧时间 3～5min。

在整个测定过程中，切不可切断氧气流，氧气流速可根据试样量及碳、氢含量加以适当控制。

3. 银丝卷的放置与处理

银丝卷是燃烧管中惟一的试剂，它的直径应略小于燃烧管内径而与管壁相接触。在 800℃ 下，对含硫量 7% 以下的试样，除硫率可达到 99%。

如果使用单节炉，由于不存在 800℃ 的恒温区，则应根据燃烧管各部位温度测量结果预先确定银丝卷的位置。银丝卷所在区间，温度力求保持在 800±50℃，故银丝卷不宜过长。如温度过高，银丝卷可能局部发生熔化而阻碍氧气的流通，同时大大减小了银丝卷与燃烧产物的接触面积而降低除硫率；如温度太低，则银丝卷去除二氧化硫的能力也会降低，未被除去的二氧化硫将进入吸收系统，为碱石棉所吸收，致使碳的测定结果偏高。

如发现上述情况，为了确保银丝卷的除硫率，就应及时更换或处理。已经失效的银丝卷可按下法处理后重新使用：将表面生成硫酸银的银丝卷用沸水煮沸 5min，并在浓氨水中煮浸 5min，再用清水冲洗干净，最后用沸水浸煮 5min，取出干燥后备用。

（五）对高温法的评价

用高温法测定煤中的碳和氢具有以下优点：

（1）系统简单。加热装置由三节炉改为两节或单节炉；燃烧管长度由 1100mm 减短为 800mm；管内不必填装氧化铜、铬酸铅及铜丝卷；在吸收系统中，减少了装有二氧化锰的吸收管。

（2）测定结果准确。高温法测定煤中的碳和氢的结果与三节炉法一样准确可靠。现以山东电力研究院应用单节炉对标准煤样中的碳和氢的测定结果为例（见表 4-2）加以说明。

（3）测定时间缩短。首先是吸收剂易于达到恒重，同时测定煤样的时间也较三节炉法缩短，从而有效地提高了测试效率。

（4）试验费用减少。单节硅碳管炉不仅可用于碳和氢的测定，而且可用于多种煤质特性指标的测定，如灰熔融性、着火点、燃烧中和法测硫等，而三节炉仅限于用来测定碳和氢，且炉子功率较大，测定时间较长，故耗电较多。

表 4-2 用高温法对煤中碳和氢的测定 %

测定次数	CRCI—04 标样		CRCI—02 标样	
	C_d	H_d	C_d	H_d
1	78.41	4.80	77.30	4.74
2	78.73	4.64	77.06	4.83
3	78.77	4.67	77.22	4.75
4	78.53	4.72	77.68	4.74
5	78.58	4.68	77.61	4.74
平　均	78.58	4.65	77.37	4.76
标准值	78.23 ± 0.57	4.63 ± 0.10	77.44 ± 0.45	4.76 ± 0.10

高温法测定煤中碳和氢虽具有以上优点，值得推广采用，但实际上也存在如下问题：

（1）目前，市场上尚无规范化的高温炉供应用户，作者单位的高温炉，是自行制作的。由于无现成产品，大大影响了该法的推广应用。

（2）该法采用 1350℃ 的温度，故对燃烧管的材质有较高的要求，虽然气密刚玉管在 1350℃ 下长时间使用，并不变形、鼓泡，但是在将燃烧舟由低温区推入高温区时，易使刚玉管产生横向裂纹，一旦漏气，就不能使用。如能选用一些适当的催化剂，以降低燃烧温度或者选用耐高温的金属燃烧管，则有助于克服上述不足。

作者设想：由于现在库仑定硫仪的性能已较 90 年代初期大为改善，不妨将库仑法测硫与高温燃烧法测定碳、氢结合起来，它们可合用一台硅碳管高温炉，一台控温系统（设置两套控制程序），研制这种煤中碳、氢、硫测定的一体化仪器，非常符合我国国情，将具有很高的应用价值与推广前景。

三、称重吸收法测定碳及库仑法测定氢

（一）测定原理

本方法应用燃烧法测定煤中的碳，根据二氧化碳吸收剂的增重求算出含碳量，这与元素炉法及高温法原理是一致的。该法所不同的是煤中的氢不是采取称重吸收法，而是采用库仑法。当煤燃烧时，氢转化为水，燃烧产物水分及二氧化碳通过 $Pt - P_2O_5$ 电解池。电解池在未进样时，其内阻很大，正负极之间呈开路状态，无电流通过，当含有水分的气体通过电解池时，水即被 P_2O_5 所吸收，生成偏磷酸

$$H_2O + P_2O_5 = 2HPO_3$$

此时，电解池内阻减小，通过电解池的电流增大，通过电解产生下列反应

阳极： $$2PO_3^- - 2e = P_2O_5 + \frac{1}{2}O_2 \uparrow$$

阴极： $$2H^+ + 2e = H_2 \uparrow$$

随着电解反应的进行，HPO_3 越来越少，电解池电流随之下降，直至电解结束。根据电解过程中所消耗的电量，应用法拉弟电解定律计算出氢的量。

（二）测定装置

测定装置包括高温炉（试样燃烧炉及转化炉），以及电解池。燃烧装置前是氧气净化系统，且氧气进入净化系统前，还须通过净化炉，炉管中填装氧化铜，使氧气中的可燃杂质充分燃尽；燃烧装置后方仍为吸收系统。而电解池的外部还有散热套、通水散热等装置，故整套测定装置比较复杂。

石英燃烧管贯穿于样品燃烧炉及转化炉。在转换段，管内装高锰酸银热解产物，以确保煤中碳和氢完全转化成二氧化碳及水，它还兼有去除二氧化硫及氯的作用。

该法采用的试样量为65～70mg。测定装置及其使用方法读者可参见仪器说明书。

（三）方法评价

该法对煤中碳、氢以不同原理的方法进行测定，且又将其组合在一套装置中，它不仅比高温法也比三节炉法复杂得多。由于所称试样量较少，其碳、氢含量测试结果要达到国标所规定的准确度难度更大，但此法有助于实现操作的自动化。

四、氢含量的计算（经验式）

煤中氢含量是计算收到基低位发热量的主要参数之一。收到基低位发热量必须天天测定计算，而含氢量不可能天天测定。故一个简便而又具有一定准确性的计算氢含量的方法，是具有实际意义的。

从工业分析角度去看，挥发分是煤中的可燃组分；从元素分析角度去看，氢也是煤中的可燃组分。而且它们的含量均随煤的变质程度加深而减小。无论从理论上，还是从试验结果上均表明：挥发分与氢含量之间存在着一定的关系。对此二者之间的联系，理应应用干燥无灰基的含量为准进行讨论。

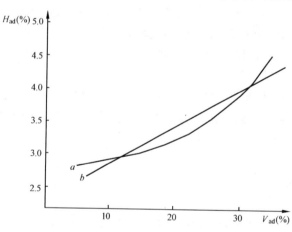

图4-5　山东电网发电用煤 V_{ad} 与 H_{ad} 的关系

作者所积累的氢与挥发分的大量数据均以空干基表示。图4-5中的曲线显示了山东电网发电用煤 V_{ad} 与 H_{ad} 含量之间的关系。

山东电网主要燃用烟煤，其中贫煤占总消耗量的1/3左右或更高一些，可作为电力用煤的其他烟煤约占总耗煤量的1/2左右，煤源则主要为山东及山西两省的烟煤（包括贫煤）。

上述曲线基本反映了山东电力用煤 H_{ad} 含量的分布情况，一般在3.0%～4.5%范围内变化。由曲线可知，煤中挥发分含量增大，氢含量则相应增高，但不呈线性关系。其中 V_{ad} 在25%～30%范围内，曲线上升较快，而 $V_{ad} < 20\%$ 时，曲线上升则较为平缓。

由实测的 V_{ad} 值，就可按上图直接查出 H_{ad} 值。如果将上述曲线（图中的 a 线）上的各点进行线性回归，将 a 线近似地视为一直线，则该直线（图中的 b 线）可用下述一次方程表示

$$H_{ad} = 0.0605 V_{ad} + 2.217 \tag{4-11}$$

设 $V_{ad} = 20.00\%$，则 $H_{ad} = 0.0605 \times 20.00 + 2.217 = 3.43\%$；如 $V_{ad} = 30.00\%$，则 $H_{ad} = 4.03\%$。

上述公式可用于烟煤、褐煤，对挥发分很小的无烟煤不适用；此外，H_{ad} 值的计算结果保留到小数点后两位。

应用上述方程按 V_{ad} 值计算出 H_{ad}，具有一定的准确性，通常其误差不超过 $\pm 0.25\%$（绝对值）。它可用于低位发热量的计算或作为氢含量的估计值。

上述曲线只是一近似关系曲线，实测 V_{ad} 与 H_{ad} 之间存在正相关，其相关系数为 0.979，故将它作为直线来处理。由于给出了一线性方程，因而在应用时将十分方便。

有关线性回归方面的问题，请读者参阅本书第八章。

第三节 煤中氮的测定

煤中氮含量不高，但其存在形态极为复杂。一般认为，煤中氮均为有机氮。煤中氮含量的测定，各国标准中均采用经典的或改进的开氏法。

一、标准法

(一) 测定原理

煤样在浓硫酸及催化剂的作用下加热分解，煤中的有机物被氧化成二氧化碳和水，绝大部分氮转化为氨。氨与硫酸作用形成硫酸氢铵。在过量的氢氧化钠作用下，氨被蒸馏出来并吸收在硼酸溶液中，最后用硫酸标准溶液滴定，根据硫酸的消耗量，就可计算出煤中的含氮量。

根据上述原理，标准法（开氏法）测定煤中氮含量，实际上包括试样的消化、消化液的蒸馏、氨的吸收、硫酸滴定四个反应阶段。

1. 消化

煤样在浓硫酸及催化剂的作用下加热分解，煤中氮转化成硫酸氢铵的反应，称为消化反应。消化反应如下式所示

$$煤中有机组分 \xrightarrow[催化剂]{浓硫酸\triangle} CO_2 \uparrow + CO \uparrow + SO_2 \uparrow + H_2O + SO_3 \uparrow + Cl_2 \uparrow + NH_4HSO_4 + H_2 \uparrow$$

以往消化反应可采用的催化剂为硫酸铜，称样量为 1g，此为常量法。该法中加入硫酸铜的同时，还加入硫酸钾，其作用是为了增高硫酸沸点来提高消化温度，以缩短消化时间。

现在普遍采用硫酸汞和硒粉组成的混合催化剂代替硫酸铜，必要时还可加入氧化铬，同时试样量改为 0.2g，由于采用这种半微量法，煤样消化时间有所缩短，无烟煤或贫煤一般要 4h 或稍长一些时间。

2. 蒸馏

消化反应中生成的硫酸氢铵在过量碱的作用下析出氨，它可通过水汽蒸馏法来加以收集。原消化液中残存的硫酸在过量氢氧化钠作用下被中和掉，故蒸馏反应可直接用硫酸氢铵与氢氧化钠的反应。

$$NH_4HSO_4 + 2NaOH \xrightarrow{\triangle} Na_2SO_4 + 2H_2O + NH_3 \uparrow$$

3. 吸收

蒸馏过程中析出的氨可用硼酸溶液来吸收，其反应式如下

$$H_3BO_3 + xNH_3 \Longrightarrow H_3BO_3 \cdot xNH_3$$

4．滴定

一般采用硫酸标准溶液来滴定上述硼酸吸收液。以甲基红亚甲基蓝混合指示剂来判断终点，其反应式如下

$$2H_3BO_3 \cdot xNH_3 + xH_2SO_4 \Longrightarrow x(NH_4)_2SO_4 + 2H_3BO_3$$

（二）测定装置

测定装置包括消化装置与蒸馏装置两部分。消化装置是一个铝加热体，将称好试样与试剂的开氏瓶放入铝加热体的孔中，并用石棉板盖住开氏瓶的球形部分，此为国标中所介绍的消化装置。而实际上应用较多的是将装有试样与试剂的开氏瓶置于可调电炉上加热消化，其开氏瓶的球形部分可用切除去半圆形的两块泡沫保温砖包住，以利于消化。

蒸馏装置参见图4-6。

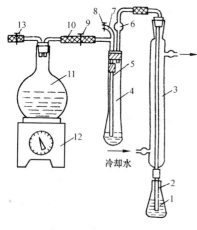

图 4-6　测定煤中氮的蒸馏装置

1、5—玻璃管；2—锥形瓶；3—冷凝管；
4—开氏瓶；6—开氏球；7、10—橡胶
管；11—圆底烧瓶；8、9、13—夹
子；12—可调电炉

蒸馏瓶中的加水量应不少于全瓶的2/3，如水汽产生过快，可通过螺旋夹适当排汽，以免水汽将瓶塞顶开。通入开氏瓶中的玻璃管应接近瓶底约2mm，也就是将它插入反应液中。这样既可使水汽沿此玻璃管直接通入开氏瓶底部，又可起搅拌作用，加速氨的蒸出。

开氏球为该装置中的重要组成部分。被蒸出的氨与水汽经开氏球大体上可获得分离，分离后的水又回流到开氏瓶中。蒸出来的氨仍然通过水的携带（也有少量氨呈气体状态）进入吸收液。

整套装置应该严密，以防氨的逸出。否则，测定结果将会偏低。

（三）测定中的主要技术问题

1．煤样的消化操作

煤样的消化应在通风橱中进行。各种试剂加入量应根据试样量来加以适当控制，消化温度宜在350℃左右。如在消化过程中，煤样溅于瓶壁，可将开氏瓶移出电炉，稍冷后用少量浓硫酸沿瓶壁将附于其上的少量煤粉样带入瓶底反应液中，然后继续消化，直至溶液呈透明状而不再有残存煤粉颗粒为止。

一般煤样消化时间随煤的变质程度加深而延长。无烟煤或贫煤，试样可磨细一些，同时，可加入氧化铬，以促进消化反应的进行。

2．蒸馏与吸收操作

试样消化完毕，往开氏瓶中加入适量水，摇匀后，按图4-6将蒸馏装置组装好。将混合碱液加入开氏瓶中，由于加碱时伴随发热，且反应激烈，故开始加碱时速度要慢，而后可适当快一些。

如采用的是含有硫酸汞的混合催化剂消化煤样，测定时应加入含有硫酸钠的混合碱液。如果催化剂中不含硫酸汞，则可加入40%的氢氧化钠溶液来代替混合碱液。这是因为汞与氨能形成稳定的汞氨络离子，而混合碱中含有硫酸钠，可生成硫化汞沉淀破坏汞氨络离子，

从而使氨能顺利蒸出。

蒸馏液要直接通入吸收液中,以防氨的逸出而使氮的测定结果偏低,蒸馏液应适当过量,以防蒸馏不完全。

如在煤样的消化时采用500mL的开氏瓶,则消化后可直接将此开氏瓶移至图4-6的蒸馏装置中,这样一方面由于瓶口较大,开氏球及加碱漏斗易于安装在开氏瓶的瓶塞上方,另一方面,也简化了操作。

3. 滴定操作

试验表明:硫酸溶液浓度高,滴定终点易于判断,但耗酸量少,滴定误差大;如硫酸溶液浓度过低,则滴定终点较难判断。综合考虑上述因素,在滴定中对硫酸溶液浓度应予以适当选择。一般硫酸溶液浓度在0.005~0.025mol/L范围内选用。

4. 空白试验

空白试验用0.2g蔗糖来代替煤样,测定步骤与煤样完全相同。每更换一批试剂,应重新进行空白试验,以确定所用试剂中的含氮量。在测定结果计算中,应将空白试验所消耗的硫酸量加以扣除。

二、快速法

测定煤中氮含量的标准法的不足之处就在于:煤样消化时间过长,这会使生成的硫酸氢铵部分分解,而导致测定结果偏低。许多人对开氏法作了改进,力图使煤样在较短的时间内消化完全,这里所介绍的方法,就是其中一种快速测定方法。

该法是在消化反应中采用了不同的催化剂与氧化剂。控制不同的操作条件,可使煤样的消化在1h内完成,其他方面则与标准法基本一样。

(一)消化原理

在本法中,为了加速煤样的分解反应与降低温度,采用焦硫酸钾与铬酸所组成的混合氧化剂,以三氧化二钴作催化剂,在200℃下消化,一般40~60min即可消化完全。其后按标准法蒸馏出氨,并由硼酸溶液来吸收,以硫酸标准溶液来滴定,从而计算出煤中含氮量。

(二)消化装置

煤样的消化装置如图4-7所示。

(三)消化方法

准确称取煤样0.10~0.15g,将其置于干燥的开氏瓶中,向其中加入4mL铬酸溶液(将32.6g氧化铬溶于100mL水中)、5g焦硫酸钾及0.25g三氧化二钴,将开氏瓶与冷凝管紧密连接,由冷凝管上方加入10mL浓硫酸,而后按图4-7所示将开氏瓶置于甘油浴上加热,在甘油浴温度达到200±10℃时,保持40~60min,煤样即可消化完全。此时,开氏瓶中溶液的颜色由原来的橙红色转变为墨绿色,即三价铬所具有的颜色。

(四)测试中的主要技术问题

1. 消化操作

甘油浴可使煤样的消化温度均匀,从而有利于消化反应的进行。油浴温度由可调电炉控制。

甘油浴中通常应用工业甘油,如其中水分含量较大,则加热过程中

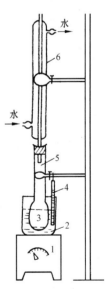

图4-7 快速法测定氮的消化装置
1—可调电炉;2—甘油浴;3—煤样加试剂;4—温度计;5—开氏瓶;6—冷凝管

甘油会出现表面沸腾现象，而实际上温度往往还不到 200℃。甘油的沸点为 290℃，此时可继续加热驱除水分，甘油温度即可上升。甘油在受热过程中，会散发出刺激性的气味，故消化宜放在通风橱内进行。

为提高试验效率，可采用多联电炉同时进行多个煤样的消化，而后集中进行蒸馏、吸收操作也是可行的。

2. 蒸馏、吸收与滴定操作

试样消化完全后的操作均与标准法基本相同。但快速法在消化煤样时，所用催化剂不是硫酸汞，因此蒸馏时，可先沿瓶壁往已消化完毕的开氏瓶中加入 60mL 水并摇匀，按图 4-7 所示，由筒形漏斗慢慢加入 40% 的氢氧化钠，而不用混合碱。往锥形瓶中加入 50mL 2% 的硼酸溶液，加入混合指示剂 1～2 滴（同标准法）。当锥形瓶溶液总体积达到 130mL 时即可结束蒸馏。一般蒸馏时间为 20～30min。

试样的消化装置与蒸馏、吸收装置中，最好各自配用冷凝管。否则，蒸出的氨就会被冷凝管中残存的酸中和，而使测定结果大大偏低，甚至有可能测不出结果。

测定结果的计算与允许差要求均同标准法。

（五）方法评价

本法完成煤中氮的测定，一般仅需 1.5～2h，体现了快速法的特点。测定结果的重现性很好。该法称量试样少，为获得准确的测定结果，各项操作要求更为严格。

煤样消化需用甘油浴，这不如在电炉上直接加热消化方便，但应用甘油浴，消化温度均匀且易于控制，从而有助于煤样消化完全。

快速法与标准法一样，凭肉眼去判断煤样是否消化完全，这是不足之处。

三、计算法（经验式）

前已指出：煤中氮为有机氮，而煤中有机物则包含于挥发分中，故煤中氮与其挥发分含量之间存在一定的相关性。国内有专家研究了它们之间的关系，并导出了下列关系式

$$N_{daf} = 0.016 V_{daf} + 0.90 \qquad\qquad (4\text{-}12)$$

该公式普遍适合计算我国华北、华东及西南地区的石炭纪、二迭纪及晚二迭纪烟煤及无烟煤。

【例 4-1】 某一煤样 $V_{ad} = 28.41\%$，$M_{ad} = 1.66\%$，$A_{ad} = 24.35\%$，求 N_{ad}。

解：$V_{daf} = 28.41\% \times \dfrac{100}{100 - 1.66 - 24.35} = 38.40$（%）

将 V_{daf} 值代入式（4-12），则

$$N_{daf} = 0.016 \times 38.40\% + 0.90 = 1.51 \text{（%）}$$

$$N_{ad} = 1.51\% \times \frac{100 - 1.66 - 24.35}{100} = 1.12 \text{（%）}$$

应用上式对现行的国家一级及二级标准煤样的 V_{daf} 值计算出 N_{daf} 值，并与标准值进行对照（标准值 N_d 换算成 N_{daf}）与验证，其结果见表 4-3。

由表 4-3 可以看出：

（1）根据式（4-12）计算出来的 N_{daf} 值与标准煤样的氮标准值（N_{daf}）之间存在相关性，经计算，其相关系数为 0.73。

（2）N_{daf} 的计算值与标准值之间的平均差值为 0.13%，且不存在系统误差。

表 4-3 N_{daf}的计算值与标准值 %

序 号	标准煤标名称		计算值 x	标准值 μ	$\Delta = x - \mu$
1	GBW（E）	110004b	1.50	1.31	+ 0.19
2	GBW（E）	110008a	1.19	1.31	− 0.12
3	GBW（E）	110010b	1.51	1.49	+ 0.02
4	GBW	11101c	1.48	1.54	− 0.06
5	GBW	11107c	1.41	1.54	− 0.13
6	GBW	11102c	1.53	1.47	+ 0.06
7	GBW	11108b	1.51	1.51	0.00
8	GBW	11109b	1.54	1.36	+ 0.18
9	GBW	11110b	1.15	1.32	− 0.17
10	GBW	11111a	1.35	1.54	− 0.19
11	GBW	11105a	1.12	1.37	− 0.25
12	GBW	11112a	1.14	1.31	− 0.17
13	GBW	11113a	1.18	1.11	+ 0.07
14	GBW	11103a	1.11	1.01	+ 0.10
15	GBW	11104a	1.01	0.78	+ 0.23

因此，用式（4-12）计算煤中氮含量具有一定的准确性。

第四节 煤中碳、氢、氮同时测定
（高温燃烧红外吸收法及热导法）

自 80 年代中期以来，电力企业先后引进了一批国外生产的碳、氢、氮测定仪。该类仪器是依据高温燃烧红外吸收与热导法原理设计而成的一体化仪器。由于此类仪器在电力系统中应用较多，原电力工业部特制定了电力行业标准 DL/T 568—1995《燃料元素的快速分析法》（高温燃烧红外热导法），自 1995 年 10 月起开始实施。本节将介绍上述测定方法，同时，介绍山东电力研究院此类仪器的实际使用情况。

一、测定原理

碳、氢、氮测定仪是将煤中碳、氢测定（采用红外吸收法，即红外光谱法），与氮的测定（采用热导法），组合成一体化的测定装置，其自动化程度很高。当仪器预热稳定以后，仅需数分钟即可完成一个煤样碳、氢、氮的测定，并直接打印出测定结果，这是标准测定方法无法比拟的。

1. 红外吸收法（红外光谱法）

吸收光谱法是基于物质对光的选择性吸收而建立起来的分析方法。红外光谱法乃是其中的一种方法，它是利用物质对红外光区电磁辐射的选择性吸收来进行分析的一种方法，碳、氢、氮测定仪中的碳、氢红外池就是根据这一原理设计的。

在红外光谱分析中，通常把红外光区分为三部分，即近红外、中红外及远红外区，它们的波长分别为 0.78 ~ 2nm、2 ~ 25nm、25 ~ 300nm。在分析测定中，经常使用的为 2 ~ 25nm。

该区的吸收光谱主要是由分子中的原子振动能级跃迁时产生的。

2．热导法

各种气体具有不同的热力学性质，它们的热导率之间存在差异。对多种组分共存的混合气体，则其导热系数随组分含量的不同而变化。根据此原理，把测量导热系数的差异转变为测量热敏元件上的电阻变化，而电阻变化很容易用电桥加以测量，碳、氢、氮测定仪中的热导池就是一种电桥系统。

二、测定装置

国内应用较多的为美国力可（Leco）公司生产的CHN测定仪。上世纪80年代为CHN－600型，90年代为CHN－1000型，现在已推出CHN－2000型，仪器性能不断改进。

国内应用较多的为进口CHN－1000型测定仪，该仪器由下述几部分组成：

（1）控制部分。通过主控制盘指令控制该仪器。

（2）气路部分。动力气、载气、助燃气的传输系统。

（3）燃烧部分。煤在高温及高纯氧条件下完全燃烧，碳和氢分别转化为二氧化碳与水汽，而氮转化为氧化氮与单质氮，氧化氮再经反应池还原为单质氮。

（4）测量部分。测碳、氢的红外池及测氮的TC热导池。所测结果经微机数据处理在控制台上读出并打印出来。

CHN－1000型是在CHN－600型多年使用经验基础上的改进型，它明显地降低了仪器维修的工作量。CHN－1000型的计算机功能显著增强；最高炉温由原来的1100℃提高到1350℃；采用屏幕触摸键操作，直观方便；燃烧管不再采用U形而改为厚壁直管，更为可靠、耐用。

CHN－2000型是在CHN－1000型基础上进行了改进，仪器中建立多达100种分析方法。每一特定的用户均可根据炉温、氧气气流、校正模式以及分析时间等参数建立起自己的分析方法。该仪器将根据选择的分析方法进行准确的分析。当触摸分析键时，系统将自动进行吹扫，以驱走大气干扰物，试样落入燃烧区，混气罐开始收集燃烧生成的 CO_2、H_2O、NO_x，混气罐中气体压力稳定后，将被定量释放以供检测。气体被送入非色散红外检测系统中，分别以 CO_2 及 H_2O 的形式检测碳和氢的含量，经一系列的传送、分离、气体进入一个灵敏的热导检测器中，氮以 N_2 的形式被检测出来，CHN－2000对收集的信号进行校正计算处理，并给出最终的分析结果。

CHN－2000型元素测定仪的系统流程如图4-8所示。

三、CHN－2000型元素测定仪的主要技术参数

1．分析范围（0.200g）

碳：0.01％～100％

氢：0.01％～100％

氮：0.01％～100％

2．测定精确度（纯化学物质分析）

碳：1σ　0.001；RSD　0.3％

氢：1σ　0.01；RSD　0.8％

氮：1σ　0.01；RSD　0.3％

3．校正

标准物质，多点校正。

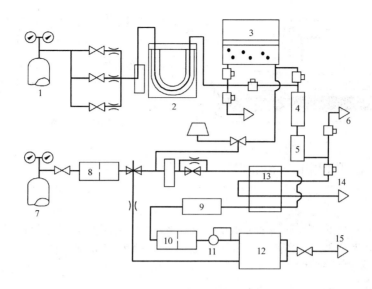

图 4-8　CHN-2000 型元素测定仪的系统流程

1—燃烧用氧气；2—高温炉；3—混气罐；4—H_2O 红外池；5—CO_2 红外池；6—红外
池排气；7—氦气；8—氦气净化器；9—液化加热器；10—测量气流净化器；
11—流量控制器；12—热导池；13—剂量腔；14—剂量腔排气；
15—热导池排气

4．分析时间

碳、氢：200S

氮：240S

5．炉型及温度

电阻炉，最高温度 1000℃，设定温度的准确性为 ±1%；从室温开始加热至 1000℃，约 30min。

6．气体要求

氦气：99.99%

氧气：99.99%

动力气：无油、无水

7．检测方法

碳、氢：红外吸收法

氮：热导法

8．电源要求

230V±10%

9．操作温度

15～35℃

10．数据库容量

100 样品量

400 分析结果

32000 数据

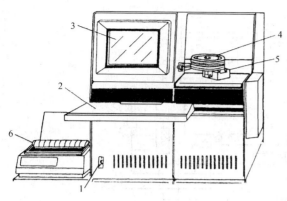

图4-9 CHN元素分析仪（正面）示意
1—电源开关；2—键盘；3—触摸屏；4—落样盘；
5—落样头；6—打印机

该仪器操作简便，显示屏操作界面清晰。当分析样品时，操作人员仅需称重、输入样品量、放置样品后，触摸"分析"（Analyze）框即可，仪器进行自动分析、显示并打印结果。

该仪器配有一个有35个位置的自动进样装置，适合大批量的样品分析，同时仪器的数据库贮存量大，并可对结果进行统计、分类以及可传输至另外的管理机中。统计功能可对分析结果的平均值、标准偏差、相对标准偏差进行计算。

CHN元素测定仪（见图4-9）可用于分析煤、焦碳、土壤等不均匀物料中的碳、氢、氮含量，也可用于油品及其他有机物中碳、氢、氮的测定。

典型的测定结果参见表4-4。

表4-4 碳、氢、氮的典型测定结果

标 准 物	碳（%）	氢（%）	氮（%）
果树叶 $n = 6$，$m = 0.134g$	46.32 SD = 0.152，RSD = 0.327	6.42 SD = 0.028，RSD = 0.433	1.73 SD = 0.0005，RSD = 0.298
EDTA $n = 5$，$m = 0.232g$	41.10 SD = 0.044，RSD = 0.108	5.52 SD = 0.009，RSD = 0.170	9.59 SD = 0.012，RSD = 0.124
咖啡因 $n = 6$，$m = 0.127g$	49.51 SD = 0.095，RSD = 0.135	5.20 SD = 0.045，RSD = 0.217	28.82 SD = 0.066，RSD = 0.228
煤 $n = 6$，$m = 0.130g$	70.58 SD = 0.095，RSD = 0.135	4.25 SD = 0.009，RSD = 0.217	1.56 SD = 0.008，RSD = 0.519
土壤 $n = 6$，$m = 0.366g$	0.99 SD = 0.005，RSD = 0.475	0.73 SD = 0.012，RSD = 1.70	0.15 SD = 0.0003，RSD = 1.831

四、检测中应注意的问题

CHN元素测定仪具有分析自动化、结果准确度高及操作简便快速的特点，且具有自动校准和自我诊断的特性。根据山东电力研究院的使用情况（CHN－1000型），有下述一些问题，值得用户注意：

（1）安置该仪器的试验室，应有合格的电源接地装置，仪器应配用相应容量的稳压电源；试验台不宜紧贴墙壁，以便于检查与接线；试验室内装有排气扇以利于燃烧产物及时排出室外；试验室内温度应稳定。

（2）即使没有多少试样，也应避免长时间停机。特别是新购置的仪器，更要经常开机，争取在仪器保修期内（通常为一年）充分暴露问题，由生产厂驻国内办事处人员及时解决。否则，用户就将自付维修费用。

（3）当要进行样品测定时，最好提前开机，让仪器有足够的稳定时间，这样有助于提高检测结果的精密度。

（4）仪器不仅应采用 EDTA 标定，而且应采用标准煤样标定。EDTA 是纯有机物，其标定结果往往易于达到规定要求；而用标准煤样标定，则不然，进口及国产标准煤样均可使用。

（5）按照要求，仪器各参数达到规定值后，即可进行测试。在这里要特别注意各参数是否稳定，例如红外池电压小数点最后两位数应变化很小。否则，测试精密度就难以达到规定要求。

（6）检测过程中，要保证各气源的纯度及压力，系统必须严密。例如测氮时应用的高纯氧气纯度不够，特别是钢瓶内压力较低时，更易造成氮的空白值过高，致使氮测定结果的可靠性降低。

（7）检测过程中，要特别注意气路的通畅与严密。对已失效的试剂，如高氯酸镁、碱石棉、铜屑、炉试剂等要适时予以更换。

CHN 元素测定仪确实具有不少优点，特别适合大批量样品的检测。但该类仪器结构复杂，不仅仪器自身价格很高，而且运行费用也高。例如检测中所用的各种化学试剂均要进口，一般还是由仪器生产厂供应。另一方面，仪器一旦过了保修期，消耗品、零配件及维修费均由用户承担，其费用也相当可观。故各单位应结合具体条件，选用不同的测定方法及配置相应的仪器。

第五节　煤中硫对电力生产的影响

任何商品煤均含有硫，只是其含量有所不同。硫在煤中分布很不均匀，故它可用来表征煤的不均匀程度。

煤中硫按其燃烧特性，分成可燃硫及不可燃硫。可燃硫主要为黄铁矿硫、有机硫，它在锅炉中燃烧，主要产生 SO_2，并伴有少量 SO_3 形成。可燃硫通常占煤中全硫含量的90%，它是造成电力生产危害的主要有害物。煤中不可燃硫主要为硫酸盐硫，它一般存在于粉煤灰及炉渣中。灰渣中硫酸盐含量将影响其综合利用价值，其含量越高（通常以 SO_3 含量来表示），利用价值越低。

煤中硫的燃烧产物 SO_2 是造成大气污染的主要物质；煤中硫的另一燃烧产物 SO_3 对锅炉设备具有严重的腐蚀作用；煤中含硫量的增高将加剧锅炉结渣的严重程度，增强原煤及煤粉的自燃倾向，从而威胁电力生产的安全。

加强洁净煤技术的研究，向电力系统提供大量的较廉价的低硫煤，不仅具有重大的社会意义，同时也将给供需双方带来可观的经济效益；另一方面，电力系统也应加强对烟气脱硫技术的研究，有效地降低 SO_2 对大气的排放，以提高环境质量，从而将煤中硫的危害降至最低程度。

一、煤中硫的燃烧产物对大气的污染

煤中硫在锅炉中燃烧，其主要燃烧产物为 SO_2，煤中每含 1% 的硫，锅炉烟气中的 SO_2 浓度约为 0.05%（即 $500\mu l/l$），同时伴有少量的 SO_3 产生，其浓度约相当于烟气中 SO_2 浓度的 1%～2%。

煤中硫转化成 SO_2 的比率随硫在煤中的存在形态、燃烧设备及运行工况而异。而排到大气中的 SO_2 量还与电厂的除尘设备有关。例如一般湿式除尘器能从烟气中去除约 5% 的 SO_2；而湿式文丘里除尘器则能从烟气中去除约 15% 的 SO_2；现在电厂大型锅炉所用的静电除尘器则没有去除 SO_2 的能力。

根据煤的耗量及其中含硫量，就不难估算出一个电厂的 SO_2 日排放量。设某电厂装机容量为 1000MW，日燃用商品煤 10000t，其煤中的全硫含量假设为 1%，则日燃煤中的硫为 100t。如在全硫中可燃硫占 90%，则日排出 SO_2 量为 $100 \times 90\% \times SO_2/S = 180t$。现在每排放 1t$SO_2$ 收排放费 200 元，则该电厂每天应支付 SO_2 排放费 3.6 万元。如每年按 300 日运行计算，则每年应付 SO_2 排放费达 1080 万元。

目前，各电厂普遍采用高烟囱来提高烟气扩散能力，它可以降低 SO_2 的排放浓度，但不能减少 SO_2 的排放量。二氧化硫是一种无色有刺激性臭味的气体。大气中 SO_2 在低浓度时，一般不会造成人的急性中毒，但在某些不利气象条件下，可能会发生急性中毒，加速老弱病患者的死亡。大气中 SO_2 与飘尘的结合而发生协同作用则危害更大，飘尘中许多重金属及其氧化物微粒，能对 SO_2 起催化作用，加速其转变为 SO_3，它与湿气结合后形成硫酸雾，对眼及呼吸道有强烈的刺激作用，同时对金属及农作物有着严重的腐蚀与伤害作用。

大气中因 SO_2 的存在而形成酸雨，其 pH 值一般在 2 ~ 6 之间。酸雨是当前对环境最为严重的威胁之一，它对生态系统的破坏力极其巨大。

二、三氧化硫对锅炉低温受热面的腐蚀

煤中硫的燃烧产物主要为 SO_2，同时伴有 SO_3 形成。烟气中 SO_2 对锅炉受热面的腐蚀及沾污没有明显的影响，而 SO_3 含量虽少，但它能与烟气中的水汽结合形成硫酸蒸汽，并在低温受热面上凝结，会严重地腐蚀沾污设备。

硫酸蒸汽开始凝结的温度，称为露点。烟气露点随煤的折算含硫量而变化。折算含硫量 S_{zs} 按下式计算

$$S_{zs} = \frac{4182 S_{t,ar}}{Q_{net,ar}} \qquad (4\text{-}13)$$

式中　$S_{t,ar}$——收到基全硫含量，%；

　　　$Q_{net,ar}$——收到基低位发热量，J/g。

由上式可知，煤中 $S_{t,ar}$ 值越大，$Q_{net,ar}$ 值越小，则折算含硫量 S_{zs} 越大。在实际运行中，烟气中的 SO_3 含量约为 0.001%，露点已达 120 ~ 140℃，其后露点温度随 SO_3 含量增高而增高的趋势渐缓。当煤中含硫量高时，露点温度也高。这将加剧锅炉尾部受热面，主要是低温段空气预热器的腐蚀与堵灰。

对煤粉炉来说，煤中全硫含量 $S_{t,d}$ 小于 1.5% 时，尾部受热面不会发生明显的堵灰与腐蚀情况；当煤中 $S_{t,d}$ 达到 1.5% ~ 3.0% 时，如不采取措施，锅炉尾部受热面就会出现严重的腐蚀与堵灰情况，从而大大缩短了空气预热器的使用寿命，严重影响锅炉的安全经济运行。故燃用高硫煤的电厂，往往要采取各种措施，如提高预热器的进风风温、采用耐腐蚀材质的预热器及提高排烟温度等来减轻煤中硫的危害。然而采取这些措施都将付出经济上的代价。如提高了排烟温度，则降低了锅炉效率，使其运行经济性受到影响。

三、煤中含硫量与锅炉结渣的关系

煤灰中含有多种元素，它不是纯单一化合物，因而它没有固定的熔点，而是在一定温度范围内熔融。其熔融温度的高低，主要取决于煤灰的化学组成及其结构，同时还与测定时试样所处的气氛条件有关。煤灰的熔融性直接关系到电厂锅炉是否结渣（俗称结焦）及其严重程度，故它对锅炉安全经济运行关系极大。

发生在燃煤锅炉受热面的附着物，大致可分为生成在炉内水冷壁、过热器等高温部位和生成在省煤器、空气预热器等低温部位两类。在高温部位产生并堆积起来的叫结渣，它是灰受炉膛内高温辐射热形成的；低温部位生成的叫积灰。

产生结渣的情况，可用结渣指数 R_s 来判断。

$$R_s = \frac{灰中碱性氧化物}{灰中酸性氧化物} \times S_{t,d} \tag{4-14}$$

式中　灰中碱性氧化物——$Fe_2O_3 + CaO + MgO + Na_2O + K_2O$；

　　　灰中酸性氧化物——$SiO_2 + Al_2O_3 + TiO_2$；

　　　$S_{t,d}$——煤中干燥基全硫含量，%。

锅炉结渣指数 R_s 的分类见表 4-5。

表 4-5　　　　　　　　　　　　　结　渣　分　类

结 渣 分 类	低	中	高	严 重
结渣指数 R_s	小于 0.6	0.6 ~ 2.0	2.0 ~ 2.6	大于 2.6

通常煤灰熔融温度随煤灰中碱性与酸性氧化物的比值增大而降低。显然，为了避免锅炉严重结渣，宜选用煤灰中碱性氧化物相对含量较少的低硫煤为宜。

应该指出，单纯从煤中含硫量的大小是不能判断该煤是否容易结渣的。由上式可知，只有当煤灰中碱性氧化物与酸性氧化物比值相近，结渣指数的大小，才取决于煤中含硫量的高低。

对同一煤源同一品种的煤来说，煤灰成分变化不大，由于硫是煤中分布最不均匀的组份之一，故含硫量有可能变化较大。在这种情况下，煤中含硫量的增高，将导致煤灰熔融温度下降，结渣指数增高，致使锅炉易于结渣或加剧结渣的严重程度。

四、煤中含硫量增高将会增大煤的自燃倾向

为了确保电厂生产的连续性，电厂始终要保持一定量的存煤，故每座电厂均建有贮煤场。根据各台锅炉设计煤种的不同，电厂中可能建有几个贮煤场，以贮存不同品种、不同性质的电煤。

电煤普遍采用露天贮存。由于煤在贮存过程中与空气长时间接触，故将发生缓慢的氧化现象。这种氧化现象会随温度升高而急剧加速导致自燃。煤中可燃硫含量高，一般是煤中黄铁矿硫较多，在贮存过程中可燃硫氧化成 SO_2，它易溶于水生成亚硫酸并伴随着放热，致使煤堆温度升高，从而进一步加速了煤的氧化与自燃。对燃用高挥发分及高硫的煤，尤其要加强对贮煤的测温监督，以便及时消除隐患。

此外，煤中含硫量增高，煤粉的阴燃倾向增大，煤粉阴燃明显放热的温度大致是：$V_{daf} < 5\%$ 的煤，可高达 500℃；V_{daf} 为 15% ~ 30% 的煤，则在 300 ~ 270℃ 之间；V_{daf} 为 40% 的煤，

则为210℃左右；挥发分在其余范围内的煤，其温度水平也相应地介于上述各间隔之间。

制粉系统的爆炸，是威胁电厂安全生产的一个重要因素。在现场发生煤粉爆炸，经常导致锅炉降负荷，甚至被迫停炉。制粉系统内积粉往往是煤粉爆炸的主要原因。

五、煤中硫对电力生产方面的其他影响

当今电厂锅炉普遍采用煤粉悬浮燃烧方式。煤在破碎制粉过程中与磨煤机的钢材金属表面相接触，其磨损作用随煤质不同而异。煤对金属的磨损是煤中较硬粒子与磨煤机表面摩擦致使金属表面发生磨损。

煤的硬度随其变质程度加深而增大，无烟煤硬度最大，褐煤最小。即使是无烟煤，其硬度（指纯煤）相对于钢材来说，还是很小的。故它对钢材的磨损理应是轻微的。然而煤中矿物质的某些组分，如石英、黄铁矿等硬度很高，它们是煤对金属产生磨损的主要原因。例如高岭土的莫氏硬度为 $2 \sim 2.5$，方解石为 3，白云石为 $3.5 \sim 4$，磁铁矿为 $5.5 \sim 6.5$，黄铁矿为 $6 \sim 6.5$，石英为 7。

煤中矿物质含量可以直接测定，也可通过各种经验式计算。其中，某些国家标准常用下式计算煤中矿物质含量。

$$(MM)_{ad} = 1.08 A_{ad} + 0.55 S_{t,ad} \tag{4-15}$$

式中　　$(MM)_{ad}$——空干基矿物质含量，%；

$\quad\quad A_{ad}$——空干基灰分含量，%

$\quad\quad S_{t,ad}$——空干基全硫含量，%。

经研究结果表明：煤中可燃硫及灰中氧化铁含量的增加将导致金属器件磨损程度的加重。磨损指数 AI 与可燃硫、灰中氧化铁含量之间呈现正相关性，其相关系数约为 0.5。

AI 与 $S_{c,ad}$ 及 Fe_2O_3 之间的相关性可用下述计算式表示

$$AI = 10.15 S_{c,ad} + 31.5 \quad (r = 0.50) \tag{4-16}$$

$$AI = 3.71 Fe_2O_3 + 14.0 \quad (r = 0.47) \tag{4-17}$$

而对同一矿区的煤来说，其相关系数 r 可达 0.7 左右。故煤中硫的存在对金属材料的磨损来说，也是不利的。含硫量越高，则金属的磨损指数 AI 值越大。

此外，煤中硫还将影响灰的综合利用途径及其价值，灰中硫通常以 SO_3 表示，它实际上是来源于煤中的不可燃硫。

根据煤中全硫与灰中三氧化硫含量，可计算出煤中可燃硫含量，而不必对煤中各种形态硫含量分别加以测定，具体计算方法参见本章第六节。

灰中三氧化硫含量越高，则说明灰的质量越差，其可利用价值越小。一般说来，灰中含硫量较低时，要求燃用低硫煤。

电厂煤检人员要充分认识煤中硫对电力生产的危害，切实掌握煤中硫的检测技术。

第六节　煤中全硫及形态硫的测定（标准法）

煤中全硫测定方法很多。国标 GB 214—1996 规定可用三种方法：重量法（艾士卡法）库仑法及燃烧中和法。在此三种方法中，艾士卡法以测定结果准确著称，通常作为仲裁方法，为各国标准中的首选方法；库仑法测定速度较快，在电力系统中应用较为普遍；燃烧中

和法应用很少。本节将对标准规定的测硫方法分别加以阐述。

一、艾士卡法

(一) 测定原理

利用艾士卡试剂（两份氧化镁及一份无水碳酸钠）与煤样充分混匀，在有空气渗入的条件下，于低温处逐渐升温到850℃，煤中各种形态的硫全部氧化成硫氧化物（主要为二氧化硫），在氧化镁与碳酸钠的作用下，最后形成硫酸镁与硫酸钠。

艾士卡试剂（简称艾氏剂）中的氧化镁可以防止碳酸钠在较低温度下熔化，使煤样与混合试剂保持疏松状态，有利于氧的渗入，促进氧化反应的进行。同时硫氧化物也可能直接与氧化镁反应，在空气中氧的作用下，最后生成硫酸镁。上述反应可用下列反应式表示

$$煤 + O_2 \xrightarrow{\triangle} CO_2 \uparrow + H_2O + N_2 \uparrow + SO_2 \uparrow + SO_3 \uparrow$$

$$2Na_2CO_3 + 2SO_2 + O_2 = 2Na_2SO_4 + 2CO_2 \uparrow$$

$$Na_2CO_3 + SO_3 = Na_2SO_4 + CO_2 \uparrow$$

$$2MgO + 2SO_2 + O_2 = 2MgSO_4$$

$$MgO + SO_3 = MgSO_4$$

原煤中的不可燃硫，如硫酸钙等则在受热条件下，与艾氏剂中的碳酸钠发生复分解反应，也转化为硫酸钠，其反应式如下

$$CaSO_4 + Na_2CO_3 \xrightarrow{\triangle} CaCO_3 + Na_2SO_4$$

由此可知，艾氏剂可使煤中的可燃及不可燃的硫均转化为可溶性的硫酸钠与硫酸镁并进入溶液。在一定的酸度下，向过滤后的滤液中加入氯化钡溶液，则可溶性的硫酸盐全部转成硫酸钡沉淀。其反应式如下

$$Na_2SO_4 + MgSO_4 + 2BaCl_2 \xrightarrow{一定酸度} 2BaSO_4 \downarrow + 2NaCl + MgCl_2$$

最后按重量法测出硫酸钡的量，从而计算煤中全硫含量。

(二) 测定方法概述

将煤样与艾氏剂充分混匀，置于800～850℃下灼烧。其残渣转入热水中过滤，往滤液中滴加盐酸使溶液呈微酸性，加热至沸，加入氯化钡以生成硫酸钡沉淀。将沉淀滤出，然后碳化并在800～850℃下灼烧。根据硫酸钡的质量计算出煤样中的全硫含量。

(三) 测定中的主要技术问题

1. 熔样

首先必须使艾氏剂与煤样充分混匀，为防止挥发物过快逸出，试样应从低温放入高温炉中，并缓慢升温，同时在试样与艾氏剂的混合物上再复盖1克艾氏剂，这样就可确保硫氧化物跟碳酸钠与氧化镁反应完全。

熔样的温度与时间控制是重要的。温度太低，时间太短或艾氏剂与煤样混合不匀，就有可能导致试样燃烧不完全。如在燃烧产物中发现存在未燃尽的煤粒，就应继续灼烧一段时间，直至试样燃烧完全为止。

在测定中，还应注意艾氏剂中的碳酸钠可能吸潮而结成小块，这将大大降低艾氏剂的作用，同时也无法与试样混匀，从而使全硫含量测定结果偏低。在使用前可将受潮的碳酸钠或艾氏剂在105℃干燥，并将颗粒充分研细。如受潮较重，则不宜再用。

自配艾氏剂时，氧化镁及无水碳酸钠最好用一级品，即优级纯或保证试剂，如无一级试剂，至少也得用二级试剂，即分析纯试剂。

2.硫酸盐溶解

煤与艾氏剂在氧渗入的条件反应，所生成的硫酸钠及硫酸镁为可溶于水的盐类。用热水浸取并适当煮沸数分钟，就可以使它们进入溶液。用定性滤纸过滤，把滤液收集起来进行下一步操作。为了防止可溶性硫酸盐附着在滤渣上，要用热水充分洗涤滤纸上的沉淀物，如洗涤不充分，可能导致测定结果偏低。

3.硫酸钡沉淀

这一操作主要应控制好硫酸钡沉淀时的溶液酸度。在加入氯化钡溶液前，洗涤液总体积为250~300毫升。然后滴加1：1盐酸，使溶液呈中性后再加2毫升。在这种微酸性条件下，可溶性硫酸盐可以与氯化钡反应生成硫酸钡沉淀。硫酸钡的颗粒很细，易透过滤纸。为了能获得较粗的硫酸钡沉淀颗粒，最好将沉淀保温静置过夜。

过滤时应采用致密定量滤纸（红带滤纸）。烧杯中的硫酸钡沉淀务必完全转移到滤纸上，沉淀应用热水多次洗涤直至无氯离子为止。同时，还应注意防止硫酸钡细小颗粒浮游于滤纸上面造成损失，故过滤时应避免滤纸上积存滤液过多。

4.沉淀物的灼烧及结果的计算

将带有沉淀的滤纸转移到已恒重的坩埚中，可先在低温下令滤纸碳化，而后转入高温炉中，将炉温升到850℃。为了减少检查性灼烧这一环节，一般可按规定要求适当延长灼烧时间。

煤中全硫含量按下式计算

$$S_{t,ad} = \frac{(G_1 - G_2) \times 0.1374}{G} \times 100 \qquad (4-18)$$

式中　$S_{t,ad}$——空干基全硫含量，%；

　　　G_1——硫酸钡质量，g；

　　　G_2——空白试验的硫酸钡质量，g；

　　0.1374——由硫酸钡折算成硫的系数；

　　　G——煤样质量，g。

由于艾氏剂的纯度限制，它可能多少含有一点硫酸盐，所以在不加试样时要重复硫的测定，即进行空白试验。显然，更换了一批艾氏剂，就需要重新确定空白试验G_2值，在测定试样时，硫酸钡的量应减去空白试验的硫酸钡量，才是由煤中硫所转成的硫酸钡量。为了由硫酸钡量计算出含硫量，就应该知道硫在硫酸钡中所占比率，即

$$\frac{S}{BaSO_4} = \frac{32.066}{137.36 + 32.066 + 64} = 0.1374$$

5.特点

艾氏法是一种经典的重量分析方法，虽则该法沿用至今已一个多世纪的历史，它仍然在各种全硫测定方法中居首要地位。

艾氏法测定煤中全硫操作比较繁琐，在测定过程中，两次使用高温炉，两次进行过滤，操作要求高。但它适用于批量测定，比如一次进行4个煤样测定，完成一个煤样的全硫测定，平均只需3~4h，试验效率也不算太低。

艾氏法还有一个很大的特点，是它不需用专门的仪器设备，所有煤质试验室均可开展该项试验。各个电厂均应能够对入厂及入炉煤的全硫含量按艾氏法进行测定。

二、库仑滴定法

（一）基本原理

库仑滴定法测定煤中全硫的方法原理，是根据法拉第定律提出来的，即当电流通入电解液中，在电极上析出物质的量与通过电解液的电量成正比。

在电解液电解过程中，通入 96500C（即 1F）电量，则在电极上析出 1mol 的物质。

$$m = \frac{M_m}{nF} I \cdot t \tag{4-19}$$

式中　m——电极上析出物质的量，g；

M_m——物质的摩尔质量，g/mol；

F——法拉第电量（96500C）；

I——通入电解液的电流，安；

n——电子转移数；

t——通入电流的时间，s。

煤样在 1150℃ 及催化剂作用下于空气流中燃烧分解，煤中的硫转化成硫氧化物（主要为二氧化硫）被空气流带到电解池中，与水反应生成亚硫酸及少量的硫酸。电解碘化钾和溴化钾生成碘和溴。

阳极
$$2I^- - 2e = I_2$$
$$2Br^- - 2e = Br_2$$

碘和溴与亚硫酸的反应是

$$I_2 + H_2SO_3 + H_2O \longrightarrow H_2SO_4 + 2H^+ + 2I^-$$
$$Br_2 + H_2SO_3 + H_2O \longrightarrow H_2SO_4 + 2H^+ + 2Br^-$$

电解生成的碘和溴所消耗的电量（mC）由库仑积分仪显示，然后根据电解定律计算出煤中全硫的百分含量。

（二）测定装置

测定装置为库仑定硫仪，它由空气的预处理及输送装置、库仑积分仪、程序控制器、温度控制器、燃烧炉、电解池及搅拌器等部件组成。库仑定硫仪的工作流程如图 4-10 所示。

程序控制器：盛煤样燃烧舟能按指定的程序前进或后退。

库仑积分器：电解电流在 0～350mA 范围内线性积分度应为 ±0.1%，配有 5～6 位数字数码管显示硫的毫克数。

电解池：内有各两块铂电解电极及铂指示电极，它们的面积各不相同，前者大于后者。

高温炉：硅碳管高温炉，有不小于 90mm 的 1150±5℃ 的高温带。燃烧管及燃烧舟均为气密刚玉加工而成。应用铂铑－铂热电偶测温。

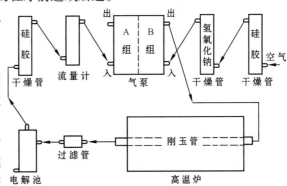

图 4-10　库仑定硫仪工作流程示意

空气净化系统：由电磁泵所提供的约 1500mL/min 空气，经内装氢氧化钠及变色硅胶的净化管净化。

现在生产的库仑定硫仪有分体式与一体式之分，控制装置又有微机（通常配 586 型）与单片机之别。它们各具优缺点。

（三）测定方法与特点

炉温控制在 1150 ± 5℃，抽气泵的抽速调节至 1000mL/min，煤样量为 0.05g，其上覆盖一薄层三氧化钨，然后由程序控制器将燃烧舟自动推入高温炉中，库仑滴定随即开始。积分仪显示出硫的毫克数或打印机打出硫的百分含量。

库仑滴定法从理论上讲，测定的准确性应该较高，而实际上其测试结果在不同程度上有偏低倾向。为了对其偏低结果予以校正，仪器生产厂往往在含硫量的测试结果上乘以一个大于 1 的系数，例如 1.04 ~ 1.06，这样经常可以获得与艾士卡法相一致的结果。如果能按含硫量高低的不同，分别确定校正系数，则其结果准确性更高。

库仑法测定全硫，操作比较简单，可自动进样，分析测试时间短，但准确度不及艾士卡法。近年来，国产库仑定硫仪的质量已有显著提高，故用户日益增多。

使用库仑定硫仪时要注意以下几点：

（1）新配制的电解液为淡黄色，pH 值应在 1 ~ 2 之间。当电解液 pH < 1 或呈深黄色时，要及时更换。因为经多次测定，电解液酸度增加，致使非电解质 I_2 与 Br_2 生成，导致测定结果偏低。

$$4I^- + O_2 + 4H^+ \longrightarrow 2I_2 + 2H_2O$$

$$4Br^- + O_2 + 4H^+ \longrightarrow 2Br_2 + 2H_2O$$

（2）电解池内应保持清洁。在测定样品时，电解池应保持完全密封，要防止电解液倒吸。

（3）在测定过程中，应保持系统中的气路通畅。为此，燃烧管内的硅铝酸棉要定期更换，以防在其上方黏附三氧化钨或未燃尽的碳粒等。

（4）电解液在放置过程中，由于碘的析出，会使电解液颜色加深，故在测定煤样前，宜用高含硫量的废煤样送入炉中（俗称测废样），使电解液中的 I_2 转化为 I^-，以免影响测定结果的可靠性。

（5）铂电极宜用丙酮或酒精液清洗，然后再用纯水冲洗干净后使用。应注意切不可将丙酮液倒入电解池中浸泡电极。因为不少生产厂配用的电解池系有机玻璃加工而成，它将与丙酮液发生作用而遭到损坏。

现在生产的库仑定硫仪，无论是一体式还是分体式，也无论是微机还是单片机控制，其基本技术特性并无多大差异。从方便使用与维修的角度上去考虑，似乎单片机控制的分体式库仑定硫仪更好一些，且价格较低。

三、高温燃烧中和法

（一）基本原理

煤样在氧气流中，于高温下燃烧，煤中各种形态的硫氧化分解成硫氧化物，用过氧化氢吸收，使其生成硫酸，然后用标准氢氧化钠溶液来滴定生成酸，则可求出煤中的含硫量。燃烧中和法测硫的主要反应如下列各式所示

$$煤 \xrightarrow[\text{O}_2 \ 催化剂]{1200℃} SO_2 \uparrow + CO_2 \uparrow + H_2O + Cl_2 \uparrow + SO_3 \uparrow + NO_2 \uparrow \cdots\cdots$$

$$SO_2 + H_2O_2 = H_2SO_4$$

$$H_2SO_4 + 2NaOH = Na_2SO_4 + 2H_2O$$

该法的关键是如何使煤中硫酸盐的不太高的温度下得以充分分解。为此，试样要置于高温氧气流中，并选择适当的催化剂三氧化钨（还有石英砂、氧化铝、磷酸铁等）。

（二）测定装置

测定装置由氧气净化系统、燃烧装置及反应产物吸收装置三部分组成，参见图4-11。

（三）测试中的主要技术问题

（1）对测定装置的要求　试样燃烧后所生成的硫氧化物，与煤中水分及氢燃烧后生成的水分作用形成酸，它易附于燃烧管出口端管壁上，从而使测定结果偏低。煤中含硫量越大，则偏低程度越明显。为克服这一缺点，可在燃烧管出口端加装喇叭状的中性硬质玻璃或石英玻璃接收器。喇叭口的口径应略小于燃烧管内径。由于硫酸的沸点是335℃，故接收器固定在400℃左右的位置上较好。燃烧完毕，将此接受器用水冲洗，其冲洗液并入过氧化氢吸收液中，最后用标准氢氧化钠溶液来滴定。

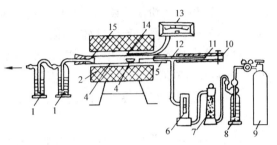

图4-11　燃烧中和法测定全硫的装置
1—吸收瓶；2—高温炉；3—燃烧管；4—燃烧舟；5—橡胶塞；6—微型转子流量计；7—干燥塔；8—洗气瓶；9—氧气瓶；10—橡胶管，11—样品推棒；12—T形玻璃管；13—高温计；14—热电偶；15—接收管

（2）对燃烧管材质的要求　由于燃烧管要承受1200℃的高温，故对其材质应具有特殊要求。目前常用的为石英管及刚玉燃烧管。石英燃烧管价格高且质脆易断，而气密刚玉管虽可满足耐温要求，价格也比较低，但在试样分期推进高温区的过程中易产生横向裂纹。

（3）操作条件的控制　氧气流速可根据煤样及其含硫量加以适当控制，通常控制流速为350mL/min。在整个测定过程中，切不可中断氧气流。为了确保燃烧产物为过氧化氢溶液完全吸收，宜采用具有微孔玻璃熔板的气体吸瓶进行二次吸收，吸收完毕，可将吸收液合并在一起，同时用水将两个吸收瓶冲洗干净，冲洗液一起并入吸收液中，用标准氢氧化钠溶液滴定，同时还要进行空白试验。在计算结果时，应将测定试样时所消耗的氢氧化钠体积减去空白值。

（4）校正　燃烧中和法测定煤中全硫，具有快速的特点，也不需要昂贵的仪器设备。应用该法测定高硫煤时，测定结果经常偏低，即存在系统偏差。故有的单位在使用该法时，根据与艾士卡法的对比试验，将实测结果乘上一个大于1的校正系数，通过计算来消除应用该法测定结果偏低的影响。如能按含硫量的高低不同，对其结果进行分段校准则更好。

四、煤中形态硫的测定

国标GB/T 215—1996《煤中形态硫的测定方法》，规定了煤中硫酸盐及硫化铁硫与有机硫的计算方法，该标准适用于褐煤、烟煤及无烟煤。

（一）硫酸盐硫的测定

1. 原理

硫酸盐能溶于稀盐酸，而硫化铁硫和有机硫与稀盐酸不起作用，故可用稀盐酸直接浸出煤中的硫酸盐硫，加入氯化钡形成硫酸钡沉淀，根据硫酸钡的量则可计算出煤中硫酸盐硫的

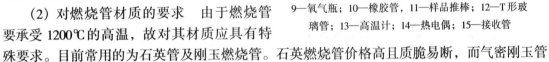

含量。其反应式如下

$$CaSO_4 \cdot 2H_2O + 2HCl = CaCl_2 + H_2SO_4 + 2H_2O$$
$$H_2SO_4 + BaCl_2 = BaSO_4 \downarrow + 2HCl$$

2. 测定方法

称取分析煤样 1g，放入锥形瓶中，加入 0.5～1mL 酒精润湿煤样，然后加入 5mol/L 盐酸 50mL，摇匀，加热微沸 30min。

稍冷后用致密定性滤纸过滤，用热水冲洗煤样数次，然后将煤样全部转移到滤纸上，用热水洗至无铁离子为止（用硫氰酸钾溶液检验）。如滤液呈黄色，表示含铁量较高，这时应加入少许铁粉或锌粉使铁还原，黄色消失后再过滤。过滤后，将滤纸与煤样一起叠好后，放入原锥形瓶中，供测定硫化铁硫之用。

往滤液中加入 2～3 滴甲基橙指示剂，用（1+1）氨水中和至微碱性，此时溶液呈黄色，再加 5mol/L 盐酸溶液调节至红色，再过量 2mL，溶液呈微酸性。将溶液体积调整到 250mL 左右，加热至沸，在不断搅拌的条件下滴加 10% 的氯化钡溶液 10mL，以下操作同艾士卡法测定全硫。

硫酸盐硫的计算方法也与艾士卡法计算全硫方法相同。

（二）硫化铁硫的测定

标准规定：硫化铁硫的测定方法可采用氧化法及原子吸收分光光度法。

以下仅对氧化法作一介绍。

1. 测定原理

硫化铁硫能溶于硝酸，其反应式如下

$$FeS_2 + 4H^+ + 5NO_3^- \rightarrow Fe^{3+} + 2SO_4^{2-} + 5NO + 2H_2O$$

由上述反应可知，其反应产物为 Fe^{3+} 及 SO_4^{2-}，故可测定氧化后生成的 Fe^{3+}，再换算成硫；另一种方法是用重量法测定 SO_4^{2-} 后，换算成硫。但是硫化铁硫与稀硝酸反应，其中一部分硫由于氧化不完全而形成元素硫，致使测定结果偏低

$$FeS_2 + 4H^+ + 3NO_3^- = Fe^{3+} + SO_4^{2-} + 3NO \uparrow + S + 2H_2O$$

而且重量法测定手续繁杂，试验周期长，且溶液蒸干时产生有害气体等，故建议不要使用重量法。

2. 测定方法

将在硫酸盐硫测定中供硫化铁测定用的锥形瓶中加入（1+7）硝酸 50mL，煮沸 30min，用致密定量滤纸过滤，并用热水洗至无铁离子为止。在滤液中加入 2mL 过氧化氢，煮沸约 5min，以消除由于煤分解时所产生的颜色。

向煮沸的溶液中，加入（1+1）氨水直至出现铁的沉淀，待沉淀完全，再多加 2mL 氨水，将溶液煮沸，用快速定性滤纸过滤，用热水冲洗沉淀及烧杯。穿破滤纸，用热水流把沉淀洗到原烧杯中，并用 10mL5mol/L 的盐酸冲洗滤纸四周，以除去其上的痕量铁，再用热水洗至无铁离子为止。

盖上表面皿，将溶液加热至沸，溶液体积约 20～30mL，在不断搅拌的条件下滴加氯化亚锡溶液，直至黄色消失，多加 2 滴，迅速冷却，冲洗表面皿及杯壁。加入 10mL 氯化汞饱和溶液，形成丝状氯化亚汞沉淀。

用水稀释至 100mL，加入 15mL 的硫酸－磷酸混合液及 5 滴二苯胺碘酸钠指示剂，用重铬酸钾标准溶液滴定到稳定的紫色为终点。根据重铬酸钾标准溶液的消耗量及空白试验的消耗量计算出煤中硫化铁硫含量。

$$S_{p,ad} = \frac{(V_1 - V_0)c}{m} \times 0.05585 \times 1.148 \times 100(\%)\qquad(4\text{-}20)$$

式中　$S_{p,ad}$——空干基煤中硫化铁硫的含量，%；

　　　V_1——测定煤样时重铬酸钾标准溶液用量，mL；

　　　V_0——空白试验时重铬酸钾标准溶液用量，mL；

　　　c——重铬酸钾标准液的浓度，mol/L；

　　　m——煤样质量，g；

　1.148——由铁换算成硫的因数。

（三）有机硫的计算

根据煤中全硫、硫酸盐硫、硫化物硫的测定结果，可求出煤中有机硫含量

$$S_{o,ad} = S_{t,ad} - (S_{s,ad} + S_{p,ad})\qquad(4\text{-}21)$$

式中符号同前文。

（四）煤中可燃硫及不可燃硫的计算

根据煤中全硫与灰中含硫量（通常用三氧化硫含量表示），就可计算出煤中可燃硫含量，而不必对各种形态硫的含量分别加以测定。关于灰中硫含量的测定方法，将在本书第七章中加以阐述。

设某一煤样中全硫含量为 2.06%，灰中三氧化硫含量为 1.50%，煤中灰分含量为34.68%，则该煤样中可燃硫可按下述方法计算

灰中含硫量 $= 1.50\% \times M_s/M_{so_3} = 1.50\% \times 32/80 = 0.60$（%）

灰中硫在煤中的含量，即煤中不可燃硫为 $0.60 \times 34.68/100 = 0.21$（%）。

故煤中可燃硫含量为 $2.06\% - 0.21\% = 1.85$（%）；煤中可燃硫占全硫的比率为 1.85/2.06 = 89.8（%）；而煤中不可燃硫占全硫的比率为 $1 - 89.8\% = 10.2$（%）。

（五）煤中形态硫测定的意义

煤中硫酸盐硫含量一般很少，故煤中硫主要来自硫化铁硫和有机硫。

硫化铁硫特别是黄铁矿硫在煤中常以个体形态独立存在，它易通过洗选或拣矸而分离出来，从而可大大降低煤中含硫量。黄铁矿比重很大，也可在煤破碎过程中被部分分离出来，例如在中速磨煤机中作为石子煤排出，故电厂中有时需要测定煤中硫化铁硫含量。而煤中有机硫含量通常远低于硫化铁硫含量，但它很难加以清除。

此外，煤的磨损性与煤中黄铁矿组分的多少关系很大。因其硬度大，往往是造成金属磨损的主要原因。故硫化铁硫的检测结果，有助于判断煤对金属的磨损性。

第七节　煤中全硫的测定（红外吸收法）

为了加强对煤中全硫含量的检测，各电厂普遍配置了各类测硫仪，其中应用最多的为库仑测硫仪，而发达国家多采用红外法测定煤中含硫量。目前，全国各网、省局试验研究院所

及少数电厂也配备了进口及国内生产的红外测硫仪。

红外测硫仪具有测定结果准确，测试周期短，自动化程度高的优点。虽则国标中尚未列入此法，但在美国 ASTM 标准中却列入此法，参见 ASTM D4239—1993（Standard Test Methods for Sulfur in The Analysis of Coal and Coke Using High Temperature Tube Furnace Combustion Methods）。该标准中包括三种测硫方法，即酸碱滴定法、碘量法及红外吸收法。

国内电力部门应用较多的为美国力可（Leco）公司生产的各种型号的红外测硫仪，如 SC132、SC432、S-144DR 等型号。1999 年国内研制的红外测硫仪通过技术鉴定并于 2000 年正式投入市场。本节主要对红外测硫仪的测硫工作流程及其结果加以介绍与分析，对使用中应注意的问题加以论述。

一、测硫原理

某些气体分子如 CO、SO_2、CO_2 等对红外线具有吸收作用，而某些双原子分子如 O_2、N_2 等则对红外线没有吸收作用。气体对红外线的吸收遵循比尔定律，即

$$I = I_o e^{-kcl}$$

式中　I——透射光强度；

I_o——入射光强度；

k——红外线吸收常数；

c——被测物质浓度；

l——光路长度。

将上述公式转换后，则

$$C = k' \ln \frac{I}{I_o} \tag{4-22}$$

$$k' = -\frac{1}{kl} \tag{4-23}$$

对某一测硫仪来说，光路长度 l 是确定的，故 k' 也将为一常数。

测定煤中全硫含量时，将一定量的煤样置于高温炉中燃烧，在吹入氧气的条件下，煤中各种形态的硫均氧化成二氧化硫。在此过程中，真空泵按一定的流量连续不断地将燃烧后生成的气体送入红外检测器检测。计算机系统将信号进行积分、空白补偿、校正及质量校正等，测定结果在计算机系统上显示、打印出来。

二、工作流程

国产 HWL-1 型红外测硫仪工作流程示意图如图 4-12 所示。

该仪器的主要技术规范：

测定范围：0 ~ 5%，适用于煤、焦炭、石油、非金属材料中全硫含量测定；

燃烧温度：1350℃；

检测时间：160s；

试样质量：0.15g（煤）；

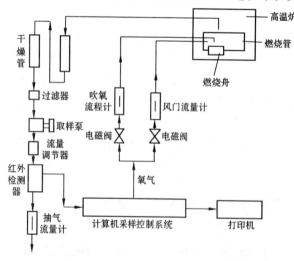

图 4-12　国产 HWL-1 型红外测硫仪工作流程

氧气流量：4L/min；

吹氧流量：1L/min；

抽气流量：2.3L/min；

检测精密度：符合国标 GB/T 214—1996 的要求；

电源要求：220V（最好配稳压电源）。

三、检测结果与性能评价

1. 精密度检验

应用国家一级及二级标准煤样检验该仪器的检测精密度。

表 4-6　　　　　　　　　　　仪器检测精密度的检验结果　　　　　　　　　　　%

煤　　样	GBW（E）110004a	GBW（E）110010b	GBW（E）110006a	GBW11113a	GBW11110b
1	0.46	0.94	2.15	3.06	4.58
2	0.46	0.93	2.13	3.16	4.43
3	0.44	0.95	2.16	3.04	4.44
4	0.48	0.95	2.16	3.06	4.42
5	0.47	0.93	2.15	3.14	4.44
平均值	0.46	0.94	2.15	3.09	4.46
标准差	0.015	0.013	0.012	0.054	0.066
RSD	3.26	1.38	0.56	1.75	1.48
标准值	0.53 ± 0.04	1.03 ± 0.08	2.37 ± 0.08	3.39 ± 0.08	4.68 ± 0.12
校准系数值	1.15	1.10	1.10	1.10	1.05

表 4-6 中 GBW 为国家一级标准煤样；GBW（E）为国家二级标准煤样。

表 4-6 中校准系数的计算：例如对 GBW（E）110004a 标准煤样来说，5 次检测的均值为 0.46%，而标准值为 0.53%，故校准系数为 0.53/0.46 = 1.15。

对 5 种标准煤样各重复测定 5 次，尽管各标样中的含硫量各不相同，但精密度均符合国标 GB/T 214—1996 的要求。

2. 准确度检验

为确保检测准确度符合国家标准要求，对上述国产红外测硫仪来说，采用对不同含硫量的样品进行分段校准系数法，这比采用某一固定的校准系数更能保证检测结果的准确度。这对含硫量较高或较低的煤样来说，尤为重要。

根据表 4-6 的校准系数，再对上述 5 种标准煤样进行重复测定，再次检查检测结果的精密性，并检验所有检测结果的准确性。

表 4-7　　　　　　　　　　　仪器检测结果的准确度检验　　　　　　　　　　　%

煤　　样	GBW（E）110004a	GBW（E）110010b	GBW（E）110006a	GBW11113a	GBW11110b
1	0.52	1.03	2.37	3.38	4.59
2	0.55	1.04	2.38	3.33	4.62
平均值 $\overline{X}$	0.54	1.04	2.38	3.36	4.60
标准值 μ	0.53 ± 0.04	1.03 ± 0.08	2.37 ± 0.08	3.39 ± 0.08	4.68 ± 0.12
差值 $\overline{X} - \mu$	0.01	0.01	0.01	0.03	0.08

由表 4-7 可以看出，校准系数值随煤中含硫量的增高而减小。

标准值（X）与校准系数（Y）之间的对应关系参见表 4-8。

表 4-8 标准值与校准值对应关系

标准值（X）	0.53	1.03	2.37	3.39	4.68
校准系数（Y）	1.15	1.10	1.10	1.10	1.05

标准值（X）与校准系数值（Y）之间呈现负相关性，故可用一元一次回归方程 $Y = a + bX$ 来表示。

式中 a 与 b 值可通过式（4-24）及式（4-25）计算而得；也可应用具有统计计算功能的计算器直接求得。

下式直接给出计算结果，计算过程从略。

$$a = \frac{\Sigma X^2 \Sigma Y - \Sigma X \Sigma XY}{n\Sigma X^2 - (\Sigma X)^2} = 1.143 \tag{4-24}$$

$$b = \frac{n\Sigma XY - \Sigma X \Sigma Y}{n\Sigma X^2 - (\Sigma X)^2} = -0.018 \tag{4-25}$$

即 $Y = 1.143 - 0.018X$

如 $X = 1$，$Y = 1.13$；$X = 2$，$Y = 1.11$；$X = 3$，$Y = 1.09$；$X = 4$，$Y = 1.07$；$X = 5$，$Y = 1.05$。

这样将上述回归方程输入仪器的数据处理系统中，将使校准变得更为快捷与准确。

3. 校准系数的稳定性

从理论上讲，只要仪器关键性元件性能稳定，检测条件控制好，各含量段的校准系数应是稳定的。其具体表现为：在不同时间应用所确定的校准系数值来测定标准煤样的全硫含量，其检测结果仍然是合格的，且变化很小。标准系数稳定性检验，见表4-9。

表 4-9 校准系数稳定性检验 　　　　　　　　　　　%

煤　样	GBW（E）110004a	GBW（E）110010b	GBW（E）110006a	GBW11113a	GBW11110b
第一次测定均值	0.54	1.04	2.37	3.36	4.60
第二次测定均值	0.53	1.02	2.37	3.40	4.62
标准值	0.53 ± 0.04	1.03 ± 0.08	2.37 ± 0.08	3.39 ± 0.08	4.68 ± 0.12
第一次校准系数	1.15	1.10	1.10	1.10	1.05
第二次校准系数	1.13	1.11	1.10	1.10	1.05

应该指出：校准系数不可能长期一成不变。由于仪器使用时间的延长，仪器元件的老化以及环境条件的变化，都将对校准系数值产生一定影响，故应定期对仪器的校准系数进行复验；当发现检测结果多次出现明显偏差时，更得检查校准系数值是否已有变化。

山东电力研究院使用美国 SC－132 型红外测硫仪，为了检验国产红外测硫仪的检测结果，我们进行了两种仪器的对比试验。结果表明：SC－132 型及 HWL－1 型红外测硫仪的检测精密度均符合国标 GB/T 214—1996 的要求，但 SC－132 型仪器的检测精密度较高一些。美国产的 SC－132 红外测硫仪在该院一直使用，性能稳定，且配有稳压电源，称样量为 0.35g；而国产的 HWL－1 型红外测硫仪则刚刚投入使用，当时还未配有稳压电源，称样量为 0.2g。从检测准确度来衡量，用 4 种标准煤样对上述两种红外测硫仪进行准确度检验，表明二者基本上没有差异，其对比值参见表4-10。

4. 检测结果分析

（1）评价仪器技术性能的首要指标应为检测精密度。对任何一种检测仪器来说，首先要求检测精密度合格。只要精密度符合标准要求，就可通过校准系数的标定，对样品的测定值予以校准，从而获得准确的检测结果。

表 4-10　　　　　　　　　　　不同红外测硫仪检测结果的对比　　　　　　　　　　%

标准煤样号	GBW（E）110004a	GBW（E）110010b	GBW（E）110006a	GBW11110b
中国测硫仪				
第 1 次	0.52	1.03	2.37	4.59
第 2 次	0.55	1.04	2.38	4.62
平均值	0.54	1.04	2.38	4.60
美国测硫仪				
第 1 次	0.53	1.04	2.35	4.77
第 2 次	0.53	1.02	2.36	4.73
平均值	0.53	1.03	2.36	4.75
标准值	0.53 ± 0.04	1.03 ± 0.08	2.37 ± 0.08	4.68 ± 0.12

为了确保仪器精密度符合国家标准要求，仪器各关键元件性能必须优良、稳定，系统抗干扰性能好，同时要求用户应严格控制好测试条件。

HWL-1 型红外测硫仪，样品量控制在 0.2000 ± 0.0020g，即使样品量低至 0.15g，也能保证检测结果的可靠性；燃烧温度实际上达到 1350 ± 1℃；氧气流量控制在 4 ± 0.2L/min；吹氧流量控制在 1 ± 0.1L/min；供电电压配用稳压电源后波动更小，这一切都将有助于提高检测精密度，并使测定值保持稳定。

（2）校准系数的正确确定是获得准确结果的必要前提。煤中硫包括可燃硫和不可燃硫两部分。在通常情况下，煤中可燃硫约占 90% 以上。在高硫煤中，可燃硫所占比重一般较高，而低硫煤中一般较低。在红外法检测条件下，一方面，煤中的不可燃硫不可能全部被回收；另一方面，煤的燃烧产物中或多或少存在一些 SO_3（电厂锅炉烟气中 SO_3 含量约为 SO_2 含量的 1% ~ 2%），故利用红外法实测含硫量较标准值呈偏低倾向，故校准系数值一般情况下总是略大于 1。

通常随煤中全硫含量的增高，不可燃硫所占比重减少，故校准系数值呈逐步减小的趋势。当煤中含硫量较低时，其校准系数值易波动，即其稳定性相对较差，即使如此，它对检测结果的准确度的影响也是极小的。例如某试样实测值为 0.61%，校准系数为 1.15，则校准后的值为 0.70%；如校准系数变为 1.12，则校准后的值为 0.68%，二者仅相差 0.02%。

四、仪器使用中应注意的若干问题

为了让读者更好地掌握红外法测硫技术，充分发挥红外测硫仪的使用，现将仪器使用中应注意的若干问题加以阐述。

1. 加热元件的更换

红外测硫仪采用硅铜棒作为加热元件，它的使用寿命是有限的。当发现炉温达不到规定温度时，就应检查各加热元件的电源夹是否松动或哪一支加热元件需要更换。红外测硫仪所使用的加热元件备品由仪器生产厂负责供应，以保证与原加热元件的规格相一致。更换加热元件并不难，使用人员应该掌握更换技术，以免影响仪器的使用。

2. 气路系统的及时清理

在红外法测硫时，煤样置于燃烧舟中被燃尽，在燃烧过程中不仅通氧，而且在试样燃烧50S后开始吹氧，这样一部分较细的灰粒有可能随氧气进入气路系统。虽然系统中装有过滤装置，但在测定较多试样后，系统中局部积灰还是不可避免的，从而造成气路不畅，抽气受阻，测定时间延长，检测结果偏低。一般情况下，对 0.35g 试样来说，每测 100 个样品宜清灰一次；对 0.15g 试样来说，每测 200 个样品宜清灰一次。操作人员必须对气路系统按仪器说明书要求及时清理。

3. 配置稳压电源的必要性

有的人认为本单位供电电压比较稳定，无须配置稳压电源。虽市电电压稳定，但试验室内的电源容量有限。例如总容量为 60A，而试验室装有多台大容量的仪器设备，数台仪器同时使用，即严重影响仪器的供电电压，甚至会出现仪器无法启动的情况。对红外测硫仪来说，一般配置 5kVA 的稳压器即可。

4. 对仪器需要精心加以维护

任何一台仪器，都需要对它进行精心维护。例如微机热量计长时间使用，元件性能就会下降，当过一段时间再使用，又会恢复。红外测硫仪也是如此，如长时间，特别是在较高温度环境下使用，其性能将会降低。特别是国产红外测硫仪，其元件性能与国外优级产品相比，还是有一些差距的，故每天红外测硫仪的使用时间一般控制在 8h 之内为好。

5. 干燥剂的更换问题

红外测硫所用的惟一化学试剂就是颗粒状过氯酸镁，它是一种有效的干燥剂，用于吸收燃烧气体中的水分。显然，样品量越大，干燥剂失效也越快。由于过氯酸镁价格较高，且消耗量较大，故作者建议将样品量由 0.2g 减至 0.15g，以延长干燥剂的更换周期。

过氯酸镁为白色粒状固体，吸水性极强，装于密封的玻璃或塑料瓶中。过氯酸镁为强氧化剂，吸水后不能再生来作为新吸收剂使用，不允许与有机物及还原剂相接触。国内产品价格低，但吸水效果差，粒度不均匀，粉末比例大，不利于气流通过；而国外产品，粒度较均匀，吸水效果好，使用寿命长，但价格很高。一方面，要求国内生产厂家要不断提高过氯酸镁的质量；另一方面，在使用产品时，用户要尽量减小其消耗，以降低运行成本。

过氯酸镁装于两个玻璃干燥管中，其失效周期取决于煤中水分含量及所测样品量。一般情况下，测定约 300~400 个单样后或从干燥管中观察到约 50% 受潮时，即可对受潮的过氯酸镁予以更换，而尚未完全受潮的部分在补加新过氯酸镁以后仍可继续使用。

6. 软件功能及应用

HWL-1 型红外测硫仪的软件具有多种功能，正确进行操作，将有助于掌握测硫技术，更好地发挥其作用。

只要预先输入空干燥基水分 M_{ad} 值，试验结果随即就可在显示屏上显示空干燥基全硫 $S_{t,ad}$ 及干燥基全硫 $S_{t,d}$ 的百分含量。

与此同时，显示屏上将出现煤中硫燃烧后生成 SO_2 的一条曲线，通常它具有两个明显的峰，即试样进入炉内，开始出现第一个峰，待 50s 后吹氧就出现第二个峰。最后由于试样中二氧化硫的释放完毕，此曲线趋于水平。

曲线中两个峰所包的面积大小，直接反映了含硫量的高低；另一方面，峰的形状与出现时间的先后还大体反映了硫的存在形态。煤中黄铁矿硫最易形成 SO_2，故其含量较高时开始出现的峰值较高，其后曲线迅速趋于平缓；如煤中有机硫比例较大，则前后两个峰高没有太大差别；如煤中不可燃硫比例较大时，则试样完全燃烧的时间相对较长。对多数煤样来说，在120s左右即可燃尽，曲线趋于水平状态；如试样燃尽时间达130～140s，则往往表明，煤中不可燃硫含量相对较高。

HWL－1型红外测硫仪的测试结果可以贮存、查询，并可给予操作要领的提示，可输入操作人员名单，具有多种打印方式以供选择，其测试结果还可上网等，故操作人员应熟练掌握操作，以充分发挥该仪器的软件功能。

7.样品的测定

为了保证所测结果准确可靠，每天在正式测定样品前，均应先测定含硫量相近的标准煤样，一般重复测定两次。如测试结果精密度合格，其平均值落在标准煤样不确定度范围内，说明仪器的校准系数是稳定的，则可开始测定样品。如发现标准煤样的测定结果不准，则应检查测试条件是否已有变化。如对含硫量不同的标准煤样进行测定，其结果普遍发生明显差异，则须对仪器进行全面检查后，重新标定校准系数，并经精密度、准确度检验合格后，再开始测定样品。

红外法测定煤中全硫，目前虽还未列标准方法，但由于其检测具有快速、准确、方便的特点，红外法测硫的电力行业标准即将制定，故使用国产红外测硫仪的单位将会越来越多。

第八节　煤中微量元素的测定

煤中某些微量元素不仅无害，而且具有工业提取价值，但也有些微量元素随煤燃烧后，分布于燃烧产物如烟气及灰渣中，对环境产生污染。虽然煤中有害元素的含量不高，但电厂烧煤量很大，其在环境中的积聚量就不容忽视。

在电厂中，对煤中的氟、砷及灰中的铅、镉、汞、铬等需进行检测，当其含量较高时，应经常加以监控。本节主要对电力生产影响比较大的元素氟及砷的测定方法及其在电厂生产过程中的迁移转化情况和危害性加以简要介绍。

一、煤中氟的测定

煤中含氟量一般约为0.01%～0.05%，有的低于0.005%，有的高达0.1%以上。一座600MW容量的电厂，日燃煤按6000t计，则年燃煤量约200万t。设煤中含氟量为0.015%，则全年燃煤中的氟达300t之多，其数量还是相当可观的。

1.测定装置与方法要点

煤样分解采用国标GB 4633—1984规定的高温燃烧－水解法或半熔法，前者为仲裁法，其装置见图4-13。国外采用氧弹法处理样品，但它主要适用于灰分含量较低的煤。一般说来，灰分高的煤要比灰分低的含氟量高。经分解的煤样，再制成样品溶液。以氟离子选择性电极为指示电极，饱和甘汞电极为参比电极，测量试液的平衡电位，从而计算出煤中的含氟量。

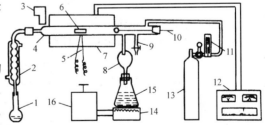

图4-13　高温燃烧—水解法测氟的装置

1—容量瓶；2—冷凝管；3—吹风机；4—石英管；5—热电偶；6—瓷舟；7—高温炉；8—防测球；9—放水口；10—进样推棒；11—流量计；12—温度控制仪；13—氧气钢瓶；14—电炉；15—磨口锥形瓶；16—自耦变压器

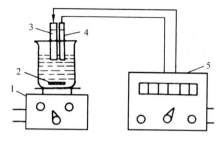

图 4-14 电位测量装置

1—电磁搅拌器；2—搅拌子；3—氟离子
选择电极（氟电极）；4—饱和甘汞
电极；5—离子计

煤样的燃烧温度最终控制在 1100℃。该装置较为复杂，电厂中普遍采用半熔法分解煤样。

半熔法分解煤样，是将煤样与混合熔剂（无水碳酸钠与氧化锌以 2：1 比例配制）混合，在箱形高温炉中于 820 ± 10℃下灼烧，用沸水浸取半熔物，过滤，用硝酸调节液调节滤液 pH 值为 6.0，加入离子强度调节缓冲溶液（柠檬酸三钠与硝酸钾以一定比例配制而成）制成样品试液。

电位的测量，按图 4-14 装好仪器，开动搅拌器，插入氟电极和甘汞电极，待电位稳定后记录下平衡电位 E_1，立即加入 1.00mL 氟标准溶液，待电位稳定后再记录平衡电位 E_2，然后按下式计算煤中的含氟量

$$F_{ad} = \frac{K\rho_s}{antilg \dfrac{\Delta E}{s} - 1}$$

式中 F_{ad}——煤中空干基含氟量；

　　s——氟电极的实测斜率；

　　ΔE——$E_1 - E_2$，mV；

　　ρ_s——氟标准溶液浓度，$\mu g/mL$；

　　K——系数。

半熔法称样 2g 时，$K = 2.5$；称样 1g 时，则 $K = 5$。高温燃烧 – 水解法称样 0.5g 时，$K = 2$。

电位测量时，首先要调节试液温度，使其与制作氟电极斜率时的试液温度相一致（相差在 ± 0.5℃内）。由于搅拌试液有助于加速氟离子到达电极表面的速度，缩短电极表面达到平衡的时间，故在电极测量过程中，应保持搅拌速度的稳定。

除应用上式计算含氟量外，常用绘制标准曲线法，由测得的电位查出对应试液中的含氟量，从而计算出煤中含氟量。特别是批量测定或经常性测定，更为方便。

2. 电厂中氟的迁移转化

氟是易挥发元素，当煤燃烧后，原煤中的氟化物在高温下分解形成气态的 HF 及少量的 SiF_4 随烟气进入大气。一般说来，煤中的氟约有 80% ~ 90% 在燃烧后形成的气态氟化物进入烟气，有 10% ~ 20% 的氟进入灰、渣，特别是存在于飞灰中。

当今大型烧煤电厂普遍采用电气除尘，它可将锅炉排放 99% 以上的飞灰收集下来，而后普遍采用水力除灰方式通过排灰管道将灰送往灰场贮存或加以利用。煤灰中的氟则部分转入冲灰水中。使灰水中含氟量较原水的大幅度增高。

灰场灰水的外排，将对环境水体产生不良影响。我国工业"三废"排放试行标准规定的废水排放后含氟量不超过 10mg/L。超标者，则要求进行除氟治理及作罚款处理。

试验表明：电厂灰水中的氟主要是来自原煤中的氟。要控制灰分中的含氟量，首先就要考虑原煤中含氟量不能高。

二、煤中砷的测定

砷也是煤中有害元素之一，其含量一般在 0.001% 以下。由于煤中砷燃烧后生成的三氧

化二砷是一种剧毒性物质，它排入大气中或部分转入灰水中，对环境都是有危害的。故电厂根据需要也测定煤中含砷量。

1. 测定方法

将煤样与艾士卡试剂（同全硫测定）混合灼烧，用盐酸溶解灼烧产物，加入还原剂，使 5 价砷还原为 3 价砷，加入锌粒，放出氢气，使砷成为砷化氢气体释出，释放出来的砷化氢被稀碘溶液所吸收，又氧化成砷酸，再加入钼酸铵 – 硫酸肼溶液使其生成砷钼蓝。其溶液的吸光度与煤样中含砷量成比例，故可用分光光度计测定。砷的测定装置如图 4-15 所示。

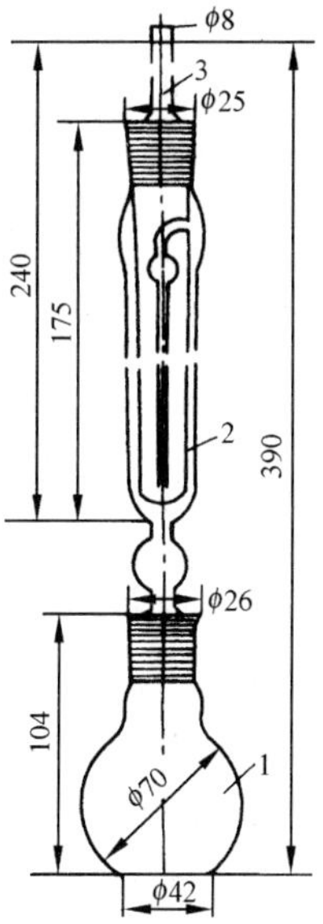

该法为标准测定方法，但测定手续较繁，灵敏度也不高，特别是对砷含量低的煤，难以测准。电厂中所使用的砷化氢发生器往往是自行组装加工而成的，规范性较差一些，它可用于常规检测试验中。

标准规定比色波长选 830mm 或 700mm。前者适于波长为 185～1000mm 的分光光度计，后者则适用于波长为 400～700mm 的分光光度计。

2. 电厂中砷的迁移转化

砷是一种挥发性元素，当煤燃烧后，它呈气态砷化物进入烟气，大部分砷将排入大气，小部分则残存于由除尘器所收集的飞灰中。文丘里湿式除尘器的喷淋水，可使较多的砷化物洗涤吸收下来，故在其下部灰水中的含砷量要高于干式除尘器灰水中的含砷量，这一结果同时表明了 pH 值的高低对灰水中砷溶解度的影响。一般说来，pH 值降低，则灰水中砷含量增高。

灰浆在排往灰场的过程中，开始时砷不断地被溶解，致使在水中砷含量有所增高，而灰水经灰场澄清一定时间后，由于灰中铝、钙、镁等元素对砷的吸附及沉淀作用，灰场外排水中含砷量则明显有所下降。

图 4-15　煤中砷的测定装置
1—圆底烧瓶；2—外套管；3—吸收管

第五章

煤的发热量测定

　　煤的发热量不仅是火电厂进煤的计价依据，也是火电厂计算标准煤耗的主要参数。测定煤的发热量，国内外普遍采用氧弹热量计。该方法沿用至今已有一个多世纪的历史，测热的原理虽未改变，但随着科学与技术的发展，热量计的结构与性能已有很大改进，操作自动化程度日异提高。

　　目前国内生产多种型号的氧弹热量计，特别是恒温式微机热量计在全国电力系统中已普遍采用，实际上已形成了取代用贝克曼温度计测温的老式恒温式热量计的局面。本章除叙述发热量的基本概念外，重点将介绍使用恒温式热量计（包括微机热量计）测定煤的发热量应该掌握的校正、计算方法与测试技能。同时指出发热量测定过程中可能会碰到的问题及其解决途径，说明发热量与电力生产的关系，从而有助于读者更好地掌握煤的发热量检测技术及了解其在电厂中的实际应用。

第一节　基　本　概　念

一、发热量的含义

　　单位质量的煤完全燃烧时所放出的热量，称为煤的发热量（或称热值），用焦/克（J/g）或兆焦/千克（MJ/kg）表示。在这里应特别指出，在阐述发热量的含义时，一定要指明：一是单位质量（克或千克）；二是必须完全燃烧。如果说煤燃烧时所产生的热量，称为煤的发热量，是不对的。

　　发热量的单位原以卡/克（cal/g）或千卡/千克（kcal/kg）表示，现已废除，但出版较早的书刊上使用此单位。

　　我国曾规定发热量的单位是20℃卡。它的含义是：在标准大气压下，1g纯水由19.5℃升高到20.5℃时所需要的热量。它与焦耳之间的关系为

　　1cal（20℃）＝4.1816J

　　1J＝0.2391cal

　　设煤的发热量为5500cal/g，如换算成 J/g 或 MJ/kg，则为

　　$5500 \times 4.1816 = 23000 \text{J/g}$；$23000 \times 10^{-6} \times 10^3 = 23.00 \text{MJ/kg}$

二、测定发热量的原理

　　测定煤的发热量，是将一定量的试样置于密封的氧弹中，在充足的氧气条件下，令试样完全燃烧，燃烧所放出的热量被氧弹周围一定量的水（即内筒水）所吸收，其水的温升与试样燃烧所放出的热量成正比。

$$Q = \frac{E(t_n - t_0)}{m} \tag{5-1}$$

式中　Q——煤的发热量，J/g；

　　　m——试样量，g；

　　　t_0——量热系统的起始温度，℃；

　　　t_n——量热系统吸收煤样放出热量后的最终温度，℃；

　　　E——热量计的热容量，J/℃。

所谓量热系统，是指发热量测定过程中，接受试样所放出热量的各个部件。除了内筒水外，还包括内筒、氧弹及搅拌器、温度计浸没于水中的部分。

对某一台热量计来说，当内筒水量、温度计与搅拌器的浸没深度以及环境温度等试验条件确定时，热容量 C 为一常数值。由式（5-1）变换一下，当所测定的不是煤样，而是已知准确发热量的物质，则意味着 Q 值已知，式（5-1）可表示为

$$E = \frac{Qm}{t_n - t_0} \tag{5-2}$$

故热容量 E 的含义，就是指热量计量热系统升高1℃时所吸收的热量。用来标定热容量比较理想的物质就是已知发热量的标准苯甲酸，有关热容量方面的问题，将在本章第六节中加以详细阐述。

预先标定出热量计的热容量，在实测煤的发热量时，只要严格按照标定热容量的条件进行测定，根据试样燃烧后内筒水的温升值，就可计算出试样的发热量。这也可以看出，在测定发热量时，温度的准确测量有着十分重要的作用。

三、发热量的表示方法

煤发热量的高低，主要取决于煤中可燃物质的化学组成，同时也与燃烧条件有关。根据不同的燃烧条件，可将煤的发热量分为弹筒、高位及低位发热量。在这里，我们将对它们进行一定性说明，至于如何进行定量计算则留至本章第八节中加以进一步阐述。

1. 弹筒发热量

所谓弹筒发热量，是指在试验室中用热量计实测的发热量，用符号 Q_b 表示。在此条件下，煤中碳燃烧后生成二氧化碳；氢燃烧后生成水气，冷却后凝结成水；而煤中硫在高压氧气中燃烧生成三氧化硫，少量氮转变为氮氧化物，它们溶于水分别形成硫酸与硝酸。由于上述反应均为放热反应，因而弹筒发热量要高于煤在实际燃烧时放出的热量。

2. 高位发热量

在电厂中常用的高位发热量用 Q_{gr} 表示。由弹筒发热量减去硫酸与二氧化硫生成热之差以及硝酸的生成热，就得到高位发热量。这是因为煤在空气中完全燃烧时，硫仅生成二氧化硫，氮则变为游离氮而没有硫酸及硝酸生成。电厂中评价煤的质量时，多采用高位发热量。

3. 低位发热量

单位质量的煤在锅炉中完全燃烧时所产生的热量，称为低位发热量，用 Q_{net} 表示。由于煤在锅炉中燃烧，煤中原有的水分及氢燃烧后生成的水呈蒸汽状态随烟气排出，而在氧弹中，水蒸气则凝结成水，故将高位发热量减去水的汽化潜热，就得到低位发热量。

1g 纯水汽化变成 1g 水蒸气所吸收的热量，称为水的汽化潜热，它与 1g 水蒸气凝结成 1g

纯水时所放出的热量相同，为2224J/g。由于煤中水分及氢的存在，煤在锅炉中的燃烧产物每含1g水蒸气就要损失2224J的热量，故低位发热量是真正可以利用的煤的有效发热量，在标准煤耗计算中，以低位发热量作为计算依据。

此外，由于煤在不同条件下的燃烧装置中燃烧，则又可分为恒容及恒压发热量。所谓恒容发热量，是指单位质量的煤样在恒定体积的容器内完全燃烧，无膨胀做功时的发热量。煤在氧弹中燃烧，是在恒定容积下进行的，由此计算出的高位发热量，相应地称为空干基恒容发热量，以符号 $Q_{gr,v,ad}$ 表示。

所谓恒压发热量，是指单位质量的煤样在恒定压力下完全燃烧，有膨胀做功时的发热量。煤在锅炉中燃烧，就是在恒定压力条件下进行的，由此计算出的低位发热量，相应地则称为收到基恒压低位发热量，以符号 $Q_{net,p,ar}$ 表示。

由弹筒发热量算出的高、低位发热量均为恒容发热量，而实际锅炉中燃烧，则为恒压发热量，二者相差甚微，一般情况下，可忽略不计，如有必要，则按下式计算

$$Q_{net,p,ar} = (Q_{gr,v,ad} - 212H_{ad} - 0.8O_{ad}) \times \frac{100 - M_t}{100 - M_{ad}} - 24.4M_t \qquad (5-3)$$

四、测定发热量的意义

除了计算标准煤耗外，锅炉热效率、热平衡的计算，煤的混烧，提高热能利用率等许多方面都需要发热量测定结果。

煤的发热量降低，则炉内温度水平下降，不利于煤的着火与燃尽，结果导致机械不完全燃烧及排烟热损失增加，致使锅炉效率下降。对锅炉运行来说，煤的发热量低到一定程度时，就难以维持正常运行。一般煤粉炉，当燃用烟煤时，要求灰分在 20% ~ 30%，最高不得超过 40%；而相应收到基低位发热量要求在 19.00 ~ 23.00MJ/kg，最低也不宜低于16.70MJ/kg。当然，在锅炉设计时，就考虑燃用低质煤或掺烧矸石等，则另作别论。

此外，我国对动力煤按发热量计价时，将 $Q_{ar,net}$ 划分为 40 个等级，每级级差为 0.5 MJ/kg，这在本书第一章第一节中已做了说明。所以电厂及时提供入厂煤的发热量，是评定入厂煤的质量及计价的主要依据之一，故每个单位都十分重视煤的发热量测定。

第二节　发热量测定装置——热量计

氧弹热量计（简称热量计）是测定燃料发热量的专用仪器，是国家规定的强制性计量检定仪器。

根据热量计的结构与性能，通常将热量计分为恒温式与绝热式两大类。无论何种类型的热量计，又有普通型与自动型之分。对热量计的类型如何划分，看法不一。例如现在不用调节内筒水温及称量水量的恒温式微机热量计不少人称之为全自动热量计，有的人则持不同意见。作者认为：普通热量计即传统的应用贝克曼温度计或棒式温度计测温，人工记录温度并计算结果的热量计。自动热量计为应用铂电阻测温－能自动记录温度并计算结果的微机热量计。是否具有自动调节水温与计量水量的功能，那只是自动化程度有所差异而已。严格地讲，这样的热量计还不能算作全自动型，因为煤样的称量、结点火丝、氧弹充氧操作等仍需人工完成。

近年来，国内外均有不用水作传热介质的干式热量计问世，虽然测热精密度略差一些，

但测试周期大大缩短，它也是另一种类型的自动热量计。

一、热量计的组成

1. 氧弹

无论何种类型的热量计，也无论采取何种测温装置，氧弹都是热量计的核心部件。在测定发热量时，煤样需置于氧弹中燃烧，它所放出的热量被内筒水所吸收。为了保证煤样燃烧完全，在氧弹中必须充以一定压力的氧气，充氧压力通常为 2.5～3.0MPa，故氧弹应能承受氧气压力及煤样燃烧过程中产生的瞬时高压，并能保持良好的气密性。

氧弹由耐热、耐腐蚀的优质不锈钢（1Cr18Ni9Ti）加工而成，它不应受燃烧过程中出现的高温及燃烧产物的影响而产生热效应，其结构如图 5-1 所示。

由图 5-1 可知，三头氧弹实际上由氧弹头、连接环及弹筒三大部分组成。供氧及排气的阀门、点火电极、燃烧皿架等，都装在氧弹头上。弹头与连接环之间借助于弹簧环将其组合在一起，它们与氧弹之间有金属或橡胶垫圈密封。当氧弹充入高压氧气时，垫圈与弹筒接触处更加密合，从而保证氧弹具有良好的气密性。

目前，国内还生产独头氧弹，其氧气输入及燃烧气体排出的进出口合一，同时它兼作一个电极，从而使氧弹头的结构有所简化，操作比较方便，也较为美观，其结构如图 5-2 所示。

一般说来，氧弹容积约为 300mL，每毫升约能承受 100J 的热量，即氧弹中试样燃烧所放出的热量通常不应超过 30000J。氧弹是一个承压容器，对它的材质及加工工艺要求很高。按国家标准 GB/T 213—1996 规定：新氧弹和新换部件（弹体、弹盖、连接环）的氧弹应经 20.0MPa 的水压试验，证明无问题后方能使用。每次水压试验后，氧弹的使用时间不得超过 2 年。氧弹气密性应该符合要求，即应能承受 3.55MPa 的氧气压力，并保持 5min 不漏气。在测定发热量时，严禁使用漏气的氧弹。

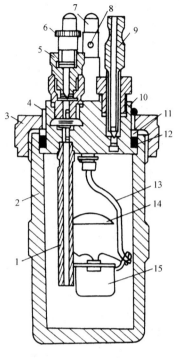

图 5-1　三头氧弹的结构

1—进气管；2—弹筒；3—连接环；4—弹簧圈；5—进气阀；6—电极柱（进气阀螺帽）；7—电极柱；8—圆孔；9—针形阀；10—弹头；11—金属垫圈；12—橡胶垫圈；13—燃烧皿架；14—防火罩；15—燃烧皿

2. 内、外筒

内筒用黄铜、紫铜或不锈钢加工而成，断面多为圆形、菱形或其他适当形状，以和外筒的结构与形状相匹配。筒内装水量通常为 2000～3000mL，以能浸没氧弹（进出气阀及电极上部除外）为宜。内筒外壁应电镀抛光，以减少与外筒间的热辐射作用。

外筒为金属材料加工的双壁容器，有时也称为外套。内、外筒之间有适当间距，通常为 10～12mm，以防内、外筒间的温度传递。外筒底部有绝缘支架，以便放置内筒。不同类型的热量计，其外筒结构有所区别。

内、外筒均为盛水的容器，特别是筒底，应该牢固、严密，不得漏水。

3. 量热温度计

当热容量标定后，测定煤的发热量，实际上就是要测准内筒水的温升。因此，对量热温

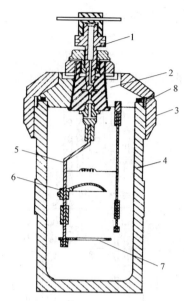

图 5-2 独头氧弹的结构
1—进气口；2—弹头；3—连接环；
4—弹筒；5—电极；6—防火罩；
7—燃烧皿架；8—橡胶垫圈

度计的精密度要求及正确使用，有着特别重要的意义。

（1）玻璃水银温度计。一种是测定量程固定的（例如 15~20℃）精密棒式温度计；一种是量程可变的贝克曼温度计。用前者测量内筒水温，需备有几支不同温度范围的温度计；用后者只需一支贝克曼温度计，因而在微机热量计没有面世以前，应用最为普遍。

（2）数字显示温度计。现在多采用铂电阻温度计，其测温精确度应不低于贝克曼温度计。国标规定，它需经过计量机关检定，在校正后，其测温准确度至少达到 0.002K，方可使用。

煤的发热量测定，实际上就是要测量内筒水在试样燃烧前后的温差，故在这种情况下，热力学温度与摄氏温度可以通用。关于量热温度计的性能、校正及使用问题将在本章第四节中详细说明。

4. 搅拌器

为了保持水温的均匀，热量计需配用搅拌器。搅拌器转速不宜太高，以免内筒水的飞溅和产生过多的搅拌热；若转速太慢，则搅拌效率太低，在短时间内（通常为 3~5min）内筒水温无法稳定，这不仅延长了试验时间，而且由于温度无法准确测量而影响了测定结果。

搅拌器的搅拌速度应能由试样点火到终点的时间不超过 10min，同时连续 10min 进行搅拌，所产生的热量应不超过 120J 或内筒温升不超过 0.01℃。另外，搅拌电机的温升不应超过 65℃。

5. 压力表与氧气导管

往氧弹中充以一定压力的氧气，是保证试样燃烧完全的必要条件。充氧压力的高低，随氧气钢瓶内的氧气压力及煤质不同而异。在测定电力用煤发热量时，充氧压力一般控制在 2.5~3.0MPa，充氧时间通常则控制在 30~60s。

一般氧气瓶装有两个压力表，右侧表指示氧气瓶内的压力，左侧表指示经减压后充入氧弹的压力。表头上应装有减压阀与保险阀，压力表应经计量机关每两年至少检定一次，以保证指示正确与使用时的安全。压力表通过无缝细钢管或紫铜管与氧弹相连接，以便充氧。压力表及其连接部分禁止与油脂接触或使用润滑油。

6. 点火装置

点火丝在纯氧中熔断，达到点燃试样的目的，根据点火时电压、电流及通电时间，就可以计算点火时消耗的电能并计算出热量。点火电压较多采用 12V，在能够满足点火要求的情况下，电压（12~24V）选较低值为好。

作为自动热量计，由于具备自动测温、控制、计算功能，故配备了带有专门测控软件的微机。

二、热量计的类型

国内电力系统中使用最普遍的为恒温式微机热量计，而国外生产的热量计则较多为绝热式微机热量计。它们均属于自动热量计，但不同型号的热量计，其自动化程度有较大差异。

1. 恒温式热量计

恒温式热量计的主体由氧弹、内筒、外筒、搅拌器、量热温度计等部件组成。传统的、应用贝克曼温度计的恒温式热量计的结构如图5-3所示。

测定发热量时，将氧弹充氧后，置于盛有一定量水的内筒中，再将内筒放入外筒内。外筒内所装水量应不少于内筒水量的5倍，加上内外筒之间有一定距离的间隔，试样燃烧后，所放出的热量被内筒水吸收，而外筒温度在测热过程中可基本保持恒定，所以这种热量计称为恒温式热量计。

对于恒温式微机热量计来说，应用铂电阻代替贝克曼温度计进行测温，利用微机记录与处理数据，其结果并能用打印机打印出来，操作更为简便，自动化程度大大提高。

国产恒温式微机热量计自80年代中期投入市场以来，已经几次更新换代，热量计的性能及其质量不断有所改进与提高。本书将简要介绍一下恒温式微机热量计的基本情况。

（1）早期的产品是采用铂电阻测温，配小型学习机及打印机，并有显示器可显示热量测定过程中内筒水温的变化，输入有关参数后，能直接计算高、低位发热量。

（2）采用铂电阻或热释电材料制成的测温探头，采用单片机自动控制测温过程，记录、计算并打印出结果。该类型热量计如不配用显示器，体积较小，价格也较低。

（3）多功能的微机热量计，不仅可以用来测定发热量，而且可以用来进行技术管理。

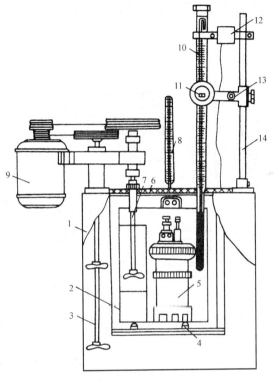

图 5-3　传统的恒温式热量计结构

1—外筒；2—内筒；3—外筒搅拌器；4—绝缘支柱；5—氧弹；6—盖子；7—内筒搅拌器；8—普通温度计；9—电动机；10—贝克曼温度计；11—放大镜；12—电动振荡器；13—计时指示灯；14—导杆

与上述热量计的主要不同之处，是配用功能较多的各式微机，如PC486或PC586型微机及打印机，并配有专门的测试软件。热量计与微机之间通过铂电阻温度计将二者联系起来。铂电阻温度计不仅可以取代贝克曼温度计测温，而且通过其阻值随温度的变化转为电压的变化，再通过放大器及A/D转换器转换为数字的变化，从而成为微机可以接收的信号。要正确地使用微机热量计，就必须正确使用氧弹热量计及操作微机系统。

现在恒温式微机热量计功能更趋多样化，例如一台微机带多台热量计，用微机控制库仑法测硫，控制煤的工业分析中高温炉升温、恒温、降温过程等。

（4）近期国产恒温式微机热量计自动化程度进一步提高，主要表现为实现了内筒水温调节与水的称量自动化，或者根本不用传统的内筒，而将外筒水直接引入内筒中，即内外筒水一体化上，同时测热周期进一步缩短，操作更为简便。

2. 绝热式热量计

所谓绝热，就是在测热的整个温升过程中，量热系统与周围环境不发生热交换。为此，热量计除与恒温式热量计具有相同的部件外，还有一套自动控温度系统，以消除量热系统与周围环境之间的温差。也就是说，在测热过程中，让外筒温度紧紧跟上内筒温度的变化，从而达到绝热的目的。绝热式热量计的结构如图5-4所示。

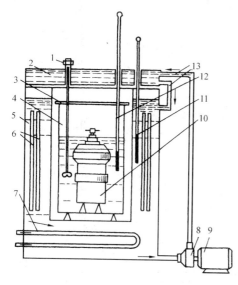

图 5-4　绝热式热量计结构
1—内筒搅拌器；2—顶盖；3—内筒盖；4—内筒；
5—绝热外套；6—加热板板；7—冷却水蛇形管；
8—水泵；9—水泵电动机；10—氧弹；11—普通
温度计；12—贝克曼温度计；13—循环水连接管

绝热式热量计的外筒（外套）与恒温式的有所不同。绝热式热量计的外套中装有加热器，通过自动控温装置，外套中的水温能紧紧跟上内筒温度。外套中的水还应在特制的双层上盖中循环。

国产绝热式热量计采用晶闸管控制线路实现温度的自动控制，使外套温度跟踪内筒温度的变化。在绝热式热量计的内筒及外套中各插入一支高灵敏度的铂丝电阻，它们与两个性能稳定的固定电阻构成一交流电桥桥路，并用一电位器调节电桥平衡。当内筒与外套温度一致时，电桥处于平衡状态。当电位器调到某一位置，可使得点火前内筒水温保持恒定，并在点火后一定时间（5～8min）内，外套温度跟上内筒温度，且实现内筒温度的恒定，这时电位器的调定点，称为平衡点。如果外套温度跟不上内筒温度，可适当旋转平衡调节钮，增大加热电流，一般控制在6～8A为宜，当外套温度与内筒温度达到一致，就消除了内外温差而达到绝热的目的。

自动控制装置的灵敏度，应能达到使点火前和终点后内筒温度保持稳定，在5min内温度变化不超过0.002℃，以及在一次试验的升温过程中，内外筒之间的热交换不应超过20J的标准。

绝热式热量计的结构要比恒温式热量计复杂一些，价格也较高，特别是它要使用冷却水。而不少单位冷却水源又不能满足绝热式热量计常年使用的要求，故在电力系统中，使用绝热式热量计的单位并不多。理论上，绝热式热量计要优于恒温式热量计，如能严格控制测试条件，其测试结果将能达到较高的准确度。如能妥善解决冷却水供应问题，又实现微机控制，则操作更为自动化的绝热式热量计供应国内市场后，将会受到用户的欢迎。

三、热量计的选用

现在，热量计基本上可分为用贝克曼温度计测温的传统热量计及用铂电阻温度计测温的自动热量计两大类，即普通型与自动型热量计。而自动型热量计，其自动化程度又有很大的差异。

评价与选用热量计，主要是根据其测试结果的精密度、准确度及使用的可靠性来进行的。前者在较短时间内就可加以评判，后者则要经较长时间观测方可得出结论。另外，选用热量计还需考虑下述诸因素：仪器结构是否合理、使用是否安全、维修是否方便、操作是否简便、加工是否精良、外型是否美观、价格是否合理等，用户只有对上述各方面予以综合分析，才能做出适当的选择。

工业用热量计，无论是恒温式还是绝热式，也不论它是否配有微机，对热容量的重复性测定要求是：5次测量的极差为小于40J/℃或者标准差小于17J/℃，热容量重复性相对误差应不大于0.2%。目前国产微机热量计热容量重复性相对误差，即RSD，均能达到小于或等于0.2%的要求，较好的热量计，在严格控制测试条件的情况下，还可达到小于或等于0.1%的高水平。结合国内的实际情况，主要还是应该不断提高恒温式微机热量计的质量，当前微机热量计的测热结果普遍呈现不同程度的偏低倾向；另一方面，不用调节内筒水温及计量水量的自动型热量计大量投放市场，由于它操作更为简便，试验周期更短，受到用户普遍欢迎。但同时，这种热量计也存在一些弊病，这将在本章后文中专门讨论。

第三节　煤的发热量测定方法

煤的发热量可用不同类型、不同型号的热量计测定。本章主要介绍应用恒温式热量计测定煤的发热量方法，并简要介绍绝热式量热计的使用方法。

一、对测热室的要求

为了减少环境因素对发热量测定结果的影响，热量计应放置于专用的测热室中，测热室内应尽可能保持温度相对恒定。

对测热室的具体要求是：

（1）测热室应避免阳光直射，室内不得进行其他试验。

（2）每次测热时室温变化不应超过1℃，冬、夏季温度以15～30℃为宜。

（3）测热时，室内应避免强烈通风及热源辐射。测试期间，不宜频繁开门。

（4）若室温不能满足第（2）条的要求，则可安装空调设备。热量计要放在适当位置，待室内温度稳定后，方可进行发热量的测定。

实践表明：温度越低，发热量越难测准，特别是在15℃以下时，更为明显。故测热室应尽可能满足上述条件。

二、发热量测定方法

传统热量计与微机热量计测定发热量的测定方法有所不同，而且在选用不同的冷却校正计算公式时，两者的测定操作也略有差异。

1. 恒温式传统热量计测定

应用恒温式传统热量计测定煤的发热量，必须在内筒水的温升上加一个校正值，即冷却校正值。现以应用最为准确的冷却校正公式——瑞—方公式为例，对发热量的测定方法加以说明。

在燃烧皿中准确称取分析煤样1～1.1g。量取一定长度的点火丝，将其两端拴结于氧弹两根电极柱上，将燃烧皿平稳地置于燃烧皿支架上，使点火丝与煤样稍许接触。往氧弹中加入10mL水，拧紧氧弹盖。往氧弹中缓慢地充入氧气，直至压力达到2.6～2.8MPa，对不易燃烧完全的煤样，充氧压力可达3.0MPa，充氧时间控制在30～60s。适当调节内筒水温，一般使内筒温度低于外筒0.6～0.8℃。称量内筒水，精确到1g，将内筒置于热量计中，把氧弹放进装好水的内筒中。如氧弹漏气，则有气泡自水中逸出，应取出氧弹，消除漏气，重新充氧，此时内筒水也应重新称量。将氧弹上的点火线接通，装上搅拌器与量热温度计。温度计应垂直插入水中，其水银球中心应位于氧弹中部。温度计和搅拌器均不得接触氧弹和内筒。

接通电源，热量计外壳不允许带电。开动搅拌器，当搅拌 5min 后，每分钟观察内筒温度的变化，直至前后两次温差小于 0.003℃时，即为初期开始，并记录温度。以后每隔 1min 记录一次温度，5min 共记录 6 次。按下点火按钮，此初期阶段的最后一个温度，即为点火温度 t_0，点火后则进入主期。在主期阶段，也是每 1min 记录一次温度直至出现温度下降，以第一个下降温度为终点温度 t_f。此时，主期结束，末期开始。在末期阶段，仍每隔 1min 记录一次温度，5min 共记录 6 次。在读取温度时，初期、末期及主期中缓升阶段均应读到 0.001℃，且每次读数前，应振荡温度计 3 ~ 5s。停止搅拌，取出温度计、内筒及氧弹。

开启氧弹排气阀，在用氧弹洗涤液测硫时，放气时间应不少于 1min，并在水中加入 0.1mol/L 的氢氧化钠标准溶液（例如准确加入 2mL）来吸收排出的气体。在滴定弹筒硫时，应将此氢氧化钠体积计入总消耗量内。打开氧弹，仔细检查弹筒内部，如发现有残存煤粉或炭黑存在，说明试样未能燃烧完全，则上述试验作废。用水洗净氧弹各部及燃烧皿，将洗涤液并入上述排气吸收液中，供测硫使用。量取残存点火丝的长度。

为了测定弹筒洗液中的硫，可把洗液煮沸 1 ~ 2min，取下稍冷后，然后以甲基红—亚甲基蓝为指示剂，用氢氧化钠标准溶液滴定，以求出洗液中的总酸量，然后按式（5-4）计算出弹筒硫含量 $S_{b,ad}$

$$S_{b,ad} = (cV/m - \alpha Q_{b,ad}/59.8) \times 1.6 \tag{5-4}$$

式中　c——氢氧化钠溶液浓度，0.1mol/L；

　　　V——滴定消耗的氢氧化钠溶液的体积，mL；

　　　m——试样质量，g；

　　59.8——相当于 1mmol 硝酸的生成热，J；

　　　α——硝酸的校正系数。

当 $Q_{b,ad} \leqslant 16.70MJ/kg$ 时，$\alpha = 0.001$；当 $16.70MJ/kg < Q_{b,ad} \leqslant 25.10MJ/kg$ 时，$\alpha = 0.0012$；当 $Q_{b,ad} > 25.10MJ/kg$ 时，$\alpha = 0.0016$。

式中 cV/m 相当于试样中所含硫酸及硝酸的量，α、$Q_{b,ad}/59.8$ 则相当于硝酸量，二者之差即为弹筒洗液中的硫酸量。由于滴定时所用氢氧化钠浓度为 0.1mol/L，故式中硫酸换成硫的系数应为 $\frac{1}{2} \times 32 \times 0.1 = 1.6$。

弹筒发热量 $Q_{b,ad}$ 按下式计算

$$Q_{b,ad} = \frac{EH[(t_n + h_n) - (t_0 + h_0) + C] - (q_1 + q_2)}{m} \tag{5-5}$$

式中　E——热容量，J/℃；

　　　H——贝克曼温度计的平均分度值；

　　　t_n——终点时内筒温度，℃；

　　　h_n——对应于 t_n 时温度计的孔径修正值，℃；

　　　t_0——点火时内筒温度，℃；

　　　h_0——对应于 t_0 时温度计的孔径修正值，℃；

　　　C——冷却校正值，℃；

q_1——点火丝产生的热量，J；

q_2——添加物如包纸产生的总热量，J；

m——样品质量，g。

冷却校正值 C 则按下式计算

$$C = nv_0 + \frac{v_n - v_0}{\bar{t}_n - \bar{t}_0}\left(\sum_1^{n-1} t + \frac{t_0 + t_n}{2} - n\bar{t}_0\right) \tag{5-6}$$

式中　C——冷却校正值，℃；

　　　v_0——初期内筒温度下降速度，℃/min；

　　　v_n——末期内筒温度下降速度，℃/min；

　　　$\bar{t}_0$——初期的平均温度，℃；

　　　$\bar{t}_n$——末期的平均温度，℃；

　　　t_0——点火温度，℃；

　　　t_n——终点温度，℃；

　　　n——从点火到主期结束的分钟数；

　　　$\sum_1^{n-1} t$——主期中从第一次温度到 $n-1$ 次温度读数之总和，℃。

2. 恒温式微机热量计测定

应用恒温式微机热量计测定，对试样的称量、点火丝的连接、水温的调节与称量、氧弹充氧等操作均与恒温式传统热量计的测定相同。

当氧弹放进内筒，将氧弹上点火线接通，装上搅拌器，插上铂电阻温度计后，余下的操作、计算均由微机完成。不同型号的微机热量计，操作有所不同，例如有的先要输入热容量及试样量数据，有的则在末期结束后输入上述参数。有的热量计全部温度数据在显示屏上显示出来，最后集中打印；有的则是每个温度值由数码管显示出来，随即打印该数据，试验全过程中，所有数据随时打印，最后打印出测定结果。

只要试验人员输入 $S_{t,ad}$、M_{ad}、M_t 和 H_{ad} 的值，现在各种微机热量计一般均能提供高、低位发热量的计算结果。

但也需指出，不能认为使用了微机热量计就消除了发热量测定操作中的人为误差。在热量测定全过程中，读取内筒温度前的全部操作仍和恒温式传统热量计一样，均靠人工来实现。人为误差依然可能产生，且上述各个环节操作不当，有可能影响微机热量计的正常运转，故我们应将微机热量计看成一个整体，按照标准规定的要求及热量计说明书上的规定正确操作，才有可能测出准确结果。

还有一点是，测试人员要正确认识并会操作传统的恒温式热量计。铂电阻的测温精确度并不高于贝克曼温度计，最好的情况也只是与贝克曼温度计相当。长期试验表明，应用贝克曼温度计（定期校验）测热稳定，而铂电阻测热似有偏低倾向，这与对铂电阻如何进行校验，其校正值如何应用有关。现在有的试验人员只会操作微机热量计，不会使用传统热量计，他们不会调节贝克曼温度计，也不会计算冷却校正，这种情况应该改变。在当前，传统的热量计，一可用作与微机热量计进行比较试验；二可作为备用热量计；三可供试验人员学习，有助于提高他们的操作水平与计算能力。

第四节　量热温度计

根据发热量的测定原理可知，要测准内筒温升，才能测准发热量。

对传统热量计，多使用贝克曼温度计测温；对微机热量计，多使用铂电阻温度计测温。本节将对这两种量热温度计予以阐述。

一、贝克曼温度计

贝克曼温度计属于移液式温度计，它可用于 $-20 \sim +155℃$ 的测温范围。它的温度刻度常为 $0 \sim 5℃$（或 $0 \sim 6℃$），可以用来测量 $5℃$（或 $6℃$）内的温度差值。

贝克曼温度计的最小分度为 $0.01℃$，借助于放大镜，可估读出 $0.001℃$，属于精密温度计，其结构如图5-5所示。贝克曼温度计有两个贮液泡：感温泡与备用泡。感温泡是温度计底部的主水银泡，为温度计的感温部分，它的水银量在不同温度间隔内可以调整；备用泡用来储存或补给感温泡内多余或不足的水银量。

贝克曼温度计有两个标尺：一是用来测量温度差的主标尺；一是备用泡处的副标尺，它表示温度计测量温度的范围，在调整主标尺测温间隔时，以此做参考，它的最小分度值为 $2℃$。

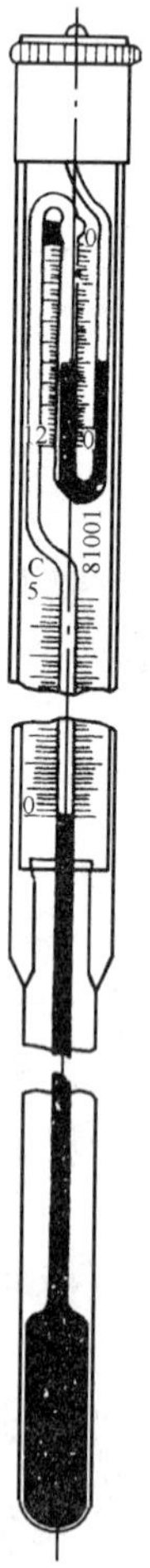

1. 贝克曼温度计的调节

虽然贝克曼温度计测温范围较宽，但在发热量测定时，一般只需应用 $15 \sim 30℃$ 范围内的温度差值。通常它可用下述方法调节。

（1）当温度计指示值偏高时，要将感温泡（底部水银泡）中的水银，部分地转移到温度计上部的备用泡中去。为此，用手紧握温度计的感温泡，水银借助于手温上升至顶部贮存泡处，待贮存泡顶部积有水银珠时，用手轻击温度计上部，让贮存泡处积有的水银落入备用泡（U形管）中，如指示值仍然偏高，则重复调节。贮存泡应积多少水银合适，一般可根据温度指示值的偏高程度来判断。

（2）当温度计指示值偏低时，要将上部备用泡中水银部分地转移到感温泡中去。此时可将温度计倒置，使上部水银集中于 U形管左侧并充满贮存泡，而后紧握温度计的中部，轻轻一甩，水银就借重力作用迅速地与顶部贮存泡中的水银相连接。这时将温度计正置过来，可以清楚地观测到上部 U形管中的水银向下转移。根据副标尺上的刻度标记可大体上判断所转移的水银量。轻击温度计，使水银柱断开，用温度计测温，如指示值仍然偏低，则应重复调节。

贝克曼温度计的毛细管内如果存在小气泡，则上下水银柱很难连接，这是使用中常见的问题。如果温度计中内标尺活动，水银柱易断裂成若干小段等，也不宜选用。

2. 贝克曼温度计的校正

贝克曼温度计在使用前，应经国家计量机关检定，提供两项校正值：一是毛细管孔径修正值，一是平均分度值。贝克曼温度计检定周期为二年。

图5-5　贝克曼温度计

由于加工水平的限制，贝克曼温度计的毛细管内径不可能十分均匀，因而必须做出相应的校正，这就是毛细管孔径修正。其修正值用温度来表示，例如在 1.000℃时，修正值为 0.002℃，则修正后的温度为 1.002℃。

所谓平均分度值，是指经孔径修正后的刻度值变化 1℃时所相当的实际温度，平均分度值在不同温度范围内是不同的。例如，同样在主标尺上刻度 1℃，在 20～21℃时表示的实际温度是 1.000℃；在 50～51℃时，则为 1.012℃；而在 150～151℃时，则为 1.041℃。

当测量温度较低时，感温泡中水银量相对增多，水银体积伸缩量相对增大，故实际温度变化 1℃，主标尺上指示的温度并不恰好是 1℃，而是大于 1℃，例如 1.002℃，那么平均分度值 H 应为 $1/1.002 = 0.998$。这样，在此测量温度下，由贝克曼温度计所测得的 1℃温度变化，实际上应为 0.998℃的温度变化；反之，当测量温度较高时，感温泡中的水银量相对减少，水银体积的伸缩量相对缩小，平均分度值 H 大于 1。平均分度值基本上随温度的升高而有规律的增大。

在测定发热量时，由贝克曼温度计所测得的终点与点火之间的温差分别经孔径修正后，其差值还要乘上平均分度值，才是真正的温升值。

3. 基点、基准及露出柱温度

在使用贝克曼温度计时，还经常碰到基点温度、基准温度及露出柱温度等概念，现加以说明。

（1）基点温度。指贝克曼温度计 0°刻度时所代表的温度。它实质上是贝克曼温度计感温泡中水银量多少的一种表示方法，基点温度越高，则意味着感温泡中水银越少；反之，则越多。在不同温度范围测量时，需要调节感温泡中的水银量，这样基点温度将发生改变。

（2）基准温度。指对贝克曼温度计的主标尺进行分度时的起始温度。例如标准贝克曼温度计的基准温度为 0℃，其测温范围为 0～5℃，平均分度值 $H = 1.000$。当基点温度高于基准温度时，$H > 1.000$；当基点温度低于基准温度时，$H < 1.000$；当二者相等时，$H = 1.000$。标准贝克曼温度计测温范围低于 0～5℃时，$H < 1.000$；测温范围高于 0～5℃时，则 $H > 1.000$。

（3）露出柱温度。指温度计露出水面上的水银柱所处的温度。它是用普通温度计放在贝克曼温度计露出液面部分来测量的。

当露出柱温度高于被测温度时，温度计水银柱受环境温度较高的影响，指示值将高于被测温度；反之，则低于被测温度。在实测发热量时，由于一般环境温度波动较小，通常是以室温来近似地代表露出柱温度。平均分度值与露出柱温度有关，故在检定贝克曼温度计的平均分度值时，都有对应的露出柱温度。例如在 20～25℃及 30～35℃时，露出柱温度分别规定为 20℃及 22℃。

4. 贝克曼温度计检定结果的应用

某一支贝克曼温度的检定结果如表 5-1 及表 5-2 所示。

表 5-1　　平均分度值的检定结果　　　　　　　℃

被检定温度范围	露出柱平均温度	平均分度值
20～25	20	0.999
30～35	22	1.002

表 5-2　　毛细管孔径修正的检定结果　　　　　　　℃

分度值	0	1	2	3	4	5
修正值	0.000	0.000	−0.001	0.000	−0.007	0.000

在使用时，露出柱温度（近似用室温来代替）比表 5-1 中的露出柱平均温度高 6℃，则平均分度值相应地减少 0.001℃；反之，如低 6℃，则平均分度值相应地增加 0.001℃。若偏差小于 3℃，则此修正值可以忽略不计。

贝克曼温度计的平均分度值主要取决于基点温度、温度计的浸没深度及露出柱温度等。在标定热容量及测定发热量时，如测量温度相接近，则可以不用调节温度计。这样贝克曼温度计的基点温度及温度计浸没深度二者可以保持不变，但露出柱温度的变化是不可避免的。

在发热量测定中，露出柱温度对平均分度值的影响可按下式计算

$$H = H_0 + 0.00016(t - t_0) \tag{5-7}$$

式中　H——测定发热量时的平均分度值；

　　　H_0——标定热容量时的平均分度值；

　　　t——标定热容量在点火时的露出柱温度，℃；

　　　t_0——测定发热量在点火时的露出柱温度，℃；

0.00016——水银对玻璃的相对膨胀系数。

由式（5-7）计算可知，当测定发热量时露出柱温度比标定热容量时的平均露出柱温度低 6.25℃时，平均分度值应加上 0.001℃；反之，如高 6.25℃，则应减去 0.001℃。

我国计量机关检定贝克曼温度计时，每隔 1℃ 检定一个点并提供毛细管孔径修正值。由于观测温度往往不是整数，这就需要按检定证书上所给出的修正值用内插法求出相应的温度修正值。而在实际使用中，更多的是将毛细管孔径修正值与温度指示值之间绘成曲线，如按表 5-2 所列数据绘成的曲线见图 5-6。若温度指示值为 3.502℃，由图 5-6 查出其孔径修正值为 −0.0035℃，故经修正后的温度为 3.498℃。

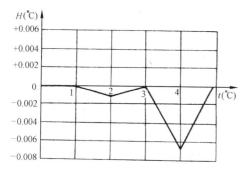

图 5-6　贝克曼温度计毛细管孔径的修正

二、铂电阻温度计

铂电阻的特性参数是：电阻温度系数 α_0^{100} 为 $3.8 \sim 3.9 \times 10^{-3}℃^{-1}$，电阻率为 $0.0981\Omega \cdot mm^2/m$；测温范围为 $-200 \sim +500℃$，电阻丝直径为 $0.05 \sim 0.07mm$，电阻值与温度关系为近似线性。

铂在氧化气氛中，甚至在高温下物理及化学性能均非常稳定。铂电阻的特点是：准确度高，性能稳定、可靠。

铂电阻体是将铂丝绕在云母、石英或陶瓷支架上制成的，之所以用上述材料做支架，是因为它们的体积膨胀系数小，绝缘性能好，能耐高温，并有一定的机械强度。从电阻体通向接线盒的导线，称为引出线，工业上所用的铂电阻，通常用 1mm 的银线作为引出线。在使用电桥作测量仪表时，铂电阻的引出线为三根，引出线上有绝缘套管，以防引出线之间短路。为了使铂电阻体免受外界的影响以延长使用寿命，一般外面均有保护套管。

铂的纯度以 R_{100}/R_0 来表示，R_{100} 及 R_0 分别表示 100℃ 及 0℃ 时铂电阻的阻值。对于标准仪器的铂电阻，其 R_{100}/R_0 不得小于 1.3925；对于一般工程上常用的铂电阻，其 R_{100}/R_0 = 1.391。R_{100}/R_0 值越大，说明纯度越高。

铂电阻使用前需进行校验。工业上常用比较法校验，利用标准玻璃温度计或标准铂电阻

温度计来校验被测铂电阻。此外，还可用校验 R_0 和 R_{100}/R_0 的方法来判断铂电阻是否合格。如这两个参数的误差不超出允许的误差范围，则认为铂电阻合格，也就是说只要校验0℃与100℃的电阻的阻值即可。

对铂电阻来说，Ⅰ级品 $R_{100}/R_0 = 1.3910 \pm 0.0007$，$R_0$ 的允许误差为 $\pm 0.05\%$；Ⅱ级品 $R_{100}/R_0 = 1.3910 \pm 0.001$，$R_0$ 的允许误差为 0.1%。Ⅰ级品最大允许偏差为（0～500℃范围）：$\pm (0.15 \pm 3.0 \times 10^{-3} t)$；Ⅱ级品为 $\pm (0.3 \pm 4.5 \times 10^{-3} t)$，$t$ 为铂电阻体温度（℃）的绝对值。微机热量计配用的铂电阻温度计（即探头），由电子平衡电桥测量其阻值，并将对应的温度值显示和记录出来。

在发热量测定中，内筒水温一般与室温相一致，使用温度范围一般在15～30℃。由于铂电阻阻值随温度的变化也非严格线性，它也存在一个平均分度值的问题。也就是说，铂电阻温度计指示1℃所相当的实际温度并不一定是恰好1℃，故也需要予以定期检验。

目前，各单位购置微机热量计时，均由生产厂配套供应铂电阻温度计，使用过程中也不予以校验，这是微机热量计使用中存在的问题之一。从多种型号的微机热量计测定煤的发热量结果来看，较普遍地存在不同程度的偏低倾向，这一现象很可能与铂电阻温度计的出厂质量及其校验有关。在测定发热量时，使用铂电阻温度计（探头）应注意以下几点：

（1）它应垂直地置于内筒中，其端部位于氧弹的中部。

（2）防止摔碰，对铂电阻温度计要妥善保护。

（3）在使用前，将其保护套管中的积水甩净，以防所测温度不能真正反映内筒温度情况。

除上述温度计可用于热量测定中测量水温，市场上还有一种石英晶体测温仪也可用于热量测定。该测温仪系利用石英晶体的压电效应原理，即石英晶体在一定切型的切角下，因温度变化引起石英晶体频率呈一定规律性变化，并经一系列数据处理后即得到被测温度。其分辨率可达到 0.0001℃。

由本章第三节可知，当热量计热容量标定以后，测得试样燃烧后内筒的温升，就可计算出试样的发热量。故温度能否准确测量，直接关系到发热量测定结果的准确性。

在试验室热量测定准确到焦，而修正到10J报出结果。与此相对应，温度的测量精确度不能太低，例如传统的贝克曼温度计可测准到1/100℃，能读到1/1000℃，它属于精密温度计；另一方面，温度计的测温精确度也不是越高越好。在热量测定时，其测定结果的准确性取决于样品的称量、水的计量、标定热容量的苯甲酸级别、测温精确度等多种因素，仅仅是测温精确度提高了，并不能使热量测定结果准确性提高，故温度计的测温精确度不是越高越好。

三、测温单元性能

我国标准对热量计测温单元的基本要求是：测量范围0～39℃；分辨率0.001℃。现在各厂家生产的热量计普遍能达到这一要求。

我国的有关行业性标准还对测温单元的线性度、重复性、稳定性误差、响应时间、温度与湿度的适应性及其他方面做出了具体规定。

（1）线性度误差。有关标准规定：测温单元在15～35℃范围内，温度每变化5℃，其分辨率误差不超过 ± 0.002℃；在10～15℃范围内，温度变化5℃，其分辨率误差不超过 ± 0.003℃。

(2) 重复性误差。测温单元重复性误差不超过 $\pm 0.002℃$。

(3) 稳定性误差。测温单元的稳定性误差不超过 $\pm 0.002℃$。

(4) 响应时间。测温单元温度响应时间（时间常数）不大于 10s。

(5) 温度适应性。测温单元温度适应性应符合 GB6587·2 第Ⅱ组仪器的规定。

(6) 湿度适应性。测温单元湿度适应性应符合 GB6587·3 第Ⅱ组仪器的规定。

第五节　冷却校正值及其计算

冷却校正值是使用恒温式热量计测定发热量的一项重要的校正值，计算的正确与否直接关系到发热量测定结果的准确性。本节将阐述冷却校正值的含义及其计算方法。

一、冷却校正值及升温曲线的一般形式

用恒温式热量计测定发热量的过程中，它的内外筒水温之间始终存在着一定的温度差，此差值随时间的改变而改变。在一般情况下，点火前内筒温度总是低于外筒温度，这时内筒是吸热的，但在点火以后，随着试样热量的释放，内筒水温升高，它将越过吸热与散热的分界线而高于外筒温度，此时内筒是散热的。为了消除内外筒热交换对温升的影响，就必须对内筒温升加上一校正值，称之为冷却校正，通常用符号 C 来表示。

在发热量测定主期，内筒从吸热转为散热，冷却校正值就是由这两部分热交换所引起的，故它在数值上也就有正负之分。在绝大多数情况下，测定主期内筒散热量往往大于吸热量，从而表现为主期温升偏低。也就是说，冷却校正值常为正值。

为了消除内外筒的热交换对发热量测定结果的影响，应该对所观测的温升值 $t_n - t_0$ 加上冷却校正值 C，则发热量 Q_0 为

$$Q_0 = \frac{(t_n - t_0 + C)}{m}$$

对于绝热式热量计来说，由于内外筒温度之间不存在热交换，故冷却校正值 $C = 0$。升温曲线的一般形式如图 5-7 所示。

二、冷却校正值的计算

冷却校正值计算的理论基础是牛顿冷却定律，即一个物体的冷却速度与该物体的温度 t 和其所处环境温度 t_j 之差成正比，即

$$v = K(t - t_j) \tag{5-8}$$

式中　K——冷却常数，min^{-1}。

对热量计来说，还应考虑搅拌热、蒸发热等各种产生热效应的因素，图中对上式还应加以修正，即加上一个常数项 A，即

$$v = K(t - t_j) + A \tag{5-9}$$

式中　A——综合常数，$℃/min$。

冷却校正值 C，由下述积分值来表示

$$C = K \int_0^n (t - t_a) d\tau \tag{5-10}$$

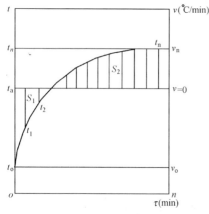

图 5-7　升温曲线的一般形式

式中　t_a——$-dt/d\tau = 0$ 时的内筒温度；

　　$d\tau$——时间（分）的微分；

　　K——冷却常数。

$t - t_a$ 是时间 τ 的函数，但它不能以一般形式表示。上述积分值只能用图解法或其他近似计算的方法加以计算。

根据一次热量的测定过程，记录时间与内筒温度数据，绘制出升温曲线，这正如图 5-7 所示。左方纵坐标表示内筒温度 t（℃），右方纵坐标表示内筒温度下降速度 v（℃/min），横坐标表示时间 τ（min）。t_0 及 t_n 分别为点火及终点温度，而它们对应于右方纵坐标上的温度下降速度则为 v_0 及 v_n。v_0 即初期中内筒温度 30s 内的平均下降速度，℃/30s，v_n 即终期中内筒温度 30s 内平均下降速度，℃/30s。

图 5-7 中，利用图解法可将时间—温度曲线转换为时间—温度变化（下降）速度曲线。

可以用求算 $\int_0^n v d\tau$ 来代替求积 $K\int_0^n (t - t_a)d\tau$，从而避免了 K 值的求算。

应该指出，由于内外筒温差造成内筒温度下降，在其终期温度下降速度 v_n 具正值；而初期，内筒处于吸热阶段，内筒温度不是下降而是上升，故初期温度下降速度 v_0 具负值。

在正常的热量测定中均可找到温度下降速度 v 等于零的这一点。当 v 等于零时的内筒温度，就是吸热与放热的分界线。此时，既不吸热，也不放热。当内筒温度低于 t_a 时，内筒吸热；反之，则散热。

测热过程中，由内外筒的温差所造成的温升值的误差，也就是冷却校正值，它应为冷却速度按时间累积的总和，v 是随时间 τ 改变而改变的变量，故要用积分法求得，即 $c = \int_0^n v d\tau$。

求冷却校正值 C，也就是求算积分值 $\int_0^n v d\tau$，即求算升温曲线与 t_a 线所包围的面积，也就是图 5-8 中粗线所包围的面积 S_1 和 S_2。面积 S_1，相当于吸热阶段，S_2 则相当于散热阶段，因而，计算冷却校正值 C，也就是求 S_1 与 S_2 这两块面积的代数和。换言之，求面积 S_2 与面积 S_1 的差值。如何计算面积 S_2 与面积 S_1，有着各种冷却校正的计算公式。如前所述，在热量测定时，校正值 C 应该加在内筒温升 $(t_n - t_0)$ 上，以消除内筒温度由于散热而造成的温度降。

有各种公式可以计算冷却校正值，其中应用最多的是国标公式、瑞—方（Regnault-Ptaundler）公式。另外，本特（Bunte）公式也长期为人们所使用，上述各种公式的理论基础均是牛顿冷却定律，所不同的是计算方法有所差异。

本特公式与瑞—方公式，都是将测热全过程分为三个阶段，即初期、主期与末期；而国标公式免除了三段法，缩短了试验时间，现在将如何应用上述公式作一说明。

1. 本特公式

为了简化冷却校正计算，一般均采用图解法。

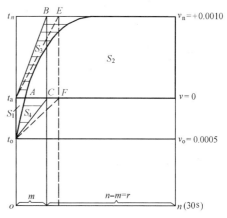

图 5-8　本特公式的推算

本特公式的数学表达式为

$$C = \frac{m}{2}(v_0 + v_n) + (n - m)v_n \qquad (5\text{-}11)$$

我们可以根据温升曲线对上述结果进行一下推算。一方面，这有助于理解冷却校正公式；另一方面，也能进一步了解各种因素对冷却校正值的影响。

设 $v_0 = -0.0005℃/30s$，$v_n = +0.0010℃/30s$，本特公式推算如图 5-8 所示。

主期中速升（即每 30s 大于 $0.3℃$）的次数 m 处做一垂线，连接 Bt_a 及 Ct_0 线。在 t_a 线以上，可以求出梯形 $t_a Bv_n v$ 的面积，即图 5-8 中的面积 S_2 与 S_3 之和；在 t_a 线以下，可以求出三角形 $t_a t_0 C$ 的面积，它等于面积 S_1 与 S_4 之和。求冷却校正值 C，就是求面积 $S_2 - S_1$。也就是梯形面积（$S_2 + S_3$）减去三角形面积（$S_1 + S_4$）。$S_2 - S_1$ 的误差完全取决于 S_1 与 S_4 的差值，而本特公式就是采取上述近似方法计算冷却校正值的。

梯形 $t_a Bv_n v$ 的面积 $= \dfrac{(n - m) + n}{2} \times v_n$

三角形 $t_a t_0 C$ 的面积 $= -\dfrac{m}{2} v_0$

由于 v_0 具负值，所以面积 $\dfrac{m}{2} v_0$ 前应加负号，使面积具有应有的正值。

梯形面积 $t_a Bv_n v$ － 三角形面积 $t_a t_0 C = \dfrac{r + m + r}{2} v_n + \dfrac{m}{2} v_0 = \dfrac{m}{2} v_n + rv_n + \dfrac{m}{2} v_0$

$$= \frac{m}{2}(v_0 + v_n) + (n - m)v_n$$

这就是本特公式所具有的表达形式。

式中　v_0——初期内筒降温速度，$℃/0.5min$；

　　　v_n——末期内筒降温速度，$℃/0.5min$；

　　　m——升温速度小于等于 $0.3℃$ 的 30s 数，第一个 30s 不论快慢均应计入 m 中，若平均升温速度均小于 $0.3℃$，则 $m = 4$；

　　　n——点火到终点的 30s 数。

由式（5-8）可以看出，v_0 愈小，即初期内筒温度上升愈快，则表示吸热愈多，冷却校正值相对较小。v_n 愈大，则意味着末期内筒温度下降愈快，则散热愈多，冷却校正值自然较大。

当测定低发热量的煤时，如主期中升温速度都小于 $0.3℃/0.5min$，则 m 值选 4。

现以某一试样的实测数值为例计算如下：

初　期	主　期				末　期
0.848	1.1	2.817	2.862	2.859	
0.849	1.9	2.837	2.862	2.857	
0.850	2.4	2.849	2.861	2.855	
0.851	2.61	2.856		2.853	
0.852	2.72	2.860		2.851	
0.853	2.782	2.861			

$$v_0 = -0.0005\,℃/0.5min$$

$$v_n = +0.0010\,℃/0.5min$$

$$m = 3$$

$$n - m = 12$$

代入式（5-8），$C = \dfrac{-0.0005 + 0.0010}{2} \times 3 + 0.0010 \times 12 = 0.0128$（℃）

本例中，点火温度 $t_0 = 0.853℃$，终点温度 $t_n = 2.861℃$，故内筒温升 $t_n - t_0 = 2.008℃$，还应加上冷却校正值 $0.0128℃$，即 $2.0208℃$ 才是真正的温升值。

由上述计算可知：在发热量测定过程中记录了很多次内筒水温的数据，其中最为重要的是点火温度 t_0、终点温度 t_n 以及全部试验的最后一个温度。设其他数据全部不变，最后一个温度不是 2.851，而是 2.849，则

$$C = \dfrac{-0.0005 + 0.0012}{2} \times 3 + 0.0012 \times 12 = 0.0154 （℃）$$

若该热量计热容为 14000J/℃，则冷却校正值 $0.0128℃$ 对热量的影响为 179.2J，冷却校正值 $0.0154℃$ 对热量的影响为 215.6J，二者之差为 36.4J。通过实例计算，将使我们进一步了解到冷却校正值的计算对发热量测定的影响是很大的。

本特公式计算冷却校正值，其准确性不及瑞—方公式，其计算结果稍许偏高，计算特别简单，这是其主要优点，该公式在电力系统中曾长期使用。

本特公式计算出的冷却校正值较瑞—方公式计算结果略高，如将此公式稍做修正，即 $C = \dfrac{m}{2}(v_0 + v_n) + (n - m - 1)v_n$，那么二者计算的结果就十分相近。

2. 国标公式

国标公式对冷却校正值 C 的计算如下

$$C = (n - a)v_n + av_0 \tag{5-12}$$

式中　n——由点火到终点的持续时间，min；

$\quad\quad v_0$——在点火时内外筒温差影响下造成的内筒降温速度，℃/min；

$\quad\quad v_n$——在终点时内外筒温差影响下造成的内筒降温速度，℃/min。

当 $\Delta/\Delta 1'40'' \leqslant 1.20$ 时，$a = \Delta/\Delta 1'40'' - 0.10$；当 $\Delta/\Delta 1'40'' > 1.20$ 时，$a = \Delta/\Delta 1'40''$，其中 $\Delta = t_n - t_0$，为主期内总温升；$\Delta 1'40''$ 为点火后 $1'40''$ 时的温升（$\Delta 1'40'' = t_{1'40''} - t_0$）。

根据点火时和终点时的内外筒温差 $(t_0 - t_j)$ 和 $(t_n - t_j)$ 从 $v - (t - t_j)$，关系曲线中查出 v_0 及 v_n（参见 GB/T 213—1996），或者根据预先标定出的冷却常数 K 及综合常数 A 值计算出 v_0 及 v_n

$$v_0 = K(t_0 - t_j) + A \tag{5-13}$$

$$v_0 = K(t_n - t_j) + A \tag{5-14}$$

式中　K——热量计冷却常数，min^{-1}；

$\quad\quad A$——热量计综合常数，℃/min；

$\quad\quad t_j$——外筒温度，℃；

$\quad\quad t_0$——点火温度，℃；

t_n——终点温度，℃。

由式（5-12）和式（5-13）可以看出，v_0 及 v_n 值是根据观测到的内外筒温差及预先标定好的仪器常数 K 与 A 求得的。故这样就取消了初期与末期，同时减少了主期的温度读数，而常数 K 及 A 可以与热容量标定一起确定。

国标公式的计算比本特公式麻烦，其准确度同样不及瑞—方公式。

3. 瑞—方公式

瑞—方公式的数学表达式为

$$C = nv_0 + \frac{v_n - v_0}{\bar{t}_n - \bar{t}_0}\left(\sum_1^{n-1} t + \frac{t_0 + t_n}{2} - n\bar{t}_0\right) \tag{5-15}$$

该公式的最大特点是准确性高，国际标准及不少国家标准中均应用此式计算冷却校正值，我国计量检定规程 JJG672—1990《等温型氧弹热量计》也规定用瑞—方公式计算冷却校正值。

瑞—方公式的最大不足在于计算麻烦，然而现在普遍采用微机热量计，冷却校正值已不需要人工而由微机计算而得。目前，国产的各种微机热量计对冷却校正值计算公式均可在三个公式中任选一个，在电力系统中，选用瑞—方公式者较多。

现举一实例加以说明：

初 期	主 期		末 期
0.848	1.06	2.608	2.620
0.849	1.84	2.621	2.618
0.850	2.32	2.623	2.616
0.851	2.516	2.622	2.614
0.852	2.579		2.612
0.853			

$$v_0 = -0.001℃/min$$

$$v_n = +0.002℃/min$$

$$n = 9min$$

$$t_0 = 0.853℃$$

$$t_n = 2.622℃$$

$$\bar{t}_0 = 0.8505℃$$

$$\bar{t}_n = 2.616℃$$

$$\sum_1^{n-1} t = 18.167℃$$

将上述参数代入瑞—方公式

$$C = 9 \times (-0.001) + \frac{0.002 - (-0.001)}{2.616 - 0.8505}\left(18.167 + \frac{0.853 + 2.622}{2} - 9 \times 0.8505\right)$$

$$= -0.009 + \frac{0.003}{1.7655}(18.167 + 1.7375 - 7.6545) = 0.0118 \text{（℃）}$$

瑞—方公式是最准确也是最具实用价值的计算公式。各个国家普遍以此公式为标准来计算冷却校正值，它是以 $t - \tau$ 曲线为基础的一种冷却校正计算公式

$$C = K \int_0^n (t - t_a) \mathrm{d}\tau$$

将图 5-7 中的 $t - \tau$ 曲线和 t_a 线所包围的面积（即图中的 S_1 及 S_2）按 1min 间隔分成若干小块面积 A_1、$A_2 \cdots A_n$，把每分钟的升温曲线看成直线，则每小块面积可近似的看成为梯形面积，S_1 与 S_2 即为全部小梯形面积之和。

故上式 $C = K \int_0^n (t - t_a) \mathrm{d}\tau \approx K \sum_{i=0}^n Ai$

根据牛顿冷却定律　　$v_0 = K (\bar{t}_0 - t_a)$

$$v_n = K (\bar{t}_n - t_a)$$

求出　　　　　　　　　　$K = v_n - v_0 / (\bar{t}_n - \bar{t}_0)$

由此，即可求出 $K \sum_{i=0}^n Ai$，经简化后即得到瑞—方公式所表达的形式。

第六节　热容量及其标定

热量计的热容量是计算燃料发热量的最基本参数，正确标定热容量，是保证发热量测定结果准确可靠的必要前提。而且发热量测定操作与热容量标定操作基本相同。掌握了热容量标定技术，可以说也就掌握了发热量测定技术，故热容量及其标定具有十分重要的意义。

一、热容量与水当量

热量计的热容量，是指量热系统刊高 1℃所吸收的热量，单位为 J/℃，用符号 E 表示。热容量有时又称为能当量。例如某热量计的热容量为 14800J/℃，这就是说，该热量计的量热系统升高 1℃，需要吸收 14800J 的热量。

在这里所指的热容量，实际上包括内筒水及浸没于内筒水中的氧弹、搅拌器、温度计等各部件热容量之总和，即

$$E = cm + c_1 m_1 + c_2 m_2 + \cdots + c_n m_n$$

式中　　　　　　　E——热容量，J/℃；

c——水的比热容，4.18J/（g·℃）；

m——水的质量，g；

c_1、c_2、$\cdots$、c_n——量热系统各部件的比热容，J/（g·℃）；

m_1、m_2、$\cdots$、m_n——量热系统各部件的质量，g。

$c_1 m_1$、$c_2 m_2$、$\cdots$、$c_n m_n$ 等数值，虽不易直接测定，但当测出量热系统的热容量 E 值后，减去内筒水的热容量，就可求算出来。通常 1g 水升高 1℃需要吸收 4.18J 的热量。例如上述热容量为 14800J/℃ 的热量计，内筒装水量为 3000g，那么热量计各部件的热容量为 14800 -（3000 × 4.18）= 2260J/℃，这也就是相当于 2260/4.18 = 540g 水升高 1℃所吸收的热量，此相当于水的量，称为水当量。故该热量计的热容量为 14800J/℃，而水当量为 540g。在早期出版的书刊中，往往将热容量也称为水当量，实际上二者是不同的，不可混为一谈。

二、热容量与温度的关系

对于不同热容量的热量计，内筒水所吸收的热量都是主要的。上例中热容量为 14800J/℃ 的热量计，其内筒水量为 3000g，故其中水的热容量占热量计热容量的 85% 左右，

而其他材质（主要是钢材）仅相当于540g水的热容量，约占热量计热容量的15%；对热容量为10500J/℃的热量计来说，内筒水量为2000g，其水的热容量占热量计热容量的80%左右，而其他材料仅占20%。

温度对热容量的影响是多方面的。热容量的计算公式是以贝克曼温度计基点温度没有改变为前提的，由于重新标定热容量的温差限制在5℃以内，故基点温度的变化对热容量的影响一般也就忽略不计。如果要考虑基点温度改变必须重测热容量的问题，则可按下述方法处理：

贝克曼温度计每升高10℃，分度值一般增加0.004。设标定热容量时的基点温度为t_1，测定发热量时基点温度为t_2，则可把原热容量乘上系数$[1+0.0004(t_2-t_1)]$作为新热容量。另一方面，水的比热容并不是一个常数，而是随温度变化而变化，温度越高，水的比热容越小，且相邻温度间的差值也越小，见表5-3。同时，水的汽化热也随温度的升高而降低。

表5-3　　　　　　　　　　　　　　　　水的比热容与温度的关系

水温（℃）	10	12	14	16	18	20	22	24	26	28	30
比热容(J/(g·℃))	4.18699	4.18411	4.18168	4.17972	4.17800	4.17671	4.17562	4.17483	4.17411	4.17361	4.17332

对于量热系统中的其他材料，如主要部件氧弹，由不锈钢加工而成，它的比热容远比水的比热容小，例如1Cr18Ni9Ti不锈钢的比热容为0.50J/（g·℃），而它的比热容随温度的升高而增大，因而得以部分地抵消了水的比热容受温度变化对热容量的影响。

国标规定，实测发热量和标定热容量时，内筒温度差限制在5℃以内，就是考虑到各种因素受温度变化而致使热容量值有所改变。

三、热容量的标定

（一）苯甲酸的选用与处理

苯甲酸又名安息香酸，它是由碳、氢、氧三元素组成的有机化合物，化学式为C_6H_5COOH。由于它易于提纯，不易吸水，燃烧性能稳定，故普遍采用精制的标准苯甲酸来标定热容量。供标定热容量的苯甲酸，必须经国家计量机关检定并标有精确热值。

在选用苯甲酸时应注意：

（1）没有精确热值的苯甲酸不能用，热值必须精确到1J。

（2）受潮的苯甲酸不能用，因为它可能无法着火燃烧。即使可以燃烧，其标定结果也不可靠。

（3）最好使用机械加工的苯甲酸片剂。人工压饼时，异物（压饼机电镀粉末）的引入很难完全避免。

人工压饼时，应先将苯甲酸研细并置于盛有浓硫酸的干燥器中干燥2~3d或者在40~50℃低温下干燥4h，冷却后压成试饼。每个苯甲酸试饼重约1g，为此可在压饼前粗称苯甲酸；试饼宜压实一些，然后再用小刀将试饼表面刮净，以保证不为杂物所污染，这样有助于提高热容量标定结果的精密度。

（二）热容量标定操作与结果计算

热容量标定与发热量测定操作基本相同。

1．传统热量计热容量标定

（1）标定热容量时，苯甲酸应称准到 0.0002g，但无需将苯甲酸试饼加工到恰为 1.0000g。

（2）结点火丝及棉纱线（测煤样时无需棉纱线）。选用原色纯棉纱线，且需要准确称量，从而计算出棉纱线的热量。将棉纱线在点火丝中部打一个结，其尾部拧成一股并与苯甲酸试饼相接触。如不用棉纱线，只用点火丝，操作方便一些，但易造成二者接触不良致使点火失败。

（3）借助于带刻度的量管往氧弹中加入 10mL 水。为上紧氧弹，可一手扶住弹头，另一手旋转弹体，可先顺时针方向旋转，再逆时针方向旋转一下以防咬丝，最后还是按顺时针方向上紧氧弹。如氧弹弹头与连接环分开，弹体无法旋转，则按上述方法将连接环上紧。

（4）调节内筒水温，通常内筒较外筒低 0.6～0.8℃，二者的差值随热量计热容量增大而减小。对同一台热量计来说，二者的差值随产生热量的增大而增大。总之，调节内筒水温的原则是使得终点时内筒温度得以缓慢下降。每次将内外筒水温差调节到一个固定值，例如 0.5℃ 是不适宜的。注意测量水温时务必先将水温调匀，内筒水温应用 0.1℃ 分度的温度计测量。

（5）应用感量 1g，称量 5kg 的工业电子天平或机械天平称量内筒及其水量。如无合适的称量用工业天平，也可改用容量法量取一定体积的水注入内筒中。但应注意水的密度随温度升高而减小，具体方法参见本章第十节。

（6）往氧弹中充以 2.6～2.8MPa 氧气，当达到规定压力后维持 30～60s，此充氧时间随氧气钢瓶内的压力减小而适当延长。当瓶内压力低于 5MPa 时，则应更换新瓶。对于仍使用 0～25MPa 及 0～4MPa 的双表头压力表者，应更换使用 0～25MPa 及 0～6MPa 的双表头压力表，0～4MPa 的减压表不能满足充氧 2.5～3.0MPa 的要求。注意如氧弹充氧压力超过 3.0MPa，则应将氧气排掉，重新充氧。

（7）将充好氧的氧弹置于已装有一定量水的内筒中，接上电极。此时要特别留心观察一下氧弹是否漏气，如漏气，则应排掉氧气，检查原因并消除漏气后重新充氧。内筒水此时也应重新称量。盖上热量计盖，插上贝克曼温度计。

（8）设冷却校正值采用瑞—方公式计算，开动搅拌器，约 5min 后开始计时，借助放大镜读取温度，每隔 1min 读取一个温度值。初期为 5min，随即点火则进入主期，当出现第一个下降温度则为终点温度，随后进入末期，持续 5min，试验结束。除速升阶段外，每次读数前振荡温度计 3～5s。

（9）取出氧弹，排出弹内气体，观测苯甲酸是否燃烧完全。充氧压力为 2.6～2.8MPa 的情况下，通常是能够燃烧完全的，燃烧后燃烧皿内不会留有任何残渣；如燃烧不完全，则在燃烧皿底部存有一层碳黑，此时标定结果作废。

（10）量取残存点火丝的长度，热容量标定中的硝酸生成热按下式计算

$$q_n = 0.0015Qm \tag{5-16}$$

式中　q_n——硝酸的生成热，J；

　　　Q——苯甲酸的热值，J/g；

　　　m——苯甲酸的质量，g。

（11）热容量 E 按下式计算

$$E = \frac{Qm + q_1 + q_n}{H[(t_n + h_n) - (t_0 + h_0) + C]} \tag{5-17}$$

式中符号含义同前。

（12）热容量应重复标定 5 次，其极差不应大于 40J/℃或标准差不大于 17J/℃，取 5 次标定结果的平均值，作为该热量计在该温度下的热容量。

2．微机热量计热容量标定

标定程序与传统热量计中的（1）～（7）相同，但贝克曼温度计应更换成铂电阻温度计，然后按微机热量计说明书输入试样量、苯甲酸热值，并选择冷却校正值计算公式。从开始记录温度、试样点火、全部数据的处理与计算等均由微机完成，其热容量标定结果还可由打印机打印出来。

四、热容量的标定条件

发热量的测定与热容量的标定是紧密联系在一起的。热容量标定以后，根据试样燃烧时的温升及称样量，就可计算出发热量。故热容量标定结果是否可靠，对其后的发热量测定结果关系极大。为提高热容量标定结果的准确度，可通过增加标定次数，以降低随机误差。5次标定结果必须符合国标规定要求，任意减少标定次数或从众多的标定值选出 5 次标定相近的结果来加以平均是不允许的。如果标定值分散性很大，则应对试验条件及标定操作进行仔细检查，纠正存在问题后重新标定，并舍弃原有的全部标定结果。

在标定热容量时，如使用两只质量相同的氧弹（其差值一般不超过 5g），则可应用上述两只氧弹交替标定热容量，以提高标定效率。当然，其他试验条件均完全一致。

热容量标定时间间隔，通常为三个月，如碰到下述情况，应立即重新标定：①更换贝克曼或铂电阻温度计；②更换热量计中大的部件，如氧弹头、连接环、搅拌器等，而更换某些小零件时，则不在此列；③标定热容量与测定发热量时的内筒水温相差 5℃。

热容量标定条件一旦确定，发热量测定时就必须保证与其一致。如要求内筒装水量必须一致；必须使用同一支量热温度计，并保持相同的浸没深度（即温度计位置固定）；测定终点温度相近，这样可使引起误差的一些因素相互抵消，从而有助于提高发热量测定结果的可靠性。

测定发热量时，贝克曼温度计宜保持与标定热容量时相同的基点温度。也就是说，贝克曼温度计不必调节，即温度计感温泡中水银量保持不变。要做到这一点，就要求室温保持恒定。因此，如试验室处于常年恒温条件，就可以不必每三个月标定一次热容量了。实际上对大多数试验室来说，做不到这一点。由于贝克曼温度计只可用于测量 5℃（或 6℃）的温差，故必须调节温度计，基点温度也就随之改变，这将对热容量的标定产生影响。

为了综合考虑温度对热容量标定结果的影响，可根据不同温度下实际标定的热容量值绘制出热容量—温度曲线。一般情况下，热容量随温度的升高略有增大，这样当测定发热量时，只要知道温度，就可由曲线查出对应的热容量值，这具有较强的实用价值。

例如对某一台热量计，将在不同温度下（5 次标定的平均内筒温度或室温）热容量标定合格结果的平均值列于表 5-4 中，并据此绘出热容量—温度曲线，参见图 5-9。

表 5-4　　　　　　　　　　　　　　不同温度下热容量平均值

温度 t（℃）	15.3	19.1	24.1	28.8	33.9
热容量 E（J/℃）	10425	10437	10451	10462	10480

在图 5-9 中温度为自变量，用 t 表示；热容量为因变量，用 E 来表示。通过一元回归求出 $E = A + Bt$，其中 $A = 10381$，$B = 2.88$，即 $E = 10381 + 2.88t$。设 $t = 20.6℃$，则按上式方程计算 $E = 10440$；$t = 31.7℃$ 时；则 $E = 10472$。

关于回归方程的计算，将在本书第八章中进一步阐述。

在绘制与使用上述曲线时，一定要注意一台热量计绘制一条曲线，切不可将它用于不同热量计。对同一台热量计，在各温度下标定时，应保持测量条件一致。如部件无更换，内筒水量相等，使用同一支量热温度计，且每次标定用苯甲酸为同一生产厂、同一批号的产品等。另外，为了使上述曲线能较好地反映较宽温度范围内热容量的变化，平时所积累的热容量数据在标定时的温度间隔应适当拉开。

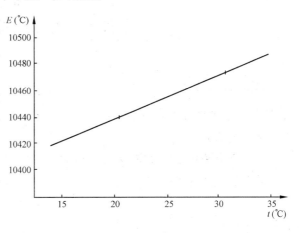

图 5-9　热容量-温度曲线

热容量的正确标定，是提供测量准确发热量的前提，同时热容量的标定结果也反映了热量计的性能优劣。我国热量计标准规定，热容量标定结果的相对标准偏差 RSD 应小于 0.20%。国标 GB/T 213—1996 规定：如果热量计量热系统没有显著改变，重新标定的热容量值与前一次热容量值相差不应大于 0.15%；否则，应检查试验程序，解决问题后，再重新标定。

对标定热容量的要求，国标规定 5 次标定结果不应超过 40J/℃。如超差，允许再标定 1～2 次。

按极差来衡量热容量标定结果的精密度，不如用标准偏差来衡量。因为极差仅与一组标定结果中的最大值和最小值有关，而与其他标定值无关；而标准偏差对最大值与最小值十分敏感，且与每一个标定值有关。

对同一台热量计，有三组标定热量的数据，它们的极差相同，均为 39J/℃，但标准偏差却不同。

表 5-5　　　　　　　　　　　　**热容量标定结果的比较**　　　　　　　　　　　　J/℃

	第一组	第二组	第三组		第一组	第二组	第三组
1	10485	10456	10474	5	10453	10479	10464
2	10491	10477	10446	平均值	10474	10468	10455
3	10489	10484	10435	标准差 S	19.75	16.81	14.88
4	10452	10445	10455	RSD（%）	0.19	0.16	0.14

表 5-5 中三组数据表明，应用标准差来判别热容量标定结果的精密度较极差好。一般认为，以标准偏差 S 为 15.5J/℃ 或 17J/℃ 作为允许的界限为宜。

各种热量计的热容量可能相差较大，主要由于内筒水量不同所致。目前市场上的热量计有热容量为 10000J/℃ 左右的，也有 14000J/℃ 左右的，而干式热量计仅仅只有 2000 多焦耳/度，如果统一用 40J/℃ 作为热容量标定是否合格的评价标准也是不太适宜的。合格标准理应与其自身热容量大小相对应。例如有的标准提出，按热量计不同的平均热容量，规定其极差有别：热容量为 9000 ~ 11000J/℃，极差为 40J/℃；热容量为 14000 ~ 15000J/℃，极差为 60J/℃；热容量小于 1500J/℃，极差为 9J/℃，这种规定是比较合理的。这样用相对标准偏差即 RSD 来评判不同热容量的热量计，更具可比性与说服力。

第七节 发热量的计算

热容量标定以后，即可对试样发热量进行测定，二者的操作基本相同。试验室测出的发热量为弹筒发热量 $Q_{b,ad}$，而生产中最常用的为空干基高位发热热量 $Q_{gr,ad}$ 及收到基低位发热量 $Q_{ar,net}$。了解各种发热量之间的关系，正确地进行计算，是全面掌握燃料发热量测试技术的重要组成部分。

一、空干基高位发热量 $Q_{gr,ad}$ 的计算

空干基高位发热量按下式计算

$$Q_{gr,ad} = Q_{b,ad} - 94.1S_{b,ad} - \alpha Q_{b,ad} \tag{5-18}$$

式中　$Q_{b,ad}$——空干基弹筒发热量，J/g；参见式（5-5）；

　　　$S_{b,ad}$——由弹筒洗涤液测得的煤中含硫量，%；参见式（5-4）；

　　　94.1——煤中每 1% 硫的校正值，J；

　　　α——硝酸的校正系数，参见式（5-4）。

设 $Q_{b,ad} = 21535$J/g，$S_{b,ad} = 1.36$%，则空干基高位发热量为

$$Q_{gr,ad} = 21535 - 94.1 \times 1.36 - 0.0012 \times 21535$$
$$= 21535 - 128 - 26 = 21381\text{J/g}$$

在需用弹筒洗涤液测定 $S_{b,ad}$ 时，用氢氧化钠标准溶液滴定，求出洗液中的总酸量，然后按式（5-4）计算 $S_{b,ad}$。

【例 5-1】 设试样量为 1.0000g，滴定消耗的 0.1mol/L 氢氧化钠为 14.5mL，$Q_{b,ad} = 22300$J/g，问弹筒硫含量为多少？

解：因为 $Q_{b,ad} = 22300$J/g，所以 $\alpha = 0.0012$。将上述数据代入式（5-4），得

$$S_{b,ad} = \left(\frac{14.5 \times 0.1}{1.0000} - 0.0012 \times 22300/59.8 \right) \times 1.6 = 1.60 \text{（%）}$$

应用滴定氧弹洗涤液来测定酸校正值，从而求算出高位发热量，也可应用下式

$$Q_{gr,ad} = Q_{b,ad} - (15.1V - 1.5\alpha Q_{b,ad}) \tag{5-19}$$

式中，V 为滴定时消耗 0.1mol/L 氢氧化钠的体积，mL。

将式（5-18）与式（5-19）联立，即求出 $S_{b,ad}$ 与所耗 0.1mol/L 氢氧化钠的关系

$$Q_{b,ad} - 94.1S_{b,ad} - \alpha Q_{b,ad} = Q_{b,ad} - 15.1V + 1.5\alpha Q_{b,ad}$$
$$S_{b,ad} = (15.1V - 2.5\alpha Q_{b,ad})/94.1 \tag{5-20}$$

将上例中各数代入式（5-20），即

$$S_{b,ad} = (15.1 \times 14.5 - 2.5 \times 0.0012 \times 22300)/94.1 \approx 1.616(\text{%})$$

需要强调指出：利用氢氧化钠溶液来滴定氧弹洗液，其求出的弹筒硫含量准确性较低，它仅仅限于计算高位发热量，而不能作为提供煤中硫含量的依据。

例如对弹筒硫测定来说，其结果相差 0.2%，则意味着热量相差 $94.1 \times 0.2 = 19$J，对热量的影响来说，约为 1/1000；而对煤中硫的影响来说（设硫含量为 2%），则为 1/10。故在应用中务必要加以注意。

式（5-4）及式（5-20）还有一个问题是：当弹筒硫含量太低时，即滴定消耗 0.1mol/L 的氢氧化钠体积较少时，弹筒硫的计算结果可能出现负值。

【例 5-2】 设试样量为 1.0000g，滴定消耗的 0.1mol/L 氢氧化钠溶液为 2.5mL，$Q_{b,ad} = 25600$J/g，问弹筒硫含量为多少？

解：如按式（5-4）计算，则

$$S_{b,ad} = \left(\frac{2.5 \times 0.1}{1.0000} - \frac{0.0016 \times 25600}{59.8} \right) \times 1.6 = -0.68 （\%）$$

如按式（5-20）计算，则

$$S_{b,ad} = (15.1 \times 2.5 - 2.5 \times 0.0016 \times 25600)/94.1 = -0.68 （\%）$$

弹筒硫应是煤中的可燃硫，它得出负值是不合常理的。由于是利用 0.1mol/L 氢氧化钠溶液滴定氧弹洗涤液中的总酸度，而总酸度由硫酸及硝酸两部分所组成，$aQ_{b,ad}/59.8$ 相当于硝酸量，出现负值的情况，说明计算的硝酸量偏高或总酸量偏低。

国际标准中规定的酸校正的办法是：热量测定完毕，取出氧弹缓慢放气，用水冲洗氧弹各部分，收集洗涤液于烧杯中，体积约为 100mL。煮沸此洗涤液以驱除二氧化碳，趁热用 0.05mol/L 的氢氧化钡溶液的滴定，应用酚酞作指示剂，记录所消耗的氢氧化钡溶液的体积 V_2（mL）；加入 20mL 0.05mol/L 碳酸钠溶液，产生沉淀，过滤，用水冲洗沉淀，冷却后用 0.1mol/L 的盐酸溶液滴定滤液，以甲基橙为指示剂。不考虑酚酞的颜色变化，记录消耗的盐酸溶液的体积 V_1（mL）。

硫酸校正值 $= 15.1 \times （V_1 + V_2 - 20）$

硝酸校正值 $= 6.0 \times （20 - V_1）$

二者之和为总酸校正 $= 9.1V_1 + 15.1V_2 - 182$ （5-21）

二、收到基低位发热量 $Q_{ar,net}$ 的计算

煤的高位发热量减去煤燃烧产物中全部水的汽化热，就是低位发热量，它是真正能够利用的有效热量。国标 GB/T 213—1996 中的低位发热量计算公式如下

$$Q_{ar,net} = （Q_{gr,ad} - 206H_{ad}） \times \frac{100 - M_t}{100 - M_{ad}} - 23M_t$$ （5-22）

还有一点须特别指出：煤中 M_t、M_{ad} 及 H_{ad} 数据均对 $Q_{net,ar}$ 的计算结果产生影响，其中尤以全水分 M_t 数据的影响更大。设煤的 $Q_{gr,ad} = 21050$J/g，$M_{ad} = 1.50\%$，$H_{ad} = 3.40\%$，只是全水分由 9.5% 改为 8.5%，则 $Q_{ar,net}$ 由 18480J/g 上升到 18708J/g，即提高了 228J/g。

由此可知，对煤中全水分样品的正确采制与分析，对低位发热量有着重大影响，故必须认真对待。

煤在氧弹中与在锅炉中燃烧条件不同，其燃烧产物也不一样，故发热量有弹筒、高位及低位之分。此外，它们还有一点不同之处，就是煤样在氧弹中燃烧，是在恒容状态下进行的，而煤在工业锅炉中燃烧，是在恒压状态下进行的，前者发热量称为恒容发热量，后者则称为恒压发热量。由于二者差值不大，一般可忽略不计。

如有必要将空干基恒容高位发热量 $Q_{\mathrm{gr},V,\mathrm{ad}}$ 换算成收到基恒压低位发热量 $Q_{\mathrm{net},p,\mathrm{ar}}$，则按式（5-3）换算。

例如 $Q_{\mathrm{gr},V,\mathrm{ad}}=21400\mathrm{J/g}$，$H_{\mathrm{ad}}=3.30\%$，$O_{\mathrm{ad}}=4.00\%$，$M_{\mathrm{t}}=7.0\%$，$M_{\mathrm{ad}}=1.20\%$，则

$$Q_{\mathrm{net},p,\mathrm{ar}}=(21400-212\times3.30-0.8\times4.00)\times\frac{100-7.0}{100-1.20}-24.5\times7.0=19310\ (\mathrm{J/g})$$

如按式（5-22）计算上例收到基恒容低位发热量，则

$$Q_{\mathrm{net},V,\mathrm{ar}}=(21400-206\times3.30)\times\frac{100-7.0}{100-1.20}-23\times7.0=19343\ (\mathrm{J/g})$$

计算表明：恒容发热量要比恒压发热量略高。

三、低位发热量基准间的换算

在发热量的计算中，一定要弄清楚是基准间、还是高低位间的换算。例如由空干基高位发热量 $Q_{\mathrm{gr},\mathrm{ad}}$ 计算收到基低位发热量 $Q_{\mathrm{ar},\mathrm{net}}$，它既包含基准，又包含高低位之间的换算；又如空干基高位发热量 $Q_{\mathrm{gr},\mathrm{ad}}$ 换算成空干基低位发热量 $Q_{\mathrm{net},\mathrm{ad}}$，二者之差应为空干基氢 H_{ad} 燃烧生成的水及空干基水分 M_{ad} 的汽化热。

设 $Q_{\mathrm{gr},\mathrm{ad}}$ 为 21000J/g，$H_{\mathrm{ad}}=3.20\%$，$M_{\mathrm{ad}}=1.00\%$，则 $Q_{\mathrm{net},\mathrm{ad}}=21000-206\times3.20-23\times1.00=20318$（J/g）

值得注意的是：低位发热量基准之间的换算不能按照通常的基准换算公式进行。

如上例中 $Q_{\mathrm{net},\mathrm{ad}}=20318\mathrm{J/g}$，求干燥基低位发热量 $Q_{\mathrm{net},\mathrm{d}}$，则

$$Q_{\mathrm{net},\mathrm{d}}=(20318+23\times1.00)\times\frac{100}{100-1.00}=20546\ (\mathrm{J/g})$$

在这里是低位发热量的基准换算问题。20318J/g 为空干基低位发热量，它已经将空干基水分 M_{ad} 的汽化热（23×1.00）减去了。现求干燥基低位发热量 $Q_{\mathrm{net},\mathrm{d}}$，由于干燥基准 $M_{\mathrm{ad}}=0$，故在基准换算前，应该把原先减去的 23×1.00 加在 20318J/g 上。

如同时知道 $A_{\mathrm{ad}}=24.65\%$，进一步求取干燥无灰基低位发热量 $Q_{\mathrm{net},\mathrm{daf}}$，则

$$Q_{\mathrm{net},\mathrm{daf}}=(20318+23\times1.00)\times\frac{100}{100-1.00-24.65}=27358\ (\mathrm{J/g})$$

四、混煤的发热量计算

根据各单一煤源的煤量计算混煤特性指标的方法，在实际生产中十分重要，它应用于很多方面，请读者多加注意。例如某电厂燃用多煤种混煤，它们的质量比为 4：3：2：1，而它们的发热量分别为 26926、21535、19486 及 22372J/g，则上述混煤的发热量应为

$$26926\times0.4+21535\times0.3+19486\times0.2+22372\times0.1=22965\ (\mathrm{J/g})$$

一般说来，除灰熔融特性指标外，其他混煤的煤质特性指标均可按上述加权方法计算，同时在取制混煤试样时，也应按同样方法处理。

五、发热量的计算（应用工业分析及元素分析结果）

（一）发热量的计算（应用工业分析结果）

由工业分析结果计算不同煤源的发热量有许多种计算公式，下式为常用计算式之一

$$Q_{\mathrm{gr},\mathrm{ad}}=K(100-A_{\mathrm{ad}}-M_{\mathrm{ad}})\tag{5-23}$$

式中，$100-A_{\mathrm{ad}}-M_{\mathrm{ad}}$ 即为煤中的可燃成分，系数 K 的含义就是单位可燃成分所产生的热量。不同煤源，K 值当然不同。即使同一煤源，K 值也随煤质的变动而变动。严格地说，

K 值不是一个常数，而是一个变量。

利用上式来求算高位发热量，既可用计算法，也可用绘图法。

1. 计算法

采用计算法时，关键是要把 K 值定准，为此，可将电厂燃用的某一煤源已积累的各月平均样分别测定 M_{ad}、A_{ad} 及 $Q_{gr,ad}$，求出 K 的平均值。煤质越稳定，K 值的波动范围越小，则应用此式计算的发热量越接近实测的发热量。如燃用的是不同煤源，要分别求出 K 值。

如果电厂燃用的是煤质相差较大的煤源，其入厂煤的配比又不能精确控制，就不能使用这种计算方法而必须实测发热量。

归纳起来，在应用式（5-23）计算发热量中存在如下问题：

（1）只根据少数的或不具足够代表性煤样的实测数据就确定了 K 值，平时也不加校核，K 值一定就是一年或更长时间维持不变；

（2）不同煤源或以混煤来套用某一煤源的 K 值，任意扩大 K 值的应用范围，这样势必导致计算值与实测值之间产生较大的差别。

2. 绘图法

绘图法求算高位发热量，一般可采用下列三种形式，即绘制 A_{ad}-K 关系曲线，绘制 A_{ad}-$Q_{gr,ad}$ 关系曲线，绘制 $A_{ad} + M_{ad}$-$Q_{gr,ad}$ 关系曲线。

上述各曲线在一定范围内，大体呈反比关系，均为一直线。一条曲线原则上只适用于某一特定煤源。对于同一矿区性质相近的煤源，则可共用一条曲线。

现介绍 A_{ad}-K 曲线，如图 5-10 所示。根据测出的 A_{ad} 值，由该曲线即可查出 K，再按式（5-23）计算出 $Q_{gr,ad}$ 值。

前文已经指出，即使同一煤源相同品种的煤，其 K 值也不可能是一个常数。经验表明：K 值往往随灰分含量的增大而按比例降低，即单位可燃成分所产生的发热量按比例减少。

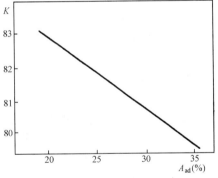

图 5-10　A_{ad} 与 K 值之间的关系

在绘制上述曲线时，可取 A_{ad} 在接近某一定值时，如 25%、30%、35% 等大量实测发热量值所计算出来的 K 值分别加以加权平均，而后就可找出不同灰分 A_{ad} 与 K 值之间的对应关系而绘成图 5-7 中的曲线来应用。这样煤中灰分含量不同，就可取不同的 K 值来计算高位发热量。这比把 K 值视为一常数更符合实际，因而它与实测的发热量值也就比较接近。

无论采用计算法还是绘图法，这种基于工业分析结果来计算高位发热量的方法不能作为提供准确发热量的依据。一般说来，由上述方法所求算的发热量结果不应超过不同试验室的测定允许差，即 300J/g。所以经常以实测发热量加以校核是完全必要的。

（二）发热量的计算（应用元素分析结果）

根据元素组成可以估算发热量，其中应用较多的为式（5-24），即

$$Q_{gr,d} = 81C_d + 300H_d - 26(O_d - S_{c,d}) \tag{5-24}$$

式中　$Q_{gr,d}$——高位发热量，cal/g，1cal = 4.1816J；

$S_{c,d}$——干燥基可燃硫含量，%。

特别需要指出，式（5-24）被称为门捷列夫公式，在电力系统中，特别是设计部门多用来校核发热量。在这里高位发热量的单位仍沿用 cal/g。

当 $A_d \leqslant 25\%$ 时，如实测发热量与式（5-20）的计算结果之差大于 150cal/g（即 627J/g）或当 $A_d > 25\%$ 时，上述二者之差大于 200cal/g（836J/g），则应检查发热量测定结果是否可靠。如果发热量测定结果无误，则需要考虑重新进行元素分析测定。

随着煤质测试技术的进步，应用红外吸收法测定碳、氢、硫，应用热导法测定氮，花费的时间很少，因此，应用式（5-24）来核对发热量还是比较方便的。

六、对成分的折算（用发热量）

为了估算煤中水分、灰分这些有害成分对锅炉燃烧的影响，规定用收到基低位热量 $Q_{ar,net}$ 4182J/g 作为基本计算单位对水分、灰分及含硫量进行折算，得出的数值称为折算水分、折算灰分及折算含硫量。这可用式（5-25）～式（5-27）表示，即

$$\text{折算灰分 } A_{zs,ar} = \frac{A_{ar}}{Q_{ar,net}} \times 4182 \tag{5-25}$$

$$\text{折算水分 } M_{zs,ar} = \frac{M_{ar}}{Q_{ar,net}} \times 4182 \tag{5-26}$$

$$\text{折算全硫 } S_{zs,t,ar} = \frac{S_{t,ar}}{Q_{ar,net}} \times 4182 \tag{5-27}$$

式中的 M_{ar} 即为 M_t。

当一台锅炉燃用不同发热量的煤时，虽然它们的水分或全硫含量完全相同，但按折算成分来说，其数值是不同的。根据折算成分的大小，就易于判断不同燃煤对锅炉燃烧的影响程度。例如 $Q_{ar,net}$ 分别为 27050J/g 及 20120J/g 的两种煤，其全水分含量均为 8.0%，此两种煤的折算水分分别为 1.24% 和 1.66%。显然，后者对锅炉燃烧的影响要比前者大。

第八节　发热量测试中的主要技术问题

试验人员在使用恒温式热量计测定燃料发热量中经常碰到的问题，大体上可分为两大类，即操作不当及仪器故障，它们之间又是互相联系的。操作不当，往往又是引起热量计故障的主要原因。本节就上述两方面带普遍性的问题及其解决方法分述如下。

一、充氧压力及压力表的使用

往氧弹中充以一定压力的氧气，是保证试样完全燃烧的必要条件，而充氧压力的高低，应随煤质不同而异。大量试验表明：在测定电力用煤发热量时，充氧压力不应低于 2.5MPa，但也不宜高于 3.0MPa。

国内外试验表明：当充氧压力为 2.5MPa 时，点火后氧弹内最高压力为 5.0～7.0MPa；当充氧压力为 3.0MPa 时，点火后氧弹内最高压力则可达到 9.0MPa 以上。一般电力用煤在氧弹内燃烧时的瞬间压力为其充氧压力的 2.5～3 倍，故新氧弹出厂时必须附有耐压试验合格证书，目前各生产厂出厂氧弹所进行的耐压试验一般为 20～30MPa。

氧弹在使用过程中，由于受到燃烧产物如硫酸的腐蚀作用，同时经常拆卸氧弹，及充氧、排气会使氧弹丝扣受到磨损，故应定期对氧弹进行水压试验，每次水压试验后，氧弹的

使用时间不得超过两年。试验压力国标规定为 20MPa。

在实际测定中，应严格控制充氧压力。充氧压力过低，试样热量释放过程就会延长，其发热量测定结果往往明显偏低；充氧压力过高，则点火瞬间压力增高过大，从而使氧弹承受过高的压力。当充氧压力超过规定值时，则应将氧弹及导管内的氧气排掉，重新充氧，以确保安全。

试样点火瞬间，由于会产生很高的压力，故在热量测定时，特别是点火后数秒内压力很高，人体的任何部位均不应与热量计接触，以防不测。

充氧压力由氧气压力表指示，为保证指示压力的正确和操作安全，必须由国家计量机关定期对压力表进行检定。氧气瓶普遍配用双表头压力表，其右侧表头指示氧气钢瓶中的压力；左侧表头则指示氧弹内的压力，量程通常为 0～6MPa，表头上装有减压与保险阀。为保证安全，一般使用压力应不超过表头全量程的 70%。

氧弹充氧时，务必使压力缓慢上升直至规定压力，而后维持 30～60s。当氧气钢瓶压力不足 5.0MPa 时，则应更换钢瓶。氧弹充氧完毕，首先关闭钢瓶阀门，随即排掉充氧导管中的余气，并将压缩调节弹簧顶针松开。

需要指出的是，某些单位使用的双表头压力表其减压表头量程偏低（例如 0～4.0MPa），要充氧到规定压力，十分费力。如果将减压表的指示值予以固定，也就是让减压表一直处于承压状态，这样不仅更易损坏氧气表，而且可能导致意外事故的发生，应力求加以避免。

氧气压力表的检定应符合计量检定规程的技术要求，检定时不得用油作为工作介质，检定仪表应进行清洗。

热量计的充氧系统包括氧气压力表、接头、管道及氧弹，如发现有油污染，应依次用汽油和酒精将油脂擦洗干净后，方可通氧，不得应用电解氧。

二、内筒水温的调节与水的计量

使用恒温式热量计，内筒水温的调节应根据热量计的性能、热容量的大小及所测试样发热量的高低来加以决定，不能一概而论。

水温调节应使内筒温度在点火前，能缓慢而均匀地上升，在燃烧终点时，则要适当高于外筒温度，从而保证末期温度得以下降。

一般热量计的热容量越大，则在调节时要求外筒与内筒的水温差越小；反之，则越大。而对同一台热量计来说，试样放出的热量越多，则要求外筒与内筒的水温温差越大；反之，则越小。例如在热容量为 14636J/℃ 的热量计中，试样燃烧放出 25090J 的热量，内筒水温约升高 1.7℃，这时可调节内筒低于外筒水温 0.7～0.8℃。考虑到在发热量测定过程中，由于内筒温升而有部分热量传给外筒，使外筒水温略有升高，例如 0.1℃，那么就存在下述情况：

内筒水温	外筒水温
点火前 21.0℃	点火前 21.8℃
终点时 22.7℃	终点时 21.9℃

故点火前，内筒比外筒水温低 0.8℃，故得以缓慢上升；而到终点时，外筒则比内筒水温低 0.8℃，故末期温度可以缓慢下降。

同样道理，对于热容量为 12545J/℃ 的热量计来说，试样放出 25090J 的热量，可使内筒水温升高 2℃，故可调节内筒比外筒水温低 0.9～1.0℃；而对热容量为 10454J/℃ 的热量计来说，试样放出 25090J 的热量，可使内筒水温升高 2.4℃，故调节上述温差扩大到 1.1 ~ 1.2℃。

在发热量测定中，有时主期温度会一直上升，以致测定时间内观测不到内筒温度的下降，这多是由于内筒水温调节不当造成的。当调节内外筒水温温差过大而试样释放的热量又较少时，常常出现这种情况。当然，对于某些热量计本身性能不良或试样发热量过低等特殊原因，则另当别论。

在实际调节中，还有一点往往为试验人员所忽视，那就是水温必须在充分调匀后应用 0.1℃分度的温度计量取。否则，可能使温度读数值与真实温度产生较大偏差。对于微机热量计来说，水温调节同等重要，如果水温调节不当，某些微机热量计根本就无法运行。

内筒水应采用纯水，并可重复使用。如果水质已经恶化，发浑污染，则应及时更换。不宜采用自来水作内筒水。热量计内筒水应称准至 1g，一般可采用称重法或量取体积法。最好采用称重法，这不仅操作方便，而且不必考虑水的密度受温度变化的影响。

在实际称重时，存在一称量精确度的问题，对内筒水的称量，可使用电子工业天平（称量 5kg 或 6kg，感量为 0.1g）或大型托盘天平（称量 5kg，感量为 1g）。所谓天平的感量，是指能够称准的最小质量。如感量达不到 1g，例如 5g 或 2g，则称量精确度不符合热量测定标准中对内筒水的称量要求。

采取量取体积的方法较为麻烦，所用容量瓶在使用前务必洗涤于净。量取水的体积时，往往要用两只不同容积的容量瓶，如一只为 1000mL，另一只为 2000mL，这样就会进一步扩大了计量误差，而且操作也很不方便。此外，水的密度易受温度变化的影响，为此必须对水的体积计量予以校正。

在 4℃时，纯水的密度才是 1.00000g/cm³。随温度升高，水的密度减小，参见表 5-6。

表 5-6　　　　　　　　　　　水的密度与温度间的关系

水温（℃）	4	10	15	20	25	30
密度（g/cm³）	1.00000	0.99973	0.99913	0.99823	0.99707	0.99567

例如在 15℃时，3000mL 水的质量为 2997.4g；而在 30℃时，其质量为 2987.0g。在不同温度下，3000mL 水折算成 3000g 时的质量差值 Δm 如图 5-11 所示。

在实际操作中，可按下述步骤进行：首先由图 5-11 查出在该温度下质量差值 Δm 的克数。量取 3000mL 水后，再用有刻度的移液管吸取 Δm mL 的水，两者一并加入内筒中，以达到校正的目的。

要注意量取水体积的容量瓶及移液管应经计量检定合格，方可使用。量取体积法虽然比较麻烦，但它比一般商业用感量为 5g 的磅秤称水，还是准确得多。

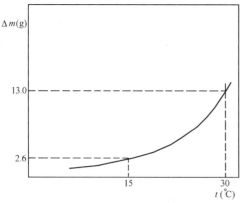

图 5-11　不同温度时水的质量差值

三、保证煤样燃烧完全的措施

煤样置于密封氧弹中，在 2.5 ~ 3.0MPa 的氧气中燃烧，一般是能够燃烧完全的。通常在测定低挥发分的劣质煤时，容易出现燃烧不完全的现象。

导致燃烧不完全的原因是多方面的，如充氧压力不足、燃烧皿（俗称坩锅）不合适、样品处理不当，这应根据不同情况采取适当措施。

（1）充氧压力问题。这在前文中已经论及，一般说来，充氧压力应随煤样挥发分含量的减少而增大。例如高挥发分烟煤，可充氧 2.5～2.6MPa；中等挥发分烟煤，可充氧 2.7～2.8MPa；贫煤及无烟煤，可充氧 2.8～3.0MPa。

对于不易燃烧完全的劣质无烟煤，除了充氧压力适当提高外，还可在试样中掺入一定量已知热值的烟煤（例如标准煤样），在测出此混煤发热量后，则可计算出上述无烟煤的发热量。

为促使煤样燃烧完全，可在燃烧皿底部铺垫一层经 800℃ 灼烧过的酸洗石棉，试验表明，这种方法十分有效。由于酸洗石棉不产生热效应，故不必对它予以准确称量。

（2）选用合适的燃烧皿。为了保证试样燃烧完全，对燃烧皿的材质、形状以至厚度均有一定的要求。

最好采用铂燃烧皿，现在广泛应用的为不锈钢燃烧皿，非金属材料燃烧皿最好不用。不锈钢燃烧皿壁不宜过高，底也不宜过厚，一般质量在 5g 左右。燃烧皿底部应有明显的弧度，以避免形成死角，从而有助于煤样燃烧完全。

（3）对样品的适当处理。如煤样太粗，就有可能燃烧不完全。对不易燃烧完全的煤样，适当提高其细度是必要的。

某些试样在燃烧时易于飞溅，这除与煤样挥发分含量较高或燃烧皿壁过浅外，有时也可能由于充氧速度过快或点火丝埋入煤粉中较深引起的。

对测定挥发分较高的煤样，点火丝只要与煤样表面稍有接触即可。为了防止煤粉飞溅，煤粉通常是由人工压制成饼，饼样表面难以保证不为其他杂质所黏附，且又不易观察出来，故煤饼表面应用小刀刮干净后，再破成几小块称量为宜。

四、试样点火及点火丝热量的计算

点火材料可采用各种已知热值的金属丝，如铁丝、镍铬丝等，无论采取什么形式，都必须保证点火成功并确保测定时的安全。

点火电流通常是可以调节的。把点火丝拴结于两电极上，如在空气中能够烧红，说明此时电流大小是合适的。如在空气中点火丝就烧断，说明电流过大；反之，如在空气中点火丝还不发红，说明电流太小，可适当调节电流旋钮以增大点火电流。

在应用棉纱线点火时，注意应使用原白色的纯棉纱线，不应使用蜡线、漂白线、有色线及化纤线。另一方面，棉纱线往往粗细不均，且自身热值较金属点火丝高，故应准确称取棉纱线的质量。

各种点火丝的发热量为：铁丝 6690J/g，镍铬丝 6000J/g，铜丝 2510J/g，棉纱线 17480 J/g，康铜丝 3140J/g，镍丝 3245J/g。在各种点火丝中，应尽可能不用铜丝，特别是外表涂有绝缘漆的铜丝，因它易造成点火失败。

国内热量计普遍采用熔断式点火，根据点火丝的实际消耗量及点火丝的燃烧热计算测热中点火丝放出的热量，而点火热应包括点火丝放出的热量及电能所产生的热量。GB/T 213—1996 中指出电能产生的热量（J）＝电压（V）×电流（A）×时间（s）。

在实际测热中，往往存在下述情况。一是热量计不具备测定点火时各参数的功能，也就

195

是该电能产生的热量无法确定。在电压、电流、时间三个参数中，最难测的是点火时间，现在国内也有某种型号的热量计具有这方面的功能。点火测试电路采用光电耦合器件与计算机隔离并耦合点火信息，计算机测得点火实际参数来计算点火时产生的电能热量。二是点火时，实际消耗的点火丝长度不总是一致的。不同挥发分、不同发热量的煤样在点火时消耗的长度可能相差很大，将每次测定时所消耗的点火丝统统按原有长度（通常为10cm）计算是不适宜的，这可能导致测试结果出现较大误差。例如山东电力研究院现用的500根长各10cm的镍铬点火丝的质量为4.89g，则每一根点火丝的热量为 $6000 \times 4.89/500 = 59J$。如果测定某试样时，点火丝余下5cm，故点火丝实际产生的热量仅30J。如按59J计，仅此一项误差就达29J，故不容忽视。

偶然的点火失灵，通常是由于点火开关或点火钮接触不良所致，也可能是点火丝与燃烧皿或燃烧皿与另一根点火电极相接触而造成短路所引起的。如经常性的点火失灵，则可能是由于热量计的点火线路或点火装置自身缺陷所致。

五、温度的正确观测及其作用

前已指出，点火温度与终点温度是否能准确测量，直接影响到发热量的测定结果，这是不难理解的，而末期最后一个温度测量值对测定结果的影响也不容忽视。这并不是说，其他测量点就无关紧要，每个温度测量点都应按标准要求加以观测与记录。

如使用贝克曼温度计测温，除速升阶段外，每次读取温度时，都应该振荡温度计，以克服水银与毛细管之间的附着力。如无振荡装置，则可用带橡皮头的细棒轻击温度计。振击温度计，应周期地在每次读数前10s进行，连续振击5s。其振击部位应在温度计指示值的下方处，应避免无规则地随意振击温度计。为了测准温度，必须将温度计垂直夹紧，调节放大镜焦距，使其处于最清晰位置，读数时应保持视线与温度计水银液面水平。

对于微机热量计，显示器或数码管所显示的温度有助于对发热量测定过程中的异常现象做出判断，及时发现仪器缺陷。所以，我们在测定过程中，应经常注视温度显示情况。

温度表现异常的原因分析如下：

（1）在初期、末期或主期中缓升阶段，内筒温度该升不升，该降不降，则往往表明搅拌效果较差或温度计感温性能不良。

（2）点火后温度稍有上升后就不再变化，这多是由于点火丝或棉纱线已经燃烧而试样并未引燃所致。一般情况下，这可能与点火丝和试样接触不良、充氧压力偏低、试样挥发分太低、水分含量过大、煤粉试样太粗等因素有关。

（3）点火后温度持续上升，以至在正常的主期时间内观测不到温度下降点，多是低挥发分的劣质煤未能完全燃烧，或是由于内筒水温调节不当所致。

（4）铂电阻温度计开始所测温度值明显不对，多是由温度计外套内积水造成的，为此应将其中积水甩净，再测量温度。

（5）主期中每相邻两次测量温度差值应不断减小，一般在10min内应达到终点。否则就应检查原因，这多半是试样燃烧不充分或内筒水温调节不当所致。

六、氧弹漏气及其消除

氧弹漏气是测定发热量时常遇到的故障，它轻则造成试样燃烧不完全，致使测定结果报废；重则在点火的瞬间，造成仪器的损坏，甚至危及人身安全。

为了消除漏气，首先要确定氧弹的漏气部位。为此，在充氧后，将氧弹浸没于水中，如有气泡逸出，表明氧弹在气泡逸出处漏气。现将氧弹漏气部位及其解决方法归纳如下：

（1）弹头与弹体结合处漏气。常见原因是该处所用垫圈干燥或存有积水，可将垫圈用水润湿整平或擦干。

（2）氧弹进气口处漏气。多因该处垫圈不合适或老化损坏，应选用大小、厚度合适的垫圈。

（3）针形阀处漏气。通常是由于针形阀座受含硫气体的腐蚀，产生坑点所致，可采用细阀门砂将针形阀锥面与阀座仔细对磨。如氧弹的材质耐腐蚀性太差，则要更换材质较好的氧弹。

（4）氧弹各部件接合处磨损而漏气。这是由于使用频繁或时间过久，造成丝扣磨损所致。需要更换氧弹。

对氧弹能够正确使用，很好地予以维护，可大大减少漏气的可能，并有效地延长氧弹的使用寿命，为此，应做到以下几点：

（1）上紧氧弹时，最好旋转弹体或者将连接环按顺时针—逆时针—顺时针方向反复旋转，直至上紧为止。

（2）上紧针形阀及进气阀上方螺母时，切忌用大扳手过分用力上紧，这往往会适得其反，只要用小扳手轻轻上紧即可。

（3）氧弹务必防止碰摔，特别是已充氧的氧弹如从平台上摔下，将是很危险的。

（4）每次测定热量后，务必将弹体及氧弹各部件仔细冲洗擦净，特别是防止针形阀内部积存酸液。这对高硫煤发热量测定来说，尤其需要注意。

七、弹筒硫的测定

由热量计实测的为弹筒发热量，而生产上实际应用的为高、低位发热量。高位发热量按标准规定计算如下

$$Q_{gr,ad} = Q_{b,ad} - (94.1S_{b,ad} + \alpha Q_{b,ad}) \tag{5-28}$$

式中 $S_{b,ad}$ 为由弹筒洗液测得的煤中含硫量，当全硫含量低于 4% 或发热量大于 14.60 MJ/kg 时，可用全硫或可燃硫代替 $S_{b,ad}$；上式中的 94.1 为煤中每 1% 硫的校正值，J。

GB/T 213—1996 同时又规定，弹筒硫的测定方法是：把洗液煮沸 1～2min，取下冷却后，以甲基红（或相应的混合指示剂）为指示剂，用氢氧化钠标准溶液滴定，以求得洗液中的总酸量，然后按下式计算出 $S_{b,ad}$，%。

$$S_{b,ad} = (c \times v/m - \alpha Q_{b,ad}/60) \times 1.6 \tag{5-29}$$

上式中 c 为 NaOH 浓度，约为 0.1mol/L；v 为滴定弹筒洗液所用 NaOH 的体积，mL；60 相当于 1mmol 硝酸的生成热，J。

由式（5-29）可知：只有当 $c \times v/m > \alpha Q_{b,ad}/60$ 时，弹筒硫 $S_{b,ad}$ 才可能是正值；否则，得出即负值。关于这一情况，在本章第七节高位发热量计算中也曾指出；弹筒硫出现负值是不合理的。当今燃用低硫煤已成为电厂的普遍要求，弹筒硫测定结果屡屡出现负值，这种情况应该引起重视。该法测定弹筒硫，虽然操作简单，但结果可靠性较低，同时，这还将影响高位发热量的准确性。

国际标准中也是规定采用容量法测定弹筒硫含量，但操作上较现行国标方法麻烦。由于现在电力用煤，全硫含量一般在 2.0% 以下，含硫量超过 3.0% 的煤很少使用，故可用全硫

含量来代替弹筒硫。现在各电厂普遍加强了对煤中全硫含量的监测，不少电厂天天测定，甚至班班测定所有入厂及入炉煤的全硫含量；同时，由于采用库仓测硫仪或红外测硫仪，完成一个样品全硫含量的测定，前者需 5~6min；后者仅需 2~3min。故电厂可在测出弹筒发热量后，将全硫测定结果代入式（5-28）计算出高位发热量。这样也就免除了弹筒硫的测定操作与计算，并能有效地保证高位发热量测定结果的可靠性。

八、内筒水的搅拌及热量计外壳带电

各种热量计内筒所配用的搅拌器多为螺旋浆式。搅拌器应能迅速搅匀内筒水而不致让水飞溅。同时，它必须保持转速稳定，又不产生过多的搅拌热。标准规定，当内、外筒温度和室温一致时，连续搅拌 10min 所产生的热量不应超过 120J。对热容量为 12000J/℃ 的热量计来说，由于搅拌热导致的温升不应超过 0.01℃。

处于温度变化缓慢的测试初期或末期，常出现温度时高时低的现象，这很可能是由于搅拌不良使得内筒水温不匀造成的。

除了热量计的搅拌器设计参数不合理及加工不精良外，有的热量计还存在搅拌电动机温升过高的情况，以至加剧了量热系统与周围环境的热交换，从而影响了发热量的测定结果。

热量计外壳多为金属材料所制成。虽然点火电压一般不超过 24V，属安全电压范围；但搅拌电动机电压常为 220V，故热量计电源必须有良好的接地装置，热量计外壳绝对不允许带电。

九、微机热量计操作中应注意的问题

首先需要指出：这里所讲的微机热量计不包括不用调节内筒水温及计量内筒水量，且冷却校正并不是按标准规定要求计算的微机热量计，即所称的"全自动"热量计。关于上述热量计的有关问题将在本章第九节中作专门讨论分析。

在使用微机热量计时，应注意以下几点：

（1）微机热量计要使用单独电源，并配上稳压器，尽量避免其他设备对微机运行的干扰。

（2）某些微机热量计在使用较长时间后，程序出现紊乱现象或者测试结果明显恶化，此时可关机或停运一段时间后再启用。

（3）铂电阻温度计使用时，应垂直置于内筒中，不用时则要妥加保管。若铂电阻一旦渗水，则不能使用。

（4）某些型号的微机热量计易出现点火误判情况，即实际上试样已经燃烧而显示器上显示点火失败。水温调节得当以及尽量避免其他因素对点火的影响，有助于减少上述异常情况的产生。为此，操作人员将充氧后的氧弹放进内筒后不要先接上电极，而是先接通搅拌器开关，并调节好显示器上的温度，然后接上电极开始测试。

（5）一般微机热量计开机后，令其内部元件预热一段时间（一般 1~2h）后，再开始测定。如预热时间太短或不预热，其测试结果往往较差。

（6）根据实际需要选配不同类型的微机，仅仅从测试热量自动观测、记录温度并完成计算来说，单片机即可满足要求，且它不会发生"死机"；如要具备多种功能，当然就得选配较高档次的微机，如 586 等。实践表明：热量计配高档次的微机，对微机来说，大多数情况下是大材小用；另一方面，微机方面的故障往往是造成微机热量计故障的主要来源。

十、微机热量计测热结果呈偏低倾向及如何校正

微机热量计与应用贝克曼温度计测温的普通热量计相比，其测热结果略呈偏低倾向。经

检验，常常表明用微机热量计测热，精密度往往较好，就是结果偏低，存在系统误差的可能性较大。现以一台微机热量计为例，对多种国家一级和二级标准煤样进行测定，其结果列于表 5-7 中。

表 5-7　　　　　　　　　　　　某一微机热量计对标煤的测试结果　　　　　　　　　　　　MJ/kg

标样号	标准值	测定值	差　值	标样号	标准值	测定值	差　值
GBW11101d	30.65 ± 0.15	30.64	− 0.01	GBW (E) 110003a	19.64 ± 0.17	19.48	− 0.16
GBW11110c	21.51 ± 0.18	21.53	+ 0.02			19.47	− 0.17
		21.35	− 0.16	GBW (E) 110004a	20.67 ± 0.18	20.75	+ 0.08
		21.34	− 0.17			20.73	+ 0.06
		21.35	− 0.16	GBW (E) 110004b	20.80 ± 0.17	20.77	− 0.03
		21.46	− 0.05	GBW (E) 110005b	22.48 ± 0.20	22.31	− 0.17
		21.37	− 0.14			22.28	− 0.20
GBW11102d	21.23 ± 0.15	21.28	+ 0.05	GBW (E) 110006a	20.88 ± 0.19	22.72	− 0.16
		21.23	0.00	GBW (E) 110007b	22.97 ± 0.20	22.89	− 0.08
GBW11108b	29.61 ± 0.12	29.54	− 0.07			22.85	− 0.12
GBW11109b	28.32 ± 0.15	28.18	− 0.14			22.80	− 0.17
		28.35	+ 0.03			22.84	− 0.13
		28.19	− 0.13	GBW (E) 110008a	23.60 ± 0.18	23.49	− 0.11
GBW11111d	32.12 ± 0.15	32.05	− 0.07			23.42	− 0.18
GBW11105a	29.89 + 0.15	29.75	− 0.14			23.48	− 0.12
GBW11112a	26.96 ± 0.15	26.87	− 0.09			23.51	− 0.09
		26.74	− 0.22			23.50	− 0.10
		26.77	− 0.19			23.47	− 0.13
		26.85	− 0.11			23.47	− 0.13
		26.83	− 0.13			23.51	− 0.09
		26.84	− 0.12			23.32	− 0.28
		26.86	− 0.10			23.31	− 0.29
		26.89	− 0.07	GBW (E) 110009a	25.53 ± 0.20	25.51	− 0.02
		26.83	− 0.13			25.44	− 0.09
		26.74	− 0.22			25.48	− 0.05
		26.83	− 0.13			25.27	− 0.26
GBW11103b	26.84 ± 0.18	26.81	− 0.03			25.30	− 0.23
		26.75	− 0.09	GBW (E) 110010b	28.36 ± 0.18	28.29	− 0.07
		26.74	− 0.10			28.33	− 0.03
GBW (E) 110001b	20.01 ± 0.20	19.63	− 0.38			28.23	− 0.13
		19.72	− 0.29			28.26	− 0.10
GBW (E) 110003a	19.64 ± 0.17	19.42	− 0.22			28.18	− 0.18
		19.37	− 0.27			28.17	− 0.19

表 5-7 中标准值，指标准煤样的干燥基高位发热量的值 $Q_{\mathrm{gr,d}}$，GBW 代表国家一级标样，GBW（E）代表国家二级标样。

对标准煤样的检测共 68 次（每次又重复测定 2 次，且精密度合格，取其平均值作为测定值），其中 62 次测定结果偏低，5 次测定结果偏高（偏高值甚小），1 次相同，经检验，表明存在系统误差。系统误差的检验与计算，参见本书第八章。

对表 5-7 中的数据进行统计，表明该热量计测定一级标准煤样平均偏低 0.12MJ/kg；测定二级标准煤样平均偏低 0.16MJ/kg。

微机热量计测热结果略呈偏低倾向，但总的说来，其平均偏低程度尚在标样不确定度范围内，故此热量计仍可使用，但也有少数样品所测结果偏低程度已超出不确定度范围，其测热结果可靠性较差。

微机热量计一般说来，测试精密度均比较好，即使存在系统误差也可以进行校正，从而提高测热结果的准确度。例如某热量计热容量为 10580J/℃，用反标苯甲酸来检查，其热量测定结果 $Q_{gr,d}$ 平均偏低 0.09MJ/kg。为了进行校正，可先计算出标定热容量时的内筒温升。设苯甲酸热值已知为 26450J/g，则标定热容量时内筒温升约为 2.5℃。测热结果偏低，可通过适当提高热容量值来加以修正。由于反标苯甲酸的热量偏低 0.09MJ/kg 即 90J/g，故可将原热容量 10580 + 90/2.5 = 36J/℃ 即可，也就是说热容量修正为 10580 + 36 = 10616J/℃。关于反标苯甲酸的有关问题，读者可参阅本章第十一节。

十一、发热量与灰分含量的联合测定

灰分含量是煤质的重要特性指标，它的测定通常均采用 GB/T 212—2002 所规定的燃烧法，这在本书第三章中已作了阐述。现在介绍一种灰分与热量一次性测定的简便方法，该法是基于煤在热量计氧弹中完全燃烧后的残渣与按国标中燃烧法测定时其灰分含量极为相近这一原理提出来的。

测定步骤：称取一定量的空气干燥煤样，置于称重的燃烧皿中，在发热量测定的同时完成灰分的测定。为此，当发热量测定完毕，打开氧弹后，将留有燃烧残渣的燃烧皿干燥至恒重，并称取燃烧皿中的灰量，以残留灰量占煤样质量百分数作为煤中灰分含量。

为了确保测定结果具有良好的重现性与准确性，应严格掌握以下测定条件：

（1）煤样务必燃烧完全。煤样粒度必须 < 0.2mm，对不易燃烧完全的煤样，则应压饼燃烧。

（2）选用优质不锈钢燃烧皿，尽可能减少它受氧化及燃烧产物的侵蚀作用。

（3）热量试验结束后，留有残渣的燃烧皿应置于 105～110℃ 的干燥箱中干燥至恒重（一般约为 5min），然后转入干燥器中冷至室温后称重。

经与国标中缓慢灰化法对比，两种方法的精密度相同，其大量测试结果的平均值也具有一致性，这是该法可作为一种试验方法的主要依据。同时试验还表明，氧弹法所测定灰分含量较燃烧法略低，一般说来，其差值不超过 1%（绝对值）。这是由于煤样在不同条件下燃烧所致。

发热量与灰分同时进行测定，可以省时、省力，提高工作效率。它是一种快速测定方法。在电厂例行煤质分析中，可提供煤中灰分含量的参考值。

第九节　新型自动热量计的使用

所谓自动热量计，是相对于应用贝克曼温度计测温的传统热量计而言。自 20 世纪 80 年代中期，我国出现了微机热量计，这可算作是第一代自动热量计。10 多年来，几经更新换代，国产微机热量计的性能及操作自动化程度得到不断改善与提高，特别是近几年来出现的免除内筒水温调节及称量水量的热量计，这种新一代的热量计往往被生产厂称之谓"全自动"热量计。自动化程度更高，操作更简便；另一方面，它省去了传统的测热过程中的末期 5min，缩短了测试周期，并得到广泛的应用。

新型自动热量计有着显著的优点，但也存在明显的不足，其冷却校正值的确定依据及测试结果的可靠性引起人们的关注。这类热量计的内筒水直接引自外筒，测热后，内筒水又排至外筒。水在热量计内部循环，反复使用。其外筒贮水量很大。如柜式，测热后外筒水升温不太明显，故它仍属于恒温式热量计。但台式热量计，因外筒贮水量相对较少，当连续测定多个样品后，外筒水温不断上升，影响测定结果的可靠性。

一、自动热量计的类型与特点

自动热量计按其向内筒供水的渠道不同，将其定容容器分为内置式和外置式两类。

当前国产的自动热量计内筒与热量计构成一体，即无单独的内筒，内筒水定容水箱置于热量计内部，如图5-12所示。

另一类型是内筒水定容容器为外置式，典型的代表为美国 Leco 公司生产的 AC－350 型自动热量计，该型号的热量计在我国电力系统中有一些单位使用。

1. 内置式自动热量计

国内很多厂家均生产这类热量计，由于定容水箱置于热量计内部，故外形较美观。该类型热量计除内、外筒水实施一体化外，一般在试样燃烧完毕，测热也随之结束，节省了较传统恒温式热量计的末期阶段 5min，故缩短了测热周期，而冷却校正值则由生产厂按各自的办法或经验式加以确定。从氧弹放进热量计内计算至测热结束，时间约需 17min 左右。

使用这类热量计的主要优点在于：操作简便，测热时间较应用瑞—方公式计算冷却校正值要缩短约 5 ~ 6min，如应用国标公式，则二者测热时间相近。

使用这类热量计的缺点也是明显的：测试人员不易观测到内筒水质的变化，随测热次数的增加及水存放时间的延长，其水质逐步恶化是不可避免的，而现在这类热量计的设计，又难以将外筒，特别是筒底及筒壁彻底清洗干净，且外筒换水又不太方便。由于这类热量计内外筒水一体化，故随测热样品的增多，外筒水温不断递升，这往往造成一天中不同时间标定的热容量或测定发热量的结果出现较大的差值，从而降低了测试结果的可靠性。

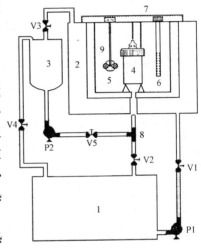

图 5-12　内置定量容器的
自动热量计

1—下水箱；2—热量计外筒（外套）；
3—定容容器；4—氧弹；5—搅拌
器；6—温度计；7—热量计上盖；
8—三通；9—热量计内筒

2. 外置式自动热量计

该类型热量计是将外筒水引至一个固定容积的水瓶中，测热时，将此定容瓶中的水转入内筒；测热后，已升温的水又转至系统中令其循环，故系统水温也呈不断上升趋势。待用的内筒水则装满于定容水瓶中，置于室温环境下平衡。它与内置式自动热量计相似，仍然是内筒水与外筒水相通，从而避免了内筒水温的调节与水的称量。

美国 Leco 公司生产的 AC－350 型自动热量计可根据不同要求，从三种热校正模式中选择进行测热：一是经典的瑞—方模式，测热时间为 22 ~ 23min；二是采用热传导补偿方式进行校正，在保证获得高精确度的同时，完成测热时间为 8min；三为推算法，即运用估算计算法进行热校正，测热时间为 4.5 ~ 7.5min，此模式以牺牲一些精确度来换取速度的提高。

AC - 350 型热量计的水循环系统的设计具有如下特点：一是室温环境下的水在泵的驱动下流经整个外筒（外套）；二是使用外套水注入内筒，即时监测内筒水温，即时监测外套水温，并对水温升高进行动态校正。

为了提高测试效率，一些生产厂纷纷采取缩短测试周期的措施。与上述 AC - 350 型热量计相似，一是试样一旦燃烧完全，试验随之结束，自定冷却校正值；二是不待试样燃烧的热量完全释放就结束试验。根据估算法来推断热量的测定结果，完成一次热量测定时间缩短至 11 ~ 12min，甚至 10min 以内。

总的说来，测试时间越短，热量测定结果的可靠性越差。

二、新型自动热量计使用中的若干问题

1. 冷却校正值的确定

恒温式热量计的冷却校正值随环境条件、热量计设计参数、内外筒水温及其差值、试样燃烧速度及发热量高低等多种因素变化而变化，故每次测定发热量时，均需计算冷却校正值。即使连续对同一试样重复测定，此两次的冷却校正值也各不相同。

根据冷却校正值的计算可知：在测热前，内外筒水温调节的温差越小，末期温度下降速度越快，冷却校正值越大。新型自动热量计中的内筒水直接引自外筒，即内外筒水温温差为零（内置式热量计就是如此，外置式热量计则固定容器置于空气中平衡时间的长短不同有所差异），则冷却校正值必然较大。对热容量为 10000J/℃ 左右的热量计来说，冷却校正值常可达 0.02 ~ 0.03℃，也就是说，一般相当于 200 ~ 300J，故冷却校正值能否正确确定，将是影响发热量测定结果可靠性的重要因素。

鉴于国内热量计的市场情况，加速修订国标 GB/T 213—1996，特别是研究论证其中有关自动热量计（即标准中所称的自动量热仪）的部分，是十分必要的。

2. 不完全释放热量时测热结果的推断

这一问题又分为两种情况：一是专指测定苯甲酸，例如检查发热量测定结果的准确性，可通过反标苯甲酸来加以检验，这在标准中作出了具体规定；二是对标煤的测定，由于各种煤质特性的不同，特别是热量高低及燃烧速度的差异，要根据数分钟内（例如 5min）试样释放的局部热量来准确地推断该样品完全燃烧时可释放的全部热量并不容易。测热时间越短，推断而得的热量准确性越差。因此，不同应用要求的场合对测量时间有不同的要求。

作者随机抽取了一批苯甲酸试样，对点火后不同时间所释放的热量占全部热量的百分率作了统计，现将其数据列于表5-8中。

表 5-8　　　　　　　　　　　　点火后不同时间所释放热量的比率　　　　　　　　　　　　%

样品序号	点火后 3min	点火后 5min	点火后 8min	样品序号	点火后 3min	点火后 5min	点火后 8min
1	96.00	99.17	99.59	9	94.95	99.12	99.86
2	96.11	99.23	99.66	10	95.63	99.32	99.99
3	95.96	99.37	99.57	11	93.71	98.14	99.53
4	95.88	99.18	99.24	12	93.43	98.31	99.77
5	96.25	99.24	99.66	13	95.60	98.99	99.94
6	95.92	99.15	99.74	14	95.48	99.24	99.82
7	94.42	98.48	99.39	平均值	95.34	99.01	99.69
8	95.46	99.26	99.91	标准差 S	0.89	0.40	0.22

测试次数有限，表5-8中的数据尚不足以充分反映苯甲酸点火后释放热量的情况，但它确实反映了一种趋势，点火后5～8min，通常所释放的热量占该试样全部热量的99%以上；另一方面，随点火后时间的延长，释放热量的精密度明显提高，即反映为标准差S值逐步减小，这与理论上的推断是一致的。测热时间最长一般为10min。在此范围内，测热时间越长，则测热结果相对来说，准确度越高。

由于苯甲酸是高度纯净的有机试剂，并用作标准量热物质，故各次测定，其燃烧情况可以认为是基本一致的。但对煤样来说，则会出现相当复杂的情况，故利用推断法来确定煤的发热量，其可靠程度尚值得研究。

3. 自动热量计外筒水温不断升高的问题

恒温式热量计的特点之一，就是在测热过程中，外筒水温基本保持恒定，而上述自动热量计中的内筒水直接引自外筒，水在热量计内部循环，随连续测热次数的增多，将存在外筒水温不断上升的问题。例如，台式自动热量计外筒水量为内筒的10倍，即一次测热内筒温升2℃计，则外筒温升约0.2℃（外筒系处于封闭状态，在室温下自然散热量很小）。再由于这种热量计测热周期较短，故适用于大批量试样的测定，这样外筒水一天可升高2～3℃，甚至更多，因而在一天的不同时间对同一煤样进行重复测定时，其结果往往出现明显的差异。

国内外均有生产厂致力于研究解决这一问题的途径与方法。例如德国 IKA C5000 型热量计配有专门的冷却系统控制绝热层内的水温，国内也有厂家研制出循环水冷却系统。

由于一天中所测试样发热量的差异及数量不同，要使冷却装置所带走的热量恰好与外筒温升相抵消，从而保持外筒水温基本恒定也并不容易。不是冷却装置性能不太可靠，就是费用太高，故现在的新型自动热量计还处于不断改进与完善的过程中。

三、不同类型自动热量计的性能比较

发热量是电厂进厂煤计价及计算标准煤耗的主要依据，热量计是用来测定发热量的专用仪器。为了考察仪器的性能，作者近期对目前国内使用的最具代表性的热量计：一台美国生产的、一台中国生产的自动热量计在完全相同的条件下，进行全面性能测试，并对其结果作出比较与评价。

1. 中美热量计的基本情况

中国生产的热量计，是自氧弹置于内筒中（内筒水直接引自外筒），内筒水达到规定要求后，搅拌开始，水温稳定后自动点火，当水温达到最高点后，试验结束，测热全过程为17.5min。

美国生产的热量计，内筒装水2000g，外筒装水约16kg，将系统中的水引至外置定容玻璃瓶中，然后转入内筒。测热时，自氧弹置于内筒中，搅拌开始，3min后自动点火，再5min，结束试验，测热全过程为8min。

2. 对比试验条件与内容

将上述中、美自动热量计置于符合测热环境条件的同一试验室中，对比试验期间室温为18～19℃，室内无任何冷、热源。

试验前，各仪器进行了清洗、换水，在试验全过程中使用同一盒苯甲酸，同一标准煤样及生产煤样，所有测试样品均使用同一台德国产电子分析天平称量。

对比试验包括：按标准标定热容量；反标苯甲酸，各重复5次；测定热量高低不同的三种标准煤样各重复 3 次；测定生产煤样 2 个，各重复 2 次。

3. 对比试验结果

中国热量计的热容量平均值为 10739J/℃，标准差为 10.55J/℃，相对标准偏差 RSD 为 0.10%；美国热量计直接测定的是苯甲酸发热量，标准苯甲酸热量为 26461J/g，而 5 次重复测定值为 26466～26543J/g，平均值为 26508J/g，5 次测定极差为 77J/g。其热容量的标准差为 11.63J/℃，相对标准差 RSD 为 0.12%。

上述两台热量计的 RSD 均小于 0.20%，符合我国热量计产品标准要求。

两台热量计反标苯甲酸的结果列于表 5-9 中。

表 5-9 中、美自动热量计反苯甲酸结果

反标苯甲酸的各次值		中国热量计	美国热量计	反标苯甲酸的各次值	中国热量计	美国热量计
反标苯甲酸次序	1	26476	26425	反标苯甲酸平均值（J/g）	26481	26433
	2	26460	26467			
	3	26518	26350	苯甲酸的标准值（J/g）	26461	26461
	4	26501	26470	平均值与标准值之差（J/g）	+20	-28
	5	26481	26452			

中国热量计反标苯甲酸，极差为 58J/g，标准差为 22.6J/g；美国热量计极差为 120J/g，标准差为 49.6J/g。显然，中国自动热量计精密度优于美国自动热量计，其准确度大体相当，均符合我国标准规定。

将上述两台热量计测定标准煤样的结果列于表 5-10 中。

表 5-10 中、美自动热量计测定标准煤样结果

测定标准煤样		中国热量计	美国热量计	测定标准煤样		中国热量计	美国热量计
GBW（E）标煤样 $（Q_{gr,d}=23.52±0.18MJ/kg）$ 重复测定次序	1	23.45	23.26	标准煤样测定平均值（MJ/kg） 与标准值的差值（MJ/kg） 结果评定		25.89 -0.23 不合格	25.70 -0.42 不合格
	2	23.45	23.32				
	3	23.50	23.29				
标准煤样测定平均值（MJ/kg） 与标准值的差值（MJ/kg） 结果评定		23.47 -0.05 合格	23.29 -0.23 不合格	GBW 标煤样 $（Q_{gr,d}=29.89±0.15MJ/kg）$ 重复测定次序	1	30.00	29.70
					2	30.02	29.65
					3	30.04	29.73
GBW（E）标煤样 $（Q_{gr,d}=26.12±0.18MJ/kg）$ 重复测定次序	1	25.88	25.70	标准煤样测定平均值（MJ/kg） 与标准值的差值（MJ/kg） 结果评定		30.02 +0.13 合格	29.69 -0.20 不合格
	2	25.90	25.67				
	3	25.90	25.74				

由表 5-10 可以看出：中美自动热量计的测热精密度均很高，而美国热量计的准确度却不如中国热量计。作者认为其主要原因是：美国热量计在样品点火后 5min 即结束试验，样品的热量尚未全部释放，而完全靠推断法来确定发热量所致。它也再一次验证了测热时间与测热结果准确度之间的关系。

美国自动热量计与中国自动热量计相比，测试精密度大体相同，但准确度呈偏低倾向。也就是说，存在系统误差，它可通过校准的办法来加以克服。

上述两种热量计均存在外筒水温不断上升的情况。例如美国自动热量计在连续测定 6 个煤样时（总计约 60min），外筒水温由最初的 19.30℃升至 21.49℃。每隔 10min，外筒水温升

幅的实测结果是：0.65℃、0.47℃、0.41℃、0.35℃、0.29℃。因为美国热量计的定容水瓶为外置式，其外筒水温温升会小于内置式热量计。如将外筒水量大幅度增加，将有助于减轻这方面的不良影响，故目前国内生产的柜式自动热量计其外筒水量增大至50kg以上。

中美自动热量计各有优缺点。中国热量计较美国热量计操作更方便一些，但价格尚不足美国产品的一半，测试结果的准确度较之测热时间为8min的热量计要好；国产热量计维修也比较方便；而美国热量计测热的稳定性及仪器的可靠性要优于中国热量计；测热时间尚不足中国热量计的1/2，其主要采用质量较好的元件，并具有更好的加工工艺水平。

就以作者进行对比试验的这两台自动热量计来说，美国热量计为1996年7月投入使用，运行5年多来，未出现过故障；中国热量计为2000年6月投入使用，2001年2月因一恒温筒进水异常，发现进水管存在裂纹，经厂家检修后恢复正常。该热量计配有2个恒温筒，而检修过的恒温筒正是此次试验用筒。

用户可根据不同需要，对中外不同类型、不同测热时间的热量计加以选择。作者认为：如要提供准确的热量数据，现在还是宜采用经典测热原理、按牛顿冷却定律推算的冷却校正计算公式，亦即内、外筒外开的普通型自动热量计来测定，其结果会更可靠一些；对于测热时间过短，测热准确度较差一点的热量计，测热结果宜作煤质监督、控制之用。

普通型自动热量计因不能自动调节内筒水温及称量水量，操作比较麻烦，特别是水的调温又要配备冰箱，且花时间。鉴于上述情况，如果对普通微机热量计结构不作任何变动，而只是配置一个恒温水槽，加上一台电子工业天平，就能达到对内筒水温定温、定量的目的。从而可像新型自动热量计一样，免除了内筒水温的调节（电子工业天平称量水量极其方便），既保持了新型自动热量计的优点，又避免了它的不足。

这样，由于内、外筒仍为分开式，不存在外筒水温不断上升的情况。外筒水量并不要求过大，热量计价格低且体积小，仍然保持了普通型自动热量计的优点，而且外筒换水比较方便。测热时间仍维持23min左右，采用国标或瑞—方公式计算冷却校正值。另外，一台恒温水槽可供两台或更多台热量计同时使用，电子工业天平是一通用仪器（例如可用于煤中全水分的测定等）。总的费用要比目前所用的新型自动热量计低得多。

具体操作可这样进行。例如，某热量计外筒温度为22.3℃，要求调节内筒水温为21.4℃，那么将恒温水槽的温度设定为21.4℃，水槽控温精确度要求为±0.1℃，然后将上述21.4℃的水自水槽注入内筒，用电子工业天平对其进行准确称重，其后操作则完全同普通型的自动热量计。

4. 双干式热量计的评价与使用

目前，世界上出现了双干式热量计，国内也已有此种产品。干式热量计完全不需水，即试样燃烧过程中，不再与水发生热交换。其氧弹结构特殊，氧弹的内外层由不同材料加工而成，内层是不锈钢，外层为特种合金，它相当于传统热量计的内筒。多组测热元件直接嵌于氧弹中，随试样的燃烧，所产生的热量可使氧弹升高10多度。由于金属的导热率比水高得多，也快得多，故温度的变化与测温几乎是同时进行的。通常仅需3min就可完成一个样品的测定。这种类型的热量计同样应用标准苯甲酸来标定其热容量。在相同测试条件下，测出被测试样燃烧后氧弹的温升，即可计算出试样的发热量。

由于此类热量计是根据氧弹温升来计算热容量的，故其热容量值很小，约相当于普通热量计的1/5～1/7。该热量计使用时，对仪器的严密性、环境条件均十分严格。另一方面，由于氧弹温升较高，如要再次使用该氧弹，必须将其冷却至室温，这一时间要数倍于测热时间。

在评价这种低热容量的热量计时，不能完全套用常规热量计的指标，即 5 次热容量重复标定，其极差小于 40J/℃，相对标准偏差小于 0.20%。显然，由于其热容量值很小，故重复标定的极差按 40J/℃ 来衡量就太宽了，自然很容易达到；另一方面，如用相对标准偏差 0.20% 来衡量，又太严了，由于自身热容量很小，故相对标准偏差值往往较大，很难达到 0.20% 以内的指标。我国热量计计量检定规程将热容量按其值的大小提出不同的极差要求，用以评价不同热容量的热量计。

干式热量计测热时间短，可用于对测热精度要求不太高的场合。

第十节　绝热式热量计的使用

本章第二节已对绝热式热量计作了介绍，绝热式热量计的结构参见图 5-4。由于不同型号的绝热式热量计在结构上存在差异，其调节与使用方法也有所不同。本节以国产绝热式热量计为例，阐述其使用中所特有的问题。

一、各条件参数的控制

使用绝热式热量计测定燃烧发热量时，将涉及到室温、内筒水温、外套水温、冷却水温、冷却水流速和加热电流等参数。搞清楚对各参数的要求及其相互间的关系，是正确掌握绝热式热量计调节与使用方法的必要前提之一。

1. 各温度参数的控制

利用绝热式热量计测定燃料发热量，较为理想的情况是：内筒水温低于室温 1 ~ 1.5℃ 左右；外套水温低于内筒水温 0.5 ~ 3℃；冷却水温低于内筒水温 3℃ 以上。

2. 对外套水导电性的要求

外套水应具有一定的导电能力，其导电性能决定极板加热电流的大小。外套水导电性能是否合适，由实验来决定。

首先需要确定最大加热电流，将平衡调节钮旋到最大刻度处，逐步调节外套水的导电性，以电流不超过 12A 为宜。由于外套水中加入电解质，故对设备的腐蚀性较大。为延长换水周期及减轻对热量计的腐蚀，也可改用纯水中掺加部分自来水的办法来满足外套水导电性能的要求。如果加热电流太小，在确定的时间内（5 ~ 8min），外套水温跟不上内筒水温，则说明外套水导电能力太差。这时可排掉部分外套水而以自来水来补充，直至外套水调节到导电性能合适为止。

3. 冷却水流速的控制

冷却水的流速应根据内筒水温与冷却水温温差的大小来控制。温差越大，应将流速减小；反之，则加大。

一般平衡点确定以后，可以保证内筒水温的基本稳定。而对冷却水流速的控制，有助于内筒水温的进一步稳定。故在发热量测定过程中，一般不要变动平衡调节钮的位置。测热时，由于内筒水温要稍高于外套水温，开始时内筒温度会有所下降，但随着外套水温跟上内筒水温，内外筒之间的热交换趋近于零，因而内筒温度得以保持恒定。如果在开始搅拌 5 ~ 8min 后，内筒水温缓缓下降，则说明内外水温温差较大，此时应适当地降低冷却水流速以减少冷却水所带走的热量，从而加速内筒水温的稳定。

二、平衡点的调节

平衡点一旦调节好，一般不要再变动其位置。如果重新调节平衡点，就得重新标定热容量。平衡点的调节可参照下述步骤进行：

在已确定外套水导电能力的条件下，控制内筒水温稍高于外套水温（0.5～3℃均可），根据冷却水温与内筒水温的温差，控制冷却水流速在一个适当范围内。按照热容量标定要求，将准备好的氧弹放在内筒水中，盖上盖，使热量计处于运转状态。打开加热开关，5min后开始记录内筒与外套温度，而后每隔1min记录一次，如连续三次温度不变或变化不超过0.001℃，则说明内筒水温已经稳定，可以点火。否则，再按前所述，进一步调节平衡钮的位置，直到内筒温度达到完全稳定为止。平衡点调好，终点与点火时一样，同样能够实现内筒温度的稳定。

在热容量标定时，如果内筒温度计指示的温升与外套温度计指示的温升相等，或者，在终点时内外温差与点火时的内外温差相等，则表明平衡点确已调节好。但实际上，总不能达到如此理想的程度，有时二者之差可达0.1℃，而更多的时候是介于0.01℃与0.1℃之间。

三、热容量的标定

对于绝热式热量计，热容量的标定可参照下述步骤进行：

（1）观测室温与冷却水温。由于当天第一次标定时，外套水温总是接近室温，故可提前使水泵运转，以加速外套水的冷却。

（2）调节内筒水温低于室温1～1.5℃，同时使外套水温能满足稍低于内筒水温的要求。

（3）按照恒温式热量计标定热容量的要求，称好预先干燥并压饼的苯甲酸，准备好氧弹，将其置于调好温度并已称重的内筒水中，接上电极导线，盖上盖。

（4）把冷却水流速调到一个适当水平。打开加热开关，此时电流表上应有电流指示，经搅拌5min后，记录内外水温。然后每隔1min记录内筒温度一次，连续三次数值相同或仅相差0.001℃，即可点火。如内筒温度略有变化，可适当地调节冷却水流速，直至内筒温度稳定后再行点火。

（5）点火后电流增大到6～8A，随后电流逐渐降低，而稳定在0.5～1A左右。经10～12min，记录内筒温度。而后每隔1min记录一次，连续三次数值相同或仅相差0.001℃，即达到终点。如温度略有变化，取最高一次温度作为终点。

（6）关闭加热开关，取下温度计，取出氧弹及内筒。可让水泵继续运转，并加大冷却水流速，以加速外套水的冷却。当恢复到上一次标定时的外套温度，即可进行第二次标定。

（7）量取残存点火丝长度，热容量标定中的硝酸生成热 q_n 按式（5-16）计算。热容量则按式（5-17）计算，计算时，冷却校正值 $C=0$。

与恒温式热量计一样，要求5次热容量标定中，其最大差值不超过40J/℃，取其平均值作为热容量。

四、发热量的测定示例

燃料发热量的测定与热量计热容量的标定操作完全相同。现以一煤样的实测记录为例来加以说明。

煤样量1.0130g；冷却水温19.8℃；室温25℃；冷却水流速370mL/min；外套水温

24.1℃；热容量 11307J/℃；内筒水温 23.5℃；（热容量在平均温度 24.3℃时标定）

读温记录：

时间（min）	内筒温度（℃）	外套水温（℃）
0		
⋮		
5	1.810	
6	1.810	
7（t_0）	1.810	1.021
⋮		
19	4.211	
20	4.212	
21	4.212	
22（t_n）	4.212	3.385

点火温度 $t_0 = 1.810$℃；终点温度 $t_n = 4.212$℃。

由贝克曼温度计检定证书查得：$h_0 = -0.0016$℃；$h_n = +0.0037$℃。

平均分度值 $H = 1$（设标定热容量时的平均分度值 $H = 1$）

温升值 $= H[(t_n + h_n) - (t_0 + h_0)] = 2.4073$（℃）

点火热 $q_1 = 25J$

由于 $C = 0$，弹筒发热量 $Q_{b,ad}$ 按下式计算

$$Q_{b,ad} = \frac{EH[(t_n + h_n) - (t_0 + h_0)] - q_1}{m} = \frac{1 \times 11307 \times 2.4073 - 25}{1.0130} = 26846 \text{（J/g）}$$

根据外套水温记录，终点时外套水温为 $3.385 + 0.0025 = 3.3875$℃；而点火时为 $1.021 - 0.0005 = 1.0205$℃（$+0.0025$℃及 -0.0005℃分别为外套温度计相应终点及点火时的孔径修正值）。由此可知，外套温升应为 $3.3875 - 1.0205 = 2.3670$℃。与内筒温升相比较，二者之差为 $2.4073 - 2.3670 = 0.0403$℃ ≈ 0.04℃。这一差值越小，则表明该热量计的绝热性能越好。

另外，通过上述实测发热量的示例也可看出，从搅拌开始计算时间，完成一次发热量的测定，一般需要 $22 \sim 24$min。

五、绝热式热量计的应用

虽然绝热式热量计有着一定的优点，但它也有明显的不足之处：绝热式热量计结构较复杂，一旦出现故障，试验人员难以处理；不少单位的冷却水源不易常年满足绝热式热量计的使用要求，故使用绝热式热量计受到一定限制。

国内各试验室的冷却水源普遍应用自来水。在北方地区，自来水源多为地下水，冬夏水温变化不大，约在 20℃左右。那么在气温较低的季节，用作冷却水的自来水水温有可能高于室温，致使绝热式热量计无法使用。在我国南方地区，自来水源多为江湖地表水，冬天很冷，夏天很热，那么在气温较高的季节，自来水水温也有可能高于室温。故推广使用绝热式热量计，必须解决冷却水的供应问题。

目前，国外生产的某些绝热式微机热量计，有冷却水供应装置相配套。然而国外生产的热量计价格很高，如果国内能妥善解决冷却水的供应问题，又实施微机控制，操作更为自动

化的绝热式热量计也将具有良好的应用前景。

第十一节　热量计综合性能的检定

热量计由众多部件所组成，各主要部件合格是整套热量计具有良好性能的基础。一般说来，完成一次热量测定就能基本上反映各主要部件的性能而无需进行单项检定。电力部门作为热量计的使用单位，主要希望应用热量计测热精密度与准确度，使其能够达到标准规定的要求，即需要对热量计的综合性能进行检定。

一、基本条件与技术要求

为了使检定结果能充分反映热量计的综合性能，受检单位的测试环境、人员素质等应符合下述基本条件：

（1）测热室应符合国标规定，尽可能减少环境对发热量测定结果的影响；

（2）测试人员必须熟练地掌握热量计操作技术，并接受热量计检定的专门培训考核；

（3）各种型号的热量计均可作为被检对象，它们均以一套完整设备作为一检定单元。

对于一台综合性能合格的热量计，必须符合下述技术要求：

（1）热量计主要部件完整无损，并具备应有的功能，这包括内外筒、测温装置、氧弹、充氧装置、点火系统、搅拌装置等；

（2）氧弹表面没有砂眼与损伤处，弹盖与弹筒的螺旋部分没有磨损、锈蚀等缺陷，氧弹能承受不低于 20MPa、5min 的水压试验；

（3）应用标准物质苯甲酸标定热容量 5 次，其标准偏差不大于 17J/℃ 或极差不大于 40J/℃；

（4）应用标准煤样检验发热量测定结果的准确性，其 4 次测定的均值在标准煤样的标准值（名义值）相差在 ±206J/g 以内。

二、检定项目与测试方法

1. 热量计各主要部件及其功能的检定

热量计各主要部件及其功能一般通过热容量标定或试样测定来加以检验，但测温装置及搅拌器的搅拌热是否符合要求，还要通过热量计综合性能检定结果来加以分析判断。

2. 氧弹的外观检查及水压试验

应用目测方法对氧弹进行外观检查，然后对氧弹进行不低于 20MPa、5min 的水压试验，如不漏水，则说明水压试验合格。

3. 热量计热容量的标定

应用标准苯甲酸，按发热量测定的国标规定方法进行。标定热容量重复进行 5 次，每次结果计算到 1J/℃。除发现燃烧不完全或存在明显差错外，其余标定结果不得舍弃。如 5 次标定结果符合前述要求，则认为该热量计的测试精密度合格。

4. 准确度检验

可选用发热量高低不同的两种标准煤样，按国标规定方法各测 4 次，每次结果计算到 1J/g。除发现燃烧不完全等明显差错外，其余试验结果不得舍弃。在发热量测定精密度合格的前提下，将各次测定结果的均值与标准煤样的标准值作比较，如差值在 ±206J/g 以内，则认为该热量计测试准确度合格。

三、测试结果与评价标准

热量计测试结果的精密度与准确度评价方法很多，不同方法对其评价结论也不尽一致。

1. 精密度评价

热量计产品标准规定：热量计热容量重复性相对误差应不大于0.20%。应该指出：上述重复性相对误差的提法不一定合适，实际上是指热容量重复性相对标准偏差，即变异系数应不大于0.20%。现以某受检热量计为例，5次热容量标定的平均值为14532J/℃，标准偏差为14.0J/℃，故相对标准偏差为

$$\frac{14.0}{14532} \times 100\% = 0.096\% \approx 0.10（\%）$$

国产微机热量计不论其型号如何，热容量重复性相对标准偏差普遍能达到不大于0.20%的要求。

发热量测定的国家标准中规定：热容量应进行重复5次标定，其极差如不超过40J/℃，取5次结果的平均值作为仪器的热容量。否则再做一次或两次标定，取极差不超过40J/℃的5次值予以平均。

例如，某一台热量计5次热容量的标定结果分别为14658、14641、14641、14676、14682J/℃，平均值为14660J/℃，极差为41J/℃，标准偏差为19.1J/℃。由于极差超过40J/℃或标准偏差超过17J/℃，应判为精密度不合格。在这种情况下，理应再增加标定一或二次，取极差不大于40J/℃的5次热容量的平均值，作为该热量计在该温度下的热容量。

2. 准确度评价

准确度检验通常可采用测定标准物质（如苯甲酸）或测定标准煤样来加以评价。

（1）应用标准物质评价准确度。

在热容量标定以后，可对不同生产厂或批号的苯甲酸进行热量测定，如重复测定的平均值与标准苯甲酸标准值之间的差值不超过表5-11中规定的界限，则认为准确度合格；反之，为不合格。

表 5-11   测定苯甲酸差值的显著性界限   J/g

测定次数 n	1	2	3	4	5	6	7	8	9	10
差值显著性界限	± 88	± 63	± 51	± 44	± 40	± 36	± 34	± 31	± 30	± 28

为了检验准确度，通常最少应作2次重复测定。例如某批标准苯甲酸的标准热值为26443J/g，如2次测定平均值落在26380~26506J/g之间，就认为准确度合格；如重复测定5次，则其平均值落在26403~26483J/g之间，就认为准确度合格。

还有一种准确度的检验方法，即t检验法。对某批标准苯甲酸测定若干次，看其平均值与标准值之间是否存在显著性差异。如不存在显著性差异，则认为准确度合格；反之，为不合格。

t检验程序如下：

1）参照本书第八章，应用Dixon法检验有无异常值；

2）计算平均值$\bar{x}$与标准偏差S；

3）按下式计算统计量t值

$$t = \frac{|\bar{x} - \mu|}{S} \sqrt{n}$$

式中　μ——苯甲酸的标准热值，J/g；

　　　n——测定次数。

对计算的 t 值与其临界值 $t_{0.05,f}$ 进行比较，0.05 为显著性水平，f 为自由度，$f = n - 1$。如 t 值 $< t_{0.05,f}$，则说明二者之间无显著性差异，准确度合格；反之，为不合格。

这里尚需指出：准确度检验是在精密度检验合格的条件下进行的。精密度不合格，就不能对准确度进行检验；再一点是重复测定的平均值与苯甲酸标准值之间差值越小，说明其准确度越高。

值得注意的是，如何测定并计算苯甲酸的热值。当热量计热容量标定以后，将苯甲酸（片剂）作为待测试样进行热量测定。首先要求苯甲酸应处于干燥状态，虽说苯甲酸不易吸水，但不等于不吸水，如苯甲酸含水量仅 0.1%，就相当于减少 26.4J 的热量。另一方面，由热量计测出的热量还应减去硝酸校正热（1g 苯甲酸，其硝酸校正热为 40J），这样才是苯甲酸的真正发热量。

苯甲酸是由碳、氢、氧组成的纯有机化合物。由于测定热量时，氧弹中的空气并没有抽掉，氧弹中形成的硝酸乃是空气中的氮氧化成 NOx 并溶于水所致。为验证这一推断，作者进行了下述试验：对同一台热量计先将氧弹正常充氧，重复 5 次测定苯甲酸的热量；又将氧弹充氧后快速排气，再充氧，再排气，这样反复 3 次，让氧弹中的空气基本排尽，再次重复 5 次测定苯甲酸的热量。将在不同条件下测定苯甲酸的热量的结果一并列入表 5-12 中。

表 5-12　　　　　　　　　不同充氧条件下反标苯甲酸热值的结果　　　　　　　　　　J/g

氧弹正常充氧		氧弹充氧 – 放气反复 3 次	
1	26449	1	26422
2	26429	2	26399
3	26408	3	26417
4	26464	4	26406
5	26464	5	26374
平均值	26443	平均值	26403
标准值	26466	标准值	26466
标准差 S	24.18	标准差 S	19.28
RSD（%）	0.09	RSD（%）	0.07
极差 R	56	极差 R	48

表 5-12 的实测数据表明：在正常充氧条件下，即氧弹内含有空气较氧弹充气 – 放气反复 3 次，即无空气的情况下，其发热量相差 26443 – 26403 = 40J/g。

从发热量的计算可知，硝酸校正热 $q_n = 0.0015Q \cdot m$，对 1g 苯甲酸来说，$m = 1.0000$，$Q = 26466$J/g，故硝酸校正热 $q_n = 39.7 \approx 40$J/g，实测值与计算值十分吻合。这再次表明：反标苯甲酸时，将实测的热量减去 40J/g 后，才是苯甲酸真正的发热量，可用此数据和标准苯甲酸的热值相比较。

还有一个问题是：反标苯甲酸重复测定多次，各次测定值的允许差不可以用测定热量的允许差 150J/g 来衡量。由于苯甲酸为标准量热物质，它的测定允许差理应小于煤样热量测定允许差。例如上述热量计热容量为 14594J/℃，那么 1g 苯甲酸燃烧约使内筒水温升高 1.8℃，而热容标定允许最大差值为40J/℃。故应用此热量计时，反标苯甲酸热量的允许差为 $40 \times 1.8 = 72$ J/g 为宜。

（2）应用标准煤样来评价准确度。

应用标准煤样，重复测定其发热量几次，如其平均值 $\bar{x}$ 与标准煤样标准值的差值不超过表5-13所列的显著性界限，则认为准确度合格；反之，为不合格。

表5-13　　　　　　　　　　应用标准煤样时差值显著性界限　　　　　　　　　　J/g

测　定　次　数	1	2	3	4	5	6	7	8	9	10
差值显著性界限	±225	±212	±208	±206	±204	±203	±203	±202	±202	±201

例如某热量计，应用标准煤样重复测定4次，其测定值分别为15578、15509、15606、15698J/g，平均值为15598J/g，而标准煤样的标准值为15300J/g，不确定度为 ±200J/g，按表5-13的要求，重复测定4次，其差值的显著性界限为 ±206J/g，实际上所测标准煤样发热量的平均值较标准值高298J/g，它已超过上述显著性界限，故判为不合格。

通过检验，也可看出表5-13中所列差值的显著性界限与标准煤样不确定度基本一致，故有时也可用标准煤样的不确定度作为评价测试准确度的界限。但它是一种较低标准的评价方法，它是建立在国标所规定的同一试验室与不同试验室发热量测定允许差在150J/g及300J/g基础之上的。如按 t 检验法检验，则对某些热量计的测试准确度可能得出不同的结论。

例如应用某热量计，4次发热量重复测定结果分别为15437、15439、15461、15465J/g，平均值为15450J/g，标准偏差为14.5J/g。计算统计量 t 值

$$t = \frac{|15450 - 15300| \times \sqrt{4}}{14.5} = 20.69$$

查 t 值表，$t_{0.05,3} = 3.18$，由于 $20.69 > t_{0.05,3}$，故测定平均值与标准煤样标准值之间存在显著性差异，由此判断，则认为准确度不合格；如按测定平均值与标准煤样标准值的差值不超过表5-13中所列的差值显著性界限（因为重复测定4次，其显著性界限为 ±206J/g）来衡量，则应判为准确度合格。

由上述计算 t 值的公式可知，在一定测定次数下，t 值随 $|\bar{x} - \mu|$ 的减小而减小，但随 S 值减小而增大，故要使测定平均值与其标准值之间不致产生显著性差异，即 t 值要小，那么测定平均值越接近其标准值越好；另一方面，测定精密度也不宜太高，即标准偏差值不宜太小。

在实际检验时，有时还会出现这样的情况，应用测定标准煤样来检验，测试结果准确性符合要求；但是当反标苯甲酸时，其测定值与标准值相比，则超过允许差范围。因为苯甲酸为标准量热物质，它的标准值较标准煤样的标准值（名义值）更具可靠性与权威性。对标准苯甲酸来说，无论哪个国家，也无论使用何种热量计来标定，其热值都是十分接近的；而对标准煤样来说，则受定值单位所用热量计及操作条件的影响，标准煤样的名义值总不及苯甲酸的标准值可靠。故在这种情况下，应以反标苯甲酸来检查测试结果的准确度。

第十二节　发电厂标准煤耗的计算

在火电厂发一度电消耗多少煤，是衡量火电厂经济性的主要考核指标。原电力部1993

年规定：火电厂发供电煤耗统一以入炉计量煤量和入炉煤机械采样分析的低位发热量按正平衡计算。

一、标准煤量与标准煤耗

各电厂燃煤的发热量各不相同，在生产上为了采取统一的标准作为计算煤耗的依据，把收到基低位发热量 $Q_{net,ar}$ 为 29271J/g 的煤定为标准煤。也就是说，$Q_{ar,net}$14636J/g 的煤 2kg 仅相当于标准煤 1kg。

例如某电厂日燃用天然煤为 8150t，其 $Q_{net,ar}$ 为 20350J/g，则该厂日燃用标准煤量为

$$\frac{20350}{29271} \times 8150 = 5666 \text{（t）}$$

标准煤耗，就是指发 1kW·h 的电所消耗的标准煤量，以 g/（kW·h）表示。

[例5-3]　设某电厂装机容量为 600MW，在额定负荷下运行，每天燃用煤量为 6830t，其 $Q_{net,ar}$ 为 20700J/g，问该厂的标准煤耗为多少？

解：首先计算出标准煤量

$$\frac{20700}{29271} \times 6830 = 4870t = 4870 \times 10^6 \text{（g）}$$

再求出当天的发电量

$$60 \times 10^4 \times 24 = 14.4 \times 10^6 \text{（kW·h）}$$

故标准煤耗为

$$\frac{4870 \times 10^6}{14.4 \times 10^6} = 338.2 \text{［g/（kW·h）］}$$

电厂所发的电，其中有少部分用于自身的消耗（即厂用电），因此，煤耗就有发电煤耗与供电煤耗之分。扣除厂用电后的煤耗则称为供电煤耗，它应高于发电煤耗。

上例中设该厂日用电量为 7.5×10^5kW·h，则供电煤耗为

$$\frac{4870 \times 10^6}{(14.4 - 0.75) \times 10^6} = 356.8 \text{［g/（kW·h）］}$$

在发电煤耗确定了的条件下，减少厂用电量，也就降低了供电煤耗。

二、正平衡计算煤耗的技术要求

在本书第四章中已经指出：锅炉的热平衡有两种方法表示：正平衡法及反平衡法。标准煤耗与此相似，也有正平衡计算法与反平衡计算法之分。1993 年 11 月，原电力工业部正式提出：火力发电厂按入炉煤量正平衡计算发供电煤耗的方法，指出发供电煤耗统一以入炉计量煤量和入炉煤机械采制样分析的低位发热量按正平衡计算，发供电煤耗仍以燃煤收到基低位发热量 $Q_{ar,net}$ 折合为 29271J/g 发热量的标准煤进行计算。因此，要计算煤耗，就必须配备燃煤计量装置、机械采煤样装置、煤位计和实煤校验装置等。

第二章已较详细地介绍了机械采煤样机，这里不再赘述，现主要介绍一下入炉煤的计量。电厂入炉煤计量有两种方式，一是通过总输煤皮带上的电子皮带秤及其监测系统计算燃煤量；一是利用给煤机自身附有的计量装置直接计量。

各电厂在配备燃煤计量装置时，要充分考虑下述因素：

（1）称量范围及数量要满足燃料管理的需要。

（2）在运行的称量范围内，其称量的使用精确度不应低于 ±0.5%。

（3）应加装实煤校验装置或计量标准规定的校验器具。

为准确计量燃煤量，计量装置须定期经实煤校验，其校验煤量不小于输煤皮带运行最大时累计量的2%；实煤校验所用标准称量器具的最大允许使用误差不低于±0.1%。燃煤计量装置每月用实煤校验装置校验2~4次。

根据标准煤耗的含义及计算方法可知，标准煤耗的大小由下述三个因素决定：发电量、燃煤量及煤的收到基低位发热量。标准煤耗计算结果的误差也得取决于上述三个因素的测量精确度。

计量电量与煤量的表计，其精确度均可达到±0.5%，发热量自身测量的精确度也很高，问题是用来测定发热量的样品其采样精确度相对较低，这就直接制约了标准煤耗的计算精确度。国标 GB475—1996 对商品煤（$A_d > 20\%$ 的原煤）来说，采样精密度规定为±2%；而原电力行业标准 DL/T567—1995 则规定入炉煤采样精密度为±1%。按照 DL/T567—1995 标准的规定，电厂入炉煤应采用机械化采制样装置。目前，多数电厂中均安装了入炉煤采样机，采样精密度能达到±2%的电厂还是不少的，但要达到±1%，其难度甚大，估计在3~5年内也难以实现这一目标。

设某电厂标准煤耗为 350g/（kW·h），如电量与煤量的计量精确度均能达到±0.5%，而采样精密度仅为±2%，则标准煤耗的计量误差范围就达到 ±350×2% = ±7g/（kW·h）；如采样精密度能达到±1%，则其误差范围降至±3.5g/（kW·h）。故如果加速实现入炉煤的采制样机械化，并力求早日实现采样精度达到±1%的要求，将有助于提高标准煤耗计算的准确性。

第六章

煤的物理性能检测与电力生产

由于煤的多种物理性能，如密度、细度、可磨性、磨损性等，对锅炉机组的安全经济运行也具有重大影响，故物理性能的检测是电力用煤特性检测的一个组成部分。煤的物理性能包括很多方面内容，本章只择其与电力生产关系较密切的若干物理性能的基本概念、测试中的主要技术问题及其在电力生产中的应用等加以阐述。

第一节　电厂锅炉与煤粉燃烧

本节将对有关电厂锅炉设备及煤粉制备燃烧方面的基础知识做一简要介绍，以便读者能更好地了解煤质特性对电力生产的影响。

一、电厂锅炉设备

电厂锅炉设备由锅炉本体及锅炉辅助设备所组成。

1. 锅炉本体

锅炉本体由锅与炉两部分所组成。锅，是指锅炉的水汽系统，它是由汽包、省煤器、下降管、水冷壁、过热器、再热器等组成的；炉，是指锅炉的燃烧系统，它是由炉膛、烟道、燃烧器及空气预热器等组成的。

2. 辅助设备

锅炉的辅助设备包括输煤、制粉、通风、给水、除尘、除灰等系统的设备所组成。煤粉锅炉及其辅助设备如图6-1所示。

二、锅炉分类及其主要技术参数

1. 锅炉分类

锅炉可按容量大小、蒸汽参数高低、燃烧方式的不同及蒸发受热面流动情况的不同而采取不同的分类方法。

锅炉容量按最大连续蒸发量大小分为大、中、小型锅炉。目前电厂锅炉一般均为大中型锅炉，例如配300MW机组的锅炉容量约为1000t/h；配600MW机组的锅炉容量约为2000t/h。

锅炉按蒸汽参数高低可分为低压、中压、高压、超高压、亚临界压力及超临界压力等类型。大中型电厂的锅炉多为高压（9.8MPa）、超高压（13.7MPa）及亚临界压力（16.7MPa）锅炉。至于超临界锅炉，其压力可高达22MPa以上。

锅炉按燃烧方式的不同，则可分为层燃炉、室燃炉及旋风炉。大中型电厂多配用室燃

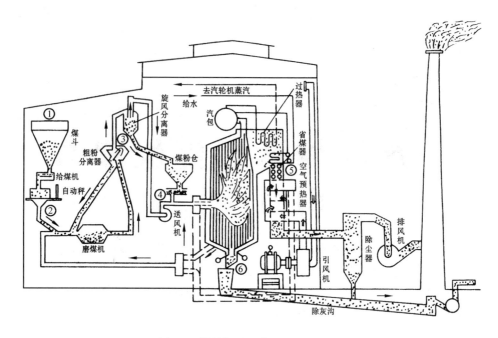

图 6-1　煤粉锅炉及其辅助设备示意

①、②—原煤采样点；③、④—煤粉采样点；⑤—飞灰采样点；⑥—灰渣采样点

炉，其中煤粉炉最为普遍。

锅炉按工质在蒸发受热面中流动方式则可分为自然循环、控制循环、直流锅炉及复合循环锅炉。流经锅炉蒸发受热面的工质为水汽混合物。

自然循环与控制循环锅炉均有汽包。汽包将省煤器、蒸发部分与过热器分隔开，并使蒸发部分形成密闭的循环回路。直流锅炉没有汽包，在省煤器、蒸发部分和过热器之间没有固定的分界点。

在自然循环与控制循环锅炉中，水要多次流经蒸发部分才能完全转为蒸汽；而在直流锅炉中，水只一次通过蒸发部分就全部汽化。

所谓复合循环锅炉，就是在一台锅炉上同时具有上述两种循环方式的锅炉。

2. 主要技术参数

（1）蒸发量。它是锅炉容量大小的指标。锅炉每小时生产的蒸汽量，称为蒸发量，用 t/h 表示。

（2）额定蒸汽参数。它是指锅炉主汽阀处的蒸汽压力和温度，它是用来表示蒸汽质量的一个指标。

（3）锅炉热效率。它是指锅炉产生蒸汽所吸收的热量占燃料所拥有热量的百分率。现代大型锅炉的热效率一般均在90%以上。

（4）热强度。它表示燃料在 $1m^3$ 炉膛容积中每小时所发出的热量，单位为 MJ/（m^3·h）。

锅炉重要技术参数主要指锅炉容量、蒸汽压力与温度、给水温度等。具有再热器的锅炉，蒸汽参数中还应包括再热蒸汽流量、压力、温度等。

以某电厂一台 300MW 机组配用的 HG-1025/18.2-YM6 型亚临界压力一次中间再热控制循

环汽包锅炉为例，其主要设计参数为：

锅炉容量（最大连续蒸发量）	1025t/h；
过热蒸汽压力（表压）	18.3MPa；
过热蒸汽温度	540℃；
再热蒸汽流量	822.1t/h；
再热蒸汽进口压力（表压）	3.83MPa；
再热蒸汽出口压力（表压）	3.62MPa；
再热蒸汽进口温度	319.3℃；
再热蒸汽出口温度	540℃；
给水温度	279.6℃；
锅炉设计压力	20.6MPa；
再热器设计压力	4.35MPa。

三、煤粉燃烧

当今电厂大中型锅炉普遍采用煤粉悬浮燃烧方式，即煤在各类磨煤机中磨制成粉，借助空气一起喷入炉膛内燃烧。这种燃烧方式的优点在于：煤粉呈悬浮状态燃烧，它与空气得以充分混合，故燃烧完全，效率高；煤粉易着火能提高燃烧室温度，增加传热效果；锅炉对煤种的适应性强，燃烧调整较方便，能较快地适应负荷的变化。

1. 煤粉特性

电厂锅炉燃用的煤粉，是各种尺寸及不同形状煤粉粒子的混合物。煤粉粒径的含义，是指它能通过最小筛孔的尺寸。

（1）煤粉细度。煤磨制成粉后，表面积大大增加，堆积密度则较原煤大为减小。煤粉细度对锅炉的经济运行影响很大。关于煤粉细度的含义、测定方法及经济细度的确定等在本章中将有专门一节加以阐述。

（2）煤粉流动性。煤粉表面积增大，它能吸附大量空气，在粉粒上形成一层空气膜，粉粒彼此间被空气分开，故煤粉与空气的混合物具有良好的流动性而便于输送。

（3）煤粉爆炸性。煤粉在气流携带过程中，可能会在制粉管路中沉积下来，由于缓慢氧化而产生的热量增多，温度也逐渐升高，最后引起自燃，在一定条件下还会发生爆炸，引起对人员的伤害及对设备的损害。

煤粉越细，越易爆炸，爆炸时产生的压力也越高；煤的挥发分含量越高，产生爆炸的可能性也越大。另外，气粉混合物温度越高，则越易发生煤粉的自燃与爆炸，故在制粉系统运行中，应严格控制气粉混合物的温度。

煤粉浓度对其爆炸也有重要影响，当每千克空气中含煤粉 0.3~0.6kg 时，爆炸性最强。一般说来，燃用挥发分较高的烟煤，制粉系统通常很难避开引起爆炸的煤粉浓度范围。然而煤粉只是遇到明火时才发生爆炸，而制粉系统中的积粉自燃往往是引爆火源。故应避免采用水平管道，煤粉气流速度不能太低，以防煤粉的沉积。

此外，氧的浓度对煤粉爆炸也有影响。输送煤粉的气体介质中如含氧量小于 16%（体积百分比），则不会发生爆炸，因而必要时可用烟气来干燥和输送煤粉。

（4）煤粉水分。煤粉水分含量对供粉的连续性、均匀性、燃烧的经济性、磨煤机出力及制粉设备运行的安全性均有较大影响。煤粉水分过高，将导致制粉系统运行困难。粉仓内煤粉易结块或压实，落粉管及给粉机易堵塞，煤粉输送困难，延长了着火时间。故煤粉应进行充分干燥以保持其流动性。煤粉水分过低，挥发分较大的烟煤、褐煤等煤粉的自燃爆炸的可能性大大增加。故煤粉水分应保持适当含量。

2. 制粉系统

将原煤输送到磨煤机，干燥并磨制成煤粉送往锅炉燃烧的设备及其管道，称为制粉系统。制粉系统通常分为直吹式及中间储仓式两种。直吹式系统，是指磨煤机磨制成粉后直接吹入炉膛燃烧；中间储仓式系统，则是将磨制好的煤粉储存于煤粉仓中，然后再根据锅炉负荷情况，从煤粉仓经给粉机送入炉膛燃烧。

在制粉系统中，煤的干燥与输送需要一定的风量，而煤粉在炉内燃烧也需要充足的空气。输送煤粉进入炉膛的那部分空气，称为一次风；不携带煤粉而仅仅用于助燃，经燃烧器直接进入炉膛的热空气，则称为二次风；在中间储仓式制粉系统中，细粉分离器上部出来的干燥气（也称磨煤乏气）中还含有约10%的细煤粉，为了回收利用，将携带此细煤粉的干燥气由燃烧器专门的喷口送入炉内燃烧，称为三次风。

上述两种制粉系统各具特点。直吹式系统结构简单，布置紧凑，投资及运行电耗较少，爆炸性也小，但运行中易出现风粉不均的情况，运行可靠性较差，故要求有较高的运行操作水平。中间储仓式系统可采用热风送粉，这对燃用挥发分较低的无烟煤、贫煤及低质煤的锅炉来说，都是必要的。这种制粉系统运行可靠性高，即使出现一些故障也不致立即影响锅炉运行。该系统的不足之处在于：系统复杂，投资及运行电耗较高，有煤粉爆炸的危险。

采用直吹式制粉系统，就要求磨煤机磨制的煤粉量要与锅炉产生的蒸汽量相一致。竖井磨、中速磨的单位电耗与负荷关系很大，较适合采用直吹式制粉系统；由于钢球磨煤机的单位电耗与负荷关系不大，一般采用中间储仓式制粉系统。

3. 磨煤设备

磨煤机是最重要的磨煤制粉设备，它通常靠撞击、挤压或碾磨作用将煤磨制成粉。对一种磨煤机来说，各种作用可能兼而有之。

磨煤机主要按其转速的不同分为低、中、高速磨。其中低速磨煤机的转速为 15～30r/min，如钢球磨煤机；中速磨煤机转速为 50～300r/min，如中速平盘磨煤机、中速环球磨煤机（E 型磨）等；高速磨煤机的转速为 750～1500r/min，如风扇磨煤机、锤击磨煤机等。

（1）钢球磨煤机。它是电厂中应用最广泛的一种磨煤机，几乎适用于所有煤种，可长时间连续运行，故工作可靠性高。

钢球磨煤机是一个直径为 2～4m，长 3～10m 的大圆筒，筒内装有大量直径为 25～60mm 的钢球。筒内壁衬装波浪形锰钢护甲。筒身一端是热空气及原煤进口，另一端是气粉混合物出口。在磨煤机内磨煤与干燥是同时进行的，一般采用热空气为干燥剂，磨好的煤粉由干燥剂气流从筒体内带出。干燥剂气流在筒内速度为 1～3m/s，速度越大，带出的煤粉越粗，磨煤机出力越大。

钢球磨煤机虽有不少优点，但它出粉细度不均，由于磨煤机筒体及钢球自重比其中的煤量大得多，故运行电耗高。磨煤机功率几乎与磨煤出力无关，因而在低负荷下运行很不经济，而且，该型磨煤机在运行中的噪声很大。

（2）中速磨煤机。电厂中采用的中速磨煤机又有多种类型：辊—盘式中速磨（平盘磨）；辊—碗式中速磨（碗式磨）；球—环式中速磨（E 型磨）；辊—环式中速磨（MPS 磨）。

中速磨具有相同的工作原理，它们都是有两组相对运动的碾磨部件，在弹簧力、液压力或其他外力作用下，将其间的原煤挤压和碾压成粉。磨煤机上部紧接着粗粉分离器，将过粗的煤粉分离出来再磨，达到一定细度后，经排粉机送入炉膛。中速磨煤机体积小，单位电耗也较小，它较适合磨制水分不大、灰分较少、可磨性指数较大的烟煤。

（3）竖井磨煤机。它是由磨煤机体及竖井两部分组成的。煤从原煤仓经落煤管进入磨煤机，经高速锤击磨制成粉。热空气从风道进入磨煤机，将细煤粉吹起，经竖井从燃烧器进入炉膛燃烧。

竖井磨煤机投资省，运行单位电耗小，比较经济，但它对煤种的适应性差，由竖井带出的煤粉较粗且不均匀，故影响燃烧。另一方面，设备的磨损也很快，故它较适用于磨制可磨性指数较大的煤种，如高挥发分烟煤及褐煤等。

4．煤粉燃烧

煤粉是借助于热空气在炉膛内充分燃烧的。为了提高炉内空气温度，缩短煤粉的预热过程，增强辐射传热效果，降低排烟温度，所以锅炉燃烧系统中还包括空气预热器。

煤粉在炉内由缓慢的氧化状态转变到反应能自动加速到高速燃烧状态的瞬间过程，称为着火。着火时对应的温度，则为着火温度。

煤质对着火影响最大的为挥发分含量。挥发分含量低的无烟煤、贫煤着火温度高，需要的着火热量也多，故低挥发分的煤着火困难，达到着火所需时间也长。

煤的水分增大时，所需着火热量也随之增大。同时由于一部分燃烧热消耗于水的汽化与过热，从而降低了燃烧温度，对着火不利。而且烟气温度与火焰对气流辐射热能也将降低。

煤中灰分在燃烧过程中不但不能放出热量而且还吸热，故当燃用低质煤时，会使煤粉着火时间推迟，着火稳定性降低。

煤粉的着火温度随煤粉细度增加而降低。煤粉越细，燃烧的总面积越大，着火越容易。因此那些难着火的低挥发分的煤，应磨得更细些，这有助于加速它的着火过程。

对本节所介绍的电厂锅炉及煤粉燃烧等方面若需进一步地了解，读者可参阅锅炉专业的参考书。作为煤检人员，学习电厂锅炉与煤粉燃烧方面的基础知识，将有助于学习和掌握本书的内容，对今后的工作也有很大益处。

第二节　煤的密度与电力生产

密度是煤的基本物理特性之一。密度的大小由煤的变质程度、煤中矿物质以及煤岩组分所决定。煤的变质程度越深，则煤的密度越大，其密度按褐煤、烟煤、无烟煤的顺序依次增高。煤中矿物质，如黄铁矿、石英砂等要比煤中有机物密度大得多，故煤中灰分含量越高，则密度越大。

一、煤的密度与比重

密度是指单位容积内所含物质的量，其单位为 kg/m^3，常用的单位还有 g/cm^3。一物质的密度在相同条件下，与另一参考物质的密度之比，则称为相对密度，它是无量纲量。一物质的密度与4℃时纯水密度（$1g/cm^3$）之比，称为比重，它也是无量纲量。比重是相对密度的某一特定形式。

在法定计量单位中，使用密度而不使用比重。应该指出，我国某些试验方法标准颁布较早，至今不少书上仍沿用比重这一提法，例如国标 GB 217—1981《煤的真比重测定方法》、GB 6949—1986《煤炭视比重测定方法》等，读者在学习时，应予以注意。

煤的密度通常可用两种方法表示：真相对密度（真比重）与视相对密度（视比重）。在电力生产中，实际上应用最多的是堆积密度，故本节中只是简要介绍真、视相对密度，对堆积密度则作较详细的阐述。

二、真相对密度和视相对密度

1. 真相对密度（TRD）

在 20℃时，不包括内外表面孔隙条件下的煤质量与同温度、同体积水质量之比，称为真相对密度。

测定方法要点是：以十二烷基硫酸钠溶液为浸润剂，使煤样在比重瓶中润湿沉降并排除吸附的气体，根据阿基米德原理测出与煤样同体积纯水的质量，从而求出煤的真相对密度。煤的灰分每增加 1%，煤的真相对密度约增加 0.01。

2. 视相对密度（ARD）

在 20℃时，包括内外表面孔隙条件下的煤质量与同温度、同体积水质量之比，称为视相对密度。

测定方法要点是：称取一定量的煤样，表面用蜡涂封，防止水溶入煤的孔隙，放入比重瓶中，以十二烷基碳酸钠溶液为浸润剂，测出蜡煤粒所排出的同体积水溶液的质量，再计算出蜡煤粒的体积，减去蜡的体积后，即可求出煤的视相对密度。

煤的视相对密度，是计算煤炭储量的重要参数，也是研究煤的物理性质及其变质程度之间关系的一项重要指标。

真、视相对密度的不同之处，就在于是否包括煤的内外表面孔隙，由此可根据煤的真、视相对密度计算其孔隙率

$$孔隙率 = \frac{TRD - ARD}{TRD} \times 100\% \qquad (6-1)$$

三、堆积密度

煤的堆积密度是设计储煤仓，估算煤场存煤及验收进厂煤量的一个基本参数，故了解其含义，掌握其测试技术，具有实际意义。

（一）堆积密度的含义与测量

所谓煤的堆积密度，是指单位容积的装煤量，通常以 t/m^3 表示。装煤容器的大小、形状，煤的粒度及其水分含量，装样方式等均与堆积密度有关。因此，必须对此一一作出严格规定，否则就不具可比性。不同煤种，堆积密度不同。堆积密度随煤的变质程度加深而增大。各种煤的堆积密度列于表 6-1 中。

表 6-1　　　　　　　　　　　各 种 煤 的 堆 积 密 度　　　　　　　　　　t/m^3

煤　　别	无烟煤	烟煤	褐煤	泥煤	焦煤	煤粉
堆积密度	0.9 ~ 1.0	0.8 ~ 0.95	0.65 ~ 0.85	0.3 ~ 0.6	0.36 ~ 0.53	≈0.7

1997 年原煤炭部颁布了煤炭行业标准 MT/T 739—1997《煤炭堆密度小容器测定方法》及 MT/T 740《煤炭堆密度大容积测定方法》。

MT/T 739—1997 规定：该标准适用于粒度小于 150mm 的褐煤、烟煤及无烟煤。装煤用

的是 200L（0.200m³），内边长为 585mm 的正方形容器。称量用台秤最大称量为 500kg，称量准确度大于或等于 0.1%。

测定时，先称准装煤容器，准至 0.5kg；用铁铲将有代表性的煤样装于容器中，煤样下落高度应尽可能小，最大不能超过 0.6m，煤样装至高出容器顶面约 100mm，用硬直板将高出容器的煤样除去，使煤样面与容器顶部平齐。称量装有煤样的容器，从而计算出堆积密度。对另一部分煤样进行重复测定，其精密度要求为 0.03t/m³。此测定结果为收到基煤炭堆积密度 $D_{s,ar}$；可按基准换算方法，在已知煤样含水分的条件下，换算出干煤基煤炭堆积密度 $D_{s,d}$。测定结果保留小数点后两位。

MT/T 740—1997 规定：该标准适用于褐煤、烟煤和无烟煤。装煤用的方形容器至少可容 3t 样，如货车或翻斗车等。称重用汽车衡或轨道衡，称量准确度大于等于称量质量的 0.2%。

测定时，先称准装煤容器，准确至 0.1%。小心地将有代表性的煤样装于容器中，当煤样表面整体高出容器顶面约 150mm 时，用硬直板条和铁铲将煤样平整至容器顶面平齐，称量装有煤样的容器，从而计算出堆积密度。对另一部分煤样进行重复测定，其精密度要求为 0.04t/m³。

上述两项标准均规定，在出具测定报告时，均应注明测定地点、煤炭粒级和煤种。

原电力部颁发的《火力发电厂按入炉煤量正平衡计算发供电煤耗的方法》中，附有推荐确定原煤与煤粉堆积密度的方法，此测定方法是：将原煤或煤粉从 1m 高空中自由落入一直径约 0.4m、高约 0.5m 的容器中，勿敲打容器与捣实，然后称出其质量，再计算出单位体积下原煤或煤粉的量，即求出其堆积密度。

在现行的设计及计算中，对原煤的堆积密度一般取经验数值 0.9t/m³ 计算，而煤粉的堆积密度由于煤粉自身细度与聚结、疏松程度的不同，必须经计算或测量求出。

目前，电厂多用电力系统传统规定的方法测定煤的堆积密度。煤炭行业标准 MT/T 740—1997 与 MT/T 739—1997 对电厂在测定煤的堆积密度时，仍然具有指导及参考价值。特别是 MT/T 739—1997 所规定的方法，更接近电厂的实际使用方法。

（二）堆积密度在电力生产中的应用

1. 进厂煤量验收

对火车进厂煤量的验收，通常采用轨道衡法及检尺测量法。由轨道衡计量入厂煤量，系称重法，不必考虑煤的堆积密度问题，但煤中水分含量的变化将直接影响煤量，故需按水分加以校正。所谓检尺测量，就是用量器代替衡器进行衡量计算的一种方法。它是将一定容积中的煤量折算成单位容积的质量，并以此作为煤量计算的标准。这实际上就是根据煤的堆积密度来验收进厂煤量。

测定煤的堆积密度，所用容器越大，则准确性越高。检尺测量一般均采用火车车皮作为容器，容积单位为 m³，煤量单位为 t。在装车地点测定的堆积密度，称为发站密度；到厂后测定，则称为到站密度。二者之差则反映了由于运输途中的震动致使煤体下沉密度增高的变化情况。

到站密度的测定要点如下：

（1）测定到站密度的煤车必须完整无缺，卸煤场地必须平整，所用磅称必须预先校准。

（2）每次被测煤量不少于 80t。

（3）在煤车卸车前，按采样要求采集煤样，分析全水分及灰分含量，并量取装煤高度。

（4）煤车卸完后，按要求量取车皮长度与宽度。长度：顺着车皮的一个侧板，在车底和车顶各测一次，取其平均值；宽度：在距车皮两块挡板的1/4处，在车底和车顶各量一次，取其平均值。

（5）过磅用容器、车辆在过磅前后都得进行称重。

到站密度按下式计算

$$\rho_s = m_s / V_s \tag{6-2}$$

式中　ρ_s——到站煤的密度，t/m^3；

　　　m_s——到站煤量，t；

　　　V_s——实测煤量占有车皮的容积，m^3。

煤的水分影响密度也就影响煤量的计算。因而需要将上述到站煤的密度 ρ_s 校正到含规定水分煤的密度 ρ_g（对原煤、筛选煤）或校正到含计量水分煤的密度 ρ_J（对各种洗煤产品）。

$$\rho_g = \frac{100 - M_t}{100 - M_g} \rho_s \tag{6-3}$$

$$\rho_J = \frac{100 - M_t}{100 - M_J} \rho_s \tag{6-4}$$

式中　ρ_g——含规定水分煤的密度，t/m^3；

　　　ρ_J——含计量水分煤的密度，t/m^3；

　　　M_t——实测到站煤的水分，%；

　　　M_g——煤的规定水分，%；

　　　M_J——煤的计量水分，%。

只有将到站煤的密度（含实测到站煤水分 M_t）校正到含规定水分或含计量水分的密度 ρ_g 或 ρ_J 后，才能计算含规定水分或计量水分的煤量。

2. 煤场盘点

为了进行煤场盘点，必须确定煤堆高度并计算出煤堆体积。煤堆高度的测定，一般可采用水准仪测量法、皮尺测量法及木料尺实测法。煤堆体积的计算则应根据煤堆形状而定。通常分为45°自然堆积角、梯形、长方形、三角形、圆锥形及不规则煤堆等，它们的体积可按相应的公式予以计算。对不规则的煤堆，盘煤前应先将煤堆顶面摊平，在表面拉成几何图形，按其不同形状分别计算其体积，而后计算出整个煤堆总体积。

确定了煤堆体积后，还必须测定存煤的堆积密度，才能求出煤量。煤堆中煤处于不同的高度，它们的密度因受压不同而有差异。

对于存煤堆积密度的测定，通常可采用模拟法及挖坑法。

（1）模拟法。制作一个 80cm×50cm×30cm 的铁箱，先将此铁箱称重，然后装满煤刮平，过磅后求出密度，称为不加压密度，用它来代表煤堆上层煤的密度。如先在煤堆内挖一坑，将上述铁箱埋入，用推土机堆满煤并往返压几次，然后将铁箱取出，刮平称重，求出的密度则称为压实密度，用它来代表煤堆下层煤的密度。

有抓吊的电厂因抓吊离地面的高度不等，故煤堆各部位的密度也不尽相同。为了准确地测得不同高度的密度，应把铁箱放在煤堆的不同高度，以求出实际密度。

（2）煤堆挖坑法。在煤堆顶面，挖一个 $0.5m \times 0.5m \times 0.5m$ 的小坑，将挖出的煤称重，计算出密度。

各电厂不管采用何种方法，对存煤的密度均应反复测定，并分别采样，根据分析结果，不断积累资料，以掌握不同存煤的灰分含量与堆积密度之间的关系，从而为准确地进行煤场盘煤提供依据。

电厂定期要对煤场存煤进行盘点，故必须经常实测煤的堆积密度。由于堆积密度同煤种、煤的品种、粒度大小、水分含量、测定容器、压实程度等多种因素有关，故不同单位所测结果的可比性不强。如果能测定出适合电厂所用不同煤种的原煤、洗煤产品在不同水分及粒度范围内的堆积密度值（采用相同装煤容器及同一称量设备，在相同压实条件下进行上述测定），然后绘制出各煤质特性如煤种、品种、粒度与水分范围内各参数与堆积密度之间的关系曲线，并进行数据的回归处理，就能得到一系列计算各种条件下煤的堆积密度的计算公式，这不仅方便各电厂直接应用，而且使得各电厂的盘煤结果具有可比性。

第三节　煤炭含矸率与电力生产

含矸率是煤炭质检的一项重要指标。在电力用煤中，矸石的大量存在，不仅给电厂带来直接经济损失，而且严重影响了锅炉机组的安全运行。

一、煤炭含矸率及其测定方法

矸石是指采、掘煤炭过程中从顶、底板或煤层夹矸混入煤中的岩石。所谓夹矸，是指夹在煤层中的矿物质层，含矸率是指煤中粒度大于 50mm 矸石的质量百分数。

含矸率系采用煤炭行业标准 MT/T¹—1996《商品煤含矸率和限下率测定方法》测定。

煤样用 50mm 圆孔筛过筛，按 GB 477《煤炭筛分试验方法》进行筛分，拣出筛上物的全部矸石（包括黄铁矿）。用相应的秤（最大称量为 500、100、50、20、5 及 1kg，感量为最大称量的 1/1000）称量矸石、筛上块煤及筛下物，称准到 1/1000。按下式计算含矸率

$$含矸率（\%）= \frac{m_1}{m_1 + m_2 + m_3} \times 100 \qquad (6-5)$$

式中　m_1——矸石质量，kg；

　　　m_2——筛上块煤质量，kg；

　　　m_3——筛下物质量，kg。

该标准同时规定了对限下率的测定方法。所谓限下率，是指筛上产品中小于规定粒度部分的质量百分率；对于筛下产品中大于规定粒度部分的质量百分率，则称为限上率。

二、煤中矸石对电力生产的危害

目前，不少电厂仍燃用原煤，原煤应是从毛煤中选出规定粒度的矸石（包括黄铁矿等杂物）以后的煤。但是在商品原煤中混入大量小粒度矸石的情况并不少见，这给电力生产带来严重危害，现举一实例加以说明。

某电厂 7# 炉为 300MW 发电机组的配套锅炉，燃用晋中贫煤。1995 年 2 月，由于原煤中混入大量小颗粒矸石致使各台中速磨频频损坏，出力下降，锅炉燃烧不良而不能带上额定负荷，甚至多次出现锅炉灭火情况，不时投油助燃，锅炉也只能带上 220～270MW 的负荷。为

查明原因，山东电力研究院于 1995 年 2 月 21～25 日连续五天对该炉的入炉煤、煤粉、灰渣及各台中速磨排出的石子煤进行了采样分析，其结果列于表 6-2 中。

表 6-2　　　　　　　　　　　某电厂 7# 炉入炉煤及灰渣的分析结果

采样时间（月．日）	7# 炉入炉煤					飞灰 C（%）	炉渣 C（%）
	M_{ad}（%）	A_{ad}（%）	V_{ad}（%）	FC_{ad}（%）	$Q_{gr,ad}$（MJ/kg）		
2.21	1.11	30.50	11.29	57.10	23.10	4.07	9.17
2.22	0.91	23.56	12.89	62.64	25.95	3.75	3.77
2.23	0.68	30.26	12.82	56.24	22.92	5.83	8.37
2.24	0.73	28.06	12.14	59.07	23.13	3.92	2.22
2.25	0.67	32.09	11.66	55.58	22.29	3.06	8.87
平　均	0.82	28.89	12.16	58.13	23.48	4.13	6.48

上述五天，对该电厂 7# 炉各台中速磨排出的石子煤进行了采样与分析。其灰分 A_d 在 76.52%～77.75% 范围内，平均为 76.94%；高位发热量 $Q_{gr,ad}$ 在 0.38～0.51MJ/kg 范围内，平均为 0.44MJ/kg。各磨石子煤总量约占入炉煤量的 3%～4%，远远高于磨制正常煤时的石子煤的排出量。

从该厂原煤的常规分析结果来看，原煤质量符合锅炉设计煤质，并不太差，应不至于出现降负荷甚至灭火情况。再说，入炉煤粉中由于剔除了大量高灰分、低热量的石子煤，其质量还要优于原煤，更不应出现上述情况。

上面实例表明：评价电力用煤质量，仅从煤的灰分、发热量等常规指标来看是不够的，它不能充分反映电力用煤的实际质量。例如煤中混入 1% 的小粒度矸石，对煤的灰分及发热量的影响并不大，但对电力生产的危害不小。电厂碎煤机仅供碎煤之用，大量矸石进入碎煤机，势必造成设备的损坏和出力的降低，它将直接影响磨煤机的制粉量及煤粉细度，并有可能给锅炉的安全经济运行带来严重影响。

显然，我们应该重视电力用煤中的矸石存在情况，然而应用原煤炭部标准（该项测定无国标）中含矸率测定方法来测定电煤的含矸率，并不具有什么实际意义。

三、矸石与含矸率测定方法的分析讨论

1. 关于矸石及含矸率的含义

关于矸石的含义，前已指出，它是在采、掘过程中从顶底板混入煤中的岩石，但未讲明矸石的成分与特性。而标准 MT/T¹—1996 则指出矸石包括黄铁矿。黄铁矿中含硫量较高，具有一定的可燃性，燃烧它会产生少量的热量。通常所说的矸石，一般认为应该包括黄铁矿在内。

国标 GB/T 3715—1996 中规定，煤中粒度大于 50mm 矸石的质量百分数定义为含矸率。那么粒度小于 50mm 的矸石就不计在含矸率之内，似乎与煤中含矸率的含义不一致。既然是指煤中含矸率，就应是煤中各种粒级的矸石即全部矸石占煤量的百分率。因此国标 GB/T 3715—1996 中含矸率的定义未反映出煤中含矸率的真实情况。

众所周知，粒度的大小，是矸石的一项物理性质，而丝毫不影响其化学性质。也就是说，矸石的本质特征不会因其粒度的改变而改变。由于标准中对矸石及含矸率缺少严格的定义，一些供煤单位或个人利用了这一点，将大块矸石破碎到 50mm 以下，混入煤中出售给用

户，从而给电厂生产带来了巨大损害。

2．关于含矸率的测定方法

含矸率的测定方法应该与含矸率的定义相一致。标准 MT/T¹—1996 中规定的测定方法与现行国标中含矸率的定义基本一致，但也有一些差异。MT/T¹—1996 中明确规定，矸石包括黄铁矿，而 GB/T 3715—1996 中只笼统讲矸石是在采、掘过程中从顶底板或煤层夹矸混入煤中的岩石，黄铁矿似乎不包括在内。一般理解，岩石不同于矿石，黄铁矿为一种金属矿物，不应称为岩石。

现行煤炭部标准对含矸率的测定方法，实际上是煤中含大于 50mm 矸石的百分率的测定方法。至于所有不同粒度的矸石在煤中的百分率，即煤中的真正含矸率应如何测定，尚待研究。

作者认为：首先要对矸石及含矸率作出明确定义后，再来设计测定方法。

3．电力用煤含矸率测定方法的设想

作者设想，不妨采取下述方法来测定煤中含矸率：

在制备分析试样的过程中，当破碎到一定粒度时，例如小于 13mm 或 3mm 时，分取一定量样品作为测定含矸率的试样。

由于煤与矸石密度存在显著差异，故可选用适当的浮选剂，在充分搅动的条件下，煤与矸石分层并加以完全分离，将矸石冲洗干净并干燥，根据矸石的量，计算出煤中的含矸率。

总之，电力用煤中矸石的存在，不论其粒度大小，均对电力生产产生危害；现行国标 GB/T 3715—1996 及原煤炭部标准 MT/T¹—1996 对含矸率的含义及其测定方法不能反映煤中全部矸石的存在与分布情况，建议研究电力用煤含矸率的测定方法，并制订相应的电力行业标准。

第四节　煤粉细度与电力生产

电厂锅炉普遍采用煤粉悬浮燃烧。对煤粉细度的测定，列为煤粉炉运行的主要监督试验项目。了解煤粉细度特性，掌握煤粉细度测试技术及其对电力生产的影响，是对电厂煤质检验人员的基本要求。

一、煤粉细度的测定

1．测定方法概述

称取 25g 煤粉置于规定的试验用标准筛中，通过机械筛分，根据筛余量的多少来计算煤粉细度。试验用筛网孔径分别为 200μm 和 90μm。

2．测试中的主要技术问题

（1）试样及其称量。试样必须达到空气干燥状态，由于称样量多达 25g，称样前应将试样充分混匀或将其放置于浅盘中，按九点法取样并称重。试样应称准到 0.01g，因此必须采用感量为 0.01g 的工业天平。一般药物天平不能满足试样称量的精确度要求。

（2）对试验筛的要求。应该采用规定筛网孔径的标准筛，并配有底盘及筛盖。筛帮及筛网已破损或变形者不能再用。目前国内已能生产质量较好的试验筛。无论是新筛还是在用的试验筛，均应定期由国家计量机关检定，检定周期为一年，合格者方可使用。标准筛振筛机如图 6-2 所示。

（3）筛分完全。达到规定的筛分时间后，再振筛 2min，若筛下的煤粉量不超过 0.1g 时，

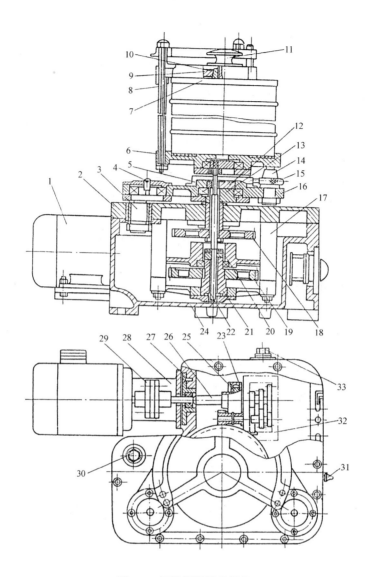

图 6-2　标准筛振筛机结构

1—电动机；2—箱盖；3—副偏心轴；4—压注油嘴；5—上顶座；6—筛托盘；7—筛盖；8—导杆；9—顶杆；10—退拨螺母；11—扭紧螺栓；12—主偏心轴上盖；13—主偏心轴；14—弹簧套；15—手把；16—活动架；17—高支架；18—斜齿轮；19—大斜齿轮；20—上端面凸轮；21—下端面凸轮；22—打击轴；23—轴套；24—箱体；25—离合体；26—传动轴；27—油封座；28—电动机板；29—联油器；30—测油杆；31—倒顺开关；32—轴承座；33—油塞

则认为筛分完全。

采用机械筛分来代替人工筛分，有助于达到筛分完全，并减轻试验人员的劳动强度。目前较普遍采用垂直振击 149 次/min、水平回转 220 次/min 的机械振筛机。单纯水平往复式振筛机筛分效率低，不易筛分完全。人工筛分法更不宜采用。

（4）按规定要求操作。在测定中按规定在振筛一定时间后刷筛底一次，以防煤粉堵塞筛网而导致测定结果产生较大误差。在试验结束时，由于是根据试验筛上的筛余量来计算煤粉细度的，故在刷筛底时，应用软毛刷轻刷试验筛的外底而不是内底，并注意不要使筛底受损。同时还应采用工业天平将试验筛上的筛余煤粉称准到 0.01g，并防止筛缝处积存煤粉。

（5）煤粉细度的计算。煤粉细度以 R_{200} 及 R_{90} 表示。它们分别表示粒径大于 $200\mu m$ 及大于 $90\mu m$ 的煤粉量占总试样量的百分数。注意不要与过去使用的 R_{70} 及 R_{30} 相混淆。R_{70}，即相当于 R_{90}，而 R_{30} 则相当于 R_{200}。

煤粉细度测定结果 R 值越大，则表明通过该孔径筛的细粉量越少，而粗粉（即筛上粉）量越多。设对两个煤粉样进行细度测定，用孔径为 $90\mu m$ 的试验筛筛分时，其筛余量完全相同，即 R_{90} 相等；应用孔径为 $200\mu m$ 的试验筛筛分，其筛余量却不同，筛余量大的，也就是 R_{200} 值较大，表明粗粉在煤样中所占比例较大。这样采用两种不同孔径的筛子筛分，就可反映煤粉的粗细情况，故在煤粉细度测定中，规定采用孔径为 $200\mu m$ 及 $90\mu m$ 的两种筛子。

标准振筛机与 $\phi 200$ 标准筛配套使用，是一种对粒状物料进行分级筛分的专用设备，这种设备具有摇动与振击双重动能，用以代替人工筛分操作。

该振筛机通过电动机拖动回转减速机构，使主、副偏心轴旋转，获得回转半径等于偏心距的整圆平面摇动，并通过平面凸轮，产生上下振击运动。

3.煤粉经济细度的确定

煤粉越细，在锅炉中的燃尽度越高，灰渣未完全燃烧损失 q_4 值越小，同时也有助于减少锅炉的结渣；另一方面，煤粉磨制越细，则制粉系统能耗越高。因此，煤粉细度也不是越细越好。综合上述因素，入炉煤粉要有一个合理的细度，此时磨煤机能耗及灰渣未完全燃烧热损失均处于较低水平，这一细度称为经济细度。图 6-3 中，以热损失 q 为纵坐标，以 R_{90} 为横坐标绘制成的曲线，反映了它们之间的关系。此时 R_{90} 为 16%，亦为其经济细度。

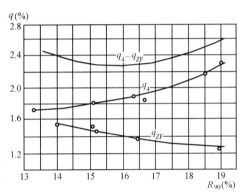

图 6-3　煤粉经济细度的确定

q_4—灰渣未完全燃烧损失；q_{ZF}—磨煤机能耗折算的热损失

煤粉经济细度还取决于煤种及磨煤机的类型，在实际运行中，还与燃烧工况也有关系。而干燥无灰基挥发分 V_{daf} 是划分煤种的主要参数，故煤粉经济细度也就与其 V_{daf} 相关，通过试验可得二者的关系曲线，见图 6-4。曲线 1 用在具有离心式粗粉分离器的钢球磨、高速锤击磨、中速磨磨制无烟煤及烟煤上；曲线 2 用在回转式粗粉分离器的中速磨磨制烟煤上；曲线 3 用在竖井式磨煤机磨制烟煤及各类磨煤机磨制褐煤上；曲线 4 与 5 分别用在中速磨及竖井磨磨制褐煤上。

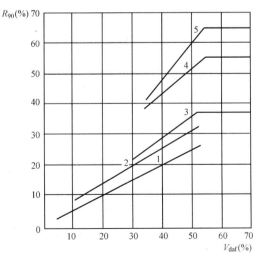

图 6-4　煤粉经济细度 R_{90} 与 V_{daf} 的关系

二、煤粉细度特性

煤经破碎后，其细度特性，即粒度分布可

用下式表示

$$R_x = 100\mathrm{e}^{-bx^n} \tag{6-6}$$

式中　R_x——在孔径为 x 微米筛上残留物的百分率,%;

　　　x——煤粉粒径或筛网孔径,$\mu\mathrm{m}$;

　　　e——自然对数的底（$\mathrm{e}=2.718$）;

　　　n——煤粉粒度分布的特性系数;

　　　b——煤粉研磨程度的特性系数。

式（6-6）表示煤在破碎过程中各粒级含量之间的分配关系。

对式（6-6）进行适当变换,则

$$\frac{100}{R_x} = \mathrm{e}^{bx^n}$$

等号两侧取自然对数,则

$$\ln\frac{100}{R_x} = bx^n \tag{6-7}$$

对式（6-7）等号两侧取对数,则

$$\lg\ln\frac{100}{R_x} = \lg b + n\lg x \tag{6-8}$$

式（6-8）中 R_x 与 x 之间的函数关系可表示为 $R_x = f(x)$。在 $\lg\ln\frac{100}{R_x} \sim \lg x$ 坐标中,式（6-8）为一直线,该直线的斜率就是煤粉粒度分布系数 n,如图 6-5 所示。

测定煤粉细度时,利用两个筛孔孔径相差足够大的筛余百分率,例如采用孔径为 $90\mu\mathrm{m}$ 及 $200\mu\mathrm{m}$ 试验筛,利用式（6-7）,也可求出煤粉粒度分布特性系数 n 值。

当 x_1 为 $200\mu\mathrm{m}$ 时,则

$$\ln\frac{100}{R_{200}} = bx200^n$$

当 x_2 为 $90\mu\mathrm{m}$,则

$$\ln\frac{100}{R_{90}} = bx90^n$$

将上两式联立,消去 b,得

$$\frac{\ln\dfrac{100}{R_{200}}}{\ln\dfrac{100}{R_{90}}} = \left(\frac{200}{90}\right)^n$$

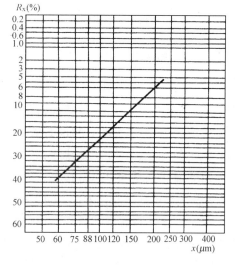

图 6-5　$R_x - x$ 曲线图

$$n = \frac{\lg\ln\dfrac{100}{R_{200}} - \lg\ln\dfrac{100}{R_{90}}}{\lg200 - \lg90} \tag{6-9}$$

n 值的变化能明显地反映了煤粉细度特性的变化,这就是说,可以从煤粉细度测定结果来判断煤粉粒度分布的均匀性。当特性系数 $n>1$ 时,则煤粉粒度分布较均匀;当 $n<1$ 时,则粒度分布均匀性较差。发电厂制粉系统的 n 值一般在 $0.8\sim1.2$。

三、标准试验筛及其应用

1. 标准试验筛的规格

以往使用的标准试验筛规格不一，其表示方法也有所不同，这给应用带来诸多不便。在各工业部门中，过去较多地使用美国的泰勒筛、ASTM 标准筛、英国标准（BS）筛、德国工业标准（DIN）筛等。在各种标准筛中，有的以筛孔孔径表示，有的则以网目表示，还有的以筛号来表示。不同国家标准筛的比较见表 6-3。

表 6-3　　　　　　　　　　　　各国标准试验筛的比较

美国泰勒筛		美国 ASTM 筛		英国标准筛		德国工业标准筛			前　苏　联　筛		
筛号	孔边长	筛号	孔边长	筛号	孔边长	筛号	孔数/cm²	孔边长	筛号	孔数/cm²	孔边长
12	1.3970	14	1.4097	12	1.405	—	—	—	1.4	20	1.4
14	1.1684	16	1.1913	14	1.204	5	25	1.20	1.2	28	1.2
16	0.9906	18	1.0008	16	1.003	6	36	1.02	1.0	40	1.0
20	0.8331	20	0.8407	18	0.853	—	—	—	0.85	50	0.85
25	0.7010	25	0.7112	22	0.699	8	64	0.75	0.7	76	0.70
28	0.5893	30	0.5893	25	0.599	10	100	0.600	0.6	100	0.60
32	0.4950	35	0.5002	30	0.500	12	144	0.490	0.5	140	0.50
35	0.4166	40	0.4191	36	0.422	14	196	0.430	0.42	194	0.42
42	0.3505	45	0.3505	44	0.353	16	256	0.385	0.355	250	0.355
48	0.2946	50	0.2972	52	0.295	20	400	0.300	0.3	372	0.300
60	0.2464	60	0.2489	60	0.251	24	576	0.250	0.25	540	0.250
65	0.2083	70	0.2108	72	0.211	30	900	0.200	0.21	735	0.210
80	0.1753	80	0.1778	85	0.178	—	—	—	0.18	990	0.180
100	0.1473	100	0.1499	100	0.152	40	1600	0.150	0.15	1370	0.150
115	0.1245	120	0.1245	120	0.124	50	2500	0.120	0.125	1980	0.125
150	0.1041	140	0.1041	150	0.104	60	3600	0.102	0.105	3640	0.105
170	0.0889	170	0.0889	170	0.089	70	4900	0.0889	0.085	4170	0.085
200	0.0737	200	0.0737	200	0.076	80	6400	0.0762	0.075	5500	0.075
250	0.0610	230	0.0610	240	0.066	100	10000	0.0610	0.063	7200	0.063

由表 6-3 可以看出，各国标准试验筛的含义是不同的，例如，美国的泰勒筛与 ASTM 标准筛，筛号是每英寸长度内的筛孔数；德国工业标准筛是以每厘米长度内的筛孔数作为筛号的；而前苏联则以实际孔数作为筛号。

近年来各国新修改的标准，一律以实际孔径作为标准筛筛级的名称，这样在选择及使用标准筛时就方便多了。事实上，标准筛的最重要技术参数就是筛孔的实际孔径。在规定了筛孔的孔径及其允许差，编网金属丝的直径及其允许差后，就可以对标准筛的规格加以确定。

目前，我国生产的试验筛也是以实际孔径作为筛级名称，例如 $200\mu m$ 筛。

2. 标准试验筛的应用

除了用于煤粉细度测定外，标准试验筛在电力用煤的其他特性检测中还有多方面的应用。

（1）分析煤样的制备。为了制备分析煤样，必须将煤样磨制成粉，一般情况下，要求分析煤样应全部通过孔径为 $200\mu m$（即 0.2mm）的标准试验筛，即美国的 ASTM 70 号筛或德国工业标准 30 号筛。

磨粉时，不得舍弃未通过筛的粗粉。煤粉越细，混合越均匀，检测结果的重现性越好。

如果需要，可用全部通过孔径 100μm（即 0.1mm）标准试验筛的煤粉作为分析煤样。

（2）可磨性指数的测定。在测定煤的可磨性时，要将空气干燥的煤样制成一定粒度范围的试样，经研磨后，要用规定孔径的标准试验筛筛分，各种试验用筛必须符合测定方法规定的要求，并经国家计量检定部门检定，合格者方可使用。否则，将会影响可磨性测定结果的可靠性。

（3）使用中的问题。具体问题如下：

1）目前，各省市计量检定部门已能对标准试验筛进行计量检定。在尚未进行检定前，使用时应先检查筛底有无损伤，筛网是否严重变形，内侧底、壁之间有无缝隙。如存在上述缺陷，则此筛不能作为标准试验筛使用。

2）如果筛网稍有变形，网眼大小不太均匀，但在筛分煤样时，其重现性良好，则说明此筛网的变形程度还在允许范围之内。或者分别称取 25g 或 50g 同一煤粉样品在该筛上筛分，如其筛余百分率一致，则说明此筛经过校验后还可使用。

3）要确定某一个筛子的孔径，可参照下列方式进行：备齐一组不同孔径的、经检定合格的标准试验筛。分别称取 25g 煤粉在不同孔径的标准试验筛上筛分。筛后根据各筛筛上余粉量来计算不同孔径筛的筛余百分率。在同样条件下，利用未知孔径的筛子筛分上述 25g 煤粉，其筛余百分率与哪一个孔径的标准试验筛的筛余百分率相当，即可确定此筛的孔径。显然，采用的一组标准试验筛规格越齐全，筛孔孔径间的差值越小，其结果也就越可靠。

当前，一些电厂中所使用的标准试验筛存在问题较多。有产品质量问题，也有使用中已受损伤或使用不当等情况。为此，对所使用的标准试验筛进行一次全面检查与送检是必要的。

第五节　煤的可磨性与电力生产

可磨性是表征燃煤磨制成粉难易程度的特性指标。测定可磨性虽然有各种不同的方法，但其基本原理是一样的。除前苏联及东欧某些国家外，世界上普遍采用哈德格罗夫（Hardgrove）法简称哈氏法作为可磨性的标准测定方法。其测定值用一个无量纲的物理量哈氏可磨性指数（以下简称哈氏指数）来表示。

一、基本概念

所谓可磨性指数，是指在空气干燥条件下，把试样与标准煤样磨制成规定粒度，并破碎到相同细度时所消耗的能量比。故可磨性指数是一个无量纲的物理量，它的大小反映了不同煤样破碎成粉的相对难易程度。

煤越软，可磨性指数越大，这意味着相同量规定粒度的煤样磨制成相同细度时所消耗的能量越少。换句话说，在消耗一定能量的条件下，相同量规定粒度的煤样磨制成粉的细度越细，则可磨性指数越大；反之，则越小。

二、测定方法与原理

1. 测定方法概述

测定哈氏指数，是将 50g 一定粒度范围的空气干燥试样，放入标准中速球磨机即哈氏可磨性测定仪（俗称哈氏磨）中旋转 60 转而被破碎，球的荷载为 29kg。而后在规定条件下筛分，根据筛分筛上筛余量的多少由校准曲线上查出（也可按公式算出）哈氏可磨性指数值

HGI。哈氏可磨性的测定装置如图6-6所示。

1978年我国完成了哈氏可磨性测定仪的定型设计，1981年颁布了国标 GB 2565—1981《煤的可磨性指数测定方法（哈德格罗夫法）》。我国哈氏可磨性测定仪的主要技术参数与美国试验与材料协会（ASTM）中的有关规定是一致的，作为哈氏指数的计算公式也是相同的，但测定中所用三个试验筛的孔径均略有不同。现国标 GB/T 2565—1998 已取代了原 GB 2565—1987，由标准煤样绘制的校准图上查出哈氏指数。

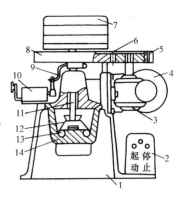

图6-6　哈氏可磨性测定装置
1—机座；2—电气控制盒；3—蜗轮；
4—电动机；5—小齿轮；6—大齿轮；
7—重块；8—护罩；9—拨杆；10—计
数器；11—主轴；12—研磨环；13—
钢球；14—研磨碗

2．测定原理

哈氏可磨性指数是由哈德格罗夫于1930年根据雷廷吉尔（Rittenger）定律提出来的。该定律指出：磨碎时所做的功与产生的新表面积成正比，这是哈氏指数计算公式的理论基础。

ASTM 标准中规定取粒度为 0.60～1.18mm（16～30号筛）的试样50g，研磨后用 0.075mm 的筛子（200号筛）来判断细度。并根据美国规定的以宾夕法尼亚州的 Somerset country jerome 矿的低挥发分沥青煤的可磨性指数100为准，设 S 为刚通过 1g 该煤样之面积总和。在测定前煤样的总面积为 $67.0S$，则50g试样在研磨后新增加的面积为 $205S$。据此，可从理论上推导出哈氏可磨性指数计算公式。

在计算公式的推导中，有如下基本假设与原则：

在哈氏可磨性指数测定中，并不直接测量煤粉的表面积，并假定其表面积与粒径大小成反比；假定输入到哈氏磨中的功率为常数；凡是在两个不同筛号之间的粒径，均以此两种筛号筛径的平均值计算；凡指通过某一筛号的煤样，则以是刚刚通过该号筛的筛径表示之。

本书在此对哈氏可磨性指数的计算公式作一推导，其原因一是通过公式推导，有助于加深对可磨性这一电力用煤重要特性指标的理解；二是由于中国标准中所用试验筛与 ASTM 标准规定不完全一致，这对测试结果多少有所影响，尤其是与国外测试结果相比时更需要注意。

原 ASTM 标准中，制样筛筛径为 0.59～1.19mm，筛分筛筛径为 0.074mm，现仍沿用原筛径进行推导。美国新标准规定的制样筛 0.60～1.18mm 和筛分筛 0.075mm 与原标准规定略有区别，但这对测试结果影响甚微。

设刚通过16号筛 1g 煤样之面积总和为 S，而在 16～30号筛之间的煤样面积总和为 x，则

$$1190 : \frac{1190 + 590}{2} = x : S$$

$$x = 1.34S$$

同样，通过200号筛的面积总和为

$$(1190/74)S = 16.08S$$

在 16～200号筛之间煤样的面积总和为

$$\left[\frac{1190}{(1190 + 74)/2} \right] S = 1.88S$$

故测定前 50g 煤样的总面积为

$$50 \times 1.34S = 67.0S$$

设研磨后通过 200 号筛的煤样为 W g，筛余量则为（$50 - W$）g，故研磨后未通过 200 号筛的煤样总面积为 $1.88S$（$50 - W$）。

经研磨后，其面积增量 $\triangle S$ 为

$$\triangle S = [16.08SW + 1.88S（50 - W）- 67.0S] = （14.2W + 27）S$$

根据雷廷吉尔定律，假设破碎时所需之能量均用于新面积的产生，所需能量与新增面积 $\triangle S$ 成正比，则

$$E = \frac{K}{\text{HGI}}\triangle S$$

式中　E——破碎时所需的能量；

　　　K——常数；

　　$\triangle S$——研磨后的面积增量；

　　HGI——哈氏可磨性指数；其值越大，所需能量越小。

则

$$\text{HGI} = \frac{K}{E}(14.2W + 27)S$$

根据美国哈氏可磨性指数为 100 的标准煤，其研磨后的面积增量为 $205S$，以此代入上式，得

$$\text{HGI} = \frac{K}{E}205S$$

因此，

$$\text{HGI} = \frac{100}{205S}(14.2W + 27)S = 6.93W + 13 \qquad (6\text{-}10)$$

式（6-10）即为哈氏指数原计算公式。在推导过程中可以看出，哈氏可磨性指数与研磨后的面积增量成正比，与 S 的具体值无关。

三、测试中的主要技术问题

1. 试样制备

按照标准规定要求制备试样，是提供准确可靠的哈氏指数值的必要前提。试样制备应该做到：

（1）原煤样中的大块煤先用破碎机破碎至约 6mm 的粒径，把全部煤样混匀摊平，使其达到自然干燥状态。然后经过掺匀—缩分—再掺匀，留取不少于 1kg 的煤样。

（2）将孔径为 1.25mm 及 0.63mm 的制样筛以及筛子底盘相重迭，把上述试样分批在振筛机上筛分，未通过 1.25mm 筛的粗粒煤样应用圆盘磨或辊式破碎机再次破碎，并按上述操作再行筛分，直到全部试样通过 1.25mm 的筛子为止。切不可将最后未通过 1.25mm 筛的粗粒煤样任意舍弃。否则由于这部分硬度较大的煤粒被丢弃，致使所测定的哈氏指数值偏大。

（3）为保证煤样的代表性，所制备的试样量应不少于原自然干燥量的 45%。若低于此量，仅留 100～200g，而将大部分原试样弃除，则是不允许的。

（4）可磨性测定所用试样不应搁置过久。因为任何一种煤长期暴露于空气中，均不可避免地产生不同程度的风化作用。故对搁置较久的试样，在测定前务必重新筛分一次，以除去

试样表面所附着的细粉。如进行不同试样的对比试验，相应地尽可能在较短时间内一并完成。

2. 测定操作

(1) 试样的称量。试样应称准到 0.01g，采用工业分析天平称量为宜。不应使用感量为 0.1g 的托盘天平称量试样。称量前，不要使用药匙或玻璃棒搅拌试样，以免引起试样的破碎。

(2) 研磨碗的安装。将称好的试样置于研磨碗中，稍许振动使之摊平。钢球匀称地置于碗内，盖上研磨环。安装研磨碗时，要注意保持平稳，使全部承重能均匀地加在钢球上。

(3) 严格控制转数。按规定哈氏磨旋转 60 转以后自动停止，其偏差不应超过 1/4 转。如自控装置失灵，则应在哈氏磨的齿轮上作出标记在距离 60 转约 1/4 转时切断电源，这样哈氏磨随惯性作用就可在 60 转附近停下。保持相同转数是获得准确测定结果的重要条件。

(4) 筛分操作。煤样在哈氏磨中研磨结束后，将保护筛、0.071mm 孔径的筛分筛及筛子底盘迭加在一起，将研磨碗内及研磨环上附着的煤粉刷入保护筛内。保护筛孔径为 16～19mm，其目的在于避免钢球直接落入筛分筛而导致筛网松弛或损坏，同时也可减少试样在转移中的损失。在振筛机上筛分时，为防止 0.071mm 孔径筛子的筛网堵塞，可分别在振筛 10min、5min、5min 后各刷筛底一次。注意从筛的外部而不应从筛的内部刷筛底，特别要防止筛中煤样的损失。为保证筛分完全，规定采用回转振击式振筛机，而不得使用人工筛分。

(5) 检查性试验。在可磨性测定操作中，50g 原试样不可避免地会有所损失，但其损失量不得超过 0.5g，即筛上粗粉与筛下细粉的总量不应少于 49.5g，否则试验作废。

3. 混煤可磨性测定

如测混煤，应将原煤按要求混合后制样，而不应将各自制好的试样按要求比例进行混合后测定。混煤可磨性一般可按组成此混煤的单一煤种的比例关系计算而得。例如某一混煤由哈氏指数 90 及 60 的两种煤所组成，前者占 60%，后者占 40%，则此混煤的可磨性指数应为 $0.6 \times 90 + 0.4 \times 60 = 78$。

不过还应指出：实测混煤的可磨性指数通常要比计算值略高，故工业上磨制混煤比磨制单一煤种出力要大一些。

4. 校正曲线的绘制

国标 GB/T 2565—1998 规定，哈氏指数系根据 0.071mm 筛下的煤粉量通过标准曲线查出的。

绘制校准曲线所用标准煤样是由煤炭科学研究院北京煤化所以美国材料与试验协会（ASTM）的可磨性标准煤样为标准制备的。一组标准煤样的哈氏可磨性指数值约为 40、60、80 及 110。

将上述 4 个一组标准煤样，按标准要求各重复测定 4 次可磨性，计算出 0.071mm 筛下煤样的量，取其算术平均值。以标准煤样 0.071mm 筛下煤粉量的平均值 W 为纵坐标，以哈氏可磨性的指数值为横坐标，绘制校准曲线，如图 6-7 所示。

每年至少用可磨性标准煤样校准一次；当仪器、

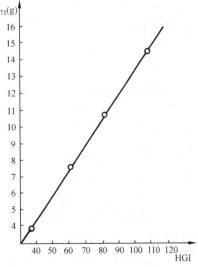

图 6-7　可磨性校准曲线

设备（包括试验筛）更新或修理，或者怀疑哈氏可磨性测定仪有问题时，应用标准煤样及时进行校准。

5. 测定方法的适用性

严格地说，哈氏可磨性测定方法只适用发热量大于 24MJ/kg（试样只含水分但不包括灰分）的无烟煤及烟煤。而褐煤、油母页岩等均不能采用硬煤的可磨性测定方法。否则，其测定结果可能与工业磨煤机的实际情况有较大的差别。

利用哈氏法即使测定硬煤，也只是哈氏指数在 30~100 范围内，即 0.071mm 筛上的筛余煤粉占总试样量的 95%~75% 时，其测定结果才比较稳定。对特大及特小指数的煤样，其测定结果的可靠性往往较差。

四、可磨性指数在电力生产上的应用

在电厂，提供可靠的可磨性指数，对于选择磨煤机的容量，预测磨煤机所需动力及了解磨煤机运行工况等方面，都是不可缺少的数据。除少数国家外，电厂锅炉设计人员习惯于使用 HGI 值来决定制粉设备。

1. 哈氏可磨性指数与磨煤机出力

哈氏可磨性指数越大，在消耗一定能量条件下，磨煤机出力越大。哈氏可磨性相差 10 个指数，磨制相同细度情况下，磨煤机约相差 25% 的出力。

由于可磨性指数值与煤中水分含量有关，因此应采用煤在磨煤机破碎区域近似水分的可磨性指数来计算磨煤机出力。一般情况是：它比磨煤机给煤水分含量约低 10%（相对值）。考虑到水分对可磨性的影响，国内外有些单位提供煤的 HGI 值时，注明了其水分含量。

2. 褐煤、油母页岩可磨性测定问题

国内外的经验一致表明：当计量一台磨煤机破碎硬煤的能力时，哈氏指数 HGI 是一项相当精确的计算依据。同时国内外的经验也表明：当用哈氏法测定褐煤、油母页岩，甚至劣质烟煤时，常常得出令人不解的数据。据此设计，它与工业磨煤机的实际出力可能出现很大偏差。

对于山东龙口褐煤及油母页岩来说，国内外很多单位利用哈氏法反复测定其可磨性，其 HGI 值一般在 35~45 范围内波动。对龙口电厂的 35t/h 试验炉，磨煤机是按 HGI 为 42 设计的。实际运行表明，龙口电厂试验炉由于制粉系统设备选型过大，与锅炉燃烧设备不相适应。根据 35t/h 试验炉磨煤机的实际运行出力大体判断，哈氏指数不会低于 80；龙口电厂后投产的两台 410t/h 锅炉，由作者提出磨煤机是按 HGI 为 71 设计的，长期运行实践表明：这一设计值是可取的。

龙口褐煤在试验室测得的 HGI 值与预测的电厂磨煤机实际运行出力相差很大，这是因为煤在各种磨煤机中进行破碎分别经历了研磨、锤击、挤压等过程或这几个过程兼有。而测定 HGI 的哈氏磨系中速磨煤机，粗粒试样主要靠研磨滚压成粉，褐煤中存在的木质纤维借这种作用难以破碎，而用锤击磨则易破碎。此外，褐煤水分很大，磨煤过程伴有干燥，煤样的处理及破碎操作条件的不同会导致水分的变化，因而得到不同的 HGI 值。对油母页岩来说，不同方向上具有不同的硬度与强度，油母页岩受力在顺层向上易于研磨成饼，细小的煤粒则易研成薄片。龙口油母页岩含油率高，于是这种倾向就更为显著。从而使研磨后筛余量显著偏多，HGI 测值则大大偏低。

总之，用哈氏法测定褐煤及油母页岩，这在国内外均没有得到确认。实践表明：套用硬煤的可磨性测定方法来测定褐煤、油母页岩乃至劣质烟煤时，有可能导致获得不符合实际的错误结论。

　　为了研究能适用于测定褐煤及油母页岩的测定方法，国家电力公司西安热工研究院提出了一种 KM—88 型仪器测定 VTI 可磨性指数的方法，以原部标 SD 328—1989 正式颁布。

　　该法不仅适用于褐煤、油母页岩，也可用于烟煤、无烟煤的可磨性测定。测定方法是：称取空气干燥状态的一定量试样，置于可磨性测定仪中研磨，然后对研磨后的试样进行筛分分析，根据筛上物的百分率来计算可磨性指数。VTI 可磨性指数测定仪的结构参见图 6-8。

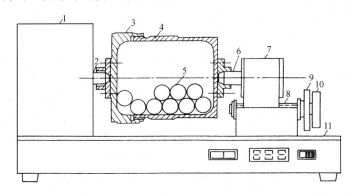

图 6-8　VTI 可磨性测定仪

1—齿轮减速器；2—固定传动头；3—滚筒盖；4—滚筒体；
5—钢球；6—移动传动头；7—进退装置；8—螺杆；
9—锁紧手轮；10—进退手轮；11—底板

　　该法的实际使用单位很少，它对褐煤及油母页岩的测定结果与工业磨煤机实际运行出力能否一致或基本一致，是其是否具有应用前景的关键所在。

五、哈氏可磨性测定方法中的问题

1. 我国标准中的配套筛系的讨论

　　我国哈氏可磨性测定方法来自美国 ASTM 标准，哈氏磨的技术参数与美国原标准是相同的，在 GB 2565—1981 中可磨性指数的计算公式也相同，然而我国标准中所用的配套筛系与美国原标准不一致。在哈氏可磨性指数计算公式的推导过程中，可清楚地看出试样粒度与筛分筛的筛径大小对可磨性指数的计算结果有着直接影响。

　　从定性的角度去分析，我国标准中所采用的制样筛筛径较大，而筛分筛的筛径较小，也就是说，较粗的试样在研磨后却要通过较细的筛子，这二者对哈氏指数的影响具有同样的方向性。它们都将导致筛余量的增大，从而使哈氏指数偏低。作者对此曾进行过大量试验研究，在全部所测试样中，无一例外的表明哈氏指数结果偏低，这与预测方向是一致的。

　　严格说来，在哈氏指数测定中，采用不同孔径的筛系配套，就应采用不同的计算公式。作者的试验表明，当采用中、美不同筛系时，其哈氏可磨性平均相差 2.6 个指数。在全部试样中，差值超过 2 个指数者，占 58.6%，故不同筛系对哈氏指数测定结果的影响是不容忽略的。根据试验结果，作者提出可采用一修正式来计算可磨性指数，即

$$HGI = 6.93m' + 15.6$$

式中　m'——研磨后通过 0.071mm 的粉量，g。

　　为了使哈氏指数的测定结果能体现国内的筛系规定，并与国外测定结果具有可比性，就

必须采用适当办法来消除由于所采用筛系的不同而造成的哈氏指数值系统偏低的影响。

2. 哈氏可磨性指数测定方法的改进

哈氏可磨性测定方法用于某些劣质煤测定时，不断出现问题，HGI 测值往往表现过高，其结果是磨煤机出力严重不足。试验表明：哈氏可磨性随煤的水分含量不同会有很大的变化。对某些煤来说，空气干燥水分含量会有惊人的可变性，故每次测定可磨性时，都必须测定其水分含量。

现在有一种改进型的可磨性测定仪，主要用于劣质煤的测定，与公认的空干基煤样不同，是将试验煤样扩展到 3~5 种水分水平，由此可获得水分与可磨性关系曲线，对应于煤在磨煤机中破碎区域近似水分水平的可磨性，用它来计算磨煤机所要求的出力。

更为精确的可磨性数据，是采用连续可磨性中速磨通过转矩及功率的测量而获得，它模拟工业磨煤机，与哈氏磨的破碎区域具有相似的结构，所用试样量为 0.5~1.5kg。由此磨煤机测出的指数，称为连续可磨性指数 CGI。它与 HGI 之间具有可比性，它们以同样方式预测磨煤机的出力。

第六节　煤的磨损性与电力生产

煤在破碎过程中，将不可避免的对金属磨件产生一定的磨损作用；喷进炉膛的煤粉对气粉管道、喷燃器壁等也存在冲刷磨损。故对煤的磨损指数进行测定，可为选择磨煤机易磨件材质并为减轻燃烧设备磨损而采取相应措施提供依据。

一、煤的磨损指数 AI 的测定

1. 基本概念

磨损性是煤的重要物理性能之一。煤在破碎制粉过程中与磨煤机的钢材金属表面相接触，对其磨损作用随煤质不同而异。煤中较硬的粒子与磨煤机表面摩擦致使金属表面发生磨损。

煤的硬度随其变质程度加深而增大，无烟煤硬度最大，褐煤最小。即使是无烟煤，其硬度（指纯煤）相对于钢材来说，是很小的，故它对钢材的磨损比较轻微。然而煤中矿物质的某些组分（如石英、黄铁矿等）硬度很高，它们是煤对金属产生磨损的主要原因。

灰分含量相同的两种煤，由于其矿物组成不同，它们对金属的磨损也就不同。例如高岭土的莫氏硬度为 2~2.5，方解石为 3，白云石为 3.5~4，磁铁矿为 5.5~6.5，黄铁矿为 6~6.5，石英为 7，单纯的灰分含量并不能反映煤的磨损性。

另一方面，磨损性与可磨性是两个不同的概念，可磨性表征煤磨制成粉的难易程度，用它来推算磨煤机的出力，即制粉量的多少。对同一种煤来说，可磨性指数的大小是比较稳定的，基本上与其灰分含量无关。因此，磨损性与可磨性之间并没有什么必然的联系，可磨性指数大的煤，其磨损性并不一定小；而可磨性指数小的煤，其磨损性也不一定大。

2. 测定装置

磨损指数测定装置如图 6-9 所示。

磨损指数测定装置由主机及转数控制器两部分所组成。主机结构上部为磨罐。它由盖、罐体与底板组成。托板连接的 4 根连杆将盖紧密地固定在罐上，并使罐体固定在机座底托板上，以确保运转时不发生位移。罐内安装十字座，十字座有 4 个臂，每个臂上装有一个叶片。十字座固定在立轴上，并使叶片与罐内壁、底板的间隙为 6.4 ± 0.1mm，仪器的下部为机座，机座内主要有电动机、连轴器和轴承，机座侧面板上与转数控制器连接的电源插座以及由主机传动轴传感元件的反馈信号线插座，分别与转数控制器接口连接。

叶片系由纯铁切削而成，其维氏硬度必须在 100 ± 10 范围内，叶片尺寸为 38 × 38 × 11 ± 0.1mm，同一组叶片间的质量差不超过 1g。转数控制器能显示转数，并保证在 12000 ± 20 转时自动停机。

3. 测定与计算

（1）彻底清扫磨罐、盖、底板与十字座，以确保无前一次的残留物。

（2）称量各叶片，准确至 0.1mg。

（3）组装好叶片和十字座的组合件，紧固在主轴上，套上磨罐体。

（4）称取 2kg 一定粒度（小于 9.5mm）的煤样，称准到 10g，将其放入磨罐内，并平整表面。

（5）固定好盖，将转数控制器清零，启动电动机，运转到 12000 ± 20 转时自停。

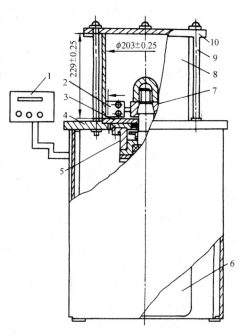

图 6-9　磨损指数测定仪
1—计数器；2—叶片；3—耐磨底；4—耐磨托板；
5—甩煤板；6—电动机；7—十字座；
8—罐体；9—连杆；10—防尘罩

（6）取下盖清扫煤样，取出十字座和叶片的组合件，并将其再次放入卡具中，检查叶片是否偏离原位，若偏离则试验作废，须重做。

（7）卸下 4 个叶片，用铜丝刷及工业酒精仔细擦洗吹干，放入干燥器内直至达到室温，然后称量叶片准确至 0.1mg。

按下式计算磨损指数 AI（mg/kg）

$$AI = \frac{(m_1 - m_2)}{m} \times 10^3 \tag{6-11}$$

式中　m——煤样量，kg；

　　　m_1——4 个叶片试验前的总质量，g；

　　　m_2——4 个叶片试验后的总质量，g。

磨损指数测定精密度要求参见表 6-4。

表 6-4	磨损指数测定的精密度		mg/kg
磨损指数 AI	0 ~ 30	31 ~ 60	> 60
重　复　性	3	4	6

4. 测定中的若干问题

（1）样品的处理。磨损指数测定需要小于 9.5mm 的煤样，而现在很难找到出料粒度与之相符的破碎机，故只能用出料粒度较大的破碎机粗碎，然后用人工破碎到小于 9.5mm，以确保样品符合粒度要求。同时由于测定时仅取2kg样品放入磨罐中，而粒度又较粗，因此为了取出有代表性的样品，分样时应使用二分器。

（2）试片的处理。在测定前，要对试片进行预处理。如果是新的或长期未用的试片一定要用无水乙醇将其表面清洗干净，在干燥器中干燥后放入磨罐，磨至两次指数值符合标准规定的精密度要求时，方可进行正式测试。

测试后要将试片上黏附的煤粉清洗干净，干燥后称重。如果煤的内在水分较大或胶质较多时，试片表面的煤粉呈泥状，很难清洗干净。国标中规定用细铜丝刷刷洗，但试验中发现细铜丝刷易划伤试片，故改为较硬的细毛刷，效果很好，且不会划伤试片。

完成试验后，要将试片放入干燥器中备用。如长期不用，则应置于煤油或无水乙醇中密封起来。

（3）磨罐的处理。测试过程中，煤粉很热，水分蒸发，而后凝结在磨罐壁上。试验结束时，要将水珠擦净，以免磨罐锈蚀。同时，由于测试时转速高达1450r/min，磨罐下部磨损较大，如测试时用塞规检查超过6.4±0.1mm时，可将磨罐倒过来使用；如两端均超过6.4±0.1mm时，则应更换磨罐。

（4）仪器的完善化。目前所使用的仪器用长螺钉固定试片，当试样水分及胶质较多时，测试后煤粉易将螺纹糊住，很难卸下试片。建议改用合适的夹具来固定试片。另外，测试后余煤粒度很细，清扫时尘、粉飞扬，不但污染环境，而且很难清理。是否可将底座周围加工一个出料斗，将余煤扫进出料斗，以消除上述不足之处。

二、煤的磨损指数与其他煤质特性之间的相关性

一般认为，煤的磨损主要因煤中矿物质所致。作者通过对山东电煤若干有代表性煤样的测试，探讨研究了磨损指数与可燃硫、灰中氧化铁含量及煤的哈氏可磨性指数之间的关系。

1. 煤中可燃硫、灰中 Fe_2O_3 与磨损指数间的关系

煤中矿物质的各种盐类，如硫酸盐、硅酸盐、碳酸盐等，其中以碳酸盐分解温度最低，例如 $CaCO_3$ 在815℃以下就完全分解成 CaO 及 CO_2，其他盐类分解温度较高，故煤中矿物质多存于灰中，而惟独黄铁矿作为矸石的主要成分混杂于原煤中。故煤的磨损性必然与煤中可燃硫及灰中 Fe_2O_3 有一定的联系。

根据对全部研究试样的测试结果，磨损指数 AI 与煤中可燃硫 S_c 及灰中氧化铁 Fe_2O_3 之间的相关性参见图6-10。

从测试结果来看，煤中可燃硫及灰中氧化铁含量增加，将使金属器件磨损加重。$AI-S_{c,ad}$ 及 $AI-Fe_2O_3$ 之间的相关系数约为0.5，均呈正相关性，反映了这一实际情况。

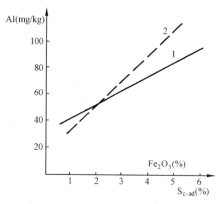

图6-10　$AI-S_{c,ad}$ 及 $AI-Fe_2O_3$ 之间的相关性
1—$AI = 10.15S_{c,ad} + 31.5$，相关系数 $r = 0.50$；
2—$AI = 3.71Fe_2O_3 + 14.0$，相关系数 $r = 0.47$

2. 哈氏可磨性与磨损指数间的关系

磨损指数与哈氏可磨性指数都是煤的一种物理量，它们对燃煤电厂磨煤机的设计与运行均具有重要的指导意义与参考价值。

AI值越大，说明煤对金属器件的磨损性越大，其值的大小，主要由煤中所含较硬物质

的种类、结构与数量所决定;HGI 值越大,说明在消耗一定能量的条件下,相同量规定粒度煤样磨制成粉的细度越细或者说相同量规定粒度的煤样磨制成相同细度时所消耗的能量越少。

试验结果表明:对同一矿源来说,不论其灰分含量如何波动,哈氏可磨性指数是相对稳定的,可以说,与其灰分值基本无关;而灰分含量的波动,则意味着矿物质含量的增减,从而导致磨损指数值的变化。故磨损指数与哈氏可磨性指数之间并没有必然的联系。

三、磨损性对电力生产的影响

煤的 AI 值越大,表明它对磨煤机内部金属部件的磨损越严重,从而缩短了磨煤机的检修周期,增大了钢球的补充量。同时由于磨煤机及钢球的磨损而影响了煤粉细度及制粉量,这将进一步对锅炉运行带来不利影响。

应该指出:试验室测定煤的磨损指数 AI 的方法与电厂磨煤机的运行情况有着很大差别。前者是将小于 9.5mm 的煤样 2kg 置于装好叶片的磨罐中,旋转 12000 转后,根据 4 个叶片的失重计算而得。叶片系用纯铁切削而成,其维氏硬度必须保持在 100 ± 10 范围内;而电厂常用的磨煤机为低速磨煤机,机内装有数量很大的不同直径的钢球。故 AI 值的大小与电厂磨煤机(包括钢球)的磨损的对应关系如何,尚有待进一步研究。然而煤的磨损指数 AI 值的大小,能大体上反映出煤对磨煤设备的磨损情况。故 AI 值的测定,对电力生产仍具有一定的指导意义及参考价值。

四、煤的冲刷磨损指数的测定

当今电厂的煤粉锅炉,煤粉是经燃烧器随一次风吹进炉膛燃烧的。一次风速过高,则推迟煤粉着火,过低则易烧坏燃烧器,并在一次风管内造成煤粉沉积。

一次风速随燃烧器的类型及燃用煤质不同而异。四角布置直流燃烧器要比圆型旋流燃烧器风速高。对不同煤质来说,前者一次风出口速度为 $14 \sim 27 \text{m/s}$,后者为 $25 \sim 40 \text{m/s}$。如此高速的气粉混合物喷进燃烧室,对锅炉气粉管道及喷燃器壁的冲刷磨损是难以避免的,故煤的冲刷磨损指数测定具有一定的实际意义。

1. 测定方法概述

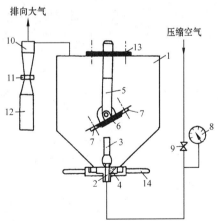

冲刷磨损指数测定装置如图 6-11 所示。将煤样置于密闭容器中,磨损试片固定在活动夹片 7 上,与气流呈 60°夹角。压缩空气经喷嘴口和分布于四周的 3 个旁路孔 4 喷出。依靠高速气流的带动,密闭容器底部的煤粒和气流一起进入喷管 3。由喷管 3 不断喷出的含煤气流不停地冲刷磨损试片 6,与此同时煤也不断地被磨细,测出煤样总细度 $R_{90} = 25\%$ 时的试片磨损量和冲刷时间,即可计算出冲刷磨损指数 K_e。

$$K_e = \frac{E}{A\tau}$$

式中　E——纯铁试片累计磨损量,mg;

　　　τ——累计冲刷时间,min;

　　　A——相当于标准煤在单位时间内对纯铁试片的磨损量,一般规定 $A = 10 \text{mg/min}$。

对磨损试片的要求:由纯铁制作,杂质含量小于

图 6-11　冲刷磨损指数测定装置
1—密闭容器;2—喷嘴;3—喷管;4—旁路孔;5—支架;6—磨损试片;7—活动夹片;8—压力表;9—进气阀;10—旋风分离器;11—活接头;12—煤粉罐;13—螺母;14—底部托架

1.0%，试片规格为 45mm × 45mm × 3mm。对试样的要求：空气干燥样，粒度小于 5mm，每次试验需煤样 3kg，共 2 份。进气压力要求维持 0.2 ± 0.01MPa。

测定冲刷磨损指数时，试验分 4 次进行，每次冲刷时间不得少于 0.5min，同时要保证最后一次冲刷后剩余煤量不得少于 250g。

关于煤的冲刷磨损指数的详尽测定及计算方法，读者可参阅电力行业标准 DL 465—1992《煤的冲刷磨损指数的评价指标》。

2. 冲刷磨损指数的评价指标

煤的冲刷磨损指数 K_e 值用来判断煤在被金属磨件破碎时对金属磨件的磨损的强烈程度。K_e 值越大，表示煤对金属的磨损性越强。冲刷磨损指数 K_e 值的评价指标如下：

冲刷磨损指数	磨损性
$K_e < 1.0$	轻微
$K_e = 1.0 \sim 1.9$	不强
$K_e = 2.0 \sim 3.5$	较强
$K_e = 3.6 \sim 5$	很强
$K_e > 5$	极强

煤的磨损指数 AI 与煤的冲刷磨损指数 K_e，在其含义与测定方法上，有其相似的地方，但也有很大差异，它们的具体应用对象也有所不同。

3. 冲刷磨损指数与电力生产

冲刷磨损指数值的大小主要反映的是对气粉管道、喷燃器的磨损。煤的冲刷磨损指数 K_e 值越大，对上述部位的危害也越大，例如喷燃器出口产生冲刷磨损，切圆发生偏斜，煤粉进入炉膛的情况就会发生改变，甚至煤粉直接冲刷到水冷壁，从而使得燃烧工况恶化。

总之，无论是磨损指数 AI，还是冲刷磨损指数 K_e，它们的值越小越好，这样可延长电厂磨煤机、喷燃器有关部件的使用寿命，减少对生产的安全经济性的不利影响。由于上述两种磨损指数的大小均与煤的矿物质含量及其组成密切相关，故有必要对煤中矿物质含量、黄铁矿含量等予以测定。

第七节　煤的着火点与电力生产

着火点是煤的特性之一，它的高低反映了煤的变质程度。煤的变质程度越高，挥发分含量越少，则着火点越高；反之，则越低。

在电厂，着火点较低的烟煤、褐煤在储存中或由于煤粉管道积粉而出现温升，有可能达到自燃并发生爆炸，威胁锅炉的安全经济运行。煤的着火点越低，自燃爆炸的可能性也越大。因而在电厂储煤仓及制粉系统设计与运行中，如能提供煤的着火点数据将是十分有益的。

一、着火点的含义

着火点也称着火温度（ignition temperature），是衡量煤的自燃倾向的一种尺度。显然，煤中可燃组分含量越多，越易自燃。故不同煤种干燥无灰基挥发分含量及其组成对着火点的高低起着决定性作用，此外，灰分含量对着火点也有一定影响。灰分含量越高，就意味着煤中不可燃组分越多，则着火点越高。

煤的着火点还有一个特点，就是当煤氧化甚至只是在表面发生氧化后，着火点就会明显降低。实验室中测定煤的着火点时，都选择一定的氧化剂，使煤样在较低的温度下就着火。当采用不同试验方法与测定条件时，着火点的值就不相同，甚至相差很大，故着火点是一项实验值，而不能把它看成是纯物理常数。

二、着火点的测定方法

测定着火点，国内外一般有两种不同类型的方法：一种是恒温法，即将试样置于恒温器内，在通入空气或氧气的条件下，观测其着火性能；另一种是恒加热速率法，即试样在适当氧化剂的作用下，置于电炉内以一定速率升温，观测其着火性能。本节介绍的方法，属恒加热速率法。

1．测定原理

该法所用煤样不用作任何处理，将煤粉样与固体氧化剂亚硝酸钠按一定比例混匀，在电炉中加热，控制一定的升温速率，试样爆燃产生火花时的温度，即为着火点。

2．测定方法

电力用煤着火点测定装置如图 6-12 所示。

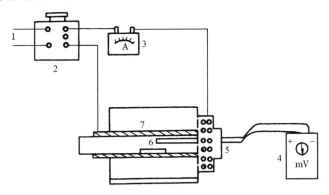

图 6-12　测定着火点的装置

1—来自电源；2—调压变压器；3—电流表；4—电位差计；

5—热电偶；6—试样舟；7—电炉

预先将氧化剂亚硝酸钠在 105℃下干燥 1h 研细备用。亚硝酸钠为易溶于水的白色晶体，其分解温度为 320℃，它作为氧化剂，可使煤粉在较低温度下爆燃着火，所测结果具有良好的重现性。

称取分析煤样 0.1g（称准至 0.01g）与 0.075g 干燥的亚硝酸钠充分混匀，集中置于试样舟中心，推入炉中。接通电炉电源，调节电压，控制升温速率为 5±1℃/min，煤样爆燃着火时出现明亮火苗，记录爆燃着火时的对应温度，即为着火点。

3．测试中的主要技术问题

（1）温度务必测准。测量时采用铂铑—铂热电偶，其自由端最好置于冰瓶中，这样根据电位差计上的读数，就可直接查出相应的温度。如不使用冰瓶，则要根据热电偶自由端的温度对实测电势加以校正，再查出相应温度。为提高测量的准确度，电位差计应选用较小倍率。

（2）判断着火点是操作中的关键。由于煤粉着火后随即引起煤样的燃烧，因而要对爆燃着火与煤粉燃烧所造成的温升加以判断。根据不同煤种或挥发分含量，可以大体上推测着火点温度范围。在快到着火点时，将电位差计的开关接到测量侧，不断地将指针调到中心点，一旦试样爆燃，记录电势所对应的温度即着火点。

（3）严格控制测定条件。要点如下：

1）试样可采用 0.2mm 以下分析样。

2）试样与氧化剂亚硝酸钠的质量比为 4∶3（0.1g 试样＋0.075g 亚硝酸钠）。

3）要采用硅碳管高温炉或其他管式电炉加热。

4）能控制升温速度（5℃/min）。

5）测温装置宜采用铂铑—铂热电偶及电位差计（一般镍铬—镍硅热电偶及高温毫伏计不能满足着火点测定精确度的要求）。

6）不同炉次的重复测定结果不超过 3℃。

本法符合着火点测定的一般性原理，测定装置比较简单，操作简便，测定结果重现性好。本法所用氧化剂为亚硝酸钠，它在高温下易分解，对人体健康有损害，而且用肉眼观测试样爆燃着火，在技术上也过于陈旧，因此该法还需要不断改进和完善。

三、着火点与电力生产

1. 着火点与实际着火温度

挥发分是煤中最易燃烧的成分。煤的着火点随挥发分含量增高而降低，见图 6-13。对不同煤种来说，其挥发分含量及其组分的不同，是导致着火点差异的根本原因。挥发分含量高的煤，如褐煤、高挥发分烟煤等，在挥发分中，含氢量往往较高，同时含氧量也较高，故这类煤最易自燃爆炸。

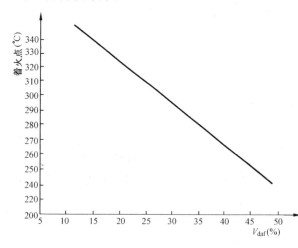

图 6-13　着火点与 V_{daf} 的关系

应该指出：煤的着火点测定值并不表示电力用煤在现场的实际着火温度。在实际条件下，煤粉着火温度不仅随挥发分含量的增高而降低，它还与煤粉细度，气粉混合物的初始浓度等因素有关。煤粉气流的着火温度随煤粉细度的增加而明显降低，由于较细的煤粉具有较大的比表面积，因此可以更快地进行氧化反应和吸收外界热量而达到着火温度。气粉混合物即通常所说的一次风率，对气粉流的着火速度有很大影响，着火速度即为气粉混合物着火时的火焰传播速度。对于一定挥发分及灰分含量的煤，常有一个最佳的气粉比值。在此条件下，有可能达到最佳的着火稳定性。在实际生产中，高挥发分煤粉的着火温度约在 800℃ 左右；低挥发分煤粉的着火温度则可能高达 1100℃。

有资料介绍，对国内一些煤源测得的堆积煤粉开始阴燃、明显放热的温度大致为：V_{daf} ＜5% 的煤，可高达 500℃；V_{daf} 为 15%～30% 的煤在 270～300℃ 之间；V_{daf} 为 40% 的煤，约为 210℃ 左右；挥发分在其余范围内的煤，其温度水平也相应地介于上述的各间隔之间。

试验室所测着火点数据大体反映了不同煤质的着火性能，但它与电厂中煤粉实际着火温度之间的具体对应关系如何，尚有待于进一步研究，以便能更好地说明与指导现场运行实践。

2. 电厂中的煤粉自燃爆炸

制粉系统的爆炸，是威胁电厂安全生产的一个重要因素。诚然这与煤质特性密切相关，同时也与运行条件相联系。

经验表明：$V_{daf} < 10\%$ 时，煤粉实际上不会爆炸，在运行中也没有危险。最危险的是 $V_{daf} > 25\%$ 的煤。燃用中、高挥发分含量的烟煤、褐煤等的电厂往往容易发生制粉系统爆炸事故；燃用无烟煤、贫煤的电厂将不会出现这类问题。

在现场发生煤粉爆炸，经常导致锅炉甩负荷，甚至被迫停炉。制粉系统内积粉往往是造成煤粉爆炸的主要原因。虽然在运行中磨煤机出口温度控制在一定范围内，例如 70℃，但在制粉系统中由于局部区段产生积粉而引起温升，当达到一定温度时，将导致煤粉的自燃爆炸。显然，制粉系统内的温度分布、煤粉细度、气粉比及其迁移速度，煤粉沉积情况及有无火源，都将对煤粉的自燃、爆炸产生直接影响。

前已指出：煤粉受到氧化，即使表面发生氧化，也将促使着火温度降低。在制粉系统中，煤粉一直处于运动过程中，由于气粉混合，加上制粉系统内维持一定温度，这就为煤粉提供了氧化条件，煤粉细度越细，越有利于氧化反应的进行。然而这些条件还不足以引起煤粉的自燃爆炸。但一旦出现了积粉，随积粉厚度的增加，积粉点的温度会不断上升而最终引起了自燃爆炸。如果煤粉的挥发分含量越高，一般则开始逸出挥发分的温度也越低，在一定温度下，制粉系统内可燃气体浓度也越大，自燃爆炸的危险性也就增加了。

3. 防止煤粉爆炸的措施

在国内某些电厂曾多次出现由于制粉系统积粉温升而造成的自燃爆炸。有的电厂的磨煤机系统不时发生爆炸，甚至造成人员伤亡的严重后果；有的电厂则由于煤粉着火速度超过一次风速而发生喷燃器回火，致使被迫停炉等事故发生。这些均与燃用高挥发分、低着火点的煤有关。

在煤质条件已确定的条件下，为防止煤粉的自燃爆炸，就必须严格执行有关运行规程及关于制粉系统防爆方面的有关规定。为保证制粉系统的安全运行，特别需要注意消除制粉系统内的积粉。制粉系统启动前，务必将各种杂物加以清除。在运行中应根据煤质合理地控制煤粉细度。制粉系统停运时，应彻底进行抽粉。若制粉系统发生爆炸，则应查明起爆原因及起爆点，并采取适当措施。制粉系统内火源未经消除时，不允许重新启动。

第八节　煤在贮存中的特性变化

电力生产的特点之一，是它的连贯性。为了确保电厂生产不会因供煤不足而停炉，电厂务必要贮存一定量的煤，故每座电厂均建有贮煤场。根据各台锅炉设计煤质的不同，电厂中可能建有几个贮煤场，用以贮存不同品种、不同性质的电煤。

煤在贮存过程中，煤质会发生不同程度的变化，导致热量的损失，有的煤还会产生自燃，造成更为严重的后果。

本节将阐述煤在贮存中的特性变化倾向，说明在贮煤过程中如何防止煤的氧化与自燃，做好煤场管理的若干问题。

一、煤的贮存与煤质变化倾向

电煤在贮存中发生不同程度的氧化，从而导致煤质变化是普遍现象。

煤是植物遗体被覆盖在地层下被压实，经复杂的生物与物理化学作用转化而成的固体有机可燃沉积岩。各种煤，特别是变质程度较差，挥发分含量高的煤，在空气中被氧化的倾向越大，煤质变化也越明显。

我国电厂入厂煤普遍采用露天煤场贮存。在全部电煤中，烟煤约占90%。其中挥发分较低的贫煤、瘦煤、贫瘦煤在贮存中不易自燃；而挥发分较高的气煤、肥煤、长焰煤在贮存中则易自燃。

一座容量1000MW的火电厂，日燃天然煤约10000t，电厂煤场至少要贮存15天的用煤，即15万t，故煤场需占据电厂中很大一块面积的场地。设煤场存煤堆积高度平均为3m（挥发分越高的煤，煤堆高度越低），煤的堆积密度平均按$1.05t/m^3$计，则15万t煤所占容积为14.3万m^3。如煤堆成长方体，则其底面积为48000m^2，即相当于长600m、宽80m的长方形。

煤在煤场贮存过程中，受空气的氧化作用而导致煤质变化是不可避免的；另一方面，由于受风吹、雨淋、日晒等自然环境条件的影响，造成煤的风化，加速煤质的恶化与存煤的损耗。例如大雨会使煤场存煤被冲走，风沙尘土会使煤中灰分含量增加等。

煤在贮存过程中，其煤质变化受多种因素的影响。在相同环境及贮存条件下，煤质变化以发热量损耗为标志呈现下述倾向，如表6-5所示。

表6-5		不同类别烟煤在贮存6个月时的热量损失			%
烟煤类别	贫 煤	瘦 煤	焦 煤	肥 煤	气煤及长焰煤
挥发分 V_{daf}	< 17	12 ~ 18	18 ~ 26	26 ~ 35	> 35
发热量降低平均值	2.0	1.6	1.7	2.5	4.9

由于贮存条件的不同，其煤质变化的幅度也不尽相同。一般说来，贫煤、瘦煤、焦煤为主体的混煤，贮存6个月后，发热量损失约为1.8% ~ 2.0%；而高挥发分的气煤、长焰煤等约损失5%左右；无烟煤贮存6个月甚至更长一些时间，发热量变化甚微；而褐煤不要说贮存6个月，即使贮存1个月，发热量也会明显降低。

煤的发热量降低，从而导致其他相关煤质指标也将发生变化。虽然由于煤在煤场中贮存条件的差异，各特性指标值如发热量、灰分、含硫量等具体变化值各不相同，但其基本倾向是一致的，且呈现某种规律性。

(1) 煤的发热量通常随贮存时间的延长而降低。煤的变质程度越深，如无烟煤，则受空气及环境条件的影响越小；反之，如长焰煤、褐煤，则越大。褐煤存放时间不能太长，一般不超过半个月，最多不超过1个月。否则，发热量损失将很大。

(2) 在发热量下降的同时，灰分值则相应增大。灰分值随发热量的降低而增大，这是普遍规律。因此，贮煤过程也是煤质逐步恶化的过程。为了尽量减少贮煤过程中的这种损失，要设法减缓存煤的氧化速度与风化进程，特别是要防止煤的自燃；另一方面，北方风沙较大地区，大量尘粒进入煤中，导致灰分含量增大。故既要保证向锅炉供煤，不致影响电力生产，又要避免存煤过多及煤场局部存煤长期不动，造成经济损失。

（3）各种煤在贮存过程中，挥发分含量也将发生变化。煤在贮存过程中，会产生缓慢的氧化作用。当温度达到30℃以上时，氧化速度迅速增加。随着氧化作用的进行，煤的温度逐渐上升；当达到60℃以上时，就会出现自燃的一些迹象；当达到80℃左右，自燃就有可能随时发生，煤中挥发分是最易燃烧的组分。随煤的氧化，对变质程度较浅的煤来说，将导致挥发分的降低，而对变质程度较深的煤来说，其挥发分将没有明显变化。

（4）煤在贮存过程中，含硫量将有较大变化，其他元素组分也将随发热量的变化而发生相应变化。前已指出：高硫煤中，一般可燃硫，特别是硫铁矿硫所占比率较高，在贮存时易发生自燃。煤中硫氧化成二氧化硫，它易溶于水形成亚硫酸，并伴随着放热，致使煤堆温度升高，从而进一步加速了煤的氧化与自燃。由此可见，煤在贮存过程中，硫含量将会随其氧化程度的加剧而迅速降低，最终多转化成不可燃硫酸盐硫。煤中碳、氧是热量的主要来源，故它们的含量将会随发热量的降低而降低；另一方面，随着煤的氧化，氧含量将会增高。

（5）某些煤在贮存中，易风化，机械强度将会降低。例如大块煤很快裂成碎块，进而裂成碎末，从而加速了煤的氧化，为其自燃创造了更为有利的条件；另一方面，由于煤的粒度减小，将导致它的吸水能力增强，因而烟煤、褐煤在贮存中，其粒度的减小会出现水分含量增大的现象，促进煤堆温度的升高，从而引发煤的自燃。

煤在贮存中的特性变化，因氧化作用所致。其氧化作用的主要因素为空气及环境条件。

二、电厂对煤场的贮煤要求

电厂对煤场贮煤的总要求是：对不同锅炉所需不同性质的电煤，即挥发分差值大的煤要分别组堆与存放。如气、肥煤不应与贫煤混堆存放；而挥发分相近的煤，则可贮存于一个煤场中。另外，对少量高含硫量、低灰熔融性、特高灰分等特殊煤质的煤最好单独贮存，以便于掺配混烧。

前文已经指出：煤在贮存过程中，将会发生氧化，有的煤在一定条件下还可发生自燃，故对煤场的贮煤要求是尽可能减缓煤的氧化及减少存煤的流失，防止煤的自燃。为此，电厂对煤场应加强管理，采取各种防范措施，把煤在贮存中可能造成的各种损失，包括质量与数量的损失降至最低程度。

（1）电厂贮煤要控制一个合理的数量范围。贮量太少，一旦供煤不足，则将影响正常发电。但也不是越多越好，煤在贮存过程中，由于氧化变质，其损耗是不可避免的。如存煤时间越长，损耗也越大。同时，过多的存煤将积压大量资金，并增加了煤场管理工作量及其难度。

（2）为减少贮存中煤质的恶化，煤堆形状要合理，它应力求减少与空气、阳光的接触面积，煤堆不能太散、太薄，应保持一个合理高度，并堆有一定的角度，常以45°角为宜。一般说来，煤的挥发分含量越大，则受氧化自燃的可能性也越大，贮存时间要短；反之，煤堆高度可适当提高，贮存时间也可延长。煤堆的高度取决于煤堆的面积大小及堆煤机械的性能。从安全生产及向锅炉供煤方便性考虑，煤堆不宜过大过高，高挥发分烟煤的煤堆高度宜控制在5m以下，存放时间在1~2个月范围内为宜。

（3）电厂进煤在组堆时，要注意分层压实，使其堆积密度能达到$1.0 \sim 1.1 t/m^3$，尽量减少空隙并限制空气流通，以减缓煤的氧化，防止煤的自燃。煤堆顶部应较为平整略呈突起状，这样有助于积水的排走，同时又有利于减少雨水与空气渗入煤堆内部，有助于减缓和防止煤的氧化与自燃。为防止雨水冲刷及避免煤堆被大雨冲毁而流失，在多雨地区的电厂，在煤场设置挡煤墙是有益的，甚至是必要的。

（4）煤的氧化表现为煤堆内部温度的上升，而温升到一定程度就可能导致煤的自燃。煤的自燃通常可分为三个阶段：潜伏期、高温期和自燃期。因而，必须加强对贮煤的测温监督，以便及时消除隐患。特别是挥发分含量较高，含硫量又较大的煤堆，更要加强测温监督。当煤堆温度达到60℃左右时，应及时消除祸源，煤堆昼夜平均温度连续明显增高的区域为祸源区。此时，应将祸源区内的煤挖出，并令其散热冷却。不应往煤堆上泼水，由于泼水量的不足或不均，有可能使煤的自燃区域扩大和蔓延，以致造成更为不良的后果。

图6-14　激光盘煤仪

三、贮煤管理中的若干问题

1. 煤场存煤的清查

清查煤场存煤量，俗称煤场盘点，这是电厂煤场管理的组成部分。各电厂普遍进行对煤场定期盘点，如一个月一次，要较准确地查清煤场存煤量。关键是：①测准煤场存煤的堆积密度；②准确地丈量出煤堆的容积。

关于堆积密度的测量，这在本章第二节中已作了阐述；而煤堆容积的测量多采用传统方法，即将煤堆平整成一定几何形状，如三角形、梯形、长方形等，然后按数学公式计算出煤堆体积。

现在已有不少电厂采用激光盘煤仪，通常仅需2h就可完成整个煤场存煤体积的测量，具有简便、快速、准确、实用的特点。其外形见图6-14，煤堆扫瞄图见图6-15。

该仪器利用激光系统快速测量整个煤场的各特征点，并能自动记录其空间座标，采用数字内插拟合技术建立数字地面模型，从而计算出煤场煤堆的体积。

仪器的测量相对误差小于±1%，但有的产品性能欠佳。

现将某电厂应用某型号的激光盘煤仪实测煤场的煤量记录列于表6-6和表6-7中。

煤场面积　100m×240m，计24000m²

表6-6　　　　　　　　　　　　第一次盘煤测量（随机盘查）

次　　　数	第1次	第2次	第3次	平　均　值
盘煤量（t）	207355	205870	205270	206165
绝对误差	1190	−295	−895	
相对误差	0.57%	0.14%	0.44%	0.38%

图 6-15　煤堆扫描图

表 6-7   第二次盘煤测量（定型定量）

次　　数	第1次	第2次	第3次	第4次	第5次	第6次	平均值
盘煤量（t）	189441	189512	189068	189618	189256	189736	189438
绝对误差	3	74	−370	180	−182	298	
相对误差	0.002%	0.039%	0.196%	0.095%	0.096%	0.157%	0.098%

　　显然，激光盘煤仪具有独特的优点，它适用于任何形状煤堆体积的测量，仪器为便携式，适用于现场使用。另一方面，也可看出，它只解决了煤堆体积的测量，还须人工测定其煤的堆积密度，方可确定煤堆的煤量。而煤的堆积密度测量误差也同样影响盘煤结果的准确性。例如 1 个 20 万 m³ 的煤堆，如煤的堆积密度平均按 1.00t/m³ 计，则此煤堆的煤量为 20 万 t；如堆积密度平均按 1.05t/m³ 计，则此煤堆的煤量应为 20.5 万 t。故在盘煤时，一定要测量好煤堆体积及煤的堆积密度两项参数，这样才能获得准确的盘煤结果。

　　2. 煤场测温方法

　　煤场测温范围，通常为 100℃ 以内，测温精确度最好能达到 0.1℃。较为普通的测温方法为热电偶测温，配各式毫伏计指示温度。

　　现在市场上可以买到测温仪，其测温深度多为 1～3m，根据不同深度的测温结果，可推断出煤堆更深深度的温度。当然，这种推断方法能获得的温度值可能与实际情况存在较大的偏差。为了准确地测量煤堆中心温度，可在组堆时采取预埋热电偶的方法，将其用外套管（例如普通的两端开口钢管）套住，冷端用补偿导线引出至煤堆外。在测温时，只要将补偿导线连接至毫伏计或温度显示仪表，就可直接测出煤堆中心温度。在测温时，应注意将补偿导线端部用砂纸打磨，并要与测温仪表接触良好。一般情况下，还要考虑冷端电势补偿，只有这样才能准确地测出煤堆温度。电位差计或具备测量直流电动势（mV 级）功能的数字式万用电表均可用来测量热电偶的电动势，从而根据电动势—温度对照表，查出对应的温度值。当然如能直接显示温度，那就更好，市场上也有此类产品。

　　煤堆测温时，热电偶置于测温探头内部，外套管一端是尖锥状，便于插进煤堆，套管宜细不宜粗，且要具有较强的强度，否则很难插入煤堆中达到一定深度。有的电厂采用普通玻璃温度计，插入煤堆 0.3～0.5m 的深度测温是不合适的。

　　另外，由于煤堆各部分温度不均，故测点不能太少。仅 1～2 点的温度测量值，难以反映煤堆各部分的温度情况。特别是煤堆中有的部位达到60℃左右时，就更应增加测点并加大测温频率。

除传统的测温方法外，现在还有一种新型快速测温仪，即手携式红外点温仪。它小巧轻便，使用方法简单，不需要聚焦和校准，测温范围可任选，如煤场上所用红外点温仪的测温范围可选 –20 ~ 500℃。这种仪器自动化程度较高，可即时显示温度值、平均温度值及温差，并可贮存数据、打印测温结果及数据分析等多种功能。当然，它价格昂贵，且一旦出现故障，就须更换元件，修理较困难。

3. 防止煤堆自燃

煤的低温氧化会放出热量，从而导致煤质的恶化，在某种条件下，还会引起自燃，从而造成环境污染及严重的经济损失。

据研究，煤的自热与自燃可能起因于各种放热过程。如低温氧化、微生物代谢、煤对水分的吸附与脱附、黄铁矿的氧化等因素。在煤的自热与自燃过程中，反应物的传质及热量传递也起到重要的作用。

煤堆安全方面最重要的是：通风条件、粒度偏析及煤堆倾角。

在空气是否循环的两种极端情况下，一是无循环；二是大量循环，煤堆是安全的。通过将煤堆压实来限制空气循环是防止煤堆自燃的有效措施之一，煤堆内通风条件变差，则煤的自热与自燃趋势降低。

组堆过程中，产生的粒度偏析也会造成自燃发火，而且发火点往往就处在粒度偏析区。风对煤堆自热起主要作用，几乎总是在煤堆的上风侧发火。

煤堆的倾角影响气流阻力，在一定风速条件下，倾角越小，其发火的危险性越低。

国外进行各种试验，研究防止煤堆自燃的有效且经济的办法，这对国内电厂来说，也是具有参考价值的，下面对其作简要介绍。

试验用煤的挥发分为33%，灰分为31%，黄铁矿硫为3.6%，硫酸盐硫为0.4%，高位发热量为19.7MJ/kg。试验煤堆的特性数据见表6-8。

表 6-8　　　　　　　　　　　试验煤堆的特性数据

煤　　堆	保护方法	用煤量（t）	时间（d）
A	无保护措施（参比煤堆）	2059	270
B	煤堆侧面定期压实	3161	270
C	主导风向一侧小倾角	2956	270
PBV（设置风障）	人工设置风障	2071	250
PCB（水灰浆覆盖）	用水灰浆覆盖煤堆	2045	190

试验结果列于表6-9中。

表 6-9　　　　　　　　　　一年内各试验煤堆的各种损失因子

煤　　堆　　损失因子（%）	煤　　堆				
	A	B	C	PBV	PCB
总 损 失	19.5	4.5	18.5	6.1	3.1
质量损失	12.5	7.1	4.8	0.9	1.6
热量损失	7.6	—	14.2	4.8	0.6
红外温度计测热量损失	9.5	4.0	15.7	2.6	—

试验的参比煤堆各种损失因子均较高，该煤挥发分高，含硫量也高，属于易自燃发火的煤。由上表可知：用水灰浆覆盖煤堆是最有效的办法，风障的效果次之。从煤堆 B 和 C 来看，定期压实很有效；小倾角方法不理想。煤堆 C 的总热损失因子高达 18.5%，尽管其成本很低，但从技术和经济上考虑都不能令人接受。

定期压实与用飞灰层覆盖的成本相当，但后者的损失因子要比前者小得多。损失因子是通过计算试验开始和结束时有关数据的差值得到的，单位分别为 kg（质量损失）及 MJ/kg（热值损失）。

试验的最终结论是：在堆煤过程中，将煤充分压实，令其空隙率小于 10%，是保证煤堆降低热损失的有效手段。从成本和效率方面综合考虑，采用飞灰浆覆盖，是防止煤堆自燃的最佳方法。另外，采用同一电厂的飞灰配成的水灰浆覆盖的方法最有效，其总热损失因子最小，为 3%。试验用灰水的质量比为 3.7:1，并借用混凝土运输车从煤堆顶部沿各侧面向下铺浆。各种防止煤堆自燃方法中，风障方法次之，其总热损失因子约为 6%。试验还表明：采用红外温度计测煤堆内的发热部位很有效，而借此计算的损失因子仅限于热量损失因子，故其计算值接近试验结果。

以上资料系国外一电厂进行的试验情况及其结果，另一国的刊物刊登了这一研究报告。作者近年也正在进行烟煤在自然条件下的特性变化规律的研究。国外的经验及研究成果对我们来说，还是有着借鉴与参考价值的。例如国内有的电厂煤场几乎终年自燃，而从事这方面研究的人却很少，这不能不说是我们在燃煤管理上的一个薄弱环节。这种情况应该引起重视，并应不断提高我国电力用煤的研究深度与技术管理水平。本书在此介绍国外的试验情况，不是简单模仿国外方法，而是结合我国，特别是电力系统各单位的实际情况，研究在各单位具体条件下，减少或防止煤场自燃的措施，将煤场存煤的质量与热量损失降至最低程度。

第七章

灰渣特性检测与应用

电力用煤的灰、渣特性，特别是它们的高温特性，对锅炉的安全经济运行有着重要的影响。灰、渣的高温特性，主要是指灰的熔融特性及渣的流动特性，它们均由其化学组成所决定。

根据灰、渣的化学成分，不仅可以大体上判断灰、渣的高温特性，而且可以预测锅炉结渣的可能性及其严重程度，分析灰、渣对冲灰管道结垢的可能性及确定灰渣综合利用的可能途径等。

第一节 灰渣可燃物的测定

一座日燃用 6000t 原煤的电厂，煤中灰分含量为 30%，每天产生灰渣量为 1800t。如煤粉燃烧不完全，灰渣中残存 2% 的可燃物，则有 36t 纯碳未能被利用，因而锅炉热效率将受到影响。灰渣中可燃物含量越高，锅炉热效率降低越多，锅炉运行的经济性越差。故在电厂中要求每班均要采集飞灰样并测定其可燃物含量，它属于常规检测项目，是衡量锅炉运行经济性的主要技术指标之一。

一、测定方法

关于灰渣样品的采集与制备方法，请参阅本书第二章第五节。

灰渣可燃物的测定方法是：称取经缩制后的灰或渣样 1±0.1g（其粒度均应小于 0.20mm）于灰皿中摊平，按与煤中灰分测定相似的方法在 815±10℃ 下燃尽，在 500℃ 时可不必停留而一直将炉温升至 815℃，一般情况下，维持 30min，取出后冷却数分钟，移入干燥器中冷至室温后，称重。根据其质量损失计算灰或渣中的可燃物含量。

为了缩短测定时间，也可将称好的试样皿置于预先加热到 815±10℃ 的高温炉炉口，待数分钟后，直接把灰皿推入恒温区，灼烧 30min 令其燃尽，以下操作同上。

在灰渣可燃物测定中应注意以下问题：

（1）残碳在灰渣中分布极不均匀，一般说来，颗粒大的飞灰中，碳含量较高。因此，为了保证可燃物测定结果的可靠，其样品务必充分混匀并磨细。由于飞灰可燃物含量是锅炉运行监督的考核指标，要防止所采样品缺少代表性，更不应人为地选取颗粒较细、含碳量较低的飞灰作为可燃物的测试样品，从而失去灰渣可燃物测试的实际意义。

（2）飞灰及炉渣都是煤在高温下燃烧残留物，理应是无水的，但是样品采集后，与大气相接触，它将不断地吸收大气中的水分，故灰渣样品中必然含有一定的水分，其含量随空气湿度而异。

灰渣样品在高温下灼烧，其损失量理应包括水分及灰渣中确实未完全燃烧的残碳。Q_4是指灰渣未完全燃烧损失的热量，它不应等同于实测可燃物含量所相当的热量。如果将灰渣中1%的水分算作1%的碳，对锅炉效率的影响，是不容忽视的。特别是对高燃烧效率的大型锅炉来说，飞灰可燃物含量本来就不高，水分的影响也就更为突出。

测定灰渣可燃物，实际上是测定其灼烧减量。故作者现在对灰渣可燃物测定方法及其计算结果表达为可燃物含量，尚有不同的看法。

（3）飞灰可燃物含量的高低，在某种程度上反映了锅炉的燃烧状况，因此飞灰可燃物含量的在线检测具有实际意义。这样可随时监控飞灰可燃物的变化情况，从而为锅炉及时调整提供了有利条件。现在有各种方法来测定飞灰可燃物含量，如电容法、热电效应法、微波吸收法等，其中尤以电容法研究应用最多。尽管在线仪表检测尚存在一些不足之处，与常规测定方法相比，其准确度较差，但它对及时监控与指导锅炉燃烧具有更高的实际价值，故应为飞灰可燃物测定的发展方向。

二、影响灰渣可燃物含量的因素

灰渣可燃物含量越高，也就是说灰渣未完全燃烧热损失越多，即q_4越大，则锅炉效率越低。

通常电厂中煤粉锅炉要比小型工业锅炉的灰渣可燃物低得多，高参数、大容量的电厂锅炉与低参数、小容量的电厂锅炉相比，其灰渣可燃物含量要低。故锅炉参数越高，容量越大，运行的经济性也越好。

从煤质特性方面去分析，影响飞灰可燃物含量的主要因素是：

（1）煤中挥发分含量对煤粉的燃尽度有着直接的影响。煤的挥发分含量越高，一般其灰渣未完全燃烧损失q_4越小。研究表明：固态排渣锅炉的飞灰可燃物含量，随煤的挥发分增高而降低，见图7-1。图7-1中的1、2、3分别代表3台不同容量的煤粉锅炉。

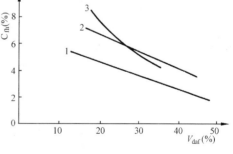

图7-1　C_{fh}与V_{daf}间的关系

（2）煤粉细度越细，燃尽度越高，q_4值也越小。较粗的煤粉颗粒难以燃尽，这是不难理解的。同时由于重力作用，有可能使其中一些较粗的煤粒未能充分燃烧而落入炉底，从而使炉渣中可燃物含量增大。对于挥发分含量较低的煤种，尤其需要提高煤粉细度及燃烧温度水平，以利于煤粉的燃尽，避免q_4值过大。而提高燃烧温度水平的有效措施，则是提高热风温度。锅炉飞灰可燃物含量通常随热风温度的增高而降低。

对于电厂中煤质检验人员来说，应该监督飞灰采样装置能否正常运行，并按标准规定要求进行灰、渣样的采集、制备与测试，从而能为改善锅炉的燃烧条件、降低q_4值、提高锅炉热效率及时提供灰渣可燃物含量的数据。

三、飞灰可燃物的在线检测

电力行业标准DL/T 567.6—1995对飞灰可燃物（含碳量）的测定，系采用灼烧失重法。该法对灰样的代表性要求高，分析滞后，不能及时反映锅炉燃烧情况。故大力采用飞灰含碳量在线检测技术，将有利于指导锅炉的运行调整，提高锅炉燃烧控制水平及机组运行的经济性。

飞灰粒度及其中含碳量分布不均会给飞灰样品的采集带来困难，如采集不到有代表性的飞灰样品，其含碳量的测定结果就丧失应有的价值。

有多种方法可以在线检测锅炉飞灰含碳量。在这里，对应用微波谐振技术测量飞灰含碳量的在线检测装置做一简要介绍。

采用等速采样方法，将烟道中的灰样收集到微波测试管中并自动判别收集灰位的高低。当收集到足够的灰样时，采用微波谐振测量技术，根据飞灰中未燃尽的碳对微波谐振能量的吸收特性，分析飞灰中的碳含量。

某型号的飞灰含碳量在线检测系统得到的微波谐振测量信号经现场预处理后传送到集控室，再经主机单元作进一步的变换、运算及储存，并在真空荧光屏上显示出含碳量的数值及曲线。图 7-2 为飞灰含碳量在线检测系统示意。

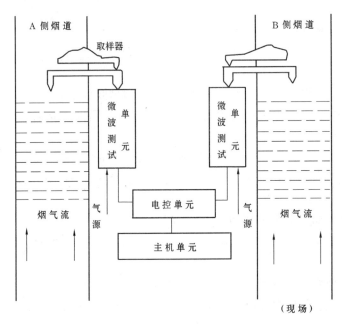

图 7-2　飞灰含碳量在线检测系统示意

飞灰含碳量在线检测系统由飞灰取样器、微波测试单元、电控单元、主机单元、气源、电缆与机箱等部分所组成。其中最重要的为飞灰取样器及微波测试单元。飞灰取样器由取样嘴、取样管、喷射管、旋流集尘器、静压管等部件组成。飞灰取样器能自动跟踪锅炉烟道流速的变化而保持等速取样状态，因而所采集的灰样具有较好的代表性，这是获得可靠测量结果的一个十分重要的环节。微波测试单元由微波源、隔离器、微波测量室、微波检测器、振动器、灰位探测器、气动组件、加热器、前置处理电路等组成。在微波测量室中对飞灰样进行微波测量分析，测量数据由前置处理电路处理后发送给主机单元，由主机单元实现对现场信号的采集、处理及人机接口界面的实施。

某型号的飞灰含碳量在线检测系统的主要技术参数：

测量范围：　　　　　　0～15%（含碳量）

测量误差：　　　　　　±0.4%（含碳量在 0～6%）

$$\pm 0.6\% \text{（含碳量在 } 6\% \sim 15\%\text{）}$$

检测周期： 2～6min（视灰流量而定）

数据储存： 保留 12 个月

工作气源： 压缩空气 400～600kPa

信号输出： 模拟量

　模拟量 2 路隔离的 4～20mA 含碳量信号

　开关量 3 路报警继电器结点信号

工作温度： 0～50℃

测试单元： -15～55℃

飞灰含碳量的在线检测装置测量误差是比较大的，设备也比较复杂。采样确实具有代表性，测量结果准确，系统不堵灰，设备能稳定运行，是在线检测装置能否在电厂中推广应用的关键所在。电厂也要在使用中不断积累经验，加强运行管理维护，更好地发挥飞灰含碳量在线检测设备的作用。

第二节　煤灰熔融性的测定

煤灰熔融性的测定，是电力用煤特性检测的最重要组成部分之一。煤灰熔融性直接关系到电厂锅炉是否结渣（俗称结焦）及其严重程度，因而它对锅炉的安全、经济运行关系极大。

鉴于煤灰熔融性测定的重要性，本书将较详细地阐述煤灰熔融性的测试技术，对其测定时的气氛条件如何选择与控制加以分析，说明煤灰熔融性与锅炉结渣之间的关系。

一、煤灰熔融性的含义

煤灰中含有多种元素，它不是纯化合物，因而它没有固定的熔点，而是在一定温度范围内熔融。其熔融温度（俗称灰熔点）的高低，主要取决于煤灰的化学组成及其结构，同时，还与测定时试样所处的气氛条件有关。

煤灰由 SiO_2、Al_2O_3、Fe_2O_3、CaO、MgO、SO_3、Na_2O、K_2O、TiO_2、P_2O_5、Mn_3O_4、V_2O_5 等组成，其中 SiO_2、Al_2O_3、Fe_2O_3、CaO 及 MgO 为其主要组分。中国煤灰中，SiO_2、Al_2O_3、Fe_2O_3 三项组分往往高达 90% 以上。

煤灰中的主要组分，在其纯净状态时，均具有较高的熔点参见表 7-1。由于煤灰中所含矿物质在高温下易形成低共熔混合物，因而煤灰的熔融温度均低于其难熔组分的熔点。多数煤灰的熔融温度在 1200～1400℃ 范围内，但高于 1500℃ 者也不少见。

表 7-1　　　　　　　　　　　纯净状态时某些氧化物熔点　　　　　　　　　　　　℃

氧 化 物	SiO_2	Al_2O_3	Fe_2O_3	CaO	MgO	FeO
熔　　点	1625	2050	1565	2570	2800	1420

测定煤灰熔融性，国内外普遍采用角锥法，即测定灰锥试样在熔融过程中三个特征温度：变形温度、软化温度及流动温度，其示意见图 7-3。应该指出：上述三温度即以往所说的 T_1、T_2 及 T_3。

GB/T 219—1996《煤灰熔融性的测定方法》中，将煤灰熔融过程中分为 4 个特征温度：即变形温度（DT）、软化温度（ST）、半球温度（HT）、流动温度（FT）。

DT——变形温度（Initial deformation temperature）；

ST——软化温度（softening temperature）；

HT——半球温度（hemispherical temperature）；

FT——流动温度（fluid temperature）。

它们的定义如下：

（1）变形温度（DT）。是指灰锥尖端开始变圆或弯曲时的温度，并规定灰锥保持原形；锥体收缩和倾斜时的温度，不算变形温度。

（2）软化温度（ST）。是指灰锥弯曲至锥尖触及托板或灰锥变成球形时的温度。

（3）半球温度（HT）。是指灰锥变形至近似半球形，即高约等于底长的一半时的温度。

图 7-3   在锥熔融特征示意

1—原始灰锥；2—变形温度 DT；3—软化温度 ST；4—半球温度 HT；5—流动温度 FT

（4）流动温度（FT）。是指灰锥熔化展开成高度在 1.5mm 以下的薄层时的温度。

需要指出的是：我国长期使用 DT、ST、FT 来表示煤灰熔融性。GB/T 219—1996 为新修订的标准，该标准于 1997 年 7 月 1 日实施。鉴于此情况，本章中所讲灰熔融性仍采用 DT、ST 及 FT 这三个特征温度来表示。

煤灰在熔融过程中，灰渣呈现可塑性而处于非均相状态。DT、ST、FT 这三个特征点并不具有明确的物理意义，但它们毕竟是煤灰由固相向液相过渡的标志，因此煤灰熔融性数据对锅炉设计及安全经济运行来说，均具有重要的实际价值。

二、对测定装置的基本要求

测定煤灰熔融性的高温炉，不论采用何种加热元件及炉型，均须满足以下条件：

（1）要有足够长的恒温带。

（2）能按规定的升温速度升温。

（3）能方便地控制炉内气氛为弱还原性或氧化性。

（4）能随时观测灰锥试样在受热过程中的变化情况。

目前，普遍采用硅碳管高温炉测定煤灰熔融性，这种高温炉系国内产品，它在煤质分析中有着广泛的应用，它还可用于碳和氢含量、硫含量、着火点等的测定，故在本节中将对硅碳管高温炉加以较详细的介绍。

三、硅碳管的特性

硅碳管是硅碳管高温炉的核心部件，它以高纯度碳化硅为主要原料，经高温再结晶制成。它是一种借通入电流即可获得高温的发热体。通常所使用的硅碳管，为一端引线的双螺纹管及两端引线的单螺纹管，其外形如图 7-4 所示。

硅碳管配置适当的调节电压装置，就可以得到所需要的温度。硅碳管单位表面的功率负荷约比镍铬元件大6倍左右，每平方厘米可达32W或更高。故它可以在较小的容积内获得较大的功率。

硅碳管正常使用温度为1400±50℃，最高为1600℃。在合理使用条件下，其寿命见表7-2。

硅碳管具有良好的化学稳定性，耐酸性强。但在900℃以上，对碱、碱土金属、硅酸盐、硼化物的抗蚀性较差。水蒸气、一氧化碳、二氧化碳等气体对硅碳管的使用寿命也有较大的影响。故在测定煤灰熔融性时，不应将含碳物质直接放进硅碳管内，即使内套管使用气疏刚玉管也不适宜。

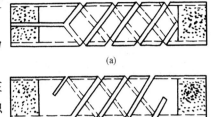

图7-4　硅碳管外形
(a) 双螺纹管；(b) 单螺纹管

表 7-2	硅碳管的使用寿命			
发热带温度（℃）	1400	1300	1200	<1000
可连续使用时间（h）	3000	7000	15000	半永久性

硅碳管为一个烧结体，具有抗氧化性。它在900℃左右，与空气中的氧作用，表面形成二氧化硅薄膜，可起到防止氧渗透的作用。硅碳管使用过程中，电阻值有增大的趋势，即所谓老化现象。温度的骤升骤降，都将缩短硅碳管的使用寿命。例如室温与1400℃之间，每反复一次，相当于连续使用80～100h。当硅碳管温度达到1600℃以上时，硅碳管有可能瞬间被烧断。

在选用硅碳管时，宜选用两端结线的单螺纹管，如图7-4中的（b）。因为一端结线的双螺纹管，管夹一旦松动就会使绝缘介质（通常用云母片）脱落而短路，烧坏硅碳管。而单螺纹管不存在这一问题。

80/70×400/100（外管径为80mm，内管径为70mm，发热体长度为400mm，冷端各为100mm，该硅碳管总长度为600mm）、电阻为6Ω的硅碳管（单螺纹管），6Ω并不是室温下的电阻，而是指在1000±50℃时的电阻值，此值可以通过电压与电流值计算而得。

硅碳管的电阻值随温度而变化两者呈非线性关系。从室温到850±50℃，电阻值由大变小；从850±50℃到1600℃，则电阻值由小变大。故电阻温度系数有负值也有正值。

硅碳管端部接线夹可用不锈钢、铜、镍片加工制作，其中镍片最好，加工夹子的金属片不宜太厚，否则夹子与硅碳管可能接触不良；但金属片也不宜太薄，特别是铜片，很易氧化脱皮而烧坏。

1. 恒温区及温度场的测定

硅碳管之所以能作为高温炉的理想发热元件，是由它优良的物理性能所决定的。硅碳管恒温区长短及温度分布如何，直接关系到可测试样的多少及其测定结果的准确性。对多支硅碳管的测定表明：硅碳管恒温区不一定在其中心位置，其恒温区随硅碳管长度的增长而扩大；在其断面各点温差极小，这正是硅碳管最宝贵的特性之一。

表7-3中的数据是在升温过程中，在电压维持一定值，电流稳定，温度变化极小的情况下应用铂铑$_{10}$—铂热电偶配电位差计（热电偶冷端置于冰瓶中）测出的。

位置编号	距管右端长度 (mm)	1# 管温度（℃）[①]			2# 管温度（℃）[②]		
		125V/15.0A	134V/13.8A	144V/15.0A	130V/14.0A	138V/13.9A	154V/14.0A
1	164	1224	1344	1524	1222	1428	1566
2	176	1236	1360	1540	1226	1440	1578
3	188	1240	1364	1544	1224	1440	1578
4	200	1238	1364	1542	1224	1440	1580
5	214	1236	1362	1540	1224	1432	1572
6	228	1226	1344	1522	1204	1414	1544
7	240	1210	1324	1498	1176	1364	1502

①1# 硅碳管的规格：50/40×200/100，mm；电阻为 8.6Ω。

②2# 硅碳管的规格：同 1# 管，但电阻为 7.6Ω。

测定表明：1# 硅碳管恒温区长度为 26mm，位置在 3～5 之间，温差一般为 2℃，最大温差为 4℃；如恒温区域扩大到 38mm，则位置在 2～5 之间，最大温差为 10℃。2# 硅碳管恒温区长度为 24mm，位置在 2～4 之间，最大温差为 2℃；如恒温区扩大到 38mm，则位置在 2～5 之间，最大温差为 8℃。两支硅碳管在同一断面上（上、下、左、右、中心）各点温差是极微小的。

2．升温速度的控制

通入炉子的电流对升温速度起着决定性的作用。电流的大小，则随调节电压时间及调节电压间距而变化。

温度随电压的升高而升高，为了控制一定的升温速度，则应逐步缩小所调节电压的间距，至 1400℃时，可不必继续升压。随时间的延长，温度会继续上升，直至 1500℃。

由图 7-5 不难推算出各阶段的升温速度。如第 60min 时，电压为 90V，此时温度为 880℃；电压升至 100V，历时 40min，温度达到了 1160℃，故此阶段升温速度为 7℃/min。

3．峰值电流的测定

对任何一支硅碳管来说，在确定的试验条件下，电压升高，电流会几乎呈直线上升。当电压达到某一定数值时，电流就会出现一个峰值。其后电流则缓慢下降，最后电流基本上不受电压的影响而趋于一个较为稳定的数值，如图 7-6 所示。

图 7-6 表明：1 号硅碳管峰值电流为 16.5A，2 号为 15.3A。显然，使用多大容量的变压器或晶闸管（可控硅），应在给定条件下，根据硅碳管的峰值电流决定。

4．温升过程中的电阻变化

温升过程中硅碳管电阻的变化如图 7-7 所示。

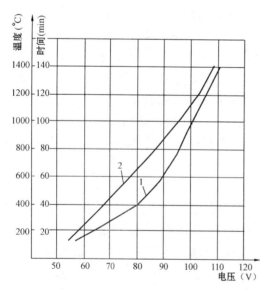

图 7-5 升温曲线的一般形式

1—时间—电压曲线；2—温度—电压曲线

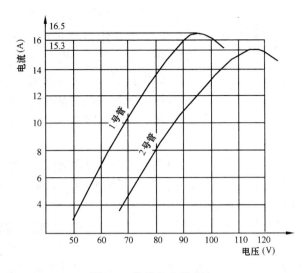

图 7-6 峰值电流的确定

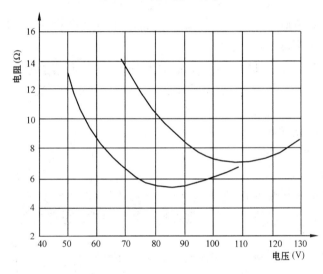

图 7-7 升温过程中电阻的变化

一般宜采用 $5 \sim 7\Omega$ 的硅碳管。电阻值越小，则升温时所要求的电流越大，因而得配以较大容量的变压器或晶闸管。电阻值越大，虽然要求的电压较高，但通常也不会超过 200V，故不必对设备提出特殊要求。

四、煤灰熔融性测定方法

煤灰熔融性测定装置如图 7-8 所示。

灰锥试样模具用铜或不锈钢加工而成。灰锥试样为高 20mm、底边长为 7mm 的正三角形锥体，其一棱面垂直于锥底。灰锥模具参见图 7-9。

测定温度采用铂铑$_{10}$—铂热电偶及高温

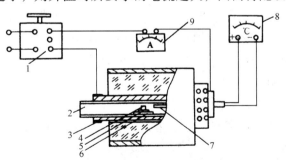

图 7-8 煤灰熔融性测定装置

1—调压器；2—刚玉管；3—硅碳管；4—灰锥；5—托板；
6—刚玉舟；7—热电偶；8—高温计；9—电流表

257

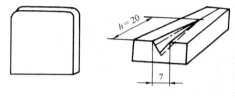

图7-9 灰锥模具示意

计。铂铑10—铂热电偶由细铂丝及铂铑丝焊接而成，较硬的一根是铂铑丝，为正极；较软的一根是铂丝，为负极。它们易于折断，使用时将热电偶丝套进刚玉双孔管中，刚玉成分为氧化铝，外用一端封闭的刚玉套管加以保护。在测温时，热电偶冷端如不置于冰水中，则应参照本书第三章所述对热电偶冷端温度进行补偿。

现在常用数显温控仪来代替调压器及动圈表，用晶闸管调压，数显表指示温度。动圈表为1.5级表，而数显表为0.5级，故提高了温度测量的准确度。在某些场合下，还可配用电位差计测温，温度测量准确度则更高。

进行煤灰熔融性的测定，除上述装置外，还应备有烧灰的箱形高温炉、研灰用的玛瑙研钵等。

测定时，将灰样在灰锥模具中成型，制成灰锥试样。根据测定时的气氛要求，往高温炉内放置含碳物质或通入规定成分的气体。将灰锥试样推至炉内恒温区域，通过调节电压，控制一定的升温速度。在900℃以前，为15～20℃/min；900℃以后为5～7℃/min。观测并记录灰锥在高温下三个特征温度DT、ST及FT。

待全部灰锥均达到流动温度FT或者炉温已升到1500℃时，结束试验。逐步降低电压，待炉温降到约900℃时，切断电源。过早切断电源，硅碳管及刚玉管有可能因骤冷而产生断裂。

五、测定中的主要技术问题

（一）气氛条件的控制与检查

1. 气氛条件与煤灰熔融性

煤灰熔融性主要取决于煤灰的化学组成与结构，同时它还与测定时炉内的气氛条件有关。国家标准中规定：煤灰熔融性可在弱还原性气氛中测定，也可在让空气自由流通的氧化性气氛中测定。

煤灰熔融性在弱还原性气氛中所测数据，较还原性及氧化性气氛下所测数据为低，这与煤灰中的铁在不同气氛下呈现不同价态有关。在氧化性气氛中，铁呈三价，Fe_2O_3的熔点为1565℃；在还原性气氛中，铁呈金属状态，Fe的熔点为1535℃；而在弱还原性气氛中，铁呈二价，FeO熔点为1420℃，故在弱还原性气氛下所测煤灰熔融性数据为最低。

所谓弱还原性气氛，是指在1000～1300℃范围内，还原性气体CO、H_2、CH_4体积百分含量为10%～70%，在1100℃以下时，它们与CO_2的体积比小于等于1:1，氧含量小于等于0.5%。

煤灰熔融性测定要控制为弱还原性气氛，目的在于模拟工业锅炉燃烧室的情况，在工业锅炉燃烧室或气化室中，一般都形成CO、H_2、CH_4、CO_2及O_2为主要成分的弱还原性气体。

2. 气氛条件的控制

在煤灰熔融性测定中，如按国家标准规定的弱还原性气氛予以控制，一般可采取两种方法：一是封碳法；一是通气法。封碳法操作简易可行，几乎无什么费用，在国内普遍采用；

而通气法虽然容易调节气体组成，但气源不易解决，试验费用也较高，故在一般试验室中采用有一定困难。

封碳法是将一定量的木碳、石墨或无烟煤等含碳物（见表7-4）封入测定煤灰熔融性的高温炉中。含碳物在封闭的炉管中燃烧时，因为缺氧，产生的气体主要是 CO、H_2 及 CO_2。封入含碳物质相当于往炉内通入二氧化碳与氢气，同样可达到控制炉内气氛的目的。含碳物质封入炉内，其所生成的气体成分随含碳物质的种类、数量、粒度及放置位置等不同而变化。即使同一含碳物质，由于自身质量的差异，所产生的气体及其组成也有所不同。

表7-4　　　　　　　　　　　　　　含　碳　物　的　性　质　　　　　　　　　　　　　　%

特　性 含碳物	水　分	灰　分	挥发分	特　性 含碳物	水　分	灰　分	挥发分
木炭粒（小于5mm）	3.87	4.10	30.80	1[#]石墨粉（小于0.2mm）	0.48	1.32	1.41
无烟煤粒（小于5mm）	2.74	18.58	8.05	2[#]石墨粉（小于0.2mm）	0.58	0.41	0.60

现举一实例说明封碳法控制炉内弱还原气体的方法。

一台小型灰熔融性测定高温炉的硅碳管规格为 $50/40 \times 200/100$，mm；管内配气密刚玉管，规格为 $33/31 \times 520$，mm。

在硅碳管、刚玉燃烧管、升温速度确定的条件下，变更有关测试条件，经反复试验，从而确定了炉内实现弱还原性气氛的控制方法。

用2g木炭置于表面 $11.4cm^2$ 的瓷皿中，并位于炉温中心后方 $40 \sim 55mm$ 处，在 $1200 \sim 1400℃$ 时，炉内能够保持住弱还原性气氛。所以选择1200、1300、1400℃三个温度点，是因为电力用煤的灰熔融温度大多在此范围内。控制在该条件下，气体分析结果的重现性良好。

实测的弱还原性气氛的组成，参见表7-5。

表7-5　　　　　　　　　　　　　实测弱还原性气氛的组成　　　　　　　　　　　　%

控制方法	温度（℃）	CO_2	O_2	H_2	CO	CH_4
盛碳皿距炉中心40mm处	1200	7.58	0.10	8.66	18.85	4.05
	1300	7.14	0.15	5.46	18.75	3.44
	1400	6.43	0.10	4.28	17.74	2.01
盛碳皿距炉中心55mm处	1200	11.74	0.24	6.95	10.32	2.31
	1300	10.73	0.28	6.52	11.11	2.04
	1400	8.98	0.31	5.35	10.53	1.52

通过封碳法来控制炉内气氛，表明：

（1）煤灰熔融性测定炉内的气体组成在不同温度下并不相同，难以达到稳定。如果要严格控制一定的气体组成，封碳法是不能实现的。但国家标准规定各气体成分允许在一个较宽范围内波动，这样应用封碳法就能加以控制。

（2）封入含碳物质，温度对炉内气体成分的影响是复杂的，但在多数情况下，呈现一定的规律性。

由于系统密封，刚玉管内含氧量是一定的，温度升高，氧含量因消耗于碳的氧化而逐渐减少。试验表明，木炭对降低氧含量尤为有效。在接近无氧状态，CO_2浓度随温度升高而降低，CO浓度则升高，这是CO_2与C反应的结果。

（3）不同含碳物质在相同试验条件下，由于各自性质的差异，它们所受温度的影响也不相同。多数情况下，随温度升高，还原性气氛增强，氧化性气氛减弱，但例外情况也不少见。木炭较无烟煤、石墨更易形成弱还原性气氛。

（4）对于不同规格的煤灰熔融性高温炉（含不同的刚玉管），可通过含碳物质的量、粒度、厚度及含碳物在炉内位置的不同进行调节，实测才能确定炉内气体组成是否符合要求。

3. 气氛条件的检查

为了检查炉内的气氛条件，通常采用下列两种方法：一是用标准灰样作对照；二是由炉内抽取气体进行实际测定。

（1）国内已生产测定灰熔融性用的标准灰样。当应用标准灰样检查时，如实测标准灰样ST值与已知的标准值（名义值）相差不超过50℃时，则认为符合标准要求；如超过50℃，则可根据它与已知标准值的相差程度及封入炉内含碳物的氧化情况，更换或适当地调整含碳物的加入量及其在炉内的放置部位，直到实测ST值与标准值相差不超过50℃为止。

如发现含碳物已烧成灰，说明炉内氧气浓度较高，还原性气体组分太低。此时可增加含碳物量或将含碳物移向低温区；反之，如发现含碳物基本上未变化，与标准灰样标准值对照，ST值已超过50℃，说明炉内还原性气氛较强，这时可适当地减少含碳物量或将含碳物移向高温区。

经验表明：当炉内处于弱还原性气氛时，含碳物仅在其表面一层被氧化，局部灼烧成灰，而内部基本保持原样。

应该指出：软化温度ST值是煤灰熔融性的三个温度中是最具特征的一个温度值，而且它易于测准，故常采用实测的ST值与标准灰样的ST值相比较，作为判断炉内气氛的依据。使用气密刚玉管较气疏刚玉管易于控制炉内气氛，同时还有助于使炉内气体与硅碳管相隔绝而延长其使用寿命。故测定煤灰熔融性时，最好使用气密刚玉管而不用气疏刚玉管。

（2）检查炉内气体，也可直接自炉内从高温下（1000～1300℃）抽取气体。表7-5所列数据就是其实测的气体组成。

取气前，应首先检查炉内系统的严密性，集气装置如图7-10、图7-11所示。

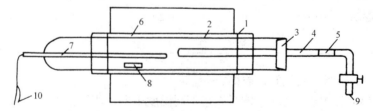

图7-10 取气时炉内装置

1—硅碳管；2—刚玉内管；3—硅薄砖塞；4—不锈钢管；5—玻璃棉过滤器；
6—炉体；7—热电偶；8—瓷皿；9—接集气瓶；10—接电位差计

取气前，炉子按灰熔融性测定要求控制升温速度。取气时的温度选定1200℃、1300℃、1400℃三个点，温差控制在±10℃以内，当炉温达到上述各点温度并维持稳定时，以25mL/min的速度抽取气体，收集于集气瓶中，供分析气体用。抽气速度以不改变炉内气体组成为准。

含碳物质封入炉内，与外界大气隔绝，在高温下将发生一系列化学反应。炉内不仅存在CO_2及残存的氧，而且还产生CO等还原性气体（另外还有少量的H_2、CH_4）。因此，采用简易的气体分析器即通常的奥氏分析器是不能满足气体成分的测定要求的。可以采用烟气全分析仪来测定炉内的气体组成，如图7-12所示。它测定CO_2、CO、H_2、O_2、CH_4五种组分的准确度可达0.02%。

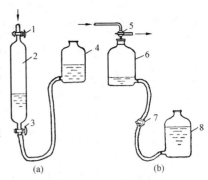

图7-11　排水集气法

(a)集气管集气；(b)贮气瓶集气

1、3—二通旋塞；2—集气管；4、8—下口瓶；
5—三通旋塞；6—贮气瓶；7—卡子

从炉内按排水集气法抽取气体，贮存于集气管组中（见图7-13），然后连接气体全分析仪，对集气管组中的3个集气管（分别贮存1200℃、1300℃及1400℃的炉内气体）分别进行各组分含量的测定。该仪器应用化学吸收法测定CO_2、O_2及CO；用燃烧法测定H_2及CH_4。关于各组分的具体测定操作，请读者参阅有关气体分析的专门著作及仪器使用说明书。

对于不同规格的硅碳管，应对炉内气体成分进行实际测定，以确定其气氛条件。在其后的煤灰熔融性测定中，按此要求来控制，而不必经常对炉内气体成分进行测定。若更换含碳物质，则必须对炉内气体成分重新予以测定。

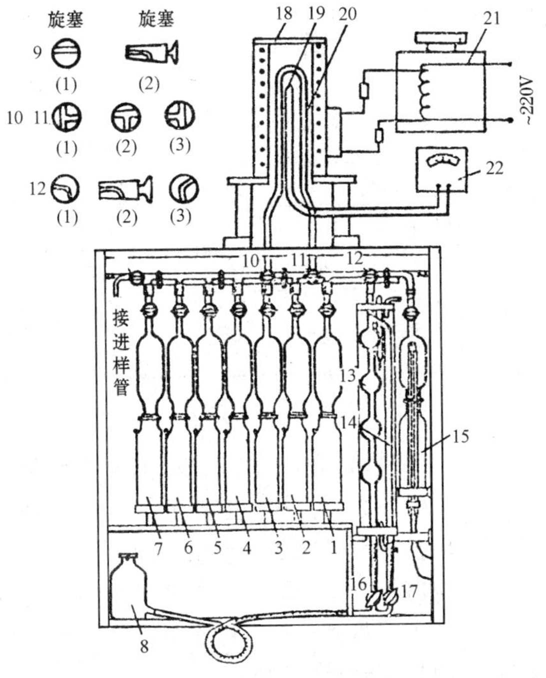

4. 通气法控制炉内气氛

如用通气法来使炉内维持弱还原性气氛，则从600℃开始通入少量二氧化碳以排除空气，从700℃开始输入各50%±10%的二氧化碳与氢气的混合气，通气速度应以避免空气漏入炉内为准。对于气密刚玉管，进气速度应不低于100mL/min。

国际标准规定，采用通气法控制炉内气氛，而不采用封碳法，且规定的气氛条件与我国也有所不同。国际标准规定：一为还原性气氛；一为氧化性气氛。通60%±5%的CO及40%±5%的CO_2，或通50%±5%的H_2及50%±5%的CO_2来控制还原性气氛；通空气或CO_2来控制氧化性气氛。英国、美国等标准也采取上述相似的办法来控制炉内气氛，而德国、前苏联则规定采用通气法，

图7-12　气体全分析仪

1~7—吸收瓶；8—水准瓶；9~12—三通旋塞；13、14—复式量气管；15—燃烧瓶；16、17—二通旋塞；18—电炉；19—热电偶；20—氧化管；21—调压器；22—高温计

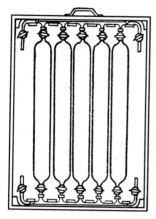

图 7-13 集气管组

也可采用封碳法。

此外，国际标准中的各个特征点温度为 DT、HT 及 FT，HT 称为半球温度，即灰熔成半球形，高为底径的 1/2；而美国标准中则有四个特征点温度，分别为 DT、ST、HT 及 FT。ST 是灰熔融成一个球块，高与底宽相等，也就是说，HT 介于 ST 与 FT 之间。

封碳法控制炉内气氛虽有优点，但它的缺点也是明显的。由于炉内气体组成随时都在变化，难以实现稳定。作为一项标准测定方法，控制气氛这一重要测试条件缺少严格的规范性，致使不同国家对同一试样的测定结果可比性较差。

山东某发电厂的几种煤样，在中、美两国按不同气氛及其控制方法，测得的灰熔融性结果列于表 7-6 中，以作比较。

因此，对灰熔融性测定时的气氛条件还需作进一步研究与规范化。

表 7-6　　　　　　　　　　　　　　煤灰熔融性测定结果对比

煤　　别	灰熔融性（℃）	弱还原性（封碳法）中国	氧化性（空气介质）中国	还原性（通气法）美国
肥城大封煤	DT	1161	1362	1210
	ST	1232	1376	1232
	HT	—	—	1293
	FT	1284	1390	1382
肥城陶阳煤	DT	1252	1371	1171
	ST	1363	1434	1310
	HT	—	—	1377
	FT	1396	1447	1421
肥城杨庄煤	DT	1180	1343	1160
	ST	1283	1393	1271
	HT	—	—	1343
	FT	1303	1408	1400

（二）测试操作要点与条件控制

（1）灰锥的制备。将煤样按灰分测定方法灰化，用玛瑙研钵将灰样研细。取研细的灰样置于瓷板上，滴加 10％糊精溶液数滴，将灰调成可塑状。然后用小刀将其铲入灰锥模具中成型。成型的灰锥应该是锥尖完好，表面光滑平整，棱角分明。将加工好的灰锥小心推到瓷板上，在空气中风干或在 60℃的干燥箱中烘干。用 10％的糊精液和少许待测煤灰调成的浆状物作黏合剂，把灰锥平稳地固定在灰锥托板上。注意不得将固定好灰锥试样的托板推入尚未冷却的热炉中，这样炉内气氛条件不仅难以控制，而且灰锥易于倾倒。

（2）升温速度的控制。煤灰熔融性测定中，在 900℃以前，升温速度可以较快；而 900℃以后，则要求降低升温速度，这样有利于观测灰锥在熔融过程中的三个特征点温度 DT、ST 及 FT。

（3）灰熔融温度的测量。测定灰熔融性时，测准温度是至关重要的。测温热电偶普遍采用铂铑$_{10}$—铂热电偶及数显温度表，每年应送计量检定机关检定。

（三）测定结果的判断与表达

1. 测定结果的判断

在测定过程中，灰锥尖端开始变圆或弯曲时的温度为变形温度 DT。如有的灰锥在弯曲后又恢复原形，而温度继续上升，灰锥又一次弯曲变形，这时应以第二次变形的温度作为真正的变形温度 DT。

灰锥弯曲至锥尖触及托板或锥体变成球形，或其高度小于等于底长的半球形时的温度，称为软化温度 ST。

锥体熔化成液体，或展开成高度在 1.5mm 以下薄层时的温度，称为流动温度 FT。

某些灰锥可能测不到上述特征点温度，如有的灰锥明显缩小直到完全消失，或缩小而实际不熔，仍维持一定轮廓；有的灰锥由于表面挥发而明显缩小，却保持原来的形状；某些煤灰中因 SiO_2 含量较高，灰锥易产生膨胀或鼓泡，而鼓泡一破即消失等，这些均应在测定结果中予以说明。

2. 测定结果的表达

如炉温达到 1500℃，灰锥尚未达到变形温度，则该灰样的测定结果以 DT、ST、FT 均高于 1500℃报出。由于煤灰熔融性是在一定气氛条件下测定的，故测定结果应标明其测定时的气氛条件。

根据灰熔融温度的高低，通常把煤灰分成易熔、中等熔融、难熔、不熔四种。其熔融温度范围大致为：

易熔灰 ST 值在 1160℃以下；

中等熔融灰 ST 值在 1160～1350℃之间；

难熔灰 ST 值在 1350～1500℃之间；

不熔灰 ST 值则高于 1500℃。

一般认为 ST 值为 1350℃，作为锅炉是否易于结渣的分界线。灰熔融温度越高，锅炉越不易结渣；反之，结渣越严重。

六、煤灰熔融性测定方法的完善

作为灰熔融性的测定方法，有三点不足是很明显的：

一是封碳法所使用的含碳物应该由某一权威部门确认的单位统一提供，并确定气氛条件的具体控制方法，使气氛条件控制力求规范化。应积极推行通气法来控制气氛，使得与国外的测定结果具有更好的可比性。

二是目测灰锥形态变化的方法过于陈旧，宜采用屏幕显示，以消除高温对试验人员视力的影响，减少人为的观测误差。

三是炉子的升温速度可以利用近代技术实现程序控制，如能将炉温提高到 1600℃更好。

国内外均有应用摄像来记录灰锥形态的变化，并实现升温自动控制的新型灰熔融性测定仪。煤灰熔融性测定，实际上就是记录在一定气氛条件下，灰锥形态变化过程中的 4 个特征点温度。对于灰锥形态变化的摄像，不仅消除了测定时人为因素的影响，而且完全客观地反映了煤灰熔融的全过程。作为灰熔融性测定方法的上述三点不足，现在已经在一定程度上得到克服。作为新型灰熔融性测定仪来说，尚不够完善，特别是在应用封碳法控制炉内的气体组成方面，还须规范化，以保证炉内气体成分完全符合标准的要求。

第三节　煤灰熔融性测定气氛条件的选择

在燃煤电厂，为防止固态除渣锅炉的严重结渣及保证液态排渣锅炉的顺利排渣，都必须提供可靠的煤灰熔融性数据。按照国家标准 GB/T 219—1996《煤灰熔融性的测定办法》，煤灰熔融性一般均在弱还原性气氛下测定。然而电厂锅炉的实际烟气组成与国标规定的弱还原性有着根本的属性差别，故在电力系统中，煤灰熔融性测定时其气氛条件如何选择的问题，与判断锅炉是否结渣及其严重程度密切相关。

一、国标对气氛条件规定及其依据

国标规定的弱还原性气氛，是指在 1000～1300℃范围内还原性气体（CO、H_2、CH_4）含量占 10%～70%，同时在 1100℃以下时，它们和 CO_2 的体积比小于等于 1∶1，氧含量小于等于 0.5%。由此可以看出，国标在规定气氛条件时，力求模拟工业炉室的实际气体组成，同时也只是从宏观的角度上考虑气体组成对煤灰熔融性的影响。

工业部门众多，不同部门的工业炉室中，其气体组成性质各异，煤气炉、炼焦炉与电厂锅炉炉室中气体组成就很不相同。究竟在电厂煤粉锅炉中的烟气组成如何？煤灰熔融性测定时的气氛条件应作如何选择就值得分析研究。

本章第二节中也已指出：为了维持煤灰熔融性测定时的气氛条件，一般可采用通气法或封碳法。通气法并不是模拟工业炉室的实际气体组成，但它是一种更为严格的控制气氛条件的方法；封碳法最大优点是简易可行。两种气氛条件的控制方法不同，但均可获得一致的测定结果。鉴于电力系统普遍采用封碳法，故本节仍是应用封碳法阐述对煤灰熔融性测定时气氛条件如何加以选择与控制。

二、电厂煤粉锅炉的烟气组成

1. 烟气组成与过剩空气系数

当前电厂的煤粉锅炉普遍采用悬浮燃烧方式，计算的理论空气量应该能达到燃料完全燃烧的目的，然而当今的燃烧装置及所掌握的燃烧技术并不能达到此目的。如果不提供多余的空气量，燃料就不能完全燃尽，这将会大大降低锅炉的经济性。如空气严重不足，那么锅炉根本就无法运行。

电厂锅炉运行时，过剩空气系数一般为 1.15～1.25。燃料的完全燃烧产物是 CO_2、SO_2、H_2O（气）；当发生不完全燃烧时，则烟气中尚包括 CO 和碳氢化合物，有时还有少量的 H_2。实用上为简化起见，是以最难燃尽的气体——CO 作为惟一的不完全燃烧成分。这与实际情况是基本一致的。因为在锅炉运行时，不完全燃烧气体的含量毕竟很少。

锅炉中有代表性的气体 O_2、CO_2、$CO + H_2$ 的含量与过剩空气导致的关系如图 7-14 所示。

由图 7-14 可以看出：当采用理论空气量燃烧时，即过剩空气系数为 1（过剩空气量为零）时，O_2 及 $CO + H_2$ 的含量

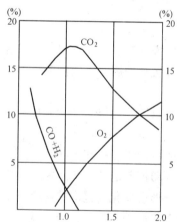

图 7-14　烟气组成与过剩
空气系数关系曲线

均约2%，CO_2 含量约为16.5%。当过剩空气系数为1.15时，O_2 的含量约为4%，CO_2 含量仍为16.5%左右，但是 $CO + H_2$ 趋近于零。由于电厂锅炉必须在有过剩空气的条件下运行，因而也就决定了锅炉内的烟气组成决不是弱还原性，而是以 O_2 及 CO_2 为主体的氧化性气氛。

2. 气体组成与气体属性

各组分气体含量与气氛性质之间既有联系，也有区别，二者不可混为一谈。这里有一个气体成分含量的界限问题。国标中的弱还原性气氛对各组分气体的量有着定量的规定。煤粉在锅炉内燃烧是一个十分复杂的过程，不同性质的气体共存于烟气中，但其中 CO、H_2 及碳氢化合物含量甚微，它们并不构成煤粉锅炉中烟气的主要成分。把弱还原性气氛与完全及不完全燃烧生成物的混合物等同起来，恰恰是忽视了燃烧生成物与不完全燃烧生成物之间其量的悬殊差异。

3. 煤粉锅炉内的烟气组成

在煤粉锅炉运行中，由于供给足够的过剩空气，烟气中的可燃性气体 CO、H_2、CH_4 是微量的。在国外沸腾炉的燃烧产物中，CO 浓度不超过1%，这是所见记载的 CO 浓度最大值。

锅炉设计时要考虑到化学不完全燃烧热损失 q_3，q_3 是指排烟中残留的可燃气体组分 CO、H_2、CH_4 等未放出其燃烧热而造成的热量损失占输入热量的百分率，但它比排烟热损失 q_2 及灰渣未完全燃烧热损失 q_4 小得多。锅炉内烟气处于剧烈运动过程中，各部位的烟气成分可以说是瞬息万变；另一方面，灰分中的矿物组分也会因煤粉细度不同而产生离析作用，从而也就存在炉内不同部位的灰渣具有不同的熔融特性。

而在煤粉锅炉的实际设计中，化学未完全燃烧热损失一般选值为0.5%。根据不同煤种及选取不同的过剩空气系数计算，CO 含量也不过为 $0.1\% \sim 0.2\%$，而 CH_4 与 H_2 一般均忽略不计，这与国标中所说的弱还原性气氛是有着根本上的区别的。

在锅炉设计时，考虑到应有的保守性，设计人员可对所提供的不同气氛下煤灰熔融性数据予以不同的处理，所以并不一定非要提供弱还原性气氛下的测定结果才行。例如美国某公司为我国某电厂锅炉设计提供的煤灰熔融性数据是在还原性气氛下测定的，而德国某公司是在氧化还原混合气氛下测定的。

现将对多台锅炉在不同部位、不同工况下实测的炉内烟气组成示于表7-7至表7-10中。

（1）75t/h 固态排渣煤粉锅炉烟气组成如表7-7所示。该炉为四角喷燃，各测点进入炉膛深处分别为0.5m、1.0m 及 1.5m，测点接近燃烧器。由炉内抽出烟气样品后，应用烟气全分析仪测定各气体成分的含量。

表 7-7 　　　　　　　　　　　　实测固态排渣锅炉烟气组成　　　　　　　　　　　　　%

气体组成	位置 深度	燃烧室东侧北孔			燃烧室东侧南孔		
		0.5m	1.0m	1.5m	0.5m	1.0m	1.5m
RO_2（$CO_2 + SO_2$）		16.16	15.10	17.14	12.66	14.72	12.64
O_2		3.98	3.96	3.36	6.60	4.44	6.68
H_2		0.10	0.04	0.14	0.04	0.12	0

位置 / 深度 / 气体组成	燃烧室东侧北孔			燃烧室东侧南孔		
	0.5m	1.0m	1.5m	0.5m	1.0m	1.5m
CO	0.04	0	0.02	0	0	0
	燃烧室南侧西孔			燃烧室南侧东孔		
RO_2（$CO_2 + SO_2$）	6.84	16.70	4.66	12.10	8.72	14.00
O_2	13.06	2.04	11.16	6.40	11.02	5.10
H_2	0.16	0.10	0.08	0.08	0.10	0.06
CO	0.04	0	0	0	0.04	0.02
	燃烧室西侧北孔			燃烧室西侧南孔		
RO_2（$CO_2 + SO_2$）	5.34	9.76	10.18	8.80	9.54	6.04
O_2	14.92	10.04	9.52	11.12	10.18	14.14
H_2	0.12	0.04	0.04	0.12	0.10	0.14
CO	0.04	0.04	0.04	0.02	0	0
	燃烧室北侧西孔			燃烧室北侧东孔		
RO_2（$CO_2 + SO_2$）	5.48	7.28	11.12	13.16	10.08	3.58
O_2	14.82	12.90	8.36	6.46	9.58	16.88
H_2	0.08	0.06	0.06	0.14	0.16	0.10
CO	0.02	0.04	0	0	0	0.06

（2）120t/h 液态排渣炉渣池上方烟气的组成如表 7-8 和表 7-9 所示。

表 7-8　　　　　　　　正常运行时实测液态排渣炉烟气组成　　　　　　　　%

测点编号	RO_2（$CO_2 + SO_2$）	$CO + H_2$	O_2
1	12.70	0.08	6.40
2	13.91	0.04	5.14
3	13.04	0.04	6.13
平均值	13.22	0.05	5.89

表 7-9　　　　　　　　严重析铁时实测液态排渣炉析铁时烟气组成　　　　　　　　%

测 点	RO_2（$CO_2 + SO_2$）	$CO + H_2$	O_2	测 点	RO_2（$CO_2 + SO_2$）	$CO + H_2$	O_2
1	16.8	0.18	1.99	7	16.5	0.26	1.97
2	16.9	0.72	1.77	8	17.1	0.50	1.57
3	17.3	0.46	1.27	9	16.3	0.12	1.11
4	16.4	0.33	1.78	10	16.6	0.17	2.24
5	15.8	0.23	2.98	平均	16.6	0.48	1.80
6	16.0	1.86	1.27				

（3）75t/h 旋风锅炉的烟气组成见表 7-10。

表 7-10 实测 75t/h 旋风锅炉烟气组成 %

取样部位	RO_2（CO_2 + SO_2）	CO	H_2
旋风筒上部	8.57	0.46	1.14
旋风筒中部	13.10	0.50	0.29
旋风筒下部	15.20	0.52	0.27

上述三台锅炉，其型式、结构及其容量各异，取气部位也各不相同，但从气体组成的实测结果可以看出：

（1）锅炉在正常运行条件下，各部位的烟气组成都在一定范围内波动。一般情况下，RO_2（主要是 CO_2）的含量为 12% ~ 16%，氧的含量为 3% ~ 6%，而还原性组分 CO + H_2 含量甚微。

（2）当液态排渣锅炉运行工况恶化而产生严重析铁时，O_2 的浓度明显降至 2% 左右，而还原性组分 CO + H_2 则增大，但通常也不超过 1%。

（3）综观电厂煤粉锅炉内实测各部位烟气组成，其氧化性组分的 O_2 及 CO_2 远远超过其还原性组分的 CO + H_2。论其性质，当为氧化性。

实测的烟气组成与理论推断是一致的。锅炉运行中还原性气体实际含量甚微，即使锅炉设计中选定的 CO 值也是很小的。所以电力系统中测定煤灰熔融性，应该考虑本系统的生产特点，选择更为合适的气氛条件。

三、气氛条件与煤灰熔融性测定结果

表 7-5 中列出了利用封碳法对煤灰熔融性测定时在弱还原性气氛下的实测结果。应用同一高温炉，封碳物改用 1# 石墨粉（参见表 7-4），在高温下自炉内抽出气体，利用烟气全分析仪测定各组分的含量（见表 7-11），从而确定了与锅炉烟气组成基本一致的特定氧化性气氛条件的控制方法。

表 7-11 与锅炉烟气基本一致的气体组成 %

控制方法	温度（℃）	CO_2	O_2	H_2	CO
盛石墨舟距炉温 中心 70mm 处	1200	15.08	5.56	—	—
	1300	14.86	4.34	0.20	—
	1400	13.43	3.20	0.38	微量
盛石墨舟距炉温 中心 80mm 处	1200	12.36	6.74	0.06	—
	1300	13.17	5.40	0.16	—
	1400	12.64	3.20	0.26	微量

应用 1# 石墨粉 1g，装于表面为 $5.6cm^2$ 的瓷舟中，令其置于炉温中心后方 70 ~ 80mm 处，在 1200 ~ 1400℃ 时，炉内能维持与锅炉烟气组成基本一致的气体组成。

作者把与锅炉烟气组成基本一致的气氛条件，称之为特定氧化性气氛，这是区别于让空

气自由流通的一般氧化性气氛而言的。

本节根据电力系统煤粉锅炉的特点来阐述国标 GB/T 219—1996 在电力系统中的适用性，提出煤灰熔融性测定时的气氛应作如何选择的问题，供以后修订国标及制订电力行业标准时参考。根据锅炉的设计与运行要求，应该提供不同气氛下的煤灰熔融性数据。具体条件是：

（1）在对固态排渣锅炉进行设计时，可考虑主要采用弱还原性气氛下的煤灰熔融性数据，这样可使得设计更具保守性，以防运行中结渣，而特定氧化性气氛下的测定结果仅作参考。

（2）对于液态排渣锅炉的设计，则考虑主要采用特定氧化性气氛下的煤灰熔融性数据，否则运行中可能造成排渣困难。

（3）对于电厂运行中的锅炉来说，应以特定氧化性气氛下的煤灰熔融性数据作为判断锅炉能否正常运行的依据。在选择煤源时，过分强调保守性，就有可能使本来可以燃用的煤源而不敢燃用，这将带来运输困难及经济方面的损失。

（4）当锅炉运行异常，如固态排渣锅炉严重结渣，特别是喷燃器周围结渣时，就要考虑到炉内局部部位还原性气体组分的浓度可能较大，这时可利用弱还原性气氛下的煤灰熔融性数据来进行分析判断，并采取相应的措施。

作为电厂来说，主要是考虑如何保证锅炉安全经济运行，避免严重结渣情况的发生及液态排渣炉的顺利排渣。因此，提供符合锅炉实际烟气组成的特定氧化性气氛下的煤灰熔融性数据，就更具有实际价值。某些电厂已长期采用特定氧化性气氛下的煤灰熔融性数据来监控锅炉的运行实践。

第四节　煤灰熔融性与电厂锅炉结渣

煤的燃烧是一个复杂的过程。燃烧进行完善与否，不仅取决于煤的特性与锅炉结构，而且还与炉内温度分布、氧的供应情况、烟气的引出、灰渣的排除及可燃物在炉内停留时间均有直接联系。

单从煤灰熔融性方面去分析锅炉结渣的原因是远远不够的，但它毕竟是导致锅炉是否结渣的重要因素之一，故掌握煤灰熔融性测试技术，了解它对锅炉结渣的影响，对如何消除或减少锅炉结渣都将是十分有益的。

一、混煤煤灰的熔融性

随着电力工业的发展，锅炉容量的增加，几乎所有大中型电厂都燃用混煤。不同煤源的煤混烧，由于不同矿物质之间相互作用，其结渣性将发生改变，呈现更为复杂的情况。混煤在高温下，具有如下特点：

（1）不同性能的煤混烧，由于它们之间的相互作用，其混煤的灰熔融性与组成此混煤的单一煤的灰熔融性可能相差很大。一般说来，混煤煤灰的熔融温度要比组成该混煤的单一煤按比例关系计算所得结果为低。

（2）混煤结渣性十分复杂。目前还没有能够充分认识混煤煤灰可熔性的一般规律，而只能对某些特定混煤的熔融性规律进行分析研究。

二、结渣与积灰

发生在燃煤锅炉受热面的附着物，大致可分为生成在炉内水冷壁、过热器等高温部位和生成在省煤器、空气预热器等低温部位两类。在高温部位产生并堆积起来的叫结渣，它是灰受炉膛内高温辐射热形成的；低温部位生成的叫作积灰。

1. 结渣指数与积灰指数

产生结渣及积灰情况，可用与煤灰组成相关的结渣指数及积灰指数作为其判定方法。这种指数是决定炉膛尺寸的一个重要因素。结渣指数 R_s 与积灰指数 R_f 的表达式如下

$$R_s = \frac{\text{灰中碱性氧化物}}{\text{灰中酸性氧化物}} \times S_{t,d} \tag{7-1}$$

$$R_f = \frac{\text{灰中碱性氧化物}}{\text{灰中酸性氧化物}} \times Na_2O \tag{7-2}$$

式中　灰中碱性氧化物——$Fe_2O_3 + CaO + MgO + Na_2O + K_2O$，%；

　　　灰中酸性氧化物——$SiO_2 + Al_2O_3 + TiO_2$，%；

　　　$S_{t,d}$——煤中干燥基全硫含量，%；

　　　Na_2O——灰中 Na_2O 的含量，%。

锅炉结渣指数与积灰指数的分类参见表7-12。

表 7-12　　　　　　　　锅炉结渣指数与积灰指数的分类

结渣分类	结渣指数 R_s	积灰分类	积灰指数 R_f
低	小于0.6	低	小于0.2
中	0.6~2.0	中	0.2~0.5
高	2.0~2.6	高	0.5~1.0
严　重	大于2.6	严　重	大于1.0

通常煤灰熔融温度随煤灰中碱性与酸性氧化物的比值增大而降低。显然，为了避免锅炉严重结渣，应选用煤灰中碱性氧化物相对含量较少的煤为宜，这种煤灰的熔融温度一般较高。此外，煤中含硫量与灰中氧化钠含量对结渣指数与积灰指数均有影响，其含量越高，则 R_s 及 R_f 值越大，结渣与积灰也越严重。

应该指出：单纯从煤中含硫量的大小是不能判别该种煤是否容易结渣的。由式（7-1）可知，只有当煤灰中碱性氧化物与酸性氧化物的比值相近，结渣指数的大小，才取决于煤中含硫量的高低。

对同一煤源来说，煤灰成分变化不大，而含硫量则可能变化较大，因为硫是煤中分布最不均匀的组分之一。又如经过洗选，煤中含硫量将会明显降低。在这种情况下，含硫量的大小则往往决定结渣指数的高低。这里需要注意的是：不要把不同种煤与同一种煤相混。前者煤灰成分各异；后者煤灰成分基本相同。

2. 结渣部位与锅炉运行

（1）喷燃器口结渣。喷燃器口结渣（见图7-15）会引起火焰的倒卷而烧坏喷燃器叶轮、扩散段等，大块熔渣堵塞喷口，还会引起二次风管的回火。

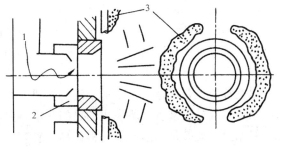

图 7-15　喷燃器口的结渣情况

1—煤粉；2—二次风；3—熔渣

（2）过热器结渣。过热器的结渣，在高温烟气受热面上呈熔融或半熔融状态，一般附着在管子上的部分呈白色，外层呈黑色。它的组成就其总体而言，与煤灰成分相似。这些软化或者熔融了的飞灰颗粒胶黏在一起，阻碍了传热，且表面温度升高，进而又加速了灰的附着沉积，成为鸟巢状而妨碍通风。

（3）水冷壁结渣。水冷壁结渣，炉内吸热减少，导致热效率下降。由于炉内吸热变少，过热器、再热器的吸热增多，蒸汽温度上升，喷水量增大，汽轮机效率下降。同时，熔渣的增加，使得未完全燃烧热损失增大以及由于排烟温度的升高而降低了锅炉效率。另外，结渣使传热受阻，并会破坏水循环。

（4）灰渣斗蓬渣堵塞。灰渣斗蓬渣堵塞是由炉内熔渣形成大块落在灰斗上部堆积而成的。另外，灰处理设备特别是因碎渣机的磨损而降低了灰处理能力，而灰量又很大，无法及时排除而成为蓬渣，它一旦形成就很难排除，必须停机方可清除。

3. 积灰与锅炉运行

炉内常常产生积灰。它是较形成熔渣温度为低的部位上生成的一种附着物，一般呈熔融软化状态，飞灰牢固地黏附其上。过热器、再热器的积灰，使传热减少，蒸汽温度与烟气温度特性发生了变化。

三、运行中锅炉结渣的产生及其防止

运行中锅炉结渣的主要原因如下：

（1）连续高负荷运行。负荷下降，炉内温度下降，使得焦渣在形成大块以前就有可能脱落，但当高负荷运行时，则容易在无吹灰器的部位形成大面积的结渣。

（2）磨煤机出力降低。磨煤机出力降低，煤粉颗粒变粗，燃烧不稳定，会产生结渣。另外，气粉比增高（煤粉浓度变小），着火推迟，有可能提高炉膛出口烟温而造成结渣。

（3）给粉机控制不稳定。由于给粉机控制不稳定、煤质变化、给粉机下料堵塞等，导致自动燃烧调节系统摆动，诱发了磨煤机出现超负荷现象和投入重油。由于油煤混烧，使得火焰温度提高，促使了灰的熔融而结渣。

（4）频繁地投油助燃。频繁地投油助燃，造成火焰温度升高，因油与煤在燃烧速度上差别，使炉内产生局部性不完全燃烧而易于结渣。另外，由于在煤的燃烧过程中，油首先燃尽，使得包围在煤周围的 CO 及 CO_2 气体增加，这样易造成局部的不完全燃烧，使灰熔融温度降低而促进结渣。

（5）二次风门开度不当。此时，煤在炉内燃烧不良，使得烟气温度不均，在管壁温度高的地方促使了灰的黏附。在燃烧恶化的喷口，还原性组分则增大。火焰长的时候，炉后墙容易结渣；而火焰短的时候，则在喷口周围或在炉侧墙易于结渣。

（6）煤质特性发生变化。若所用煤中的硫、碱金属、碱土金属类、磷化物增大，灰熔融温度就下降，易引起挂渣。若使用劣质煤，将使烟气量增大，烟气流速增高，这也是结渣原因之一。

以上各条，是从运行上所见结渣的主要或直接原因。从对喷口周围、水冷壁或灰渣斗等以往结渣事故分析来看，所燃用的煤的灰熔融温度降低，磨煤机出力下降以及风门调节不当是主要原因，尤其是风门调节对锅炉结渣有较大的影响。

风门开度随煤质而变化，其最佳燃烧条件的开度和预防结渣的开度未必一致。结渣大量黏附于喷口的时候，会阻碍煤粉燃烧，故应充分监视已结渣的情况，由切换喷燃器、振动吹灰等来除掉渣块。另外，在锅炉结渣大块下落时，在灰渣斗处会出现以大渣块为核心黏附堆积起来而使灰渣处理困难的情况，为此须使用除渣装置使其早期脱落。

结渣问题单从运行上来看，就与多种因素有关，而且各种因素互相关连。为维持锅炉负荷，应在运行时监视燃烧状态，加强调整以防患于未然，在渣块较小的时候适当地投运吹灰器将其除掉是必要的。

在火电厂中，液态排渣炉为数不多，固态除渣炉则是主要的。为了使锅炉免于严重结渣，对煤质及灰渣特性的要求是：

（1）煤中灰分含量及硫含量不宜太大，煤粉不宜过粗。

（2）煤灰应具有较高的熔融温度，一般 ST 值要大于 1350℃。

（3）要避免燃用煤灰熔融温度较低的短渣煤，因为燃用这种煤最易导致严重结渣情况的发生。

（4）宜选用煤灰熔融性不易受气氛条件影响的煤，由于其灰渣特性受锅炉运行工况的波动的影响较小，从而有助于锅炉的稳定燃烧。

第五节　煤灰成分的测定方法

煤灰成分与电力生产的关系也颇为密切，本章已经阐述了煤灰成分与灰渣高温特性之间的关系。除此以外，提供可靠的煤灰成分数据，还有助于判断和防止灰渣对锅炉设备的侵蚀作用；预测冲灰管道结垢的可能性与程度；确定灰渣综合利用的可能途径等。因此，对煤灰成分进行分析，是电力生产的需要。

煤中含有数十种元素，其中主要的为硅、铝、铁、钙、镁、硫、钾、钠、钛等。它们除以氧化物形式存在外，还以硅酸盐、硅铝酸盐、硫酸盐等多种盐类形式存在。煤灰成分用组成煤灰的各主要元素氧化物的百分含量来表示，其中主要的分析成分为 SiO_2、Al_2O_3、Fe_2O_3、CaO、MgO、SO_3、TiO_2、K_2O、Na_2O、V_2O_5、Mn_3O_4、P_2O_5 等。

各种氧化物的含量相差十分悬殊，仅 SiO_2 一种成分，其含量往往高达 40% ~ 60%，SiO_2、Al_2O_3、Fe_2O_3 三种成分通常可占煤灰的 90%，也有少数煤灰，其 CaO 含量可能很高。对于煤灰中含量较少的锰、钒、磷等氧化物，一般不作测定。

煤灰成分的全分析，通常是指对灰中 SiO_2、Al_2O_3、Fe_2O_3、CaO、MgO、SO_3、TiO_2、K_2O 及 Na_2O 的测定，其中前六项又是最主要成分。灰中 K_2O 及 Na_2O 含量不高，多数在 2% 以下，但它们对锅炉受热面危害较大，同时对电除尘器的设计有所影响，因而在灰分析中，应尽可能测出 Na_2O 及 K_2O 的含量。

一、煤灰成分测定方法概述

煤灰成分测定方法很多，它们有共同点，也有各自的特点。煤灰成分的测定，可以采用重量分析、容量分析、比色分析、火焰光度、原子吸收等方法。不论采用何种方法及仪器，煤灰成分分析均是系统分析，而不是对各自成分单独取样测定。因此，通常都得预先处理灰样，以制备样品试液，供测定各成分之用，故样品的处理就显得特别重要，如处理不当，将影响全部分析结果。

国标 GB 1574—1995《煤灰成分分析方法》中所规定的方法为常量法及半微量法。国标

GB 4643—1983 则规定对煤灰中钾、钠、钙、镁、铁、锰应用原子吸收法测定，而原能源部标准 SD323—1989 又增加了对铝、钛、硅的原子吸收法测定，从而应用原子吸收法也可完成煤灰成分的全分析。

二、常量法

煤灰成分常量法测定，是以重量分析与容量分析为基础的系统分析方法。为了保证测试结果准确可靠，熔样是其关键。在各个成分中，SiO_2 及 SO_3 为重量法测定。

1. 灰样的制备

煤样灰化应采取分段（500℃前后两阶段）缓慢灰化法，特别是黄铁矿、碳酸钙含量高的煤样，尤需注意这一点。灰化时，一定要使黄铁矿有足够的氧化时间，使氧化产物二氧化硫在碳酸钙没有分解以前顺利地排出炉外。否则，碳酸钙的分解产物氧化钙将会把硫氧化物以硫酸钙的形式固定于灰中，从而使得灰分含量增高，灰中三氧化硫含量增大。

为保证灰化充分，试样厚度不应超过 $0.15g/cm^2$。试样越厚，灰皿底层的硫氧化物越不易逸出，这将导致三氧化硫测定值偏高。为了避免不同煤样在灰化过程中相互影响，应该对单一煤样进行单独灰化。否则，在多个煤样一次测定中，其 SO_3 的测定结果要高于单一煤样的测定值。

2. 熔样

首先应将灰样用玛瑙研钵研细，再在 815±10℃ 的高温炉中灼烧至恒重，保存在磨口瓶中并置于干燥器内。称样前，还应在 815±10℃ 的高温炉中灼烧至恒重（即前后两次称重之差不超过 1mg），一般约需 0.5h。

煤灰用氢氧化钠熔融，使灰中所有的二氧化硅、硅酸盐、硅铝酸盐都转化成可以溶于水的正硅酸钠，反应如下

$$SiO_2 + 4NaOH = Na_4SiO_4 + 2H_2O$$

$$MeSiO_4 + 4NaOH = Na_4SiO_4 + 2Me(OH)_2$$

$$MeO \cdot Al_2O_3 \cdot SiO_2 + 10NaOH = Na_4SiO_4 + 2Na_3AlO_3 + Me(OH)_2 + 4H_2O$$

式中　Me——二价金属离子；

$MeSiO_4$——不溶于水的硅酸盐。

熔样通常使用银坩埚。为防止灰样在氢氧化钠未熔以前随热气流飞逸损失，可滴加几滴乙醇润湿灰样。

熔样时必须控制好温度与时间。熔样温度以 650~700℃ 为宜，时间为 15min。熔融温度不能太高，时间不能太长，否则会有较多的银带入熔体中，使得分离二氧化硅后的滤液，在冷却后会产生很细的氯化银沉淀；如熔融温度太低，时间太短，则会因熔融不完全而使各成分的测定结果偏低。

试样熔融以后，稍冷，将坩埚置于盛有沸水的烧杯中浸取熔块，直至熔融物全部浸洗出来，最后将坩埚内外用热水吹洗干净。此时煤灰中的硅全部以正硅酸钠的形式进入溶液。

操作中，水越热，则熔融物浸洗越快，不必采用稀盐酸来清洗坩埚，以防过多的银被溶出。

3. SiO_2 的测定

动物胶凝聚重量法测定 SiO_2 具有较高的准确度，而且分离 SiO_2 后的滤液可直接用于除

钾、钠以外所有其他成分的测定。但该法操作较繁琐，测定周期较长。

将灰样熔融并用热水浸取后，硅酸钠进入溶液，用盐酸酸化，则生成硅酸。硅酸形成稳定的胶体溶液，其胶粒带负电荷。为了中和胶粒所带的负电荷使硅酸凝集，在溶液中加入动物胶。

动物胶是一种富氨基酸蛋白质，其分子式为 $C_{55}H_{85}N_{17}O_{22}$，其水溶液具有胶体性质，其质点在 pH < 4.7 的条件下能吸附 H^+ 而带正电荷。

$$R\overset{NH_2}{\underset{COOH}{\diagup}} \quad + HCl \Longleftrightarrow \quad R\overset{NH_2 \cdot H^+}{\underset{COOH}{\diagup}} \quad + Cl^-$$

在 70~80℃ 的强酸性溶液中，上述两种不同电荷的质点相遇时，由于电中和而使硅酸凝聚析出。

动物胶对硅酸的凝聚作用与盐酸酸度、温度条件及动物胶用量有关。盐酸酸度越大，硅酸越容易为动物胶所凝聚。只有盐酸浓度在 8mol/L 以上时，才能使硅酸析出。一般溶液温度控制在 70~80℃ 为宜。温度升高，可促使胶体凝聚，但超过 80℃，就会破坏动物胶的胶体。动物胶加入量不能过多，过多的动物胶不仅不能促使硅酸凝聚析出，反而使其更加稳定。

加入动物胶后，还必须将溶液加热蒸发至近干，使硅酸 H_4SiO_4 生成 SiO_2，其反应式为

$$H_4SiO_4 \Longleftrightarrow SiO_2 + 2H_2O$$

在加动物胶的蒸干操作中，特别应防止烧杯中内溶物溅出。温度不宜过高，一般在电热板上令其蒸干，并应置于通风橱内进行上述操作。

在硅酸凝聚后，由于加水溶解可溶性盐类会使溶液体积增加，酸度降低，因此已凝聚的硅酸会重新溶入溶液；在洗涤沉淀时，随着洗涤液用量的增加以及洗涤时间延长，也会增大硅酸的复溶量。这些因素都将使测定结果偏低。因此，在测定操作中，注意不要用过多的水溶解可溶性盐类，溶液放置时间不宜太长，洗涤液用量不得过多。

析出的硅酸沉淀先用稀盐酸，而后用热水吹洗至无 Cl^- 为止，以除去 Fe^{+3}、Al^{+3} 等，最后将沉淀烘干，碳化，在 1000℃ ± 20℃ 的高温炉中灼烧 1h。灼烧后的 SiO_2 应是纯白色，如呈现黄红色，则可能是洗涤不充分存在少量氧化铁之故。

SiO_2 含量（%）按下式计算

$$SiO_2 = \frac{m_1}{m} \times 100\% \qquad\qquad (7\text{-}3)$$

式中　m_1——SiO_2 的量，g；

　　　m——样品量，g。

准确测定 SiO_2 的含量对完成煤灰的全分析具有重要作用。

4. SO_3 的测定

煤在空气中完全燃烧时，煤中可燃硫转为硫氧化物逸出，而不可燃硫主要以硫酸盐的形式存在于煤灰中。有一些硫酸盐难溶于水，但溶于盐酸。因此，在分离 SiO_2 后的滤液中，加入氯化钡，根据硫酸钡的沉淀重量，就可求出 SO_3 的含量，其反应式为

$$MeSO_4 + BaCl_2 \Longleftrightarrow MeCl_2 + BaSO_4 \downarrow$$

测定灰中 SO_3 与艾士卡法测定煤中全硫的方法很相近，只是以分离 SiO_2 后的滤液来代替艾士卡试剂熔样，并调节好酸度，其后的操作均与艾士卡法测定煤中全硫相同。请参阅本书第四章第五节。

因为测定结果以 SO_3 含量表示，所以它的计算不同于煤中含硫量的计算。灰中 SO_3 含量（％）按下式计算

$$SO_3 = \frac{0.343 \times m_1}{m} \times \frac{250}{100} \times 100\% \qquad (7-4)$$

式中　m_1——$BaSO_4$ 沉淀量，g；

　　　m——样品量，g；

　　0.343——$BaSO_4$ 换算成 SO_3 的系数；

　　250——滤液总体积，mL；

　　100——分取试液体积，mL。

5. 氧化铁的测定

吸取分离 SiO_2 后的滤液，在 pH 为 1.8～2.0 的条件下，以磺基水扬酸为指示剂，用 EDTA 标准溶液来滴定，计算出氧化铁的含量。

在氧化铁的测定中，磺基水扬酸在不同 pH 条件下，能与 Fe^{3+} 形成不同的络合物。测准氧化铁的关键就在于控制好 pH 值。如 pH > 2.5，由于磺基水扬酸与 Fe^{3+} 可能部分地形成稳定性很强的红色络离子，用 EDTA 滴定时，为使红色消退则需消耗过多的 EDTA，从而使测定结果偏高；当 pH < 1.8 时，磺基水扬酸与 Fe^{3+} 形不成络离子或形成的络离子稳定性较差，从而使测定结果偏低。溶液 pH 值可用酸度计测定，使用精密 pH 试纸往往难以控制其酸度。

灰中 Fe_2O_3 含量（％）按下式计算

$$Fe_2O_3 = \frac{T_{Fe_2O_3} V_1}{1000m} \times \frac{250}{20} \times 100\% \qquad (7-5)$$

式中　$T_{Fe_2O_3}$——EDTA 标准液对氧化铁的滴定度，mg/mL；

　　　V_1——试液所消耗的 EDTA 标准溶液体积，mL；

　　　m——样品量，g；

　　250——滤液总体积，mL；

　　20——分取试液的体积，mL。

6. Al_2O_3 的测定

吸取分离 SiO_2 后的滤液 20mL，加入过量的 EDTA，令其与 Fe、Al、Ti 等离子络合。在 pH 值为 5.9 的条件下，用二甲酚橙作指示剂，用锌盐回滴过剩的 EDTA，再加入氟盐置换出与 Al、Ti 络合的 EDTA，最后用乙酸锌标准溶液来滴定。

此法所测定的是 TiO_2 与 Al_2O_3 的总量。如欲计算出 Al_2O_3 的含量，则应从总量中减去 TiO_2 的量。

为了使 Al 能与 EDTA 完全络合，EDTA 的加入量要过量，在加热条件下，应控制适当的 pH 值。否则，测定结果会偏低。过量的 EDTA 用乙酸锌回滴时，为控制酸度，要加入由乙酸钠和冰乙酸组成的 pH 为 5.9 的缓冲液。测定中选用二甲酚橙为指示剂，它也能与 Al 络合

形成较稳定的络合物，但在室温下络合速度很慢，因而在加入指示剂前应将溶液冷至室温。否则，它会从 EDTA—Al 络合物中夺取 Al^{3+} 后生成红色的二甲酚橙—铝络合物，而影响终点的判断。

用二甲酚橙作指示剂，它的变色并不那么显著，在 Al_2O_3 的测定中，干扰因素较多，即使完全按规定要求操作，其滴定终点也较难判断，这是该方法的一个不足之处。

灰中 Al_2O_3 的含量（%）按下式计算

$$Al_2O_3 = \frac{T_{Al_2O_3} V_2}{1000 m} \times \frac{250}{20} \times 100\% - 0.638 TiO_2 \tag{7-6}$$

式中　$T_{Al_2O_3}$——乙酸锌标准溶液对 Al_2O_3 的滴定度，mg/mL；

　　　V_2——滴定所消耗的乙酸锌标准溶液的体积，mL；

　　　m——样品量，g；

　　　0.638——TiO_2 换算成 Al_2O_3 的系数。

7. CaO 的测定

采用三乙醇胺作掩蔽剂，在碱性介质中，它能与 Fe^{3+}、Al^{3+} 等形成络合物而掩蔽起来，从而在测定 CaO 时，不必把 Fe^{3+}、Al^{3+} 分离出来，直接用 EDTA 滴定。

在 pH≥12.5 的条件下，EDTA 与镁的络合物转为溶度积很小的 $Mg(OH)_2$ 沉淀，从而排除了 Mg^{2+} 对 CaO 测定的干扰。

通常选用钙黄绿素—百里酚酞为指示剂，由于它与钠易产生微弱的荧光，而且大量 Na^+ 的存在会使滴定终点不明显，故不用 NaOH 而用 KOH 调节酸度。此外，在加入 KOH 以后应立即滴定。否则，部分钙将被 $Mg(OH)_2$ 沉淀吸附而使测定结果偏低。

灰中 CaO 的含量（%）按下式计算

$$CaO = \frac{T_{CaO} V_3}{1000 m} \times \frac{250}{10} \times 100\% \tag{7-7}$$

式中　T_{CaO}——EDTA 标准溶液对氧化钙的滴定度，mg/mL；

　　　V_3——滴定所消耗的 EDTA 标准溶液的体积，mL；

　　　10——所分取试液的体积，mL。

测定灰中的 CaO 对如何预防冲灰管结垢提供了可靠的数据。

8. MgO 的测定

氧化镁的测定，采用三乙醇胺作掩蔽剂来掩蔽 Ti、Al、Fe 等，用铜试剂来掩蔽微量的 Pb、Cu 等，在 pH≥10 的氨性溶液中，以酸性铬蓝 K—萘酚绿 B 为指示剂，用 EDTA 标准溶液来滴定钙、镁总量，再减去滴定钙时所消耗的 EDTA 标准溶液体积，即可计算出 MgO 的含量。

铜试剂（二乙基二硫代甲酸钠）能与 Cu、Pb 等干扰离子生成沉淀而不被 EDTA 所络合，同时又可消除 Mn^{2+}、Co^{2+}、Ni^{2+} 等离子对指示剂的干扰，使终点易于判断。试验表明，加入一滴 5% 的铜试剂即可满足要求。如加入量过多，将不利于终点的判断。

灰中 MgO 的含量（%）按下式计算

$$MgO = \frac{T_{MgO}(V_4 - V_3)}{1000 m} \times \frac{250}{10} \times 100\% \tag{7-8}$$

式中 T_{MgO}——EDTA 标准溶液对氧化镁的滴定度，mg/mL；

V_4——滴定钙、镁时所消耗 EDTA 标准溶液的体积，mL；

V_3——滴定钙时所消耗的 EDTA 标准溶液的体积，mL。

9.灰中其它成分的测定

（1）TiO_2 的比色测定。在酸性介质中，用磷酸消除 Fe^{3+} 的干扰，钛与过氧化氢形成过钛酸黄色络合物：

$$TiO^{2+} + H_2O_2 \rightleftharpoons \left[TiO\left(H_2O_2\right)\right]^{2+}$$

钛在分光光度计波长为 420nm 处，具有最高的灵敏度。如波长增大，则灵敏度降低，而 Fe^{3+} 的干扰也急剧减小。为了消除 Fe^{3+} 的干扰，又考虑到钛的灵敏度，故选定在波长 430nm 处比色。

（2）P_2O_5 的比色测定。在微酸性溶液中，以抗坏血酸将磷钼黄还原为磷钼蓝，进行比色测定，选择波长为 650nm 为宜。磷在煤灰中含量较低，一般不超过 0.1%。

（3）Na_2O、K_2O 的测定。氧化钠、氧化钾通常采用火焰光度法，也可采用原子吸收法进行测定。

在煤灰成分的系统分析中，采用氢氧化钠来熔融灰样，这样大量的钠带入熔体中，故在测定煤灰中的钾、钠含量时，不能再用碱法而应用酸法熔样。一般是用氢氟酸—硫酸来分解灰样，制成稀硫酸试液，用火焰光度计来测定氧化钾及氧化钠的含量。

10.测定结果的允许差

表 7-13 列出了测定各项成分的精密度要求，对其测定结果的准确度通常应用标准物质去检验。

表 7-13　　　　　　　　　　常量法煤灰成分测定结果允许差　　　　　　　　　%

成 分	含 量	重复性	再现性	成 分	含 量	重复性	再现性
SiO_2	≤60	0.50	0.80	SO_3	≤5	0.20	0.40
	>60	0.60	1.00		>5	0.30	0.60
Fe_2O_3	<5	0.30	0.60	TiO_2	≤1	0.10	0.20
	5~10	0.40	0.80		>1	0.20	0.30
	>10	0.50	1.00	P_2O_5	≤1	0.05	0.15
Al_2O_3	≤20	0.40	0.80		>1	0.15	0.50
	>20	0.50	1.00	Na_2O	≤1	0.1	0.20
CaO	<5	0.20	0.50		>1	0.2	0.30
	5~10	0.30	0.60	K_2O	≤1	0.10	0.20
	>10	0.40	0.80		>1	0.20	0.30
MgO	≤2	0.30	0.60				
	>2	0.40	0.80				

三、半微量法

称取灰样量为 0.1g，置于银坩埚中，用氢氧化钾熔融，沸水浸取，盐酸酸化，以硅钼蓝比色法测定 SiO_2，二安替比林甲烷比色法测定 TiO_2，以 EDTA 容量法测定 Al_2O_3、Fe_2O_3、

MgO，以 EGTA 容量法测定 CaO。另取一份灰样用高温燃烧法测定 SO_3。

半微量法是以比色分析及容量分析为基础的，该法的主要优缺点是：

（1）与常量法相比，不再使用重量法，缩短了试验周期，操作较简便。

（2）该法测定结果准确度不及常量法，一般说来，比色分析法测定结果准确性较差一些。

（3）该法中测定 SO_3 采用燃烧法，且要另外称取灰样，测定装置也相当复杂。

因此，半微量法已逐渐为其他快速测定方法所取代。

四、原子吸收法

原子吸收法是利用原子吸收分光光度计测定煤灰成分的一种方法，它具有干扰少、灵敏度高、操作简便、快速的特点。国标 GB 4634—1984 只是规定了应用原子吸收法测定煤灰中 K、Na、Fe、Mn、Mg、Ca 的方法。

称取灰样于聚四氟乙烯坩埚中，用氢氟酸及高氯酸分解，在盐酸介质中，使用空气—乙炔火焰测定上述各项元素。加入释放剂钼盐或锶盐消除 Al、Ti 对 Ca、Mg 测定的干扰。

原子吸收法的主要优缺点是：

（1）它具有原子吸收法所特有的优点，Fe_2O_3、CaO 的测定准确度不及常量法，MgO、K_2O、Na_2O 的测定准确度与常量法基本一致。

（2）该法用原子吸收法测定 K_2O 及 Na_2O，从而取代了火焰光度法，使 K_2O 与 Na_2O 能与其他成分一样，在系统测定中一并完成。

（3）原子吸收分光光度计属于大型分析仪器，价格很高，如用国外产品，价格则更高，这不是多数试验室所能配备的。

（4）作为煤灰成分分析方法，未包括对 Si 及 Al 这些灰中最主要成分的分析，这是一个很大的不足。

五、比色分析法

该法为美国 ASTM 标准方法之一，为煤灰成分的快速测定法。

称取灰样于镍坩埚中，用氢氧化钠熔融，再用盐酸溶解得到溶液 A，用它来分析 SiO_2 及 Al_2O_3；称取灰样用硫酸、氢氟酸、硝酸分解来制取溶液 B，用它来分析其他成分。

应用分光光度法比色测定 SiO_2、Al_2O_3、Fe_2O_3、TiO_2 及 P_2O_5；EDTA 容量法测定 CaO 及 MgO；火焰光度法测定 K_2O 及 Na_2O。

比色分析法测定煤灰成分的主要优缺点是：

（1）本法为快速测定法，比色分析法为基础，操作简便，但准确度不及常量法。

（2）该法不用特殊仪器，普通的分光光度计即可满足试验要求，故一般煤质试验室均具备测试条件。

该法系美国方法，某些标准物质系采用美国标准局的产品，如在国内采用，应结合国内情况，改用国产标准物质为好。该法可用于电厂的例行试验，对准确度要求较高者，则不宜选用该法来测定煤灰成分。

原子吸收法的采用，目前还受仪器设备的限制，使用尚不普遍；半微量法与比色法测定结果的准确度又稍差，惟有常量法准确度高，又不需专门仪器，因此常量法应用最广泛。

第六节　飞灰比电阻与电力生产

当今电厂锅炉普遍采用煤粉悬浮燃烧方式，煤粉燃烧后所形成的粉煤灰随烟气进入锅炉尾部，通过各类除尘器将其中绝大部分收集下来。

除尘效率是衡量与评价除尘器性能的最重要技术指标。所谓除尘效率，是指含尘烟气通过除尘器时所捕集下来的灰量占进入除尘器总灰量的百分率。

除尘效率除与除尘器的类型及其结构有关外，还取决于烟气、尘粒的性质与运行条件等因素。

当前，大中型电厂燃煤锅炉普遍安装电除尘器。影响电除尘器效率的因素很多，设计、安装、运行条件等都在不同程度上影响电除尘器的除尘效果。一个较突出的问题是：除尘效率受烟尘比电阻影响较大，锅炉烟尘俗称飞灰，而灰的特性与煤的特性直接相联系。本节将介绍飞灰比电阻的含义、测定方法概述及其对电力生产的影响。

一、灰的比电阻

各种材料的电阻与其长度成正比，与其截面积成反比，且与温度有关。

$$R = \rho \frac{L_R}{A_R} \tag{7-9}$$

式中　R——材料在某一温度下的电阻，Ω；

　　　ρ——材料的比电阻或称电阻率，$\Omega \cdot cm$；

　　　L_R——材料的长度，cm；

　　　A_R——材料的截面积，cm^2。

上式中 L_R 及 A_R 为一个单位时，$R = \rho$。故一种材料的比电阻，就是其长度及截面积各为 1 个单位时的电阻。

根据灰的比电阻对电除尘器性能的影响，大致可分为下列三种情况：

（1）$\rho < 10^4 \Omega \cdot cm$，属低电阻灰。也有的将 $\rho < 10^5 \sim 10^6 \Omega \cdot cm$ 者列入此类；

（2）$10^4 \Omega \cdot cm < \rho < 5 \times 10^{10} \Omega \cdot cm$ 范围内的灰粒，适用于采取电除尘方式集灰，它带电稳定，集尘效率高；

（3）$\rho > 5 \times 10^{10} \Omega \cdot cm$，为高比电阻灰。

过高或过低比电阻的灰粒，如不采取预处理措施，均不宜应用电阻除尘器。

在一定范围内，除尘效率随比电阻的增大而降低，参见图 7-16。

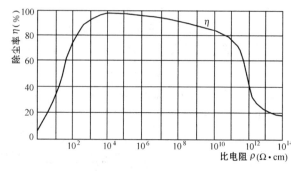

图 7-16　灰的比电阻与除尘率

由于灰的比电阻受其化学组成、外界条件的影响，因而要获得准确的测值是不容易的。国内电力系统中只有少数单位（包括山东电力研究院）可以实测灰的比电阻值。

二、灰的比电阻测定方法概述

有多种方法可以测定飞灰比电阻。从测试电极上区分，主要分为平行圆盘法、义梳法、针板法等。其中平行圆盘法是目

278

前国内外应用较多的一种测定飞灰比电阻的方法，它适用于在实验室条件下，对以煤灰为主的各种工业性粉尘及粉状原料的比电阻特性及高压击穿特性的测量与分析。

飞灰比电阻测定仪由主操作台、辅助操作台、高温高压电极箱及直流高压电源设备组成。仪器的测控系统框图如图7-17所示。

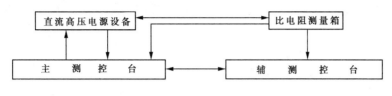

图 7-17

在飞灰比电阻测定仪中，关键部件为高压电极箱，其结构如图7-18所示。

测定飞灰比电阻时，先从现场采集的灰样或在试验室中将煤样燃尽后获得的灰样装填于灰盘上，调整电极位置后，先测定灰样的击穿电压，根据击穿电压值来确定测量电压值，然后将灰样重新置好后，设定测定温度值，在测量电压不变的条件下，测出通过灰层的电流值。由于电流值很小，为准确测量电流，要采用微安表与检流计同时测量，最后计算出某一温度下的飞灰比电阻值。

测量温度的设定要根据排烟温度的变化范围来选择，一般可选择80、100、120、140及160℃几个温度测点。

三、煤质特性对飞灰比电阻的影响

灰是煤的燃烧产物，在煤质特性方面，含硫量的高低对灰的比电阻有较大的影响。

煤中可燃硫燃烧后生成二氧化硫，并伴有少量三氧化硫产生。如温度过低，三氧化硫吸附在灰粒上，就大大降低灰的比电阻值，故煤中含硫量高的要比含硫量低的比电阻值要小。此外，灰的粒径分布、真密度、堆积密度及黏附性等对电除尘器的运行性能均有一定程度的影响。在设计电除尘器时，还要考虑温度、湿度等因素。

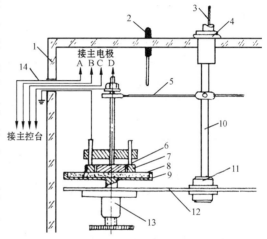

图 7-18　电极箱结构

1—箱体；2—温度传感器；3—高压线；4—高压瓷瓶；
5—悬臂；6—主电极；7—接地极；8—灰样；9—灰盘；
10—中心吊管；11—绝缘子；12—可旋式高压托盘；
13—灰盘升降调节器；14—泄漏电流输出线

温度、湿度对比电阻的影响参见图7-19。

图7-19为气体中含有不同水量时水泥尘粒比电阻受温度变化的影响，它对于烟尘的收集也具有参考价值。一般说来，调节烟气的温度、湿度及添加三氧化硫可降低灰的比电阻值，从而提高高灰比电阻值中灰的除尘效率。

电除尘器最适宜收集比电阻 $10^4 \sim 5 \times 10^{10}\ \Omega \cdot cm$ 的尘粒。在此范围外，需要采取一定措施，才能达到较高的除尘效率。

电除尘器具有以下特点：

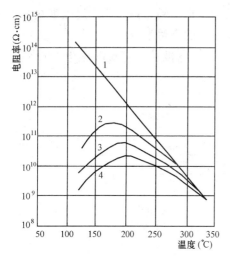

图 7-19 温度、湿度对比电阻的影响
1—干燥烟气；2—含水 6.6% 的烟气；3—含水
13.5% 的烟气；4—含水 20% 的烟气

1）除尘效率高，如满足一定条件，集尘率可达到 99% 以上；

2）阻力小故能耗低，运行费用低；

3）适用于处理大烟气量；

4）所收集的烟尘尘粒范围大，即使对小于 0.1μm 的微尘，仍有较高的除尘效率，同时烟尘浓度也允许高达每立方米数十至数百毫克；

5）适合处理高温烟气，一般可在 350～400℃ 条件下运行；

6）自动化程度高，维修工作量少。

因而现在大中型燃煤电厂锅炉普遍配用电除尘器，这是电厂防止烟尘对大气污染的一项基本措施。故现今新建电厂锅炉设计中，要求测试部门加测飞灰比电阻，供电除尘器设计之用；另一方面，由于环保方面的要求，一些电厂纷纷进行设备改造，用电除尘器来取代原来效率不高的除尘设备。

第七节　煤、灰特性与电厂锅炉设计

当今电厂燃料主要为煤，锅炉设计必须以燃煤（灰）的特性为依据。

为确定锅炉设计煤质，要求煤检人员通晓煤的采制样技术，充分掌握设计用煤的各种特性，并熟悉其对锅炉安全经济运行的影响。

本节将对锅炉设计中煤质的确定方法加以介绍，并对锅炉设计中煤质的若干技术问题加以说明与分析。

一、锅炉设计煤质的一般要求

首先要确认该锅炉燃用何煤种及其类别，煤源在何矿区。我国发电用煤中，烟煤一般占 90%，由于烟煤包括 V_{daf} 由 10%～37% 计十一个类别的煤及 $V_{daf} > 37\%$ 的长焰煤，彼此间的性质可能存在很大差异，例如烟煤中的贫煤其煤质特性接近于无烟煤，而长焰煤的特性接近于褐煤，故燃用不同特性的煤，在锅炉设计方面就有不同的要求，需要提供的煤质资料也不尽相同。

如燃用烟煤，则提供的锅炉设计煤质，通常应包括下述各项特性指标：

全水分 M 及工业分析 M_{ad}、A_{ar}、V_{daf}；

元素分析 C_{ar}、H_{ar}、N_{ar}、O_{ar}、及全硫 $S_{t,ar}$；

收到基低位发热量 $Q_{ar,net}$；

哈氏可磨性指数 HGI；

煤灰熔融温度 DT、ST、HT、FT；

煤灰成分 SiO_2、Al_2O_3、Fe_2O_3、CaO、MgO、SO_3、TiO_2、K_2O、Na_2O 等。

对某些锅炉来说，还要求提供煤中含氟量、煤的磨损指数、灰的比电阻等数据。

如锅炉设计燃用褐煤、无烟煤、劣质煤等其他燃料，还可能提出其他的特性要求。

还须指出，在提供锅炉设计煤质时，除挥发分提供干燥无灰基值外，各项煤质特性指标均应提供收到基值，以便于锅炉设计计算。

二、锅炉设计煤质的确定

确定锅炉设计煤质是十分慎重的事，它涉及到锅炉本体及辅机的方方面面，一般可按下述程序与要求来进行。

1. 收集并分析现有的煤质资料

一方面，靠生产矿提供；另一方面，要广泛收集该矿用户的煤质数据。应该注意，矿上及一些用户所提供的往往只是工业分析，发热量及含硫量等基础数据，还不能满足锅炉设计的要求，因而到矿上采样测试还是必要的。

2. 样品的采集与测试

采样点的选择，应尽可能包括设计用煤矿区内的各主要矿井，以充分反映该矿区的煤质特征及其分布情况。例如一台锅炉设计用某矿区的贫煤，则应对该矿区生产贫煤的主要矿井及电厂投产后可供电厂的矿井进行采样分析。一般说来，得采集 6～8 个主要矿井的样品，如煤质复杂，矿点分布面广，则应在更多的矿点上采样。作者曾为一座 4×300MW 的新电厂提供锅炉设计煤质，电厂曾对该矿区的 26 个矿点，几乎包括了全部统配大矿进行了采样。

样品的采集与制备应严格按国标 GB 474—1996 及 GB 475—1996 进行。

为了确保测试数据的可靠性，一般应由经国家计量认证合格的权威试验室来承担煤质测试。

3. 锅炉设计煤质的确定

在完成收集资料及采样测试以后，锅炉设计煤质通常可按下述程序确定。

(1) 首先对已获得的数据进行统计分析，以掌握各特性指标的变化幅度与趋势，从而对该矿区各矿井的煤质状况有所了解与评价。

(2) 根据各矿煤质、储藏量及运输条件等提出电厂优先考虑采用哪些煤源，并进而对上述各矿的煤质作进一步的统计分析。

(3) 在此基础上，提出锅炉设计煤质中最重要的独立指标如全水分、灰分、挥发分、全硫含量、哈氏可磨性指数、灰熔融温度的设计值，以征求主管部门及电厂的意见。

(4) 由于若干煤质特性指标之间具有相关性，例如灰分与发热量之间呈现负相关性、挥发分与氢含量之间呈现正相关性、煤灰熔融温度是煤灰成分的函数等，结合各特性指标的实测值，也就可以确定一完整的锅炉设计煤质，供有关部门设计锅炉之间。

锅炉设计煤质并不是各矿点采样分析的平均值，也不是直接采用某一矿点样品的实测值。考虑到煤质的变化，因而在提供设计值时要有一定的保守性。留有的裕度视煤质的变化幅度而异，一般考虑留有 10% 的裕度。例如水分、灰分、含硫量等的选值总是要偏高一些；而发热量、可磨性指数、灰熔融温度等的选值则要偏低一些，这将有助于锅炉能在煤质处于一定波动的条件下，得以安全经济运行。

三、有关提供锅炉设计煤质中若干技术问题的讨论分析

1. 锅炉设计煤质的核验

设计煤质中 V_{daf} 值应符合该煤源的煤种及其类别，例如贫煤 V_{daf} 应大于 10.0%～20.0%；弱黏煤、不黏煤、1/2 中黏煤的 V_{daf} 应大于 20.0%～37.0% 等。

本书中较详细地介绍了煤中各成分之间的关系，这对锅炉设计煤质的核验具有重要的参考价值。例如，利用元素组成可通过应用门捷列夫公式来核验发热量数据是否可靠，本书第七章第四节指出：煤灰熔融性及灰渣黏度的高低，从本质上讲，都是由灰渣化学组成所确定。因而煤灰熔融性与煤灰成分相互可以进行验证。

锅炉设计煤质的核验涉及面广，技术难度较大，一般应由具有丰富经验的高级技术人员来承担。

在对锅炉设计煤质进行核验时，要特别注意如下几点：

(1) 煤中各成分之和必须为100%，即

$$M_t + A_{ar} + V_{ar} + FC_{ar} = 100\%$$

$$M_t + A_{ar} + C_{ar} + H_{ar} + N_{ar} + S_{c,ar} + O_{ar} = 100\%$$

一般情况下，上式中的收到基可燃硫 $S_{c,ar}$ 也可用收到基全硫 $S_{t,ar}$ 来代替。

(2) 煤质各特性指标值不应出现不合理的情况，如锅炉设计燃用贫煤或无烟煤，而煤中挥发分、含氢量及含氧量值却很高；反之，锅炉设计燃用高挥发分烟煤或褐煤，上述各特性指标值却很低。

煤中的不可燃硫（可按灰中 SO_3 含量计算而得）或可燃硫含量高于全硫含量。

灰中各成分之和明显地高于100%；灰中的 Fe_2O_3、CaO、MgO 等碱性氧化物含量较高，而灰熔融温度却不低等。

如出现上述不合理的数据，就应对所提供的测试结果予以检查，判断是测试结果不正确，还是在计算或抄录数据时有误。

2. 锅炉运行的安全性与经济性的考虑

锅炉设计必须保证其安全运行。没有安全性，也就谈不上经济性。因此，我们要始终把运行的安全性放在第一位，而在确保锅炉的安全运行条件下，也应充分考虑降低工程投资，提高锅炉运行的经济性。

(1) 煤中水分含量过大，则输煤系统往往会产生运行障碍，同时降低煤的低位发热量。

(2) 煤中挥发分含量过小，锅炉易灭火，燃烧不稳定，而挥发分含量过高，煤场及制粉系统容易发生自燃及引起尘粉爆炸。

(3) 煤中含硫量太高，对锅炉设备腐蚀太大，且易造成大气污染，因此必须考虑采用烟气脱硫装置。

(4) 可磨性指数太小，则磨煤机出力可能不足或煤粉变粗，导致燃烧不良而降低锅炉效率。

(5) 煤灰熔融温度太低，则锅炉易于结渣，严重威胁锅炉机组的安全运行等等。

因此，确定什么样的设计煤质，电厂就应考虑采用何种类型的设备及采取相应的措施。例如煤中灰分含量较高，可磨性指数又较小的贫煤，就宜选用钢球磨而不采用中速磨；又如煤灰熔融温度较低，锅炉结渣的可能性较大，锅炉燃烧室温度不能设计太高，因而炉膛体积可能要设计得大一些。在这里，安全性与经济性常难以统一。电厂作为用户，安全性考虑更多。例如，作者为某电厂提供的哈氏可磨性指数 75 为设计值，69 为校核值，而电厂为了确保今后生产的安全性，一再要求加大安全系数，提出以哈氏可磨性指数 55 作为设计值，50 作为校核值。哈氏可磨性每相差 10 个指数，则在达到相同煤粉细度下，磨煤机相差 25% 的

出力。现在两者相差 20 个指数，就意味着磨煤机要减少 50％ 的出力，为了维持锅炉的供粉量，就必须增加磨煤机的台数或选用更大型号的磨煤机。这样势必大大增加设备投资费用并降低运行的经济性。磨煤机的设计，是要留有一定裕度，故哈氏可磨性指数的设计值较实际值偏小一些是完全必要的。如过分强调安全性而不顾及经济性也是不对的。一般考虑磨煤机留有 15％ ~ 20％ 的裕度是适宜的，否则，太不经济。而作为电厂的投资方及设计部门，由于受工程概算的限制，更多地要考虑经济性，有时也会出现设备选型不当或裕度过小的情况，这不利于锅炉机组的安全运行。

又如，某电厂 600MW 锅炉设计燃用山西阳泉煤，该煤的 V_{daf} 值常年在 10％ 上下波动，按煤的分类来看，它介于无烟煤与贫煤之间，究竟是按无烟煤还是按贫煤设计锅炉，将有着很大的区别。如按无烟煤设计，一方面，缺少这种锅炉的设计及运行经验；另一方面，仅仅锅炉本体就增加设备投资 6500 万 ＄，如果生产部门能精心组织煤源，不让低挥发分的无烟煤进厂，又适当掺烧部分其他矿区的贫煤、瘦煤或贫瘦煤，确保入炉煤的 V_{daf} 值维持在 10％ 以上，那么就可按贫煤对该锅炉进行设计，这不仅有助于今后锅炉的安全运行，也大大减少了工程投资费用。

总之，在提供锅炉设计煤质时，不能离开所用燃料的自身特性而主观地提出缺少科学依据的设计值。在可能条件下，必须充分考虑锅炉运行的安全性与经济性，并大力降低投资费用，过于强调安全性或经济性，都是不适宜的。

3. 锅炉设计煤质与校核煤质的关系

在提供锅炉设计煤质的同时，还需一并提供锅炉校核煤质的数据，这二者之间有其共同性，又有其不同点。其共同性在于它们都是以燃用的煤质特性测试结果为依据；不同点在于各煤质特性指标均存在一定的变化幅度，为了使锅炉能在较差的煤质条件下，仍能维持安全经济运行，应对煤质特性指标确定一个限度，这就是校核煤质。

由此可知：校核煤质要差于设计煤质，即煤的水分、灰分，含硫量的校核值要高于设计值；而发热量、哈氏可磨性指数、灰熔融温度的校核值则要低于设计值。二者相差的数值，是根据煤质各指标的变化幅变不同而异。通常对同一个矿井，其煤的挥发分、可磨性指数、灰熔融温度值较为稳定；而水分、灰分、含硫量等则波动较大。另一方面，校核煤质的确定，还与其锅炉设计的保守性有关。如考虑今后锅炉运行的安全性系数大一些，则设计煤质与校核煤质的差值就可大一些；反之，则可小一些。一般说来，提高运行的安全性均要付出相应的经济代价。

在这里，要特别提出的是 V_{daf} 的设计值与校核值的确定问题，挥发分含量是评定锅炉燃烧性能的首要指标，它在锅炉设计及校核煤质中占有重要的地位。

试验室所测的挥发分以 V_{ad} 来表示，通过 M_{ad} 及 A_{ad} 的测定，就可求出 V_{daf} 值。

$$V_{daf} = V_{ad} \times \frac{100}{100 - M_{ad} - A_{ad}}$$

对同一矿源来说，一般 V_{ad} 值波动不大，而灰分值可能有很大变化，故 V_{daf} 值将会随煤中灰分 A_{ad} 值的增大而增大。校核要较设计煤质中的灰分值高，故校核的 V_{daf} 值也就会高于设计值。

对不同煤种来说，V_{ad} 值可能相差很大，校核煤质的 V_{daf} 值就不一定高于设计值。例如，锅炉设计燃用贫煤，而由于贫煤供应量不足，势必要掺烧部分无烟煤，由于无烟煤的 V_{ad} 值要明显地低于贫煤，设计煤质按贫煤考虑，而校核煤质由于加入了部分无烟煤，这样校核煤质中 V_{daf} 值就可能低于设计值。

四、电厂锅炉设计煤质与校核煤质示例与说明

山东电力研究院曾为众多电厂提供了锅炉设计与校核煤质，作为锅炉设计计算的依据。它们的可靠性已为这些电厂后来的运行实践所证实，现举两例加以说明。

1. 燃用高挥发分烟煤电厂锅炉设计煤质示例

在我国东部新建一座 $4 \times 300MW$ 的坑口电厂，燃用当地某矿区的高挥发分烟煤。为了充分掌握该矿区各矿井的煤质特性，工程建设单位对本矿区 11 个统配矿及 14 个地方矿采集了原煤样，然后送交山东电力研究院制样、测试。该单位在综合分析了全部测试数据后，提出了该厂的锅炉设计与校核煤质数值。

前已指出，为了进行锅炉设计，其煤质数据包括工业分析、元素分析、发热量、全硫含量、哈氏可磨性指数、灰熔融性、煤灰成分等特性指标。现将该厂锅炉的设计与校核煤质值列入表 7-14 中。

表 7-14　　　　　　　某电厂的锅炉设计煤质与校核煤质数据（一）

类别 特性值	设计煤质	校核煤质	类别 特性值	设计煤质	校核煤质
M_t （%）	6.1	9.1	ST （℃）	1400	1350
M_{ad} （%）	0.95	0.96	FT （℃）	1450	1400
A_{ar} （%）	31.39	35.95	SiO_2 （%）	53.53	52.62
V_{daf} （%）	39.46	35.57	Al_2O_3 （%）	22.04	20.70
$Q_{ar,net}$ （MJ/kg）	20.05	18.00	Fe_2O_3 （%）	11.56	12.11
C_{ar} （%）	49.40	43.55	CaO （%）	6.17	7.17
H_{ar} （%）	3.48	3.20	MgO （%）	1.69	2.09
N_{ar} （%）	1.20	1.00	SO_3 （%）	2.17	3.06
$S_{t,ar}$ （%）	1.88	2.54	TiO_2 （%）	1.02	0.60
O_{ar} （%）	6.55	4.66	K_2O （%）	0.35	0.40
HGI	60	55	Na_2O （%）	0.60	0.55
DT （℃）	1350	1300			

上表所列设计与校核值是根据大量测试数据经分析研究后提出的。

该矿区煤质的基本特征是：

1）各矿煤的挥发分较高，V_{ad} 一般在 22% ~ 32% 范围内。

2）各矿煤的灰分较高，地方矿一般高于统配矿。地方矿平均灰分 A_{ad} 为 35.24%，高位热量 $Q_{gr,ad}$ 为 20.35MJ/kg，而统配矿则分别为 31.69% 及 22.21MJ/kg。

3）含硫量在各矿之间差异很大，最低者 $S_{t,ad}$ 为 0.60%，而最高者为 4.37%，统配矿 $S_{t,ad}$ 平均值为 1.88%，地方矿为 2.54%。

4）各矿中灰熔融温度属中、高者占多数。

5）各矿可磨性指数差异很大，最高者 102，最低者 57，多数矿哈氏可磨性指数较低，

平均为 70。

6）煤灰中 SiO_2、Al_2O_3、Fe_2O_3 之和一般占 90%，其中 Fe_2O_3 含量通常不超过 10%，这一结果与灰熔融温度的测定结果是一致的。

鉴于该矿区的煤质具有上述特征，关于设计与校核煤质，作者作了如下说明：

1）各矿虽处于同一矿区，属于同一煤种，但各矿煤质差异较大。某矿的各项煤质特性指标均较好，作为主煤源是适宜的。

2）某矿煤含硫量高，灰熔融温度低，故不宜选用。

3）设计煤质哈氏可磨性指数为 60，校核值为 55，它们属于较难磨的煤，故在磨煤机的选型及出力的选择方面要慎重考虑。

4）设计煤质的灰熔融温度处于中等水平，故锅炉结渣的可能性还是存在的，在锅炉设计时要考虑这一点。

该矿区各矿煤灰熔融温度相差很大，为防止锅炉结渣，要力求不用或少用低灰熔融温度的煤。

5）由于该矿区各矿的煤质差异较大，做好配煤掺烧十分重要。

6）在设计与校核煤质中未考虑掺烧精煤，校核煤质的 V_{daf} 值低于其设计值，这是因为主煤源 V_{ad} 值较高，故 V_{daf} 也就相对较高；而校核煤质中，考虑配用较多 V_{ad} 相对较低的煤，虽校核煤质灰分较设计值要高，但 V_{daf} 值仍较设计值低。

2. 燃用贫煤电厂锅炉设计煤质示例

某电厂扩建 $2 \times 600MW$ 机组，设计燃用某矿区的贫煤，由于受贫煤供应量的限制，设计时要考虑燃用部分同省所产无烟煤。工程建设单位到矿区采样，由权威测试单位对其分析，作者提出了锅炉设计与校核煤质数值，现将其列于表 7-15 中。

表 7-15　　　　　　　　　　　某电厂的锅炉设计与校核煤质（二）

类　别 特　性　值	设计煤质	校核煤质	类　别 特　性　值	设计煤质	校核煤质
M_t（%）	6.5	8.0	DT（℃）	1400	1350
M_{ad}（%）	1.37	1.66	ST（℃）	1450	1400
A_{ar}（%）	29.60	33.05	FT（℃）	1500	1450
V_{daf}（%）	12.80	11.35	SiO_2（%）	50.47	49.61
$Q_{ar,net}$（MJ/kg）	21.10	19.70	$Al_2O_3 + TiO_2$（%）	36.20	35.68
C_{ar}（%）	56.59	52.44	Fe_2O_3（%）	8.26	7.81
H_{ar}（%）	2.69	2.38	CaO（%）	1.30	1.93
N_{ar}（%）	0.94	0.88	MgO（%）	0.59	1.04
$S_{t,ar}$（%）	0.75	0.86	SO_3（%）	1.09	1.28
O_{ar}（%）	2.93	2.39	K_2O（%）	0.95	1.14
HGI	63	59	Na_2O（%）	0.60	0.61

该锅炉按燃用贫煤设计，但在贫煤供应不足的情况下，需掺烧少量无烟煤，故 V_{daf} 的校核值稍低于设计值。

设计煤质中哈氏可磨性指数为 63，属于较难磨煤种，故在磨煤机选型时要充分考虑到这一点。校核煤质的 HGI 值较设计值低 4 个指数，则意味着维持一定煤粉细度的条件下，磨煤机将减少 10% 的出力。

当今电厂大型锅炉燃煤量很大，一般要由多个矿井供煤，因而煤质呈现较为复杂的情况。为了保证锅炉燃烧稳定，做好配煤掺烧都是必要的。

锅炉设计煤质是否可靠，需由锅炉投产后的运行实践加以检验。如果在提供锅炉设计煤质前，就已深入收集有关煤质资料，并到有关矿井进行采样测试，然后进行综合分析研究，结合电力生产的特点，适当留有裕度，这样确定的锅炉设计与校核值，一般就能保证锅炉在投产后得以安全经济运行。

第八章

煤质检测的质量控制

在煤质检测过程中，可获得大量的原始数据，对其进行必要的处理与计算，便可得到最终的检测结果。煤质检测质量是以误差大小来衡量的。通过误差分析，可以估计它的误差范围，并分析引起误差的原因，从而采取必要的措施，这将有助于加强检测结果的质量控制，提高检测技术水平。

质量控制贯穿于煤质检测的全过程。对入厂煤的质量验收、对煤质检测的基本要求等诸多方面均离不开质量控制，故将上述内容一并列入本章，可将它们看成是质量控制的具体应用。

第一节 误差理论的基础知识

煤质检测质量控制的核心问题，是保证检测结果的准确性，而检测结果准确与否，则是以其误差大小来度量的。

一、误差的含义

煤质的任一项特性指标，如含硫量、灰分含量等都有一个客观存在的准确值，此值通常称为真实值或真值。而实测值是难以和真值完全一致的，实测值与真实值之差，称为误差。它可以用下式表示

$$E = x - \mu \tag{8-1}$$

式中　E——误差；

　　　x——实测值；

　　　μ——真值。

实测值 x 与真值 μ 相比，可能偏高，也可能偏低，当实测值 $x >$ 真值 μ 时，误差 E 为正；反之，误差则为负。x 与 μ 的差值越大，则说明测定误差越大，其测定结果准确度越差。

所谓真值，是通过对某一物理量或化学成分准确无误地测定而得到的，也就是说在测定中排除了一切缺陷的理想状态下的测定值。因为在任何一项测定中，其测试方法不可能完美无缺，测试条件（设备与环境等）也不可能达到完全理想的程度，实际上也无法排除测试中的一切缺陷，故量的真值只是一种理想的概念，它是无法确知的。随着科学技术的发展、测试方法的改进、测试手段与环境条件的改善、人员操作水平的提高，可以使测试工作中各个环节日趋完善，以逐步排除测试中的某些缺陷，即减小误差，使实

测值更为接近真值。

在实际测定中，有各种因素会导致误差的产生，如测试方法、仪器设备、试剂纯度、环境条件、人员操作等，尽管测试中的误差可以逐步得到控制及减小，但无法完全消除。也就是说，在实际测定中，误差的存在是不可避免的，但我们应该力求控制误差处于允许的范围之内，从而保证实测结果具有实用价值。

二、真值的估计值

严格地说，任何特性指标的真值 μ 是不知道的，但可以通过下述方法与途径来确定该特性指标真值的估计值。

（1）采用标准测定方法，对该特性指标进行多次重复测定，将其测定结果的平均值作为真值。例如要确定某一煤样中的全硫含量，则可采用艾士卡法对该煤样进行多次重复测定，测定次数越多，则测定结果的平均值越接近真值。

（2）采用纯物质或以基准试剂的含量作为 100%，按化学式计算出有关组分的理论含量作为真值。例如在煤中碳、氢含量测定中，常把纯蔗糖或苯甲酸中的碳、氢理论含量作为真值。

（3）采用标准样品的标准值（或称名义值）作为真值。标准样品的标准值，通常是由若干分析检验试验室协同试验，各试验室的测定结果经数理统计计算及验证处理后得到的平均值。而参与协同试验的各单位统一采用最可靠的测定方法，由最有条件（包括人员水平及仪器设备）的有资格的试验室组成。

三、误差的表示方法

误差可用绝对误差与相对误差来表示。

1. 绝对误差

测定值与真值之差，称为绝对误差，简称误差，其表达式如式（8-1）所示。例如某煤样中碳的测定值为 53.85%，而真值为 53.65%，则绝对误差为 +0.20%。测定值大于真值，绝对误差为正；反之，绝对误差为负。

2. 相对误差

绝对误差在真值中所占百分率，称为相对误差，即

$$RE = \frac{x - \mu}{\mu} \times 100\% \tag{8-2}$$

上例中绝对误差为 +0.20%，而相对误差则为 0.37%。

又如某煤样的热量测定值为 25060J/g，而真值为 25010J/g，则绝对误差为 25060 - 25010 = 50J/g；相对误差为（50/25010）×100% = 0.20%。

由于相对误差能反映绝对误差在真值中所占比例，故用它来比较不同情况下测定结果的准确度更为方便。例如某煤样热量测定值为 15060J/g，真值为 15010J/g，与上例相比，二者绝对误差均为 50J/g，但后者的相对误差为

$$RE = \frac{15060 - 15010}{15010} \times 100\% = 0.33(\%)$$

后者的相对误差要大于前者，故前者的测定结果准确度要高于后者。

四、误差的种类及其基本特征

由于导致测定结果产生误差的原因不同，各种误差具有不同的性质，一般可将误差分为

系统误差、随机误差和过失误差三类。

1. 系统误差

由于在测定过程中某些固定原因，导致测定结果经常性偏高或偏低，出现比较恒定的正误差或负误差，这种误差称为系统误差。产生系统误差，往往是由某些确定的原因所引起的，例如：

(1) 测定方法不完善。如采用燃烧中和法测定煤中全硫含量，由于煤中硫酸盐在规定试验条件下不能完全分解，致使测定结果总是偏低。

(2) 仪器设备的缺陷。如某种型号的微机热量计，因其自身缺陷，所测发热量结果常常呈现偏低倾向。

(3) 计量器具不准确。如所用温度指示仪表示值偏低，因而测定煤中挥发分含量时，结果总是偏高。

(4) 试剂纯度不够。如应用艾士卡法测定煤中含硫时，艾氏试剂及所用水中含有硫酸盐，则使煤中全硫含量测定结果偏高。

(5) 人为读数的偏差。如读取贝克曼温度计所指示的温度，有的人读数会经常偏高或偏低，从而使发热量测定结果产生经常性偏差等。

系统误差产生的原因是多方面的，它和真值一样，也是无法确知的，因而它不能完全被消除。但通过对产生误差的原因进行分析，采取相应的措施，可以减小误差或被抵偿。

为了减小系统误差，在实际检验工作中常可采用下述方法：

(1) 测定结果加上修正值。含有系统误差的测定结果，加上一修正值后，就可以减小或抵偿误差的影响。如某种型号的微机热量计所测发热量结果系统偏低，通过它对多种标准煤样的测定，得知在某一范围内平均偏低 80J/g。那么可将此 80J/g 作为一修正值加到实测值上，也就使得由于仪器本身缺陷所产生系统误差得以减小或抵偿。

(2) 测定结果乘上一修正因子。含有系统误差的测定结果，乘上一修正因子后，就可以减小或抵偿误差的影响。如燃烧中和法测定煤中全硫含量总是偏低，且偏低程度又与煤中硫含量成正比，则对燃烧中和法所测全硫含量乘上一个大于 1 的修正因子，它就很接近测定方法不存在系统误差的艾士卡法，从而减小或抵偿了由于测定方法不完善所造成的系统误差的影响。

(3) 进行空白试验。如煤中全硫、氮含量等的测定中，都须在测定结果计算中减去空白值，以消除所用试剂中存在该元素造成测定结果偏高的影响。

此外，对计量器具进行检定、保持测定时良好的环境条件等均可减小系统误差，提高测定的准确度。

2. 随机误差

随机误差又称偶然误差，它是由一些难以控制的偶然因素引起的。偶然因素，是指它对测定结果的影响变化不定，误差时正时负，时大时小，这种误差无法确定，也无法校正。

随机误差在测试操作中总是不可避免的。但随着测定次数增多，就可发现测定数据的分布呈现一定的规律性。

(1) 对称性。绝对值相等而符号相反的误差出现的次数大致相等，也就是说，实测值以它们的算术平均值为中心呈对称分布。

(2) 单峰性。绝对值小的误差出现次数多，大误差出现的次数少，特大误差出现次数极少。也就是说，随机误差是以实测值的算术平均值为中心相对集中地分布。

（3）有界性。在一定条件下的有限测定值中，其误差的绝对值不会超过一定的界限。

（4）抵偿性。在一定条件下，对同一量的测定，随机误差的算术平均值随测定次数的增多而趋近于零。也就是说，误差平均值极限为零。

为了进一步说明上述规律性，现对某煤样中的灰分含量重复测定100次，其测定值在21.06%～21.59%范围内，将全部数据按测定值的大小，选取适当区间分成若干组，如表8-1所示。

表8-1中，每组中测定值出现的次数 n，称为频数；而 n 与测定总数 N 的比值，则称为频率。显然，测定值在各区间出现的频率总和 $\sum n/N$ 应为1.00。测定值在各区间出现的频率随测定值的变化情况，则称为频率分布。

根据表8-1所列数据，以测定值 x 为横坐标，以频率 n/N 为纵坐标，所绘图形如图8-1中折线图所示，此图称为频率分布图。如果测定次数尽可能增多，而测定值分组间距又尽可能缩小，那么图中的折线则趋于变成图8-1中的曲线，测定值的这种分布，称为正态分布。正态分布曲线反映了随机误差的上述规律性：对称性、单峰性，有界性及抵偿性。

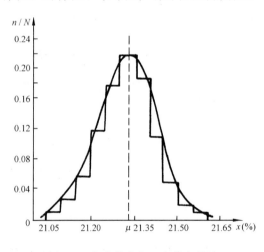

图8-1 频率分布与正态分布曲线

表8-1　测定值在各区间出现的频率

测定值 x （%）	频数 n	频率 n/N
21.06～21.10	1	0.01
21.11～21.15	3	0.03
21.16～21.20	6	0.06
21.21～21.25	12	0.12
21.26～21.30	18	0.18
21.31～21.35	22	0.22
21.36～21.40	19	0.19
21.41～21.45	11	0.11
21.46～21.50	5	0.05
21.51～21.55	2	0.02
21.56～21.60	1	0.01
总　　和	100	1.00

图中 μ 为总体算术平均值，将其作为真值，它是曲线最高点的横坐标，由它决定曲线的位置，总体标准差 σ 则决定曲线的形状。以 μ 为中心，测定值 x 呈对称分布；随测定值 x 的增多，各测定值 x 对 μ 的偏差相互抵消。减少随机误差的主要途径就是进行多次重复测定。另一方面，测定次数增加，将大大增加工作量，而且测定次数超过5次以后，其平均值随机误差的减少也渐趋减小。故在实际测试中，应选择适当的测定次数。

在煤质检验中，对热容量的标定规定重复5次，而各项特性检验，均须进行2次重复性测定。

3．过失误差

过失误差是在测定过程中，由于人为的差错如称错、记错、算错，使用不合格的计量器具或在过大的环境干扰情况下产生的误差。这种明显超出规定条件下预期的误差，只要正确地选用计量器具，防止恶劣环境条件的严重干扰，通过仔细地操作计算，是不难避免的。

对于含有过失误差的测定结果，反映在数据上是结果呈现异常偏大或偏小，这可通过异常值的检验加以剔除。

如何判断测定值是否异常，将在本章第三节中加以说明。由于将含有过失误差的异常值可按一定方法加以剔除，故实际测定中所表现出来的误差只有系统误差及随机误差两类。

第二节　煤质检测结果的质量控制

对煤质检测结果的质量控制主要是指对它的精密度与准确度的控制。

一、精密度

1. 精密度的含义

精密度是一个定性的概念，它表示对同一试样在完全相同的测定条件下，进行多次重复测定时其检测结果的分散程度，故精密度是检测结果重现性的量度。精密度的高低反映了检测结果中随机误差的大小。如果要定量地表示检测结果随机误差，则可用检测的重复性来代替精密度这一概念。

所谓检测的重复性，是指在实际相同的测试条件下，对同一被测物理量或化学成分进行多次连续测定时，其测定结果之间的一致性。实际相同的测试条件是指：

（1）使用同一种测试方法；

（2）按相同程序操作及计算；

（3）使用同一仪器，由同一人操作；

（4）在同一地点，处于相同的环境；

（5）在短时间内重复测定。

测定结果的重复性，是对检测结果进行质量控制的重要参数。一般对某一特性的重复测定（一般为 2 次）所允许的分散程度或重现性的界限均有明确规定。只有在重现性合格的前提下，才考虑检测结果的准确性。

这里需要特别指出：精密度有时被简称为精确度，而精确度是一个很笼统又易于混淆的概念。例如测定煤的灰分含量时，温度指示仪表有 20℃一分格的动圈表，有可显示 1℃的数显表。有人称动圈表温度指示精确度低，数显表精确度高，其实这只是上述表计温度分辨率高低的反映。又如某测量所得的相对误差为 0.2%，习惯上称精确度为 2×10^{-3}，即 2/1000，这表明它比 5×10^{-3} 精确度高，而比 5×10^{-4} 精确度低。至于说，它是由随机误差决定的精密度，还是由随机误差及系统误差综合影响的准确度，则不得而知。相对误差是精确度的表示方法，这里显然与上述精密度含义是不一致的，故在一般情况下，避免使用精确度这一术语为好。

2. 精密度的表示方法

精密度用偏差来估量，它反映了随机误差的大小。应该指出：在实际应用中，偏差有时也与误差混用。严格说，二者性质不同，前者表征检测结果的精密度或重现性，后者则表征检测结果准确度的高低。

用偏差来衡量一组测定值精密度，有多种不同方法表示，常用的有平均偏差、极差、标准偏差等。其中标准偏差是表征检测结果精密度的最好方法，应用也最为广泛，通过标准偏差可将检测结果精密度与准确度之间进行定量的联系。故本节将对此作为重点加以介绍。

（1）平均偏差。

平均偏差为绝对偏差的绝对值之和的平均值，以符号 $\bar{d}$ 来表示。

$$\bar{d} = \frac{1}{n} \sum_{i=1}^{n} | d_i | \tag{8-3}$$

式中　$\bar{d}$——平均偏差；

　　　d_i——绝对偏差，$d_i = x_i - \bar{x}$；

　　　n——测定次数；

　$\Sigma | d_i |$——各次测定的总偏差。

平均偏差不仅考虑了各次测定值，又考虑了测定次数，它比极差能更好地反映一组测定值的精密度。

设利用艾士卡法测定煤中全硫，共测 5 次，各次测定结果分别为 0.48%、0.37%、0.47%、0.40% 及 0.43%，平均值 $\bar{x}$ 为 0.43%。

$$\sum_{i=1}^{5} | d_i | = \sum_{i=1}^{5} | x_i - \bar{x} | = 0.05 + 0.06 + 0.04 + 0.03 + 0 = 0.18\%$$

平均偏差　　　　　　　　　$\bar{d} = 0.18\% \div 5 = 0.036\%$

（2）极差。

极差是指一组测定值中，最大值与最小值之差，通常以 R 来表示，即

$$R = x_{max} - x_{min} \tag{8-4}$$

式中　x_{max}——测定值中最大值；

　　　x_{min}——测定值中最小值。

上例中，$x_{max} = 0.48\%$，$x_{min} = 0.37\%$，故极差 $R = 0.11\%$。

极差 R 的大小，仅取决于一组测定结果中的两个极值，而与测定次数及其他测定值无关。因此，它不能全面地估量测定结果的精密度。

（3）标准偏差。

标准偏差也称标准差，它也是表示单次测定值与平均值偏离程度的一种平均偏差，以符号 S 来表示。通常它有两种表达形式

$$S = \sqrt{\frac{\sum_{i=1}^{n} (x_i - \bar{x})^2}{n - 1}} \tag{8-5}$$

$$S = \sqrt{\frac{\sum x_i^2}{n - 1} - \frac{(\sum x_i)^2}{n(n - 1)}} \tag{8-6}$$

例如对某热量计的热容量 5 次标定结果分别为 14036、14040、14048、14056、14065J/℃，则其平均值 $\bar{x}$ 为 14049J/℃，标准差 S 为 12J/℃，则相对标准偏差为

$$\text{RSD} = \frac{12}{14049} \times 100\% = 0.085\%$$

故认为这台热量计热容量重复性标定结果符合相对标准偏差小于 0.2% 的要求。

标准偏差或标准差 S 是对有限测定次数 n 而言的，而总体标准偏差或总体标准差 σ 是对无穷多的测定次数 N 而言的，$N \gg n$。

设 $\bar{x}$ 为 n 次测定的平均值，m 为 N 次测定的总体平均值，如果将 n 次一组测定看成总体的一个样本或子样，那么有限测定 n 次的平均值 $\bar{x}$ 对总体平均值 m 的标准偏差可用 $S_{\bar{x}}$ 来估计，即

$$S_{\bar{x}} = \frac{S}{\sqrt{n}} = \sqrt{\frac{\sum_{i=1}^{n}(x_i - \bar{x})^2}{n(n-1)}} \tag{8-7}$$

$S_{\bar{x}}$ 称为平均值的标准偏差。应该指出：为使平均值 $\bar{x}$ 能作为总体平均值 m 的估计值，测定次数 n 必须足够多。样本的标准差 S 并不是总体标准差 σ 的无偏估计，标准差的平方即方差 S^2 才是总体方差 σ 的无偏估计。所以在实际应用中，多用方差 S^2 来表示分散性尺度，这在本书第二章中已做过介绍。

前已指出，煤的采样所依据的理论基础就是方差理论，通常随机变量或总体方差用 σ^2 表示，样本的方差用 S^2 来表示。在处理具体检测数据时，由于重复检测的次数较少，一般在 2～10 次范围内，多应用标准差来表示检测结果的精密度；而在采制样的误差传递分析中，则常用方差来表示。方差具有一个特点，即加和性，两个相互独立的随机变量 x 与 y 之和（或差）的方差等于它们的方差之和。

$$\sigma^2(x \pm y) = \sigma^2 x + \sigma^2 y$$

第二章中已指出：煤质检测结果的偏差由采样、制样和分析三方面偏差构成。如用 S_0^2 表示单个子样的总方差，它除包括采样方差 S_S^2 外，还包括制样与分析方差 S_{da}^2，即

$$S_0^2 = S_S^2 + S_{da}^2 \qquad (S_0^2 = S_{S+da}^2)$$

在煤的采制化中，通常都是采用方差来表示误差的变异性。煤质检验结果如以方差来表示误差的话，则采样占 80%，制样占 16%，化验占 4%。

虽然标准差 S 或方差 S^2（σ 或 σ^2）是精密度的一种表示方法，但当检测结果不存在系统误差时，精密度与准确度的含义一致，故上述用方差来表示误差的前提条件就是采制样不存在系统误差。

二、准确度

1. 准确度的含义

前已指出：准确度表示测定值与真值之间的符合程度。由于真值不可知，实际上准确度就是指测定值与真值估计值之间的符合程度。

准确度是一个定性概念，系统误差及随机误差都将影响准确度。测定结果准确，就是它既不偏离真值（真值的估计值），测定值又不分散的程度。如果经过多次重复测定，随机误差可近于消除，则此时所测得的测定平均值与真值之间的差异即准确度，主要由系统误差决定。

2. 不确定度

所谓不确定度，是指被测样品特性真值的存在范围。也就是说，不确定度就是指误差出现的范围，它是测定结果的组成部分。

不确定度的这一新概念提出不久，就很快为各个国家所接受。通常所说的误差与准确度是从两个相反的角度来表达检测结果的。由于真值是无法确知的，它只有理论上的意义，而系统误差可以修正，基本可以消除结果总是残存部分不定方向性的系统误差。随机误差与系统误差有时也难以区分，有时在一定条件下还可以互相转化，有时还受到检测人员主观判断的影响，因而导致了对测定结果评价的不统一性。

误差含义较模糊，它含有差异、不符的意思；而不确定度则意味着有疑义，不明确，故不确定度较误差具有更明确的含义。现在常用随机不确定度代替随机误差，用系统不确定度取代系统误差。

国际计量局于1980年提出了"实验不确定度建议书INC－1"，在1981年召开的国际会议上得到大多数国家的支持，并推荐使用。

建议书的基本内容如下：

（1）测量结果的不确定度一般包含几个分量，这些分量按估计数值所用的方法，可分为A类和B类。

A类：用统计方法算出的分量；

B类：用其他方法算出的分量。

新的不确定度区分为A类和B类，而以往则分为随机与系统不确定度，二者之间不一定存在简单的对应关系。由于系统不确定度可能引起误解，故应避免使用。

（2）A类分量用估计的方差 S_i^2 或估计的标准差 S_i 以及自由度来表达。

（3）B类分量用 U_j 来表征，U_j^2 可以如同方差一样加以处理。

B类不确定度，又称非统计不确定度，它是通过实验方法、误差分析方法求得 U_j 值的。

（4）合成不确定度应该以通常合成方差的方法所得的数值来表征。合成不确定度及其分量应用标准差的形式来表示。

（5）如为了特殊用途，需将合成不确定度乘一个因子，当得到总不确定度时，应对所乘的因子（给定的数值）加以说明。

关于不确定度的问题甚多，有关计算也十分复杂，本书仅做简要介绍。

3. 精密度与准确度

在煤质检测中，试验人员在同一条件下对某一试样重复测定两次或更多次，如各次测定结果比较接近，则说明测定结果精密度高，或者说重现性好。

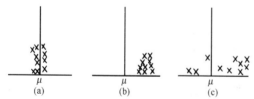

图 8-2　准确度与精密度的关系

(a) 精密度与准确度均高；(b) 精密度高，
但准确度低；(c) 精密度与准确度均低

测定结果准确，首先要求精密度高；但精密度高，不一定准确度高。准确度与精密度的定性关系如图8-2所示。

准确度与精密度之间的定量联系，可通过正态分布曲线来加以说明。前已指出，μ 是曲线的最高点，它决定曲线的位置，σ 决定曲线的形状。σ 用来衡量测定值的分散程度，σ 越大，曲线越宽，测定值分布越分散；σ 越小，曲线越窄，测定值越是集中于 μ 附近。

在不存在系统误差的情况下，测定结果是服从正态分布规律的。正态分布的概率区间如图 8-3 所示。

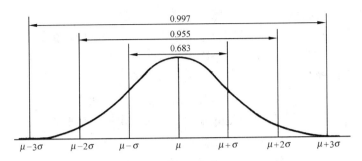

图 8-3   正态分布的概率区间

μ 代表无限多次测定结果的平均值，σ 为无限多次测定即总体标准差，数理方法证明：误差在 $\pm 1\sigma$ 内的测定结果占全部测定结果的 68.3%；误差在 $\pm 2\sigma$ 内的占 95.5%；误差在 $\pm 3\sigma$ 内的占 99.7%。这就是说，在多次重复测定中，出现特别大的误差是极少的。

上述 68.3%、95.5%、99.7% 称为置信概率 P，$\mu \pm \sigma$、$\mu \pm 2\sigma$、$\mu \pm 3\sigma$ 则称为置信范围或置信区间。

置信概率 P 也可用显著性水平 α 来表示，它们之间的关系是

$$\alpha = 1 - P \tag{8-8}$$

例如置信概率为 68.3%，则显著性水平为 31.7%，说明在全部测值 x 与真值 μ 的差值中，有 68.3% 不超过 $\pm \sigma$。在煤质检测中，多选用 $\alpha = 5\%$ 作为统计推断的准则，这种推断的置信概率为 95%，也就是在全部测值 x 与 μ 的差值中，有 95% 不超过 $\pm 2\sigma$。

由于实际测定不可能是无限次，所以总体标准差 σ 常用标准差 S 来代替，煤质检验通常又取 95% 的置信概率，故不确定度 Δx 可以近似地表达为

$$\Delta x \approx 2S \tag{8-9}$$

因此，$x = \mu \pm \Delta x$ 可写成

$$x = \mu \pm 2S \tag{8-10}$$

实测值 x 是否落在 $\mu \pm 2S$ 区间内，通常作为评定准确度是否合格标准，这样准确度与精密度就是通过标准差 S 值加以定量联系的，这在检测工作中有着广泛的应用。

三、精密度与准确度的检验

对煤质检测结果的质量评定，首先考察精密度，其次才是准确度。前者反映测定过程中随机误差的大小，后者则反映系统误差与随机误差的综合影响。

1. 精密度控制

前已指出：用标准偏差估量精密度，它也是表示随机误差的一种最好方法。标准偏差越小，则说明测定结果精密度越高；反之，则精密度越低。

在煤质检验工作中，通常选用标准试验方法，首先就在于方法自身不会导致系统误差产生，故在测定方法准确可靠的前提下，精密度的高低，即随机误差的大小对测定结果的优劣往往起着决定性作用。但不能由此认为精密度高，就是准确度高。因为方法自身不存在系统

误差，并不能说明测定过程中就不存在其他引起系统误差的因素。

对于一组测定结果，精密度的控制方法通常采用允许差法及控制图法。

（1）允许差法。允许差又分同一试验室允许差及不同试验室允许差，其允许差要求见表8-2。前者反映的是重复精密度，后者反映的是再现精密度。

1）同一试验室允许差（室内允许差）。是指在同一试验室中，由同一操作人员，用同一台仪器，对同一试样，在短期内所做的两次或多次测定结果的最大允许差值。

2）不同试验室的允许差（室间允许差）。是指在两个试验室，对同一试样取出有代表性的部分在相近时间内，各做两次测定所得两个平均值的最大允许差值。

允许差是对确定的试验方法及指定的被测含量而规定的，试验方法与被测含量不同，允许差也就不同。

表8-2 挥发分测定的允许差要求 %

挥发分 V_d	同一试验室允许差	不同试验室允许差
< 20	0.20	0.50
20 ~ 40	0.50	1.00
>40	0.80	1.50

重复精密度即同一试验室允许差，是在确定的测定条件下，根据重复测定结果的临界值 d_n 所决定的。所谓临界值，就是 n 次测定结果的极差 R 与标准差 S 的比值。因为允许差是指重复测定结果所允许的最大差值，所以极差 R 可用允许差 T 来取代，即

$$d_n = \frac{R}{S} = \frac{T}{S} \tag{8-11}$$

在置信概率为95%的情况下，不同试验次数与其临界值的关系参见表8-3。

表8-3 不同试验次数 n 与其临界值

重复试验次数 n	2	3	4	5	6
临界值 d_n	2.77	3.32	3.63	3.83	4.03

当进行两次重复测定时，其临界值 d_n 为2.77，则

$$2.77 = \frac{T}{S}, \quad 即 \ T = 2.77S$$

而进行3次重复测定时，则最大允许差为3.32S。由于试验条件确定，标准差 S 可以看成是一个不变的统计特征量，所以3次重复测定的最大允许差约为2次重复测定的最大允许差1.2倍。同样可以计算，4次及5次重复测定的最大允许差值应为两次重复测定的最大允许差1.3及1.4倍。

（2）控制图法。为了保证检测结果的质量，可采用控制图法，即用同一测试方法对一个控制煤样（通常用标准煤样，其组成及其特性与待测煤样相近），在相同试验条件下，于短时间内进行重复测定，在剔除异常值后对30个测定结果求出平均值及标准差 S，绘制出精密度控制图（见图8-4）。

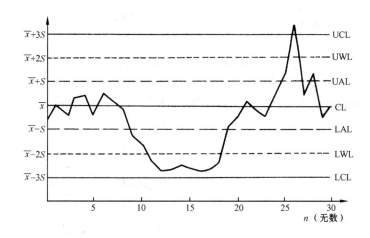

图 8-4　精密度控制

UAL(LAL)— $\bar{x} \pm 1S$；UWL(LWL)— $\bar{x} \pm 2S$，误差的上下警告限；

UCL(LCL)— $\bar{x} \pm 3S$，误差的上下控制限；CL—平均值 $\bar{x}$，平行于横坐标的水平线

为了绘制精密度控制图，可每天对控制样测定一次，其测定结果在图 8-4 中标出来，将各点连成一折线，它反映了测试条件的波动情况。

由于控制样选用标准煤样，故图 8-4 不仅可以控制精密度，而且还可控制准确度，图中的 $\bar{x}$ 则以标准煤样的标准值 μ 来代替，此图变成全面的质量控制图。当对控制样的测定结果能稳定地处于 $\mu \pm 2S$ 范围内，则再对未知样进行测定，其检测质量是能够得到保证的，该图一般用于日常的检测质量的控制。

2. 准确度控制

准确度控制常采用的方法是应用标准煤样标准值的允许差进行控制，以及采用加标回收方法进行控制等。

（1）标准煤样控制准确度。标准煤样的标准值并不是一个确定的数值，而是一个数值区间，即 $\mu \pm \Delta x$。μ 可以看成真值，Δx 为不确定度。由于煤质检验多选用 95% 的置信概率，在此条件下

$$\Delta x = t_{0.05,f}S_{\mu} \tag{8-12}$$

式中　S_{μ}——标准值的标准差；

$t_{0.05,f}$——显著性水平为 0.05（即置信概率为 95%），自由度为 f 的 t 分布概率系数，可由 t 临界值表查出；

Δx——标准值的不确定度。

此外，还可采用标准煤样的允许差来控制准确度。若试验室对标准煤样进行测定，其结果与标准煤样标准值 μ 不超过规定的允许差，则认为准确度合格；否则称为超差。这表明测定过程中存在系统误差，应加以检查以消除其影响。

（2）加标回收控制准确度。在样品中加入标准物质，测定其回收率，是试验室中常用而又方便地控制准确度的方法。为检查煤样中含硫量测定是否准确可靠，可往煤样中加入一定量的纯硫，用同一测试方法测定，其测定结果中硫含量的增大值相对于加入纯物质量的百分率，则为硫的回收率，它可由下式计算出来

$$回收率 = \frac{加标试样测定值 - 试样测定值}{加标量} \times 100\% \qquad (8\text{-}13)$$

如回收率接近 100%，则说明测定误差小，准确度高；反之，则误差大，准确度低。

（3）对不同方法做比较控制准确度。一般说来，不同测试方法具有相同的不准确性的可能很小。因而应用不同测试方法对同一样品进行测定，如能获得相同的结果，则它可作为真值的估计值。当采用不同方法对同一样品进行重复测定时，所得结果一致（即统计检验，不存在显著性差异），则认为上述测试方法是可靠的，其测试结果均有较高的准确度。

第三节　常用的统计检验方法

在煤质检测工作中，我们往往不知道某项特性指标的重复测定的总体均值是否等于它的真值（真值的估计值），又如某一项特性指标或化学成分的测试方法经过改进后，其测试精密度是否有了提高或回收率有了增加等。这时就可对总体做出一些假设，例如假设总体均值与真值的估计值相等，假设两个总体的方差相同，然后利用实际得到的样品测值，通过一定的统计方法来检验所作的假设是否合理，从而对此假设予以接受或者否定。

上述关于总体的假设，称为统计假设，通常用 H_0 来表示；检验统计假设的方法，称为统计检验或称假设检验、显著性检验。

统计检验方法在煤质检测中有着广泛的应用，如采制样中的系统误差检验。两种测试方法精密度是否一致的检验。一种采样或测试方法能否代替另一种采样或测试方法等等。本节将简要介绍常用的统计检验方法，并通过若干计算示例，让读者掌握常用的统计检验方法。

一、名词术语

1. 总体与个体

我们所研究对象的全体称为总体，其中的一个单位称为个体。例如在一采样单元中，所有子样组成总样，代表总体，而每一个子样则为个体。

2. 样本与样本容量

总体的一部分称为样本。样本所包含个体数目，例如在某一煤样总体中抽出的样本进行了 6 次含硫量测定，此样本中所含个体数（本例中为 6），称为样本容量。

数理统计方法，就是应用概率论的结果，通过样本来了解和判断总体统计特性的一种科学方法。

3. 统计量

样本测值的函数称为统计量。检测中常用的统计量有样本的均值 $\bar{x}$，样本的标准差 S，样本的方差 S^2，极差 R，相对标准偏差 RSD 等。

4. 显著性水平与置信水平

统计检验中给定的很小概率 α，称为显著性水平，它表示要否定一个假设所犯错误的概率有多大；与此相对应，$1 - \alpha$ 称为置信水平，它表示有多大把握去否定一个假设。

在煤质检测中，α 通常取 0.05，有时也取 0.01 及 0.10 等。

在对 H_0 做出否定判断时，α 值取得越小，则否定判断的可信程度越高；在对 H_0 做肯定判断时，α 取值越大，则反映肯定判断的把握程度越高。

α 取值不宜过小或过大，否则，容易将该否定的假设给肯定了或者把该肯定的假设否定了。

5. 置信度与临界值

置信度是指统计推断的可靠程度，常以概率表示；临界值是指统计检验时，接受或拒绝的界限值。

6. 双侧检验与单侧检验

统计检验分双侧检验与单侧检验两类，双侧检验，又称双边检验。如果只想了解总体均值 μ 是否等于已知值 μ_0，至于二者究竟哪个大，对所研究的问题并不重要，这时的假设为 $\mu = \mu_0$，否定假设为 $\mu \neq \mu_0$，就是采用双侧检验。如果需要专门研究总体均值 μ 是否显著大于或小于 μ_0，这时的假设为 $\mu \leqslant \mu_0$ 或 $\mu \geqslant \mu_0$，否定假设是 $\mu > \mu_0$ 或 $\mu < \mu_0$，就是采用单侧检验。

进行双侧检验时，应根据 α 或 $1 - \alpha$ 确定其临界值；进行单侧检验时，则应根据 $\alpha/2$ 或 $1 - \alpha/2$ 确定其临界值。

二、常用的统计检验方法

对于一个被测定体系，可用两个特征值来加以叙述：一是集中特征值即平均值 $\bar{x}$，另一个是分散特征值即标准差 S。判断准确度与精密度的高低，关键是平均值对真值的偏离程度。在实际测定中，这种偏离是不可避免的，但我们期望其偏离程度不要超过一定的界限，这一界限在统计检验中称为临界值。如偏离程度在临界值以内，说明测定值与真值之间不存在显著性差异（与选择的置信概率 P 或显著性水平 α 有关），也说明测定结果准确；否则，认为测定结果不准确。

常用的统计检验方法有 F 检验法与 t 检验法，特别是 t 检验法在煤质检测中有着广泛的应用价值。统计检验方法涉及较深的数学问题，理论上阐述也比较抽象；另一方面，它的实际应用又很多，故本书侧重讲如何应用上述统计检验方法，并举出较多的实例加以说明。

1. F 检验法

F 检验法是两组总体方差相等的统计检验，它可用于比较不同条件下（例如不同测试方法、不同仪器设备、不同操作人员、不同环境条件等）所测定的两组数据是否具有相同的精密度。F 检验的程序是：

(1) 先求出两组测定数据的方差 S_1^2 及 S_2^2，再求两者的比值 F，但必须令 $F > 1$，则

$$F = \frac{S_1^2}{S_2^2} \quad (S_1^2 > S_2^2)$$

(2) 由 F 临界值表查出临界值 F_{α, f_1, f_2}，α 通常取 0.05，f_1 与 f_2 分别为第一自由度和第二自由度。$f_1 = n_1 - 1$，n_1 为大方差 S_1^2 的测定次数；$f_2 = n_2 - 1$，n_2 为小方差 S_2^2 的测定次数。

(3) 如只要求二者没有显著性差异，则应用双边检查，查 F 表时，应将选定的 α 值除 2，即查 $F_{\alpha/2, f_1, f_2}$。如要确定两个方差中的一个显著大于另一个，则查 F_{α, f_1, f_2}，即 α 值不变。

(4) 当计算的 F 值小于临界值表查出的值时，认为二者精密度无显著性差异；反之，则认为二者精密度有着显著的不同。

【例8-1】 应用两台热量计测定同一煤样发热量各8次，其测定结果如下，问此两台热量计测定发热量是否具有相同的精密度？

解 第一台热量计的测定结果为 25010、25060、25090、25080、25070、25030、25060、25100J/g，第二台热量计的测定结果为 25070、25110、25040、25040、25060、25000、24980、24990J/g。

检验程序为

$$S_1^2 = 30^2 = 900$$

$$S_2^2 = 44^2 = 1936$$

$$F = S_2^2/S_1^2 = 2.15$$

此例为双边检验，自由度 $f_1 = f_2 = 8 - 1 = 7$。

给定 $\alpha = 0.05$，查 F 临界值表 8-4，得 $F_{0.025,7,7} = 4.99$。

因 $2.15 < F_{0.025,7,7}$，故这两台热量计测定发热量具有相同的精密度，或者说这两台热量计的精密度之间没有显著性差异。

表 8-4 F 临 界 值 表（$\alpha = 0.025$）

f_2 ＼ f_1	3	4	5	6	7	8	9	10	20	40	60	120
3	15.4	15.1	14.9	14.7	14.6	14.5	14.5	14.4	14.2	14.0	14.0	13.9
4	9.98	9.60	9.36	9.20	9.07	8.98	8.90	8.84	8.56	8.41	8.36	8.31
5	7.66	7.39	7.15	6.98	6.85	6.76	6.68	6.62	6.33	6.18	6.12	6.07
6	6.60	6.23	5.99	5.82	5.70	5.60	5.52	5.46	5.17	5.01	4.96	4.90
7	5.89	5.52	5.29	5.12	4.99	4.90	4.82	4.76	4.47	4.31	4.25	4.20
8	5.42	5.05	4.82	4.65	4.53	4.43	4.36	4.30	4.00	3.84	3.78	3.73
9	5.08	4.72	4.48	4.32	4.20	4.10	4.03	3.96	3.67	3.51	3.45	3.39
10	4.83	4.47	4.24	4.07	3.95	3.85	3.78	3.72	3.42	3.26	3.20	3.14
20	3.86	3.51	3.29	3.13	3.01	2.91	2.84	2.77	2.46	2.29	2.22	2.16
40	3.46	3.13	2.90	2.74	2.62	2.53	2.45	2.39	2.07	1.88	1.80	1.72
60	3.34	3.01	2.79	2.63	2.51	2.41	2.33	2.27	1.94	1.74	1.67	1.58
120	3.23	2.89	2.67	2.52	2.39	2.30	2.22	2.16	1.82	1.61	1.43	1.43

【例8-2】 灰中 MgO 测定中，为了解添加掩蔽剂对测定结果的影响，进行了添加掩蔽剂 9 次及不添加掩蔽剂 10 次试验，得到的标准差 S_1（添加掩蔽剂）及 S_2（不添加掩蔽剂）分别为 0.23 及 0.19。问添加掩蔽剂后，其测定结果的精密度是否显著降低？

按 [例 8-1] 的相同程序检验，即

$$S_1^2 = 0.0529$$

$$S_2^2 = 0.0361$$

$$F = S_1^2 / S_2^2 = 1.47$$

此例为单边检验，$f_1 = 9 - 1 = 8$，$f_2 = 10 - 1 = 9$。

给定 $\alpha = 0.05$，查 F 临界值表 8-5，得 $F_{0.05, 8, 9} = 3.23$。

$1.47 < F_{0.05, 8, 9}$，即认为添加掩蔽剂后测定结果的精密度没有显著降低。

表 8-5 $\qquad\qquad\qquad F \quad$ 临 界 值 表 $(\alpha = 0.05)$

f_2 \ f_1	3	4	5	6	7	8	9	10	20	40	60	120
3	9.28	9.12	9.01	8.94	8.89	8.85	8.81	8.79	8.66	8.59	8.57	8.55
4	6.59	6.39	6.26	6.16	6.09	6.04	6.00	5.96	5.80	5.72	5.69	5.66
5	5.41	5.19	5.05	4.95	4.88	4.82	4.77	4.74	4.56	4.46	4.43	4.40
6	4.76	4.53	4.39	4.28	4.21	4.15	4.10	4.06	3.87	3.77	3.74	3.70
7	4.35	4.12	3.97	3.87	3.79	3.73	3.68	3.64	3.44	3.34	3.30	3.27
8	4.07	3.84	3.69	3.58	3.50	3.44	3.39	3.35	3.15	3.04	3.01	2.97
9	3.86	3.63	3.48	3.37	3.29	3.23	3.18	3.14	2.94	2.83	2.79	2.75
10	3.71	3.48	3.33	3.22	3.14	3.07	3.02	2.98	2.77	2.66	2.62	2.58
20	3.10	2.87	2.71	2.60	2.51	2.45	2.39	2.35	2.12	1.99	1.95	1.90
40	2.84	2.61	2.45	2.34	2.25	2.18	2.12	2.08	1.84	1.69	1.64	1.58
60	2.76	2.53	2.37	2.25	2.17	2.10	2.04	1.99	1.75	1.59	1.53	1.47
120	2.68	2.45	2.29	2.18	2.09	2.02	1.96	1.91	1.66	1.50	1.43	1.35

2．t 检验法

在进行总体均值的比较时，两均值之差或均值与给定值之差，具体反映数据之间的差异。如仪器之间、不同采制样方法与化验方法之间所测数据差值的平均值 $\bar{d}$ 或大或小，不可能常为零，那么 $\bar{d}$ 是不是系统误差或显著性差异不得而知，这通常可以用 t 检验法加以判断。经 t 检验后做出统计推断，若 $\bar{d}$ 是显著性差异，则为系统误差；反之，则不是。

t 检验法常常用于下述比较与检验：

（1）均值 $\bar{x}$ 与给定值 μ 的比较

$$t = |\bar{x} - \mu| \sqrt{n} / S \qquad (8-14)$$

（2）均值 $\bar{x}_1$ 与均值 $\bar{x}_2$ 的比较

$$t = \frac{|\bar{x}_2 - \bar{x}_1|}{\bar{S}} \sqrt{\frac{n_1 \times n_2}{n_1 + n_2}} \qquad (8-15)$$

$$\bar{S} = \sqrt{\frac{(n_1 - 1) S_1^2 + (n_2 - 1) S_2^2}{n_1 + n_2 - 2}} \qquad (8-16)$$

（3）成对对比试验

$$t = \bar{d} \sqrt{n} / S_d \qquad (8-17)$$

上述诸式中 μ——真值；

S——测定值的标准差；

S_1^2、S_2^2——第一、第二测量体系的方差；

$\bar{x}_1$、$\bar{x}_2$——第一、第二测量体系测定值的平均值；

$\bar{S}$——第一、第二测量体系测定值的平均标准差；

n_1、n_2——第一、第二测量体系的测定次数。

t 检验法用于不同目的，其方法略有不同，现结合实例来说明 t 检验法的应用。

（1）用于平均值与真值的比较。对一组测定结果的平均值与真值进行比较，实际上就是判定结果的准确度。如平均值与真值之间不存在显著性差异，也就说明此测定结果的平均值是准确的。

【例 8-3】 用已知含硫量为 1.88% 的标准煤样检验一台定硫仪，共测 6 次，其所测结果为 1.82%、1.91%、1.86%、1.83%、1.87%、1.81%，问所测结果的平均值是否与标准煤样标准值相一致？

解 首先按式（8-14）计算统计量 t 值：

$\bar{x} = 1.85\%$，$S = 0.0374\%$，$\mu = 1.88\%$，$n = 6$，将上述参数代入式（8-14），则 $t = 1.96$

由于无须考虑测定平均值 $\bar{x}$ 与标准值 μ 谁大谁小，故为双边检验。

给定 $\alpha = 0.05$，由 t 临界值表 8-6 查得 $t_{0.05,5} = 2.57$。

比较 t 与 $t_{0.05,5}$，由于 $1.96 < t_{0.05,5}$，故所测得的 6 次平均值 1.85% 与标准值 1.88% 之间并不存在显著差异，也就是说所测结果符合要求。

需要指出：显著性水平 α 可以任选，一般 α 选 0.05。

$|t| < t_{0.05}$——无显著性差异；

$t_{0.05} < |t| < t_{0.01}$——有显著性差异；

$|t| \geq t_{0.01}$——有非常显著性差异。

表 8-6 t 临 界 值 表 （双边）

f \ α	0.20	0.10	0.05	f \ α	0.20	0.10	0.05
1	3.078	6.314	12.706	9	1.383	1.833	2.262
2	1.886	2.920	4.303	10	1.372	1.812	2.228
3	1.638	2.253	3.182	20	1.325	1.725	2.086
4	1.533	2.132	2.776	40	1.303	1.684	2.021
5	1.476	2.015	2.571	60	1.296	1.671	2.000
6	1.440	1.943	2.447	120	1.289	1.658	1.980
7	1.415	1.895	2.365	∞	1.282	1.645	1.960
8	1.397	1.860	2.306				

单侧检验时，须将 α 乘以 2，即查表（8-6）中的 $t_{2\alpha,f}$。

【例 8-4】 用已知热值 23457J/g 的标准煤样来检验一台新热量计，共测 6 次，其测值为

23482、23466、23471、23459、23418 及 23488J/g，问所得结果与标准值是否一致？

解 按式（8-14）计算统计量 t 值

$\bar{x} = 23464$J/g，$S = 24.88$J/g（计算从略），$\mu = 23457$J/g，$n = 6$　代入式（8-14）

$$t = \left| 23464 - 23457 \right| \times \sqrt{6}/24.88 = 0.69$$

查 t 值表，得　$t_{0.05,5} = 2.57$　（双边检验）

由于 $0.69 < t_{0.05,5}$，故所得结果与标准值一致，该新热量计符合要求。

【例 8-5】 如上例中 6 次测定值分别为 23467、23466、23472、23459、23461 及 23477J/g，问所得结果是否与标准值相一致？

解 具体方式同［例 8-4］。

$\bar{x} = 23467$J/g，$S = 6.72$J/g，$n = 6$，$\mu = 23457$J/g

$$t = \left| 23467 - 23457 \right| \times \sqrt{6}/6.72 = 3.64$$

而 $t_{0.05,5} = 2.57$，由于 $3.64 > t_{0.05,5}$，故按统计检验方法，则判为不一致，也就是存在显著性差异。

然而，［例 8-5］与［例 8-4］的测值一对照，就发现［例 8-5］的测定结果要明显优于［例 8-4］。［例 8-5］中 6 次测值的极差为 18J/g，标准差为 6.72J/g；而［例 8-4］中 6 次测值的极差为 70J/g，标准差为 24.88J/g，那么为什么会得出反常的结果呢？

由式（8-14）可以看出：t 值随 $\left| \bar{x} - \mu \right|$ 值的增大而增大，这是易于理解的，但它却随 S 值的增大而减小，故得出上述结果，这往往不易为人们所接受。对式（8-15）及式（8-16）也可能出现相似情况，这是煤质检测中应用 t 检验时常见的现象。这种现象在数理统计上称为统计上的显著性差异，但却无实际意义。如碰到这种情况，要根据实际情况进行综合考虑，不要轻易做出否定的结论。

又如某种检测仪器操作不便，测试结果精密度较差，而经过改进后的新仪器性能大大提高，操作简便，且测试精密度提高，那么由此引起的显著性差异，就不应说新仪器不合格。

（2）两组测定结果的比较。

【例 8-6】 两个煤质检验人员应用同一台热量计，用同一种标准苯甲酸各标定热容量 5 次。其结果分别是：甲 14105、14140、14128、14133、14134J/℃；乙 14172、14163、14159、14148、14148J/℃。试问两人所标热容量有无显著不同？

解 为了进行两组平均值的比较，首先应进行 F 检验，如两个体系方差无显著差异，可再进行平均值的 t 检验。甲、乙二人检测结果的下角分别为 1、2。

$$S_1 = S_1 = 13.55 \qquad \bar{x}_1 = 14128$$

$$S_2 = S_2 = 10.27 \qquad \bar{x}_2 = 14158$$

$$F = 13.55^2/10.27^2 = 1.74$$

查 F 临界值表 8-4，$F_{0.025,4,4} = 9.60$，由于 $1.74 < F_{0.025,4,4}$，故此两人所标热容量精密度一致。

为了进行 t 检验，首先应按式（8-15）计算统计量 t，然后再按式（8-16）计算平均标

准差 $\overline{S}$ 。

先求第一组及第二组测定值的平均标准差 $\overline{S}$

$$\overline{S} = \sqrt{\frac{4 \times 13.55^2 + 4 \times 10.27^2}{5 + 5 - 2}} = 12.02$$

$$t = \frac{30}{12.02}\sqrt{\frac{5 \times 5}{5 + 5}} = 3.95$$

根据题意，为双边检验，给定 $\alpha = 0.05$，查 t 临界值表8-6，$t_{0.05,8} = 2.31$。

由于 $3.95 > t_{0.05,8}$，故两人所标热容量存在显著性差异，至于说哪一个标定结果准确，则可再对标准苯甲酸或标准煤样进行测定来加以判别。

本例说明：二者精密度一致，但其标定结果存在显著性差异。

【例8-7】 为了确定某方法测定煤中全硫含量的回收率，应用该法9次，回收率实测平均值为89.9%，标准偏差为10.8%，问该法全硫回收率能否达到100%？

解 已知 $\overline{x} = 89.9\%$，$S = 10.8\%$，$f = 8$

按式（8-17）求统计量 t 值

$$t = \frac{|\overline{x} - \mu|}{S}\sqrt{n} = \frac{|89.9 - 100|}{10.8}\sqrt{9} = 2.81$$

因问回收率能否达到100%，故为单边检验，给定 $\alpha = 0.05$，查 t 临界值表8-6，$t_{0.10,8} = 1.86$。单侧检验时，使用双边表时须用 α 乘以2，即查 $t_{2\alpha,f}$ 值进行比较。

由于 $2.81 > t_{0.10,8}$，故该方法回收率达不到100%。

（3）成对对比检验。

成对对比检验是对成对观测值两均值的比较。它常用来比较两种仪器、两种检验方法或两个实验室之间的测值，从而确定两种不同处理方法之间的差异。

采煤样机采样系统误差检验就用此法。将机械采样与停带人工采样一一对应，组成一组，以停带人工样品的干燥基灰分 A_d 值作参比，从而检验采样装置有无系统误差。

准确度受系统误差与随机误差的综合影响。当测定次数增多时，随机误差减小，测定结果主要由系统误差所决定。t检验法对某一测试方法系统误差的检验，具有重要的实际意义。

【例8-8】 设以标准方法及快速方法测定同一煤样中灰分含量，各测20次，其结果 A_d 值列于表8-7。试问两种测定方法是否存在显著性差异？

解 第一步，求出两组测定结果 A_d 差值的平均值 $\overline{d}$

$$\overline{d} = \frac{1}{n}\Sigma(A_1 - A_0) = -0.37 \tag{8-18}$$

第二步，计算 A_d 差值的方差 S_d^2

$$S_d^2 = \frac{1}{n-1}\left(\Sigma d^2 - \frac{(\Sigma d)^2}{n}\right) = 1.66 \tag{8-19}$$

$$S_d = 1.29$$

d 为两组测定中各次对应值的差值。

表 8-7　　　　　　　　　　　　　　系统误差检验示例　　　　　　　　　　　　　　%

快速方法测定灰分 A_1		标准方法测定灰分 A_0	
27.19	25.57	26.61	26.38
24.91	25.37	24.51	25.35
23.77	31.06	25.18	31.46
24.81	30.38	27.35	30.53
25.77	30.08	28.45	29.87
23.70	31.07	24.65	29.96
24.52	25.43	23.42	24.03
26.73	26.40	27.04	29.36
26.02	26.68	27.19	26.22
27.27	26.68	27.30	25.36
平均值　　26.64		平均值　　27.01	

第三步计算统计量 t 值

$$t = \frac{|\bar{d}|\sqrt{n}}{S_d} = 1.28 \tag{8-20}$$

给定 $\alpha = 0.05$，它属于双边检验，查 $t_{0.05,19} = 2.09$。由于 $1.28 < t_{0.05,19}$，故两种测定方法之间不存在显著性差异。也就是说，快速测定方法如同标准测定方法一样，并不存在系统误差。

两种方法 A_d 差值的置信范围则按下式计算

$$D = \bar{d} \pm t_{\alpha,f} \frac{S_d}{\sqrt{n}} \tag{8-21}$$

将 $\bar{d} = -0.37$，$S_d = 1.29$，$n = 20$，$t_{\alpha,f}$ 即 $t_{0.05,19} = 2.09$ 代入式（8-21），则

$$D = -0.37 \pm 2.09 \times \frac{1.29}{\sqrt{20}} = -0.37 \pm 0.60\%$$

计算表明：二者 A_d 差值在95%的置信概率下，在 $+0.23\% \sim -0.97\%$ 的范围内。

读者在计算中应注意：两组数据的差值平均值 $\bar{d}$ 有正负之分；另一方面，标准差有两种表示方法，即

$$S = \sqrt{\frac{\sum_{i=1}^{n}(x_i - \bar{x})^2}{n-1}} \tag{8-22}$$

$$S = \sqrt{\frac{\sum x_i^2}{n-1} - \frac{(\sum x_i)^2}{n(n-1)}} \tag{8-23}$$

因而，如将［例 8-8］中的第二步计算 A_d 差值的方差转化成式（8-19）所示的形式，这样计算将更为方便。

【例 8-9】 某电厂新进一台皮带采煤样机，为检验该设备所采煤样品与停带所采样品之

间有无显著性差异，共收集了20组机械与停带人工采样样品，其灰分 A_d 值列于表8-8中。请对下述各项指标进行检验与计算。

解 （1）采样精密度一致性检验。

应用 F 检验法对两种采样方法的精密度是否具有一致性进行检验。

机械采样标准差 $S_j = 1.87$

停带人工采样标准差 $S_r = 1.79$

$$F = S_j^2 / S_r^2 = 1.09$$

表8-8 机械与停带人工采样 A_d 值一览表 %

组 别	机械采样 A_d	停带人工 A_d	两种采样方法 A_d 差值（机－人）
1	26.51	25.83	+ 0.68
2	30.15	26.22	+ 3.93
3	26.46	25.90	+ 0.56
4	27.09	26.54	+ 0.55
5	26.28	25.73	+ 0.55
6	28.83	29.06	− 0.23
7	26.21	27.01	− 0.80
8	28.97	27.32	+ 1.65
9	27.42	28.04	− 0.62
10	26.02	27.75	− 1.73
11	29.95	29.48	+ 0.47
12	28.11	27.01	+ 1.10
13	26.61	26.12	+ 0.49
14	27.26	28.16	− 0.90
15	29.29	30.36	− 1.07
16	28.30	30.30	− 2.00
17	33.49	30.03	+ 3.46
18	28.49	31.09	− 2.60
19	28.38	29.39	− 1.01
20	30.53	30.38	+ 0.15
平 均	28.22	28.09	+ 0.13

显著性水平 α 取 0.05，此系双边检验，查 F 表可知：$F_{0.025,19,19} = 2.51$

由于 $1.09 < F_{0.025,19,19}$，故说明两种采样方法精密度之间无显著性差异，即两种方法采样精密度具有一致性。

（2）灰分平均值一致性检验。

先求出 S_j 与 S_r 的平均标准差 $\overline{S}$ ，即

$$\overline{S} = \sqrt{\frac{(n_j - 1)S_j^2 + (n_r - 1)S_r^2}{n_j + n_r - 2}}$$

$$= \sqrt{\frac{19 \times 1.87^2 + 19 \times 1.79^2}{38}} = 1.83$$

再按式（8-15）计算统计量 t

$$t = \frac{|\overline{A}_j - \overline{A}_r|}{\overline{S}} \cdot \sqrt{\frac{n_j \times n_r}{n_j + n_r}}$$

$$t = \frac{0.13\sqrt{20 \times 20/40}}{1.83} = 0.22$$

α 取 0.05，此系双边检验，查 t 值表，$t_{0.05,38} = 2.02$，由于 $0.22 < t_{0.05,38}$，故两种方法采样，其灰分平均值之间具有一致性。

（3）系统误差检验。

系统误差是利用两种不同采样方法所采样品 A_d 之间是否存在显著性差异来判断的。

先求出两种采样方法 A_d 差值的平均值 $\overline{d}$

$$\overline{d} = \Sigma(A_j - A_r)/n = +0.13(\%)$$

再计算 A_d 差值的方差 S_d^2

$$S_d^2 = [\Sigma d^2 - (\Sigma d)^2/n]/(n - 1)$$
$$= [51.0^2 - 2.48^2]/(20 - 1)$$
$$= 2.67$$
$$S_d = 1.63$$

最后计算统计量 t 值

$$t = |\overline{d}|\sqrt{n}/S_d = 0.13\sqrt{20}/1.63 = 0.36$$

α 取 0.05，自由度 $f = 20 - 1 = 19$，查 t 值表，得 $t_{0.05,19} = 2.09$，由于 $0.36 < t_{0.05,19}$，故二者无显著性差异，机械采样不存在系统误差。

（4）置信范围检验。

两种采样方法 A_d 差值的置信范围 D 按下式计算

$$D = \overline{d} \pm t_{0.05,19}\frac{S_d}{\sqrt{n}}$$

$$= 0.13 \pm 2.09 \times 1.63/\sqrt{20}$$

$$= 0.13 \pm 0.76(\%)$$

计算表明：两者 A_d 差值在 95% 的概率下，为 +0.89% ~ -0.63% 范围内。

由此可以得出结论：该采煤样机与停带人工采样之间灰分平均值具有一致性，且不存在系统误差，故此采煤样机可代替停带人工采样。

第四节　检测数据的处理方法

在煤质检测过程中,将获得大量的检测数据。由原始数据到检测结果的计算,直至报告的发出,必须进行数据处理,例如剔除异常值,对实测数字进行修约,记录与运算有效数字等,这些都必须遵循一定的原则与方法,才能得到正确的检测结果并提出符合要求的检测报告。

一、异常值的剔除法则

通常对某一特性进行多次重复测定时,常常会出现偏离平均值的可疑数据,例如比平均值显著地偏大或偏小,对这些数值保留或舍弃将对平均值的计算结果产生很大影响,而这些可疑值的出现多半是检测中的过失误差造成的。只要测试人员使用合格的计量器具,按标准要求细心操作,过失误差是可以避免的。常用的可疑数值的检验方法为格鲁布斯法(Grubbs)及狄克逊法(Dixon),现结合实例加以介绍。

1. Grubbs 检验法

它用在多组测定值的均值一致性检验及剔除离群均值上,也可用在一组测定值一致性检验及剔除离群值上。

(1)多组测定值的均值一致性检验及剔除离群均值。

【例 8-10】　8 个试验室测定同一煤样,各试验室 4 次测定的平均值为 4.50、4.54、4.64、4.75、4.81、4.96、5.10、5.42,检验最大均值 5.42 是否是离群均值?

解　检验程序如下:

将 8 个试验室测定均值按由小到大的顺序排列,最大值 $\bar{x}_{max}$ 为 5.42,最小值 $\bar{x}_{min}$ 为 4.50。

计算总均值 $\bar{\bar{x}}$ 及标准差 $S_{\bar{x}}$

$$\bar{\bar{x}} = 4.84; \qquad S_{\bar{x}} = 0.31$$

可疑值为最大均值 $\bar{x}_{max}$ 时,按下式计算统计量 T

$$T = \frac{\bar{x}_{max} - \bar{\bar{x}}}{S_{\bar{x}}} = \frac{5.42 - 4.84}{0.31} = 1.87 \qquad (8-24)$$

如可疑值为最小均值 $\bar{x}_{min}$ 时,则按下式计算统计量 T

$$T = \frac{\bar{\bar{x}} - \bar{x}_{min}}{S_{\bar{x}}} \qquad (8-25)$$

根据给定的显著性水平 α 及测定值的组数 m,由 Grubbs 临界值表 8-9 查出临界值 T_{α},本例中 $m = 8$,$T_{0.05}$ 为 2.03,$T_{0.01}$ 为 2.22。

若 $T > T_{0.01}$,则可疑均值为离群均值,应予以剔除;若 $T_{0.05} < T \leq T_{0.01}$,则可疑均值为偏离均值;若 $T \leq T_{0.05}$,则可疑均值为正常均值,应予以保留。

本例中统计量 T 的计算值 1.87 < $T_{0.05}$,故不是离群均值,应予以保留。

(2)一组测定值的一致性检验及剔除离群值。一组测定值的一致性检验及离群均值的剔除方法与多组测定均值的基本相同,且更为简单。

【例 8-11】　检验下列一组煤中含碳量测定值,它们分别为 55.45%、55.32%、55.03%、55.61% 及 55.44%,舍去离群值。

解 检验程序如下：

将测定值由小到大依次排列，$x_{max} = 55.61\%$，$x_{min} = 55.03\%$。

$\bar{x} = 55.37\%$，$S = 0.22\%$，$n = 5$。由该组数据判断，最小值 55.03% 可能是离群值，则

$$T = \frac{\bar{x} - x_1}{S} = \frac{55.37 - 55.03}{0.22} = 1.54$$

给定 $\alpha = 0.05$，查表 8-8，当 $n = 5$ 时，$T_{0.05} = 1.67$。

计算的统计量 $T = 1.54$，由于 $1.54 < T_{0.05}$，故最小值 55.03% 不应剔除，应予以保留。

在应用 Grubbs 方法（见表 8-9）检验异常值时要注意下述两点：

1）有两个及以上相邻的可疑值时，应先检验内侧的一个数据，如内侧数据应该舍弃，则外侧数据更应剔除。

2）有两个及两个以上位于平均值两侧的可疑值时，应分别进行检验。如先检验的可疑值为离群值，则在检验另一可疑值时，测定次数应减去 1，显著性水平 α 应选择 0.01。

表 8-9   **Grubbs 临界值 T_α 表**

α \ n	3	4	5	6	7	8	9	10	20	25	30	40
0.01	1.16	1.49	1.75	1.94	2.10	2.22	2.32	2.41	2.88	3.01	3.10	3.24
0.05	1.15	1.46	1.67	1.82	1.94	2.03	2.11	2.18	2.56	2.66	2.74	2.87

2. Dixon 检验法

它用于一组测定值的一致性检验及剔除离群值。Dixon 检验法又称 Q 检验法，其检验程序如下：

（1）将重复测定的 n 个值，由小到大依次排列为 x_1、x_2、$\cdots$、x_{n-1}、x_n。

（2）按照 Dixon 检验统计量 Q 计算式（见表 8-10）求出 Q 值。

表 8-10   **Dixon 检验统计量 Q 计算式**

n 值范围	可疑值为最小值 x_1 时	可疑值为最大值 x_n 时	n 值范围	可疑值为最小值 x_1 时	可疑值为最大值 x_n 时
3 ~ 7	$Q = \dfrac{x_2 - x_1}{x_n - x_1}$	$Q = \dfrac{x_n - x_{n-1}}{x_n - x_1}$	11 ~ 13	$Q = \dfrac{x_3 - x_1}{x_{n-1} - x_1}$	$Q = \dfrac{x_n - x_{n-2}}{x_n - x_2}$
8 ~ 10	$Q = \dfrac{x_2 - x_1}{x_{n-1} - x_1}$	$Q = \dfrac{x_n - x_{n-1}}{x_n - x_2}$	14 ~ 15	$Q = \dfrac{x_3 - x_1}{x_{n-2} - x_1}$	$Q = \dfrac{x_n - x_{n-2}}{x_n - x_3}$

（3）根据给定的显著性水平 α 及测定次数 n，由 Dixon 检验临界值 Q_α，由表 8-11 查出临界值 Q_α。

表 8-11   **Dixon 检验临界值 Q_α 表**

α \ n	3	4	5	6	7	8	9	10	11	12	13	14
0.01	0.99	0.89	0.78	0.70	0.64	0.68	0.64	0.60	0.68	0.64	0.62	0.64
0.05	0.94	0.76	0.64	0.57	0.51	0.55	0.51	0.48	0.58	0.55	0.52	0.55

α \ n	15	16	17	18	19	20	21	22	23	24	25
0.01	0.62	0.60	0.58	0.56	0.55	0.54	0.52	0.51	0.50	0.50	0.49
0.05	0.52	0.51	0.49	0.48	0.46	0.45	0.44	0.43	0.42	0.41	0.40

（4）如果计算值 $Q > Q_{0.01}$，则可疑值为离群值；如 $Q_{0.05} < Q \leq Q_{0.01}$，则可疑值为偏离值；如 $Q \leq Q_{0.05}$，则可疑值为正常值，应予保留。

【例 8-12】 一组测定值按小到大依次排列为：24.61、24.92、24.93、24.95、24.96、24.98、25.02、25.05、25.12、25.14。问最小值 24.61 是否应该剔除？

解 检验程序如下：

$n = 10$，可疑值为最小值 x_1 时，按下式计算统计量 Q

$$Q = \frac{x_2 - x_1}{x_{n-1} - x_1} = \frac{24.92 - 24.61}{25.12 - 24.61} = \frac{0.31}{0.51} = 0.61$$

查 Dixon 检验临界值 Q_{α} 表 8-10，给定 $\alpha = 0.01$ 时，$Q_{0.01} = 0.60$。

$0.61 > Q_{0.01}$，故最小值 24.61 为离群值，应予剔除。

3. Cochran 最大方差检验法

该法用于多组测定值方差一致性的检验即等精密度检验，也可用于剔除多组测定值中精密度过低的一组数据。

（1）设有 L 组测定值，每组测定 n 次，统计量 C 按式（8-26）计算

$$C = \frac{S_{max}^2}{\sum\limits_{i=1}^{L} S_i^2} \tag{8-26}$$

（2）根据给定的显著性水平 α，测定组数 L 及每组测定次数 n，由 Cochran 最大方差检验临界值表 8-12，查得临界值 C_{α}。

（3）若 $C > C_{0.01}$，则可疑方差为离群方差，应将此组精密度过低数据剔除；如 $C_{0.05} < C \leq C_{0.01}$，则可疑方差为偏离方差；若 $C \leq C_{0.05}$，则可疑方差为正常方差，各组测定值精密度一致，即等精密度。

此检验方法在多单位参加的协同试验、煤质统检中应用较多。

【例 8-13】 6 个煤质试验室对同一煤样的灰分含量各进行 5 次测定，其标准差分别为 0.85、1.22、1.47、1.66、1.87、1.92，问此 6 个试验室的测定是否等精密度？

解 $S_{max} = 1.92$

$$\sum_{i=1}^{6} S_i^2 = 0.85^2 + 1.22^2 + 1.47^2 + 1.66^2 + 1.87^2 + 1.92^2 = 14.3107$$

$$C = \frac{1.92^2}{14.3107} = 0.26$$

给定显著性水平 $\alpha = 0.05$，$L = 6$，$n = 5$，由 Cochran 最大方差检验临界值表 8-12 查得 $C_{\alpha} = 0.48$。

由于 $0.26 < C_{0.05}$，故无异常方差，即 6 个试验室的测定为等精密度。

表 8-12   **Cochran 最大方差检验临界值 C_α 表**

L	$n = 2$		$n = 3$		$n = 4$		$n = 5$	
	$\alpha = 0.01$	$\alpha = 0.05$	$\alpha = 0.01$	$\alpha = 0.05$	$\alpha = 0.01$	$\alpha = 0.05$	$\alpha = 0.01$	$\alpha = 0.05$
2	—	—	1.00	0.98	0.98	0.94	0.96	0.91
3	0.99	0.97	0.94	0.87	0.88	0.80	0.83	0.75
4	0.97	0.91	0.86	0.77	0.78	0.68	0.72	0.63
5	0.93	0.84	0.79	0.68	0.70	0.60	0.63	0.54
6	0.88	0.78	0.72	0.62	0.63	0.53	0.56	0.48
7	0.84	0.73	0.66	0.56	0.57	0.48	0.51	0.43
8	0.79	0.68	0.62	0.52	0.52	0.44	0.46	0.39
9	0.75	0.64	0.57	0.48	0.48	0.40	0.42	0.36
10	0.72	0.60	0.54	0.44	0.45	0.37	0.39	0.33
11	0.68	0.57	0.50	0.42	0.42	0.35	0.37	0.31
12	0.65	0.54	0.48	0.39	0.39	0.33	0.34	0.29

二、标准曲线与一元线性回归方程

在煤质特性检测中，经常会碰到量与量之间存在着一定联系的情况，例如煤中灰分与发热量之间、比色分析中的吸光度与被测物浓度之间等均存在一定关系。为了表征它们之间的关系，常需制作标准曲线。研究变量间相互关系的统计方法，称为回归分析，而在煤质检测结果的质量控制中，应用最多的是一元线性回归分析。

理论上某两种变量之间应是直线关系，但是，由于实际测定中存在各种引起随机误差的因素，实测的各坐标点往往不完全处于一条直线上，因此需要采用回归法求出对各坐标点的误差都是最小的直线方程式。利用此直线方程式，也就可以绘制出一条直线。

1. 一元线性回归方程

直线方程式的一般表达形式为

$$y = a + bx \tag{8-27}$$

式中 x——自变量；

        y——因变量；

        a——截距；

        b——直线的斜率。

为了制作一条标准曲线，通常应不少于 5 个测点，设测点数为 n，则直线在 x 轴上的截距 a 及直线的斜率（在回归方程中称回归系数）b 分别由下式求出

$$a = \frac{\Sigma x^2 \Sigma y - \Sigma x \Sigma xy}{n \Sigma x^2 - (\Sigma x)^2} \tag{8-28}$$

$$b = \frac{n \Sigma xy - \Sigma x \Sigma y}{n \Sigma x^2 - (\Sigma x)^2} \tag{8-29}$$

【例 8-14】 已知标准物质的含量为 x，测得其对应量为 y，试计算 x^2、y^2、xy 及其总和。

将上述各值代入式（8-28）及式（8-29），则

$$a = \frac{3016 \times 816 - 104 \times 22968}{6 \times 3016 - (104)^2} = 9.94$$

$$b = \frac{6 \times 22968 - 104 \times 816}{6 \times 3016 - (104)^2} = 7.27$$

故　　$y = 7.27x + 9.94$

将其对应值一一列入表 8-13 中。

表 8-13　　　　　　　　　　　　　x^2、y^2、xy 对应表

n	x	y	x^2	y^2	xy
1	0	0	0	0	0
2	4	42	16	1764	168
3	10	86	100	7396	860
4	20	162	400	26244	3240
5	30	234	900	54756	7020
6	40	292	1600	85264	11680
Σ	104	816	3016	175424	22968

2. 标准曲线的绘制

在绘制标准曲线时，为了方便制图，x 可任选三个数，如 0、10 及 20，则 y 的计算值分别为

$$y_0 = 9.94$$

$$y_1 = 7.27 \times 10 + 9.94 = 82.6$$

$$y_2 = 7.27 \times 20 + 9.94 = 155.3$$

由上述三点，即可绘制一直线，如图 8-5 所示。

上述直线对所有实测数据来说，是误差最小的一条直线，因而应用一元线性回归方程或根据它所绘制的标准曲线，有助于提高检测结果的准确度。

在应用回归方程时，其适应范围一般限于原观测数据的变化范围，不能将适用范围任意扩展。否则，会出现较大的误差，甚至得出错误的结果，现在某些仪器的校准中就可能出现这方面的问题。回归方程主要用于质量控制、监督管理、数据处理等，一般不宜以回归方程的计算来取代实际检测。

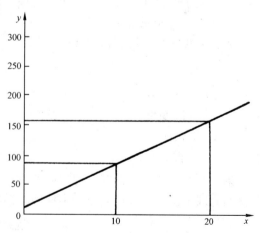

图 8-5　一元线性回归曲线示例

3. 一元非线性及二元线性回归

在煤质检验中，我们还常常碰到两个变量之间的关系并非直线性，而用某种曲线来描绘

则更为适当。例如煤中挥发分与氢含量的关系、挥发分与氧含量的关系等，氢与氧含量均随挥发分含量的增高而增大，但不是线性关系，它们之间的关系称为非线性相关。

根据检测数据，从坐标图上的散点分布形状及特点可选择适当的曲线来拟合这些检测数据。

由曲线可确定相应的曲线方程，这就需要确定该方程中的参数。通常总是通过数学变换，将一元曲线回归变换为一元线性回归方程，然后仍按上法来确定未知的参数。

例如曲线，用方程 $y = a + b\ln x$ 表示，选用的变换公式 $X = \ln x$，$Y = y$，则变换后的线性方程为 $Y = a + bX$；又如 S 型曲线，用方程 $y = \dfrac{1}{a + be^{-x}}$ 表示，选用的变换公式 $X = e^{-x}$，$Y = \dfrac{1}{Y}$，则变换后的线性方程为 $Y = a + bX$。

在回归分析中，因变量只与一个自变量有关，故称为一元回归，而实际工作中，影响变量的因素不是一个而是两个或更多个。例如煤的发热量不仅与灰分含量高低有关，也与挥发分含量相关；又如煤的采样代表性，不仅与一单元内的子样数有关，而且还与每个子样的量、采样点的位置及所用采样工具有关。像这类回归问题称为多元回归分析。

例如根据某矿区生产的烟煤，随机抽取多组样品进行了 A_d、V_d 及 $Q_{gr,d}$ 的测定。按其所测数据通过数学运算，干燥基高位发热量 $Q_{gr,d}$ 可用一个二元线性回归方程来表示，即 $y = c + c_1 x_1 + bx_2$。c 为常数，x_1 表示 A_d，x_2 表示 V_d，y 表示 $Q_{gr,d}$。

4. 相关系数

自变量 x 与因变量 y 之间线性关系的密切程度如何，可以用相关系数 r 去度量，它可用式（8-30）表示

$$r = \frac{n\Sigma xy - \Sigma x\Sigma y}{\sqrt{\left[n\Sigma x^2 - (\Sigma x)^2\right]\left[n\Sigma y^2 - (\Sigma y)^2\right]}} \tag{8-30}$$

对例［8-14］中相关系数 r 的计算如下

$$r = \frac{6 \times 22968 - 104 \times 816}{\sqrt{(6 \times 3016 - 104^2)(6 \times 175424 - 816^2)}} = 0.998$$

相关系数 r 的取值有三种情况：

（1）$r = 0$，y 与 x 毫无线性关系，见图 8-6（d）。

（2）$|r| = 1$，y 与 x 完全线性相关，见图 8-6（a）。$r = +1$，完全的正相关；$r = -1$，完全的负相关。

（3）$0 < |r| < 1$，说明 x 与 y 之间存在一定的线性关系，见图 8-6（b）、（c）。$r > 0$，称

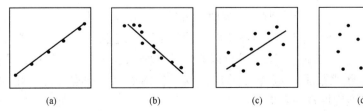

图 8-6　不同相关系数示意

（a）$r = 1$；（b）$r = -0.9$；（c）$r = 0.5$；（d）$r = 0$

为正相关；$r < 0$，称为负相关。

由图 8-6 可知，相关系数 $|r|$ 越接近于 0，各点离回归直线越远，线性相关越小，如图 8-6（c）所示；$|r|$ 越接近 1，各点离回归直线越接近，线性相关越大，如图 8-6（b）所示。

三、有效数字及其运算

1. 有效数字的含义

煤质检测结果均是以数字来表达，有效数字是指该测试方法所实测到的数字，它不仅表示测值的大小，而且反映测值的准确度。

检测结果的最后一位为不定数字，末位数以前的数字均为可靠数字，不定数字与可靠数字之和，称为有效数字。例如发热量 22221J/g，最后一位 1 是不定的，它可能是 2，也可能是 0，即为 22221 ± 1J/g；22221 为五位有效数字。

2. 数字中 0 的性质

对于数字中的"0"，当它用于表示小数点的位置时，则与测定准确度无关，它不是有效数字；当它表示与测定准确度有关的数值大小时，则为有效数字。故数字中"0"，是不是有效数字，应视具体情况而定。

（1）小数点后末位的"0"为有效数字。

1.4100	五位有效数字
8.290	四位有效数字

（2）位于有效数字中间的"0"为有效数字。

21.0004	六位有效数字
1.301003	七位有效数字

（3）非 0 数字前的"0"不是有效数字。

0.002	一位有效数字
0.029	两位有效数字

（4）对以 0 结尾的整数，有效数字位数较难判断，它可根据测定值的准确程度写成指数形式，217700 可能是四位、五位甚至六位有效数字，将它写成：

2.177×10^5	四位有效数字
2.1770×10^5	五位有效数字
2.17700×10^5	六位有效数字

有效数字可以反映某一测试方法准确度范围。测试结果中有效位数，应与该方法测试准确度相适应，不应在运算中利用小数点后保留位数的增加来表示准确度的提高。如能达到更多的有效位数，即提高测试结果准确度，只有选用更精密的测试仪器设备才行。

3. 有效数字的记录与运算

（1）有效数字的记录。在记录测试数据时，只保留一位不定数字。如滴定管测准到小数后一位数字，而第二位则是估读出的不定数字，所以记录滴定液体积时，小数点后保留到第二位。又如应用分析天平称量时，1mg 是可以称准的，而 0.1mg 为不定数字，故称量后记录 1.0045g，21.3200g。有效数字不应随意增加，也不应随意减少，如 21.3200g 不可简写成 21.32g。因为后者的准确度较前者低 100 倍。

（2）有效数字的修约。运算中应采用"四舍六入五留双"法则，弃去多余位数。

1）在拟舍弃的数字中，若左边第一个数字小于 5，则舍去，也就是所拟保留的末位数字不变。如 23.2361 修约到保留一位小数为 23.2。

2）在拟舍弃的数字中，若左边第一个数字大于 5，则进 1，也就是说将所拟保留的末位数字加 1。如 49.678 修约到保留一位小数为 49.7。

3）在拟舍弃的数字中，若左边第一个数字是 5，而拟保留数字末位数是奇数，则进 1；如是偶数（含 0），则舍去；如 5 后边的数字并非全部是 0，则进 1。如将以下数字保留到小数点后两位，则 17.015 应修约为 17.02；17.025 也应修约为 17.02；21.0051 则应修约到 21.01。

4）在拟舍弃的数字中，若左边第一个数字为 5 而其后面的数字均为 0，则所拟保留的末位数为奇数，则进 1；若为偶数（含 0），则舍去。如将下列数字修约到只保留一位小数：0.2500 应修约为 0.2，0.3500 应修约为 0.4，2.0500 应修约为 2.0。

5）拟舍弃的数字并非单纯一个数字时，不得对该数字连续修约，应根据所拟舍弃的数字中最左边第一个数字大小，按上述原则处理。如将 25.4765 修约为整数时应为 25，而不是 26。

（3）有效数字的运算。运算规则如下：

1）加减法运算时，有效数字的保留应以小数点后位数最少的数字为依据。如 1.0079、32.06、26.017 相加时，首先根据小数点后位数最小的数字取舍，然后再相加，即 1.01 + 32.06 + 26.02 = 59.09。

2）进行乘除法运算时，所得结果的有效数字应以相对误差最大或有效数字最少的数为依据。如 $0.0218 \times 25.44 \div 1.0782$，在 0.0218、25.44 及 1.0782 中，0.0218 为三位有效数字，故计算结果应为三位有效数字，舍弃多余数字。

$$0.0218 \times 25.44 \div 1.0782 = 0.514$$

上述三个数字中，它们的相对误差分别为

$$\frac{0.0001}{0.0218} \times 100\% = 0.46\%$$

$$\frac{0.01}{25.44} \times 100\% = 0.04\%$$

$$\frac{0.0001}{1.0782} \times 100\% = 0.0093\%$$

故相对误差最大的数字为 0.0218，因而计算结果应为三位有效数字。

3）在所有计算式中，如 $\sqrt{5}$、3/7 以及某些常数 π 等的有效数字可看作是无限的。这类数值在计算中需要几位就可以写几位。

4）乘方及开方时，原测定值有几位有效数字，计算结果就保留几位有效数字。如 6.24^2 = 38.9376，应保留三位有效数字，即 38.9；如 $\sqrt{7.191} = 2.6816039$，应保留四位有效数字，即 2.682。

第五节　电厂煤质验收与检测中的质量控制

电煤从进厂起，至燃烧及检测全过程中，始终存在质量的控制与要求。

大中型电厂日进煤少则数千吨，多则数万吨。为了确保进厂煤质价相符，以维护电厂自身权益，保证锅炉机组的安全经济运行，必须把好入厂煤质这一关。为此，由煤炭及电力系统共同负责起草的国家标准 GB/T 18666—2002《商品煤质量抽查与验收方法》已颁布实施，它规定了商品煤质量抽查方法与验收方法。

电厂对煤质特性检测的基本要求，是以保证检测质量，即检测结果的精密度与准确度符合国家标准或电力行业标准为前提。在检测全过程中，要体现对其质量的控制与要求。故本书将上述这两方面的有关内容列入本章来加以阐述。

一、电厂进厂煤的验收

电厂进厂煤的验收，包括煤量与质量验收两部分。

1. 煤量验收

关于进厂煤量的验收，视电煤装载运输工具的不同采取不同的方法。对于火车来煤，普遍使用轨道衡计量。轨道衡又有动态与静态之分。车辆动态过衡，由于通过的速度快，计量误差大一些；而静态过衡，则计量误差小一些。

电厂使用的多为动态过衡，为了保证计量的准确，过衡时对煤车有限速规定。在没有安装轨道衡的电厂，则采用检尺法计量，即测出火车所装煤的体积及堆积密度，计算出煤量。

对于船舶运煤的计量，多采用水尺计量验收。交通部门规定：对整船散装货物，水运部门可根据物资单位的要求提供船舶水尺计量的吨数，作为发货单位确定的数值。

沿海大型电厂多用海轮，沿江电厂则多用驳船运煤进厂。为了正确进行计量验收，要求每只船均应编制水尺计量鉴定表，从而较方便地确定出装煤量。

对于汽车进煤，电厂普遍采用地磅计量。无论是轨道衡，还是地磅，均应定期由国家计量检定部门进行检定，合格者方可使用。

关于煤量的计量验收方法与要求，请读者参阅《燃料管理工程》一书（国家电力调度通信中心组编，冶金工业出版社出版，1995 年 11 月）。

2. 煤质验收

有众多的特性指标可以表征煤质的优劣。因此，应把各特性指标对电力生产影响的不同作为计价的主要依据，在合同上加以明确约定。国家标准《商品煤质量抽查与验收方法》中，对动力煤灰分、发热量及全硫含量在抽查与验收中出卖方与买受方（即通常所说的供需双方）检验值的允许差值作出了规定。同时，该标准还指出，除上述指标外，合同还可包括挥发分、哈氏可磨性、灰熔融性等指标，并按合同约定进行质量评定与验收。

二、煤质验收中的质量评定

本书已对煤质特性各项指标检测方法及其与电力生产的关系作过系统、全面的阐述。煤质验收中规定的上述特性指标，对电力生产来说都是十分重要的。以往我国电力用煤多按收到基低位发热量计价，也还有一些单位仍按灰分含量计价。因此，发热量或灰分自然成为商品煤质验收中的主要指标。此外，煤中水分含量不仅影响到收到基低位发热量，煤中每增加1%的水分，收到基低位发热量约降低 250J/g 左右，同时由于煤在装卸及运输过程中，水分的变化是不可避免的，故水分不宜作为煤炭质量的评定指标。

1. 验收煤质的指标确定

按照国家标准《商品煤质量抽查与验收方法》的规定，将三项指标：干燥基灰分 A_d、

干燥基高位发热量 $Q_{gr,d}$ 及全硫含量 $S_{t,d}$ 作为动力煤质量验收的基本指标，并对其质量评定作出了具体规定。与以往电煤计价的指标不同点在于增加了煤中干燥基全硫含量，将收到基低位发热量改为干燥基高位发热量。

煤中硫对电力生产危害很大，这在第四章中已作了专门阐述。硫和灰分一样，是煤中分布最不均匀的两项特性指标，故现在要求入厂及入炉煤，每天甚至每班都必须对其中的含硫量进行测定。因此，把煤中全硫含量列入商品煤质验收的基本指标就不难理解了。

电厂就是利用煤的燃烧产生的热量使其转为电能的，故煤中发热量的高低是电厂特别关注的。然而，以往一直作为进厂煤质验收的主要指标收到基低位发热量，其值的大小还受煤中水分及氢含量的很大影响，由此常常引起卖方与买受方的争议；另一方面，国外也多用干燥基高位发热量值来作为发热量质量的评价指标，故新颁国家标准对此作出了以 $Q_{gr,d}$ 代替 $Q_{ar,net}$ 作为商品煤质量验收的基本指标之一的规定。

本书第五章已讲明 $Q_{gr,d}$ 与 $Q_{ar,net}$ 之间的关系。它们可按下式换算

$$Q_{ar,net} = (Q_{gr,ad} - 206H_{ad}) \times \frac{100 - M_t}{100 - M_{ad}} - 23M_t \tag{8-31}$$

经移项处理，得

$$Q_{gr,ad} = (Q_{ar,net} + 23M_t) \times \frac{100 - M_{ad}}{100 - M_t} + 206H_{ad}$$

$$\because \quad Q_{gr,ad} = Q_{gr,d} \times \frac{100 - M_{ad}}{100}$$

$$\therefore \quad Q_{gr,d} = (Q_{ar,net} + 23M_t) \times \frac{100}{100 - M_t} + 206H_{ad} \times \frac{100}{100 - M_{ad}}$$

$$Q_{gr,d} = (Q_{ar,net} + 23M_t) \times \frac{100}{100 - M_t} + 206H_d \tag{8-32}$$

【例 8-15】 设 $Q_{ar,net} = 23000J/g$，$M_t = 8.0\%$，$M_t = 1.26\%$，$H_{ad} = 3.65\%$，问 $Q_{gr,d}$ 为多少?

解 将上述各参数值代入 (8-32)，则

$$Q_{gr,d} = (23000 + 23 \times 8.0) \times \frac{100}{100 - 8.0} + 206 \times 3.65 \times \frac{100}{100 - 1.26}$$

$$= 25200 + 761 = 25961(J/g) = 25.96MJ/kg$$

$Q_{ar,net}$ 较 $Q_{gr,d}$ 发热量低 $25961 - 23000 = 2961$（J/g），则相当于 708cal/g 的热量。

由上述计算可知：煤中水分与氢含量将对收到基低位发热量产生相当大的影响。鉴于新国家标准规定，商品煤发热量的验收按干燥基高位发热量计，则要求电煤管理人员也应掌握煤的基准之间，发热量高低位之间的计算，并了解其对电力生产的影响。

2. 验收煤质特性指标的允许差

首先需要指出：这里所说的煤质特性指标的允许差，是专指煤炭出卖方提供的报告值与买受方的检验值之间的差值的允许界限。这与煤质检测中所指重复测定的允许差包括室内及室间允许差含义是不同的，这将在下文中作进一步阐述。

商品煤质验收中，各项特性指标的允许差规定见表 8-14 和表 8-15。

表 8-14 灰分与发热量的允许差

煤的品种	灰分范围 A_d (以检验值计) (%)	允许差 (报告值 − 检验值)	
		ΔA_d (%)	$\Delta Q_{gr,d}$ (MJ/kg)
原煤、筛选煤	$20.00 \sim 40.00$	-2.82	$+1.12$
	$10.00 \sim 20.00$	$-0.141A_d$	$+0.056A_d$
	<10.00	-1.41	$+0.56$
非冶炼用精煤		-1.13	按原煤、筛选煤计
其他洗煤		-2.12	
冶炼用精煤		-1.13	

表 8-15 全硫的允许差 (%)

煤的品种	全硫范围 $S_{t,d}$ (以检验值计)	允许差 (报告值 − 检验值)
各种煤	<1.00	-0.17
	$\geqslant 1.00 \sim 2.00$	$-0.17S_{t,d}$
	$>2.00 \sim 3.00$	-0.34

各项特性指标允许差的确定，是以 GB 475—1996 及 GB 474—1996 为基础，按照煤的采样精密度推导而来的。对一批煤进行单次采样的测定结果，在 95% 的概率下落在采样精密度范围内；或者说单次采样的测定值与对同一单元进行无数次采样测定值的平均值的差值，在 95% 的概率下，落在采样精密度 ±P 的范围内。在同一单元煤中采取 2 个总样，它们测定值之间的差值相差应为 $\sqrt{2}P$。关于煤质验收问题，请读者参阅 GB/T 18666—2002《商品煤质量抽查与验收方法》及《发电用煤质量验收——解析国标 GB/T 18666—2002 专题汇编》（中国电力出版社 2002.9），本书不拟多加介绍。

三、煤质检测中的基本要求与一般规定

（一）煤质特性检测的基本要求

1. 检测方法的选用

为了确保检测结果的可靠性，首先要选用适当的测试方法。通常均采用国家标准或电力行业标准所规定的测试方法。

对于某一项目的检测，标准中常规定一种或数种不同的试验方法，这要根据试验的性质与目的加以选用。例如灰分的测定，快速灰化法只限于例行监督试验，对其他性质的试验，则要选用缓慢灰化法；又如煤中全硫测定，标准中列入三种不同试验方法，艾士卡法、库仑法、燃烧中和法，用于仲裁或校核方面的试验要求选用艾士卡法，对其他性质的试验，则可选用库仑法或燃烧中和法。

如果某些检测项目的试验方法，目前国家及行业标准尚未制定，则可参照国际或国外标准，并用标准煤样进行验证，证明测试结果准确可靠后，报上级有关部门审批后也可使用。例如热重法测定工业分析特性指标，红外法测定全硫等就属此类。

有一点需要特别指出，各单位在选用测试方法时，应选用最新版本标准。一些单位由于信息滞后往往将早已过时作废的标准作为检测的依据，这样可能对检测结果造成很大影响。例如煤中全水分测定，现行测试方法为国际 GB 211—1996 所规定的，它采取小于 13mm 或小于 6mm 试样，一次测定出全水分，代替了原国标 GB 211—1979 中的规定，即可采用小于 3mm 试样来测定全水分。

2. 计量器具的检定

根据国家计量法的规定，各种计量器具都必须定期送国家计量检定或授权检定部门进行计量检定。只有检定合格者，并在检定证书规定的有效期内方可使用。

煤质特性检测涉及众多计量器具，其中主要有：

(1) 氧弹热量计　不论其类型及是否配有微机，均属于国家规定的强制检定计量器具，检定周期为三年。与之配用的氧弹、氧气压力表、温度计等均须按各自要求进行检定。

(2) 各类天平　它们均属计量器具，其检定周期为一年。检定不合格者降级或停止使用。

(3) 热电偶及温控仪　用于高温炉、元素分析炉、灰熔融性测定仪上的热电偶及其配套的温度指示仪表均须定期检定，检定周期为一年。

(4) 标准试验筛　它是否合格，对制样、可磨性、煤粉细度等测试结果影响很大，其检定周期为一年。

煤质特性检测中所使用的计量器具还有流量计、秒表、各种温度计及滴定管等玻璃仪器，均须按规定定期检定。

3. 法定计量单位的使用

法定计量单位是我国计量工作的一个法规，它具有法律效力，是统一我国计量制度的一个重要规定，在各行各业中均须执行。在煤质特性检测中，我们常碰到的法定计量单位主要用于发热量、压力、温度、溶液浓度等方面。现简要说明如下：

(1) 发热量的法定计量单位是焦/克（J/g）或兆焦/千克（MJ/kg）。

过去热量的单位用卡，且它有 20℃卡、15℃卡、国际蒸汽表卡等之分，现在卡作为热量单位已经废除。

(2) 压力的法定计量单位常用的是帕（Pa）或兆帕（MPa）。过去使用的压力单位千克力每平方厘米（kgf/cm^2）、大气压（atm）、毫米汞柱（mmHg）等均已作废。

(3) 温度是衡量冷热程度的物理量，它的法定计量单位是热力学温度单位"开尔文"，它是水的三相点热力学温度的 1/273.16，简称"开"，符号为 K，热力学温标在温度间隔方面与摄氏温标是一致的，故当表示温度间隔或温差时，二者通用。摄氏度（℃）则专门用来表示摄氏温度。

4. 浓度的表示方法

浓度有各种表示方法，由于实施法定计量单位，在煤质检测中原先常用的当量浓度（N）及克分子浓度（M）已被废除。溶液浓度要用下述方法表示：

c（NaOH）$= 0.1mol/L$，即每升溶液中含有 $0.1 \times 40g$ 氢氧化钠；

$c\left(\dfrac{1}{2}H_2SO_4\right) = 2mol/L$，即每升溶液中含有 $2 \times 49g$ 硫酸；

$c\left(\dfrac{1}{5}KMnO_4\right) = 0.2mol/L$，即每升溶液中含有 $0.2 \times 31.6g$ 高锰酸钾。

当溶液浓度以质量比或体积比表示时，用 %（m/m）或 %（V/V）表示其百分率。

当溶液浓度以量纲上不同单位如质量与体积表示，则浓度应以 g/L 或以适当的分倍数表示，如 mg/mL。

如果一试剂与另一试剂（或水）以体积比或质量比相混合，则以（$V_1 + V_2$）或（$m_1 + m_2$）表示。如（1+5）（$V+V$）的硫酸是指 1 体积相对密度为 1.84g/cm^3 的硫酸与 5 体积水混合后的溶液；又如（1+2）（$m+m$）无水碳酸钠与氧化镁的混合物，即艾士卡试剂是指 1 份无水碳酸钠与 2 份氧化镁按其质量比所组成。

凡以水作溶剂的溶液，称为水溶液；以其他液体为溶剂的溶液，则在其前面冠以该溶剂的名称，如酒精溶液、丙酮溶液等。

5. 煤质检测用水要求

煤质检测用水，应符合国标 GB 6682 的要求。试验室用水的技术要求参见表 8-16。

表 8-16 试验室用水的技术要求

名　　　　称	一　级	二　级	三　级
pH 值（25℃）	—	—	6.0～7.5
电导率（25℃，μS/cm）≤	0.01	0.10	0.50
可氧化物质（以 O 计，mg/L）<	—	0.08	0.4
吸光度（254nm，1cm 光程）≤	0.001	0.01	—
蒸发残渣（105℃±2℃，mg/L）≤	—	1.0	2.0
可溶性硅（以 SiO$_2$ 计，mg/L）<	0.01	0.02	—

试验室用水应为饮用水或适当纯度的水。试验室中一级水用于严格要求的分析试验；二级水用于无机痕量分析等试验；三级水用于一般化学分析试验。在煤质测试中，一般应用三级水，它可用蒸馏或离子交换等方法制取。有时也用二级水，例如原子吸收法测试中的用水，可用多次蒸馏或离子交换等方法制取。各级用水均使用密闭的、专用的聚乙烯容器贮存，三级水也可使用密闭的、专用玻璃容器贮存。

标准 SD 322—1989《燃料检验工作全面质量管理准则》，对影响煤质检验的各个环节均作了详细的规定。它适用于电力工业的生产、科研、设计等部门燃料试验室工作的全面质量管理。

（二）煤质特性检测中的一般规定

近期颁布的电力行业标准 DL/T 567.1—1995《火电厂燃料试验方法一般规定》，是发电用煤分析试验的一项基础标准，是各项分析试验应共同遵守的准则。

1. 样品

火电厂对煤炭质量的评价，是以对其样品的分析测定结果为依据的。采样、制样与分析试验是获得准确结果的三个互相关联的环节。对煤质最终分析结果的影响来说，采样最大，制样次之，分析测试最小。故为了保证获得准确的煤质分析结果，首先就必须保证所采煤样具有代表性，其次就是保证制样的正确性。入厂煤、入炉煤、煤粉、灰渣等，均应按国标及 DL/T 567—1995《火电厂燃料试验方法》中有关规定进行采制样。

（1）分析煤样的制备。

分析煤样应按国标 GB 474—1996《煤样的制备方法》制备。除有特殊说明外，分析煤样粒度应小于 0.2mm。在装瓶前，分析煤样应达到空气干燥状态。

分析煤样粒度太大，则样品均匀性较差，测定结果的精密度也较低，同时在灰分及发热量测定时，还可能由于试样燃烧不完全而使测定结果出现较大的误差，故对分析煤样的粒度必须予以保证。

煤质检验的直接对象是处于空气干燥状态的分析煤样，其检测结果均以空干基准来表示，故分析煤样是否保持空气干燥状态对检测结果影响很大。在制备煤样时，若在室温下连续干燥 1h 后煤样的质量变化不超过 0.1%，则认为达到空气干燥状态。

分析煤样处于空气干燥状态，是指装瓶前所处的状态。当煤样缩制到粒度小于 1mm 时，为加速去除表面水分，允许用低温（45 ~ 50℃）加热对其进行干燥。制样完毕后，将已达0.2mm 以下的煤样置于空气中平衡一段时间，再装入瓶中，供分析测定之用。

（2）测定全水分煤样的制备。

按国标 GB /T 211—1996《煤中全水分测定方法》规定，煤中全水分测定分为 A、B、C、D 四种方法。前三种方法采用粒度小于 6mm 的煤样，而 D 法则采用粒度小于 13mm 的煤样。前者煤样量不少于 500g，后者煤样量约 2kg。

测定全水分的煤样，既可单独采取，也可在制备分析试样过程中分取。如果采煤样机具有采集测定全水分煤样的功能，其粒度也应满足 GB/T 211—1996 中的要求。

2. 测定

煤质直接以其分析结果为评判依据。为了获得准确的测定结果，测定次数与误差之间存在一定的关系。

根据偶然误差统计规律，降低误差的效果随测定次数的增加而减小，即 n 次测定平均值的标准差 $S_{\bar{x}}$ 与单次测定的标准差 S 成正比，而与测定次数 n 的平方根成反比。

$$S_{\bar{x}} = \frac{S}{\sqrt{n}} \qquad (8\text{-}33)$$

由表 8-17 可以看出，当重复测定接近 10 次时，再增加测定次数，其平均值的误差减少程度渐趋缩小，故对某一项目的重复测定次数应作出适当的规定。

表 8-17　　　　　　　　　　　　测定次数与误差的关系

测定次数 n	1	2	3	4	5	6	7	8	9	10
平均值标准差 $S_{\bar{x}}$	1	0.71	0.58	0.50	0.45	0.41	0.38	0.35	0.33	0.32

（1）重复测定。

对煤的全水分一般允许单次测定，但校核试验仍须进行重复测定。

所谓重复测定，是指在同一化验室在短期内进行多次重复测定，它不包括平行测定。重复测定与平行测定含义不同。例如测定煤中灰分含量时，平行测定是可以在同一炉中测定两个相同煤样；而重复测定则要求对这两个相同煤样在两个炉次中分别测定。显然，后者要求更高。又如对热量计热容量标定，则需要重复标定 5 次，这正是保证热容量标定获得准确可靠结果的一项有效措施。

应该指出：煤质检验方法，一部分直接采用国标，一部分则采用 DL/T 567—1995 所规定的方法。由于各个项目的国标颁布实施的时间不同，故有的方法标准仍然保持平行测定的提法。

（2）需要水分数据试验项目的测定。

在煤质检验中，有时需要提供水分测定数据，例如挥发分、氢含量测定都是这样。在提供煤质检测结果时，有时要求换算成其他基准时，也需要提供空气干燥水分及全水分等数据。这种需用水分进行校正及换算的试验项目，力求与水分测定同时进行。高挥发分的烟煤，特别是褐煤、油母页岩，由于稳定性较差，二者测定时间相差越短越好，其他煤也不应相差 7d。

（3）快速测定。

为了缩短检测时间，对某些测试项目允许采用快速法。这里所指的快速法，是国家标准或电力行业标准中所确认的方法，例如在国标 GB/T 212—2001 中灰分测定就包括快速灰化法。任意简化操作程序、改变操作条件来实现快速测定均是不被承认的，如将弹筒硫视为全硫的快速测定方法也是不对的。

快速试验方法，不得作仲裁之用。如快速试验经与标准方法对比，其结果均不超过允许误差时，方可用于例行监督试验。而对于例行监督试验项目，若经多次检查性试验，其结果均不超过允许误差时，则可免去检查性试验。对于国家及行业标准中未列入的快速试验方法，使用单位要通过与标准方法的对比试验，提出报告并委托权威单位复验，确认此方法可用于例行监督试验，且应报主管部门审批同意后，方可承认。

（三）精密度与准确度

煤质测试结果主要依其测试精密度与准确度来评判。精密度表示测试结果的重现性，它是指多次测定值之间的分散程度；准确度是表示测试结果的正确性，它是指测定值与真实值的接近程度。精密度与准确度是两个不同的概念，但它们之间又有联系。

关于精密度与准确度，本章前几节中已作了详细阐述。在这里，再结合煤质检测的要求，作进一步的说明与补充。

1. 精密度的控制

精密度又分为重复精密度与再现精密度。前者指同一测试人员在同一条件下所测结果的精密度；后者则指不同测试人员在不同条件下所测结果的精密度。

试验室控制精密度的方法，通常采用允许差法及控制图法。煤质检测的标准方法中的精密度要求用重复性（同一试验室允许差）及再现性（不同试验室允许差）来表示。

允许差是一种很常用的控制物理及化学性能测试质量的方法。

所谓允许差，是指在一定条件下，获得两个或多个检测结果之间允许的最大差值。它是评判重复检测结果精密度是否合格的界限值。

如某些试验方法无法确定精密度要求时，可规定允许差。在煤质检测中，允许差有室内允许差与室间允许差之分。

同一试验室的允许差，是指在相同条件下，即在同一试验室中，由同一操作者，用同一仪器，对同一试样，于短期内所做的重复测定，所得结果间的差值（在 95% 的概率下）的界限，或者称为重复性界限。

不同试验室的允许差，是指在不同试验室中，对从试样缩制最后阶段的同一试样中分取出来的，具有代表性的部分所做的重复测定，所得结果的平均值间的差值（在特定概率下）

的界限，或者称为再现性临界差。

在确定条件下，允许差 T 根据重复测定结果的临界值 d_n 来确定。所谓临界值，就是指 n 次重复测定结果的极差 R 与标准差 S 之比。

$$R = d_n S \tag{8-34}$$

上式中极差 R 就是允许差，故可写成

$$T = d_n S$$

在 95% 的置信概率下，不同测定次数的临界值参见表 8-18。

表 8-18   不同测定次数的临界值

重复测定次数 n	2	3	4	5	6
临界值 d_n	2.77	3.32	3.63	3.83	4.03

故两次重复测定的允许差 $T = 2.77S$；三次重复测定的允许差 $T_3 = 3.32S$；四次重复测定的允许差 $T_4 = 3.63S$；…。在确定的试验条件下，S 值随重复测定次数的增多而趋向于一个恒定值。如将 S 视为一不变量，则 $T_3 = \dfrac{3.32}{2.27}T \approx 1.2T$；$T_4 \approx 1.3T$。

如果进行两次重复测定，其测定值 x_1 及 x_2 的差值小于室内允许差，即 $|x_1 - x_2| < T$，则认为此两次重复测定的精密度合格，取其算术平均值作为最终结果。否则，则为超差，需要进行第三次测定。如果三次测定的极差小于两次重复测定允许差的 1.2 倍，即 $R < 1.2T$，则取出三次测定的平均值作为最终结果。否则，还需进行第四次测定。若四次测定的极差小于 $1.3T$，则取四次测定平均值作为测定结果。

室间允许差用于检验试验室间对同一试样测定结果精密度的衡量。若两个试验室测定结果平均值的差值未超过规定的室间允许差 Y，即 $|\bar{x}_1 - \bar{x}_2| < Y$，则认为两个试验室间测定精密度合格。否则，就叫作超差。这说明其中至少有一个平均值存在较大的误差。精密度好不等于准确度高，故精密度检验合格后，还须进行准确度检验。

2. 准确度的控制

准确度是表征测试结果与真实值符合程度的一个指标，它常用误差值来度量。误差值越小，则准确度越高；反之，则越低。

严格地说，任何煤质特性指标的真实值 μ 是不知道的，然而我们可以通过下述方法与途径来确定该特性指标真实值的估计值：

（1）采用确认的标准方法，对该特性指标进行多次重复测定，其测定结果的平均值作为真实值。

（2）采用纯物质或以基准试剂的含量作为 100%，按化学式计算出有关组分的理论含量作为真实值。

（3）采用标准样品的名义值（标准值）作为真实值。

所谓准确度检验，实际上就是比较实测值与真实估计值之间的差异。其差值越小，则测定结果准确度越高。

应用标准煤样的名义值来控制准确度，是一种常用方法。标准煤样的名义值不是一个确

定数值而是一个数值区间，即 $x \pm \Delta x$，Δx 称为名义值的不确定度。

试验室对标准煤样的测试结果 $x_{标}$ 若落在 $x \pm \Delta x$ 区间内，则认为测试准确度合格；否则，为不合格。也可用标准煤样的允许差来控制准确度，当一个试验室对标准煤样的单次测定值 $\bar{x}_{标}$ 或多次重复测定的平均值 $\bar{x}_{标}$ 与标准煤样的名义值之间的差值不超过允许差时，则认为测试结果合格；否则，为不合格。

单次测定与多次重复测定的允许差是不同的，它由标准煤样使用说明书提供。

3. 结果计算与表达

煤质检测结果是用数据表达的，在检测过程中所记录的全部数据都必须是真实的。从采样、制样到化验全过程有关数据的处理，应遵循一定法则与要求。如前文所讲过的有效数字及其运算、异常值剔除、标准所规定检测结果应保留的小数点后的位数等。

煤质试验室应注意积累检测数据，在一定时间内（通常为三年）保存好原始记录；按标准规定的要求整理好检测报告，并要执行试验室的有关规章制度，做好报告的编写、审核、批准、发放、保存、归档等一系列技术管理工作。通常检测报告的保存期也为三年。对于有价值的检测报告，可根据具体情况适当延长保留时间。

第六节　标准煤样及其应用

在煤质检测的方法标准中，通常对检测结果仅规定重复性与再现性，即对精密度提出了明确的规定。例如高位发热量的重复精密度与再现精密度分别为150J/g 及 300J/g。然而，精密度合格不等于准确度也合格。故为了提供可靠的煤质检测结果，不仅要对它进行精密度检验，还须进行准确度检验。

一、标准参考物质及其特点

标准参考物质（Standard Reference Material）简写为 SRM，通常由国家技术监督局批准后发行，它附有给出鉴定结果的证书。

标准参考物质的保证值，通常用下述方法来确定：

（1）使用精密度高的仪器，严格控制操作条件的绝对测定法。

（2）使用两种以上具有不同原理、互相独立的准确可靠的测定方法。

（3）由若干有资格的试验室采用标准试验方法进行协作试验。

作为标准参考物质，它应具有如下特性：

（1）由公认的权威机构鉴定，并发给保证值证书。

（2）应具有良好的使用特性，如基体代表性、均匀性、稳定性等。

（3）具有一定的产量或贮量，以保证在一定时期、一定范围内使用。

（4）具有与测定相当的准确度水平。

此外，作为标准参考物质，还要考虑是否廉价，运输安全及计量系统的追溯能力。

标准物质的量值溯源及其应用可参见图8-7。

图8-7清楚地说明了标准物质的量值溯源及其应用情况，现在各煤质试验室所用的多为二级标准物质。

二、电力用煤标准煤样

电力用煤标准煤样，系采用等精密度协同试验定值的，即参与研制的各个试验室按照同

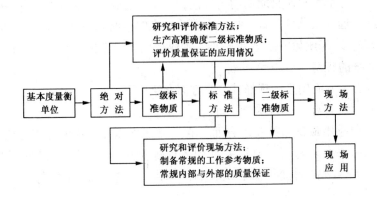

图 8-7 标准物质量值溯源及其应用

一标准方法，根据相同操作要求，对同一煤样的某一特性指标进行相同次数（均为 8 次）的重复测定，对各试验室所提供的大量测试数据借助于计算机进行了统计处理，最后确定了标准煤样的名义值及不确定度。

为了检验各试验室所提供的结果是否等精密度，应检验不同试验室对同一煤样测定值方差在统计上是否一致，为此，采用 Cochran 法检验；而对同一煤样多组测定均值的一致性，则采用 Grubbs 法检验。在剔除异常数据后，按照下列方法计算出标准煤样的名义值及不确定度：

设煤样真值为 μ；真值的估计值为 $\hat{\mu}$，$\hat{\mu}$ 也就是标准煤样的名义值；用 Δ 表示不确定度，则

$$\hat{\mu} = \bar{P} = \frac{1}{L} \sum_{i=1}^{L} P_i \tag{8-35}$$

式中　P_i——某组数据的平均值；

　　　L——参与定值的试验室数；

　　　$\bar{P}$——各组合格数据平均值的平均值，即名义值。

$$\Delta = \pm\, t_{\alpha,f} S_P \tag{8-36}$$

式中　S_P——标样名义值的标准差；

　　　$t_{\alpha,f}$——t 分布概率系数，从 t 分布临界值表中查出；

　　　α——选定的显著性水平，这里选 0.05；

　　　f——自由度，$f = L - 1$。

为了确保标准煤样的长期、稳定地使用，每年由若干有计量认证合格的试验室参与对标样的追踪试验，每年一次向用户公布追踪试验结果，从而对标样的名义值作必要修正。多年的追踪试验表明：电力用煤标准煤样性能稳定，定值数据可靠，每年各标样名义值的修正值的变化极微小。

电力用煤标准煤样所以能获得如此稳定的特性，一是由于原始煤样的来源取自电厂制粉系统所生产的煤粉；二是对标样瓶中充以氮气以防止氧化，大大减缓了其氧化速度。

煤是一种不均匀的固体物料，良好的均匀性是标准煤样应具有的基本特性之一。煤中灰

分及全硫含量能较好地反映矿物质的均匀特性，由于灰分含量的测定方法准确度高，操作又较为简便，因此，选择灰分含量这一指标来检验标准煤样的均匀度。标准煤样的均匀度是用灰分测定值的方差 σ^2 来度量的。σ^2 值越小，则煤样的均匀度越好；反之，则均匀度越差。

三、标准煤样的应用

标准煤样有着多方面用途，现择其主要方面介绍如下。

1. 用于燃料例行监督试验的质量控制

这是标准煤样应用最普遍的一个方面，它最能体现标准煤样的应用价值与效益。例如电厂发热量测定结果准确与否，直接关系到入厂煤按质计价及电厂标准煤耗计算的可靠性。当采用标准煤样来控制例行监督试验的准确度时，就可保证各电厂发热量测定结果的可靠性。

当采用标准煤样时，还可发现本试验室测定某项特性指标的结果是偏高还是偏低，并能指出偏高或偏低的程度，从而有助于查明原因，提高测试水平。

应该指出：在例行监督试验中，使用标准煤样来控制准确度，只是对标样进行单次或两次重复测定，只要测定值落在标样的允许差范围内，即认为结果是准确的。标样的不确定度要严于用户使用的标样允许差。这是因为参加标样定值的试验室多为煤质测试水平较高的权威试验室，加上计算所用数据很多，按式（8-36）计算出来的不确定度 Δ 均很小，这是用户难以接受的。故作出适当修正后，以标样允许差（实用不确定度）供用户作为检验准确度的依据。

2. 用于测试仪器或测试方法的校准或鉴定

如果要对新的测试仪器或方法进行校准或鉴定，则可选用多个含量不同的标准煤样进行多次重复测定，对其结果利用数理统计方法加以检验处理，看其测定结果能否落在标准煤样的不确定度范围内（如和标准煤样定值时测定次数完全一致），以判断其测试仪器或方法的可靠性。

3. 用于煤质检验人员技术水平的考核

不同级别的人员应该要求掌握相应项目的测试技术。例如对初级工来说，应能进行发热量的测定，不仅要会操作，而且能测准。那么可让被考核人员来测定标准煤样，如其测定结果落在标样允许差范围内，则说明其技术水平达到了规定要求。测定值与名义值越接近，其准确度越高。

4. 用于煤质检验结果的判断分析

当对煤质检验结果发生争议时，就须进行判断分析，以判定哪一方的测定结果可靠。由于标准煤样的名义值也就是真值的估计值，争执双方可采用标准煤样各自进行测定（要由仲裁部门监督），谁的实测结果接近于标样名义值，则说明这一方的测定结果是可靠的。

5. 用于检验各试验室的管理质量

试验室的管理质量与多种因素有关，但最终还是在对煤样测试结果的质量上得以综合反映。电力系统历来重视煤质统检，曾组织过全国性的统检，至于各地区的统检也很受重视。现举例来说明如何应用标准煤样进行煤质统检。

原电力部某地区煤检中心应用标准煤样对该地区 10 个电厂煤质化验室进行统检，每个化验室限测两次，将各试验室发热量 $Q_{gr,d}$（MJ/kg）的测定结果列于表 8-19 中。

电厂试验室编号	1	2	3	4	5	6	7	8	9	10
第一次测定	22.24	22.42	22.33	22.80	22.66	22.44	22.83	22.06	22.45	22.71
第二次测定	22.28	22.50	22.37	22.70	22.52	22.56	22.71	22.14	22.55	22.63
平 均 值	22.26	22.46	22.35	22.75	22.59	22.50	22.77	22.10	22.50	22.67

表 8-19　　　　　　　　　　　发 热 量 测 定 结 果　　　　　　　　　　MJ/kg

按国标规定要求，高位发热量重复测定的差值应小于 0.15MJ/kg，故各试验室重复精密度均合格。至于准确度，则须应用标准煤样，令其测定结果与名义值作对照，根据所测结果与标样名义值的差值对其准确度高低予以评定。

A：平均值落在 $\mu \pm 1S$ 范围内；

B：平均值 $< \mu \pm 2S$，但 $> \mu \pm 1S$；

C：平均值 $< \mu \pm 3S$，但 $> \mu \pm 2S$；

D：平均值 $> \mu \pm 3S$。

若此标准煤样的名义值为 22.52MJ/kg，不确定度相当 $\pm 2S$（± 0.20MJ/kg），则对各试验室评定结果如下：

A：平均值落在 22.42~22.62MJ/kg 范围内，有 2 号、5 号、6 号及 9 号试验室；

B：平均值落在 22.32~22.72MJ/kg 范围内，但在 22.42~22.62MJ/kg 范围以外，有 3 号及 10 号试验室；

C：平均值落在 22.22~22.82MJ/kg 范围内，但在 22.32~22.72MJ/kg 范围外，有 1 号、4 号及 7 号试验室；

D：平均值在 22.22~22.82MJ/kg 以外者，有 8 号试验室。

如按准确度的高低，排定名次如下：

第一名：6 号与 9 号试验室并列；

第二名：2 号试验室；

第三名：5 号试验室；

第四名：10 号试验室；

第五名：3 号试验室；

第六名：4 号试验室；

第七名：7 号试验室；

第八名：1 号试验室；

第九名：8 名试验室。

统检评定方法多种，不一定采用上述方法。如上例中，用于统检的样品并不是具有已知特性值的标准煤样，而是一个未知样，则统检数据处理与结果评定也可按下述方法进行：

（1）　计算这 10 个试验室的总平均值及标准差。

$$\overline{\overline{x}} = \frac{22.26 + 22.46 + \ldots + 22.67}{10} = 22.50$$

$$S_{\overline{x}} = \sqrt{\frac{(22.26 - 22.50)^2 + (22.46 - 22.50)^2 + \cdots + (22.67 - 22.56)^2}{10 - 1}} = 0.21$$

（2）　按 Crubbs 法检验有无离群均值。

第 8 号试验室的测定结果为 22.10MJ/kg，其值明显低于其他测值。按式（8-25）计算：

$$T = \frac{\bar{\bar{x}} - \bar{x}_{\min}}{S_{\bar{x}}} = \frac{22.50 - 22.10}{0.21} = 1.90$$

给定 $\alpha = 0.05$，则查 T_α 临界值表 8-8，$n = 10$ 时，$T_{0.05} = 2.18$。

由于 $1.90 < T_{0.05}$，故最小值 22.10MJ/kg 仍为正常值，不应剔除。如果有离群均值，须剔除，并应重新计算总平均值 $\bar{\bar{x}}$ 及标准差 $S_{\bar{x}}$。

（3）计算总平均值在不同显著性水平下的置信范围。

$$置信范围 = \bar{\bar{x}} \pm t_{\alpha,f} \frac{S_{\bar{x}}}{\sqrt{n}} \tag{8-37}$$

计算时，可选取 $\alpha = 0.01$，0.1 及 0.2 三种显著性水平。再根据自由度 $f = 10 - 1 = 9$，由 t 临界值分布表查出相应的 $t_{0.01,9} = 4.78$，$t_{0.1,9} = 1.83$，$t_{0.2,9} = 1.38$。故

$\alpha = 0.01$ 时，置信范围 $= 22.50 \pm 4.78 \times \dfrac{0.21}{\sqrt{10}} = 22.50 \pm 0.32$

$\alpha = 0.10$ 时，置信范围 $= 22.50 \pm 0.12$

$\alpha = 0.20$ 时，置信范围 $= 22.50 \pm 0.09$

（4）对照三个置信范围，根据各试验室所测结果 $\bar{x}$ 落在哪一个置信范围内，即可对其质量进行评定。

A：平均值 $\bar{x}$ 落在 $\alpha = 0.20$ 置信范围内，其可信度较高，即 $\bar{x}$ 落在 22.41～22.59MJ/kg 范围内，有 2 号、5 号、6 号和 9 号试验室。

B：平均值 $\bar{x}$ 落在 $\alpha = 0.10$ 置信范围内，但在 $\alpha = 0.20$ 以外，其可信度稍差。

C：平均值 $\bar{x}$ 落在 $\alpha = 0.01$ 置信范围内，但在 $\alpha = 0.10$ 以外，其可信度较差，有 1 号、3 号、4 号、7 号及 10 号试验室。

D：平均值 $\bar{x}$ 落在 $\alpha = 0.01$ 置信范围以外者，其可信度最差，有 8 号试验室。

由此可以看出，应用不同的统检评定方法，基本结论是一致的。

标准参考物质种类很多，在煤质检验中除应用上述含有工业分析、发热量、全硫含量的标准煤样外，常用的还有含有元素分析值的标准煤样、测定可磨性的标准煤样以及测定灰熔融性和灰成分的标准灰样等。

长期使用标准参考物质的实践表明：它对保证煤质测试结果的准确性、提高测试人员的技术水平、用于仪器设备的校准等均具有实际价值。各电厂应坚持使用标准煤样、标准灰样及其他标准参考物质，令其发挥更大的作用。